新 わかりやすい Java オブジェクト指向徹底解説

第2版

川場 隆［著］
Takashi Kawaba

秀和システム

まえがき

本書の内容

オブジェクト指向・・・
名前からして、むずかしそうだなぁ。

大丈夫だ。
この本を最初から読んでいくと、誰でも、必ず理解できる。

先輩、その「誰でも、必ず」っていうところ、本当でしょうね。
（話がうますぎるようだけど）

「オブジェクト指向を本当に理解できていますか？」誰もが、そういう問いに、自信を持って「イエス」と答えられるようになることを目標に、本書を書き下ろしました。読みやすい構成、先輩ネコのジャックと新人ネコのトムの掛け合い、わかりやすい図版、たくさんのクイズなどが学習をサポートしてくれます。

それによって、オブジェクト、クラス、レコード、継承、ポリモーフィズム、インタフェース、例外処理といった主要な概念を学習し、オブジェクト指向とはどういう技術で、何が可能になるのか、確実に理解できるでしょう。

なお、この第2版では、新たに「オブジェクトモデリング」の章を加えました。オブジェクトの考え方、設計方法について具体例を使って平易に解説します。同時に、新しく文法に追加されたレコード(record)についても詳細に解説しました。

それにしても、厚い本だけど・・・
先輩、オブジェクト指向を理解するのに、これだけ必要ですかぁ？

いや、後半はプログラムを作る上で必要な新しい文法や標準クラスの解説だ。
オブジェクト指向を知ってるだけでは、プログラムは書けない。

え、えっ！
そうなんですかぁ（知らなかった・・・）。

オブジェクト指向の次は、実践的なプログラム作成に必要な技術を解説します。ファイル処理、コレクションフレームワーク、総称型、ラムダ式、ストリーム処理、DateTime API、文字列と正規表現、マルチスレッド処理など、必須文法とAPIをもれなく取り上げました。

また、この第2版では、Javaの最新LTS(Long-Term-Support)版であるJava 17に合わせて、全ての例題を最新の文法とAPIで書き直しています。これにより、近年、ダイナミックに変貌しつつある、新しいJava言語の世界を知ることができるでしょう。

そう言えば、最近、Java言語もいろいろ進化してるとか･･･
先輩、ラムダ式がどうとかって、言ってましたね。

ラムダ式はもう当たり前のものになったが、とても影響の大きな変化だ。
おかげでインタフェースの機能が変わり、ストリーム処理も加わった。
この本では、ラムダ式の書き方や応用の方法をとても重視している。

この第2版ではラムダ式の章(19章)を完全改訂しました。インタフェースと関連付けて、直観的に理解できるようにしています。また、ストリーム処理はページ数を倍増しました。入門と応用に分けて、例題と共に、ほぼすべてのAPIを解説しています。

な、なるほど、チカラ入ってますね。
よほど、使い道があるんですか？

ラムダ式は、データ処理だけでなく、マルチスレッド処理やデータベース処理なんかにも使われている。今後は、ラムダ式を使うシーンがもっと増えていくはずだ。

ストリーム処理では、数行の記述で高度なデータ処理が実現します。また、新しいマルチスレッド処理(CompletableFuture)では、これまで難しかったスレッドの連結や待ち合わせ処理が、ラムダ式により、簡単に実行できてしまうことに驚くでしょう。

対象とする読者

Java言語の入門者で、オブジェクト指向を含まない基本文法までを理解していれば、初心者でも楽に読み進めることができます。例えば、新わかりやすいJavaシリーズの「入門編」などを学習していれば大丈夫です。

しばらくJava言語から遠ざかっていたため、NIO(NewI/O)、ラムダ式やストリーム処理、CompletableFutureによるマルチスレッド処理など、新しいJava言語を学び直したいという人たちにも、十分役に立つはずです。

また、本書のカバーする範囲は、Oracle社のJava言語認定資格であるOCJPに対応しているので、大学、専門学校、研修・講習会等でのJava言語の教科書としても最適です。

学習のために

Java 17以上のJDKが必要です。サポートウェブでは、Eclipse(開発ツール)+JDK + ワークスペース(ソースコード、問題の解答など)のセットをダウンロードできます。面倒なインストール不要で、展開(解凍)するだけで起動できます。詳細はサポートウェブ(https://k-webs.jp/oop)をご覧ください。

また、クイズ、演習問題にはすべて二次元コードが付いています。二次元コードから簡単に解答を見ることができます。

謝辞

本書に掲載した猫の写真とその画像化は森下真理子さんの手によるものです。愉快で機微に富む猫の表情を捉えたカットは、本当に貴重なものでした。ここに、謝意を表します。また、本書の内容についてさまざまなヒントやご意見を頂いた多くの皆様に感謝いたします。

2022年 1月　著者

目　次

本書に登場する仲間

読者と共に、本書を学ぶ仲間を紹介します（前書きにすでに登場していますが）。
ネコですが、よく似た人たちがあなたの周りにもいませんか？

― 先輩プログラマのジャック ―
Object（オブジェクト）を「モノ」と訳すのはどうかな。「対象」と訳すのがいい。対象は変数とメソッドを使って表現できる。対象の抽象化がオブジェクト指向の本質だ。

― 新人プログラマのトム ―
ふんふん、なるほど（実はわかってないけど）。
先輩は単純なことを、わざと難しく言ってませんか。
そもそもオブジェクトって何なんですか？

Chapter

1 クラスの作り方

オブジェクトの元になるクラスファイル作成の手順を解説します。実際に手を動かして作ってみることで、オブジェクトの成り立ちが理解できるでしょう。作成の過程で、現実のコーディング作業で使われている、ソースコードの自動生成機能も利用します。

学習を始める前に、本書のサポートウェブ（https://k-webs.jp/oop/）から学習用のツールセットをダウンロードしてください。

1.1 オブジェクトとは

1. オブジェクトって何？

先輩、オブジェクト指向をマスターしたいんですが･･･
パ、パッとわかる方法ってありませんか？

うむ、それは･･･、もちろんある。
オブジェクトを作ってみるのが一番だ。

えっ！、説明もなしに、もう作るんですか。
（何も知らないのに、大丈夫かなぁ）

大丈夫、とても簡単だ。
プログラムの９割は自動生成するから、手で書くのはほんの数行だ。

オブジェクトについての抽象的な説明を聞いても、初めて学ぶ人には、あまり役に立ちません。具体的なことを知らないで、概念的な説明を聞くだけでは、なかなか理解できないものです。

結局、10の言葉より1つの実践が有効です。

そこで、この章では、ソースコードの自動生成機能を使って、一気にコーディングを済ませてしまいます。プログラムを完成させれば、全体像がつかめますし、規則の理解はそれからでも十分間に合うからです。

2.データの集まりをオブジェクトにする

一番シンプルなオブジェクトは、データの集まりです。

手始めに、それを作ることにしましょう。まず、元になるデータですが、次のタブレットPCの在庫表を使います。

型番	品名	価格	発売日	在庫
A100	XenPad	35,760	2016年 9月16日	有
A101	CoolPad	22,898	2016年 7月8日	有
A102	jPad pro	68,000	2016年 3月31日	有
A103	jPad Air2	45,199	2014年10月17日	無
A104	ASUSBook	32,000	2015年 9月19日	有

この表は、ある店舗で販売しているタブレットPCのデータです。横1行で、1つの商品を表しているので、全部で5件分のデータが記載されています。プログラムでこのようなデータを扱うには、図に示すように、商品ごとに1件のデータにまとめます。

A100	XenPad	35,760	2016年 9月16日	有
A101	CoolPad	22,898	2016年 7月8日	有
A102	jPad pro	68,000	2016年 3月31日	有
A103	jPad Air2	45,199	2014年10月17日	無
A104	ASUSBook	32,000	2015年 9月19日	有

5件のデータ

1件分のデータは5つの項目からできているので、従来のやり方では、要素を5つ持つ配列にするところですが、このデータは、文字列、数値、日付、論理値（在庫の有無をtrue/falseで表す）など、異なる型の値が混ざっているので、配列にはできません。配列は同じ型のデータしか扱えないからです。

文字列	文字列	整数	日付	論理値
A100	XenPad	35,760	2016年 9月16日	有

商品オブジェクト

そこでオブジェクトの出番です。オブジェクトなら、いろいろな種類のデータを1つにまとめることができます。我々の最初のミッションは、異なるタイプのデータを集めたオブジェクト－**商品オブジェクト**－を作ってみることです。

1

3.まずクラスを作る

オブジェクトを作る第一段階は、オブジェクトの内容をクラスの形にまとめることです。これは、オブジェクトを作るのではなく、オブジェクトの構成や機能など、デザインをまとめる作業にあたります。

クラスは、これまでプログラムを作成する土台のようにしか使っていませんでしたが、**クラスの本来の役割は、オブジェクトをデザインすることなのです。**クラスは、オブジェクトをデザインするための仕組みである、といってもいいくらいです。

そして、オブジェクトをデザインしたクラスがあれば、それをコピーしていくつでもオブジェクトを作成できます。次の図は、商品オブジェクトをデザインしたクラスから、5つの商品オブジェクトを作成する様子を表しています。

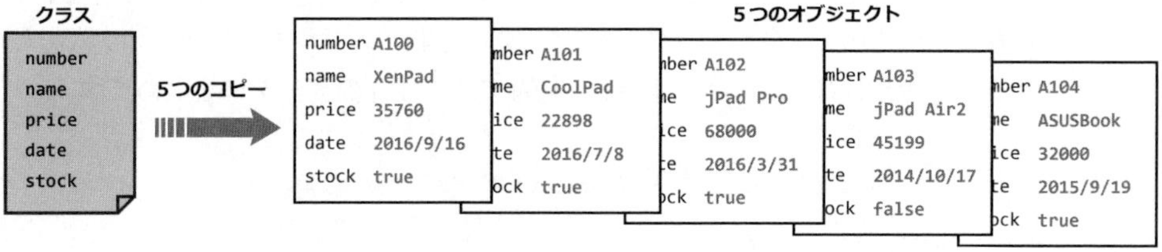

ふーん･･･、オブジェクトをデザインしたクラスを作り、それをコピーしてオブジェクトを作るんですか（なんだか回りくどいなぁ）。

オブジェクトのプログラムを、ひとつずつ書いていたら、同じようなものを５つも書かなくちゃいけなくなる。その方がかえって面倒だろう。
コピーする方がよほど簡単だ。

な、な、なるほど。
それじゃ、クラスのコピーって、どうやるんでしょう？

それは、この後だ。
今は、オブジェクトを作るにはクラスが必要と覚えておくように。
クラスはオブジェクトの元になる型枠みたいなものだ。

4. クラスの作り方

では、オブジェクト作成の第一段階として、クラスの作り方を解説します。

在庫表（3ページ）の１行目には、項目名が表示されていました。型番、品名、価格、発売日、在庫というのがそれです。

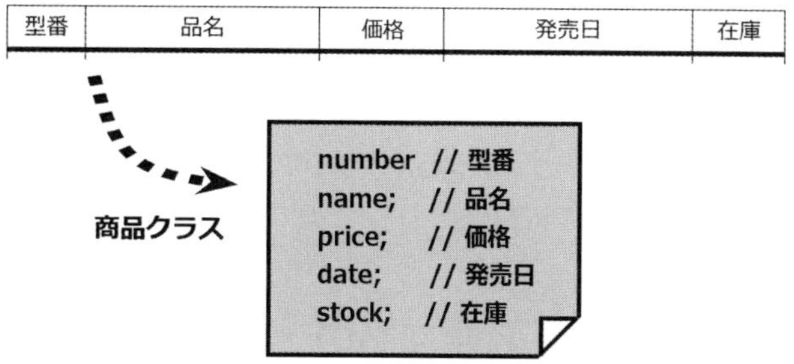

オブジェクトはこれらのデータ項目を集めたものなので、クラスには、これらの項目を変数として宣言します。また、このクラスの名前を**Productクラス**（商品クラス）とします。データ項目を並べるだけなので、クラスの中身は次のようになります。

```
public class Product {
    String      number;     // 型番       ┐
    String      name;       // 品名       │
    int         price;      // 価格       ├ フィールド変数
    LocalDate   date;       // 発売日     │
    boolean     stock;      // 在庫の有無 ┘
}
```

※日付はLocalDate型※、在庫の有無はboolean型を使います。

これらの変数は、これまでの変数とは種類が違います。これまで、変数はメソッドの中に書きましたが、ここではクラスの中に独立して宣言します。従来の変数を**ローカル変数**というのに対して、これらの変数は**フィールド変数**（または単に**フィールド**）といいます。

ローカル変数は、メソッドが実行されている間だけ存在し、メソッドの実行後には消えてしまう変数ですが、フィールド変数は、オブジェクトの一部なので、ローカル変数のように消えてしまうことはありません。プログラムの実行中、不要になるまで、ずっと存在し続けます。

※ LocalDate型を始めて見るという人は22章の555ページを参照してください。

先輩、項目名だけしか使わないんですか？
（実際のデータはどうなるのかなぁ）

今は、オブジェクトをデザインしているところだ。
デザインに必要なのは項目名だけだ。

具体的なデータは使わないんですか？
第一、変数に値が入ってないけど、いいのかなぁ。

オブジェクトをデザインするだけなので、具体的な値は必要ない。
具体的な値は、クラスをコピーして、オブジェクトを作る時に入れる。

5. 基本機能として必要なもの

クラスにフィールド変数を書き並べた後で、もう少しやることがあります。それは、フィールド変数に初期値を代入する機能や、フィールド変数の値を取り出したり、変更したりする機能を追加することです。

次の図は、オブジェクトならこれだけは必要という基本機能を表しています。青く塗った3つのパーツがそれで、コンストラクタ、ゲッター、セッターです。これらは、どれも自動生成で作成します。

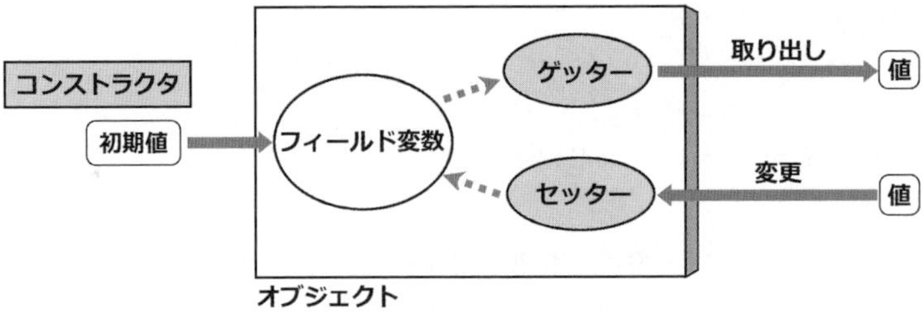

クラスの基本機能

クラスに必要な機能	説　明
コンストラクタ	オブジェクトを作る時、フィールド変数に初期値を代入する
ゲッター	オブジェクトからフィールド変数の値を取り出す
セッター	オブジェクトのフィールド変数の値を変更する

新しい用語がでてきたので、名前と機能を覚えておきましょう。ここでは簡単に概要だ

けを説明します。

まず、コンストラクタは、オブジェクトのフィールド変数に初期値をセットする役割があります。単体では使えず、オブジェクトを作るための演算子（後で解説するnew演算子）と一緒に使います。

ゲッターとセッターは、メソッドですが、Java言語の規約で、機能や書き方が決められています。ゲッターは、フィールド変数の値を取り出すためのメソッドで、セッターはフィールド変数の値を変更するためのメソッドです。

ふーん、コンストラクタに、ゲッター、セッター･･･
クラスなのにmainメソッドはないんだ。

クラスの本来の役割は、オブジェクトのデザインだ。
デザインだけなので、mainメソッドは書かない。

（なんだか、不思議な展開になってきたよ）
それじゃ、もうmainメソッドは要らないんですか？

そんなわけはないだろう！
オブジェクトを作ったり、使ったりする時はmainメソッドが必要だ。

Q1-1

解答

ここまでの理解度を確認しましょう。次の①～⑥には何が入りますか？

一覧表のような形式の表から、横１行分のデータをオブジェクトとして作成することができる。オブジェクトを作るには、最初に、オブジェクトを［①］するためのクラスを作る。クラスには、データの項目を表す［②］、オブジェクトに初期値を設定する［③］、フィールド変数の値を取り出す［④］、フィールド変数の値を変更する［⑤］を作成する。一度クラスを作成しておけば、クラスをコピーすることで［⑥］をいくつでも作ることができる。

＜選択肢＞

A.機能の違うオブジェクト	D.デザイン	G.ゲッター	J.メソッド
B.同じ種類のオブジェクト	E.項目名	H.フィールド変数	K.デプロイ
C.同じ種類のクラス	F.セッター	I.コンストラクタ	L.ひな形

①＿＿＿　②＿＿＿　③＿＿＿　④＿＿＿　⑤＿＿＿　⑥＿＿＿　＜記号で答えてください＞

1.2 クラスを作る

Eclipseを起動してください。ここでは、クラスを作る手順を、最初から順を追って解説します。手元で同じように操作して、作ってみましょう。

1. クラスを作る手順

準備は終わりだ、さっそくクラスを作ってみよう！
作成する手順は、次のようになる。
このうち、2. と 3. は自動生成で作る部分だ。

クラスの作成手順

1. フィールド変数を持つだけのクラスを作る
2. コンストラクタを生成する
3. ゲッター・セッターを生成する

プログラムはサポートウェブからダウンロードしたプロジェクトの中に書くといい。章ごとのプロジェクトになっている。最初は1章だからch01プロジェクトだ。

先輩、プロジェクトとか、自分で勝手に作っちゃだめなんですか。
(ダウンロードが面倒だなぁ)

それはやめた方がいい。ダウンロードしたプロジェクトには、本に合わせたプロジェクトとパッケージがあらかじめ作ってある。それに、必要なライブラリやデータファイルが入っているプロジェクトもある。

(そうだったのか)
それじゃ、最初はch01プロジェクトのsampleパッケージに・・・
この後の<手順>通りにやればいいんですね。

手順❶ フィールド変数を持つだけのクラスを作る

① sampleパッケージを（選択するという意味で）マウスでクリックする
② Eclipseのツールバーで [新規Javaクラス] ボタンを押して、[新規Javaクラス] ダイアログ（下図）を開く
③ [名前] 欄にProductと入力する
④ [終了] を押す

これで、次のようなクラス宣言だけのProductクラスができます。Productクラスはオブジェクトをデザインするクラスなので、mainメソッドはありません。

```
package sample;
public class Product {

}
```

では、Productクラスにフィールド変数を追加しましょう。もう一度、表の項目を見てください。それは次のようでした。

型番	品名	単価	発売日	在庫

表には5つの属性があります。そこで、この5項目をフィールド変数として宣言します。型番と品名はString型、価格はint型、発売日はLocalDate型、在庫はboolean型の変数とします。なお、日付を表すLocalData型は、22章の555ページに解説があります。

例題 フィールド変数を持つだけのクラスを作る [Product]

```
  package sample;
❶ import java.time.LocalDate; // この行は自動入力します。※を見てください。

  public class Product {
      private String     number;             // 型番
      private String     name;               // 品名
      private int        price;              // 価格
❷     private LocalDate  date;               // 発売日
      private boolean    stock;              // 在庫（の有無）
  }
```

※❶は入力しません。❷を入力した後、Eclipseのメニューで、[**ソース**]→[**インポートの編成**]と選択してください。❶のimport文が自動的に追加され、コンパイルエラーは消えます。

フィールド変数は、このようにクラスの中に直接書きます。

また、フィールド変数には、**private**というキーワードを必ず付けます。privateを付けたフィールド変数は、このクラスの中でだけ使える、文字通りプライベートな変数です。

privateを付けたフィールド変数

- クラス内のコンストラクタやゲッター、セッターなどではこの変数を使える
- 他のプログラム（クラス）からは見えなくなり、アクセスもできない

フィールド変数にprivateキーワードを付ける理由は後で説明するので、ここではこの通りに書いておいてください。

手書きはこの部分だけだ。
表の項目名からフィールド変数を作るということを忘れないように。

はぁ、大体、要領はわかりました。
項目名から、データの種類や型を決めるってことですね。

その通り。
そして、private を必ず付けておく。

手順❷ コンストラクターを自動生成する

次は、コンストラクターを自動生成します。

自動生成では、現在のカーソル位置にプログラムが追加されるので、フィールド変数を書いた次の行（下図11行目）にカーソルを置いてから、作業を始めてください。

メニューを次のように選択します。

①［ソース］➡［フィールドを使用してコンストラクターを生成］を選択する

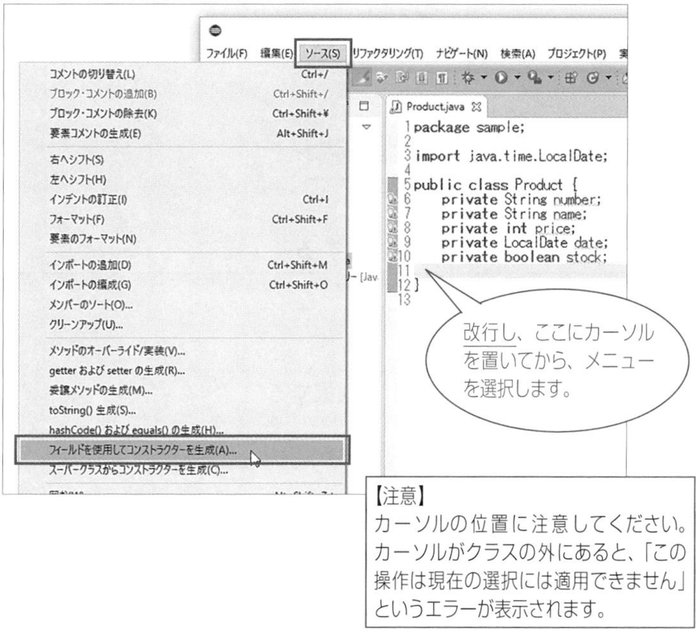

②［フィールドを使用してコンストラクターを生成］のダイアログ（次ページ）が開く

③ダイアログで、すべてのフィールドがチェックされていることを確認する

④［デフォルト・コンストラクターsuper()の呼び出しを省略］にチェックを入れる

⑤［OK］を押す

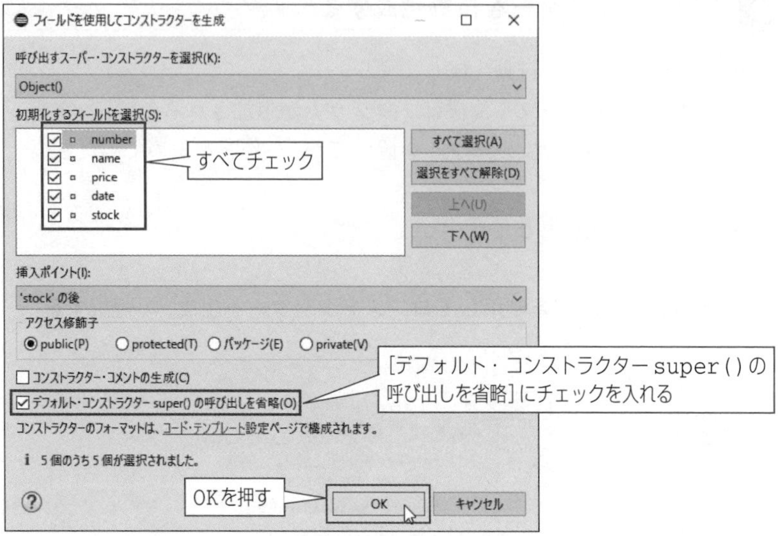

手順❸ ゲッター・セッターを自動生成する

最後は、ゲッターとセッターの自動生成です。

① [ソース] ➡ [getterおよびsetterの生成] を選択する

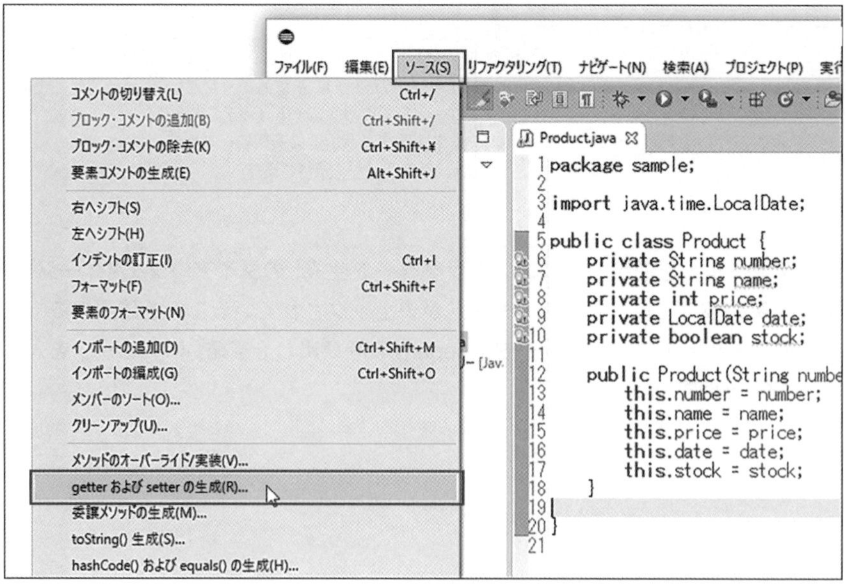

② [getterおよびsetterの生成] ダイアログ（下図）が開く
③ [すべて選択] ボタンを押して、すべてのフィールドにチェックを入れる
④ [ソート順] で [最初にgetter、次にsetter] を選択する
⑤ [OK] を押す

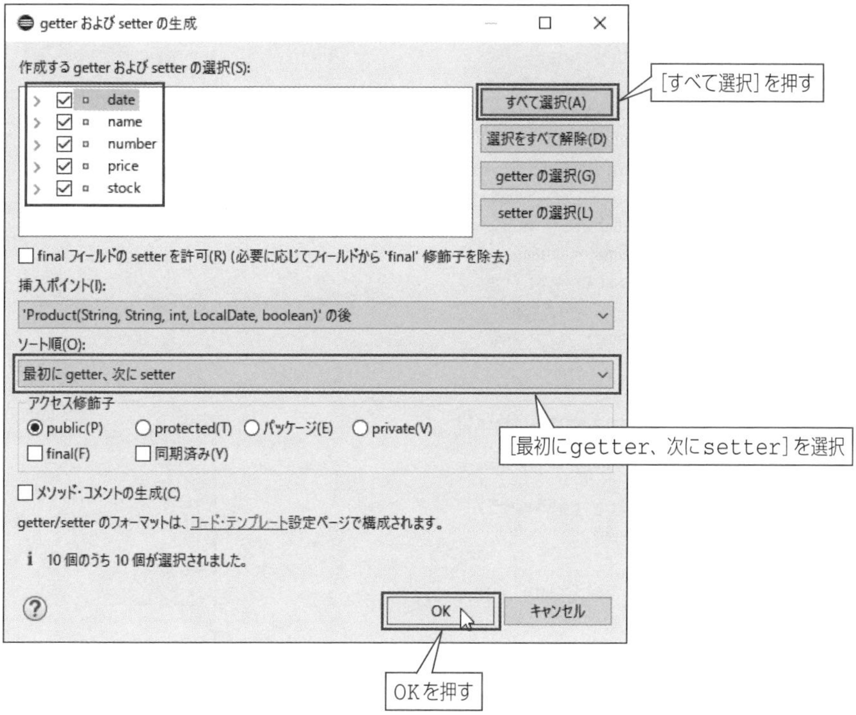

2.完成したクラスについて

完成したクラスは、次のようになります。使い方は、この後、順に解説するので、ここでは、書き方の注意点だけを説明します。

例題 商品クラス [Product]

```
package sample;
import java.time.LocalDate;
public class Product {
    private String number;          // 型番        ┐
    private String name;            // 品名        │
    private int price;              // 価格        ├ フィールド変数
    private LocalDate date;         // 発売日      │
    private boolean stock;          // 在庫(の有無) ┘

    public Product(String number, String name,
                    int price, LocalDate date, boolean stock) {
        this.number = number;       ┐
        this.name = name;           │
        this.price = price;         ├ コンストラクタ
        this.date = date;           │
        this.stock = stock;         ┘
    }

    public String getNumber() {     ┐
        return number;              │
    }                               │
    public String getName() {       │
        return name;                │
    }                               │
    public int getPrice() {         │
        return price;               ├ ゲッター
    }                               │
    public LocalDate getDate() {    │
        return date;                │
    }                               │
    public boolean isStock() {      │
        return stock;               │
    }                               ┘
    public void setNumber(String number) {  ┐
        this.number = number;               │
    }                                       │
    public void setName(String name) {      │
        this.name = name;                   │
    }                                       │
    public void setPrice(int price) {       │
        this.price = price;                 ├ セッター
    }                                       │
    public void setDate(LocalDate date) {   │
        this.date = date;                   │
    }                                       │
    public void setStock(boolean stock) {   │
        this.stock = stock;                 │
    }                                       ┘
}
```

フィールド変数とthis

先輩、プログラムの中に意味のわからない書き方があります！
あちこちに書かれているthisっていうのは何ですか？

thisが書かれているところでは、フィールド変数と同じ名前の引数がある。
同じだと区別がつかなくなるので、フィールド変数の側に this を付けるんだ。

フィールド変数に代入する値を引数として受け取る時は、引数の名前をフィールド変数と同じにします。フィールド変数と同じ名前にすると、どのフィールド変数に代入するのか、意味がはっきりするからです。

ただ、フィールド変数と引数を同じ名前にするだけでは、どれも引数とみなされます。そこで、フィールド変数であることを示すためにキーワードthisを付けるのです。
ただし、thisを付けるのは、同じ名前の引数がある時だけです。ゲッターのように、フィールド変数を使っていても引数がない場合は、thisを付ける必要はありません。

メソッドにはstaticを付けない

先輩、またまた、気づいたんですが、メソッドに static がありません！
メソッドには static を付ける規則じゃなかったですか？

オブジェクトをデザインするクラスでは、メソッドにstaticは付けない。
その理由を理解するにはstaticの意味を知っておくことだ。

そもそも、static は、静的に作るというキーワードで、プログラムの実行開始前に、あらかじめメモリー上にコピーしておく、という意味です。

例えば、mainメソッドには必ずstaticをつけます。それは、mainメソッドは、プログラムの最初に実行するメソッドなので、実行開始前に、あらかじめメモリーにコピーしておく必要があるからです。

ところが、オブジェクトはプログラムの実行中に、必要な時に、必要なだけ作るというのが大きな特徴です。つまり、必要な時になって初めてメモリーにコピーします。これを**動的に作る**といいます。

オブジェクトは動的に作ることが前提ですが、staticを付けると静的に作られてしまい、それができなくなります。そこで、オブジェクトをデザインするクラスのメソッドにはstaticを付けないのです。

なお、同じ理由からフィールド変数にもstaticが付いていないことに注意してください。staticのある無しによる違いは、3章でもう一度詳しく解説します。

Q1-2

解答

では、ここまでの理解度を確認しましょう。exerciseパッケージに、次のような簡単なクラスを作ってみてください。もちろん自動生成機能を使います。

例題にならって、次のパソコン用インクカートリッジの注文表から、オブジェクトのクラスを作ってください。クラス名はOrderです。クラスには、フィールド変数、コンストラクタ、ゲッター、セッターを作成します。

注文表

型番 `String` **`code`**	受注日 `LocalDate` **`date`**	価格 `int` **`price`**	個数 `int` **`quantity`**	納品済かどうか `boolean` **`delivery`**
ICBK61	2025年7月11日	2100	5	true
ICBK62	2025年9月2日	1050	10	false
ICY62	2025年7月15日	1050	12	true
ICC62	2025年7月27日	1050	18	true
ICM62	2025年8月22日	1050	9	false

＜ヒント＞

・フィールド変数は、表の１行目に書いてある型と変数名を使います

1.3 まとめとテスト

1.まとめ

1.オブジェクトを作るには

・型の異なるデータの集まりは、1つのオブジェクトにまとめることができる
・データの項目名から、データ型と変数名を決める

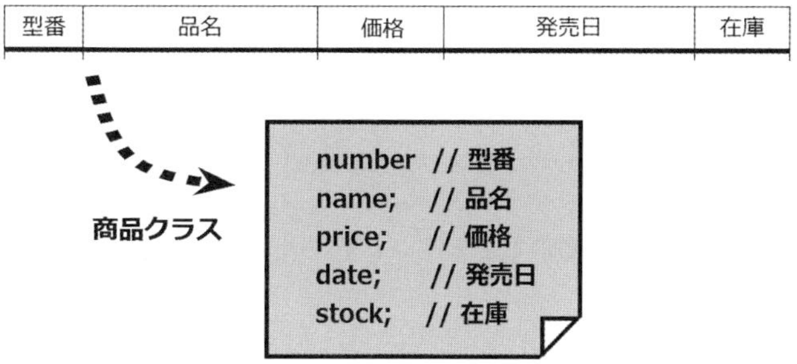

・クラスを作って、フィールド変数として定義する
・フィールド変数には private を付ける
・残りの要素は自動生成で作成できる

2.クラスのデザイン

・クラスとは、オブジェクトをデザインするための仕組みである
・クラスには、フィールド変数、コンストラクタ、セッター、ゲッターを作る

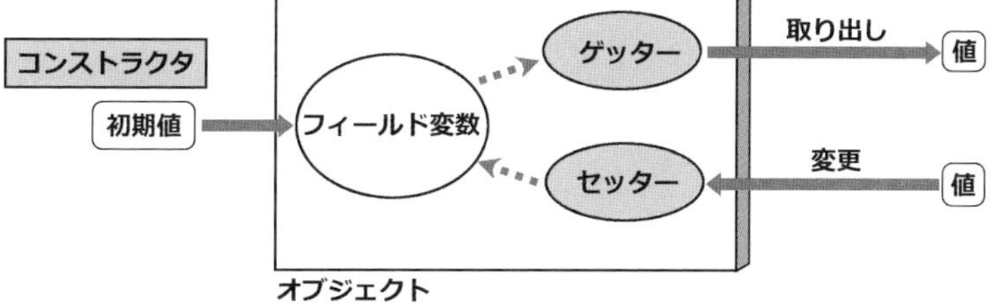

・コンストラクタは、オブジェクトに初期値をセットする
・ゲッターは、フィールド変数の値を取り出す
・セッターは、フィールド変数の値を変更する

1

3. オブジェクトはクラスをコピーして作成する

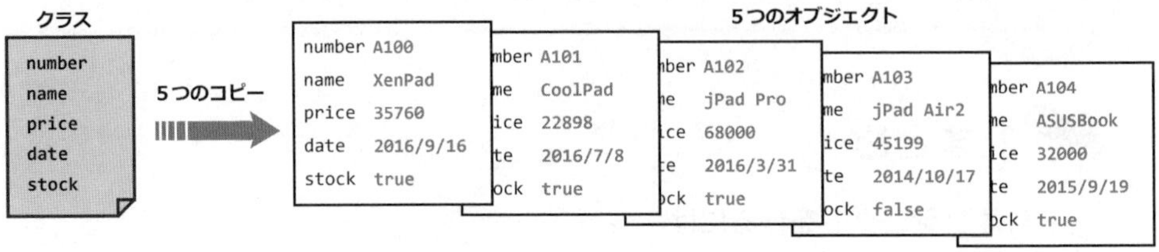

2. 演習問題

解答

この章のポイントを理解したかどうか、最終的な確認をしましょう。

次のデータから成績オブジェクトをデザインした Seiseki クラスを作成してください。クラスには、フィールド変数、コンストラクタ、ゲッター、セッターを作成すること。なお、フィールド変数は表に書き込んである名前と型を使います。

表

学籍番号 String **number**	氏名 String **name**	成績 int[] **score**	受験欠席 boolean **attend**
s2020001	田中宏	{88,75,66}	false
s2020002	鈴木一郎	{78,70,91}	false
s2020003	佐藤栄作	{70,66,72}	true

＜ヒント＞

・成績は、複数の科目（国語、数学、英語）があるので配列にします

・受験欠席は、受験しなかった場合にtrueとする項目です

■解答はexerciseパッケージに作成してください

Chapter

2 インスタンスの作り方と使い方

クラスをコピーして作ったオブジェクトを、インスタンスといいます。ここでは、インスタンスの作り方と基本的な機能について解説します。最初に、インスタンスを作るために必要なnew演算子とコンストラクタについて、機能と仕組み、使い方を説明します。次に、ゲッターとセッターの使い方とそれを使う理由を説明し、最後に、クラスに他のメソッドを追加する方法について説明します。この章を読み終えると、オブジェクトの機能を自分で拡張し、インスタンスを作って利用できるようになります。

2.1 インスタンスを作る

2

1.作成には new演算子とコンストラクタを使う

先輩、オブジェクトを作りたいんですけど！
クラスをコピーするとか言ってましたね？

簡単だ。newという演算子でクラスをコピーできる。
new Product(～) と書けばいい。

えっ、new Product(～)　ですか。
その "～" はどういう意味ですか。

newに続くProduct(～) の部分は、コンストラクタだ。
だから、～ の部分は、コンストラクタの引数になる。

オブジェクトは、new演算子とコンストラクタを使って作ります。

コンストラクタの重要な機能は、オブジェクトを初期化することです。例えば、下の表の1行目のデータからオブジェクトを作るには、new演算子に続けて、コンストラクタを書き、次のように引数を指定します。

オブジェクトの作り方

```
new  Product ( "A100", "XenPad", 35760, LocalDate.of(2016,9,16), true )
```

new演算子　　コンストラクタ

型番	品名	価格	発売日	在庫
A100	XenPad	35,760	2016年 9月16日	有
A101	CoolPad	22,898	2016年 7月8日	有
A102	jPad pro	68,000	2016年 3月31日	有
A103	jPad Air2	45,199	2014年10月17日	無
A104	ASUSBook	32,000	2015年 9月19日	有

表のデータを順に、コンストラクタの引数に指定します。この値が、オブジェクトのフィールド変数に代入されるわけです。実際、14ページのProductクラスのコンストラクタのソースコードは、次のようでした。

```
public Product(String number, String name, int price,
                              LocalDate date, boolean stock) {
    this.number = number;
    this.name = name;
    this.price = price;
    this.date = date;
    this.stock = stock;
}
```

左辺がフィールド変数、右辺が引数。引数とフィールド変数が同じ名前になっているので、区別するためフィールド変数側にthisを付ける。

コンストラクタには引数があり、引数をフィールド変数に初期値として代入していることがわかります。

thisとは

クラス定義の中で使われるthisは、そのクラスをコピーしてできるオブジェクトを意味するキーワードです。「このクラスのオブジェクト」と言い換えることができます。

this ＝ このクラスのオブジェクト

ですから、ドット（.）を「の」と読むことにすると、this.number は、「このクラスのオブジェクト」のnumberという意味になります。

先輩、thisでフィールド変数か引数かを区別するということでしたね。
それなら、引数とフィールド変数は違う名前にすればいいんじゃないかなぁ？

いや、違う名前だとかえってマズイ。
引数がたくさんある時、それぞれの引数をどのフィールド変数に代入するのか、名前が同じ方がわかりやすいだろ？

もちろん、コンストラクタの引数が、フィールド変数と違う名前なら、thisは不要です。しかし、違う名前を付けてしまうと、その引数を、どのフィールド変数に代入するのか、わかりにくくなります。そのため、引数はフィールド変数と同じ名前にするのです。

この意味では、引数が1つしかないセッターでは、引数はフィールド変数と違う名前でもいいのですが、それでも同じ名前の方がわかりやすいことに違いはありません。

2

new演算子

new演算子は、**クラスからフィールド変数とメソッドだけをコピーして、オブジェクトを作成します**。次の図では、青い矢印がコピーの働きを示しています。この時、フィールド変数には、nullや0が入っていますが、これらを**初期化の既定値**といいます。

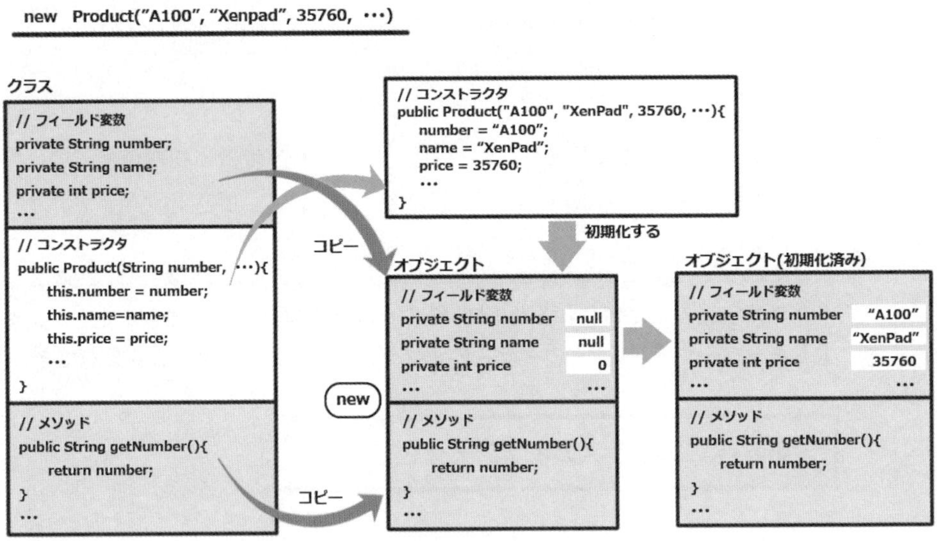

一方、**コンストラクタはコピーされません**。フィールド変数に正しい値を代入して、初期化の既定値を書き換えるのがコンストラクタの役目です。灰色の矢印で示すように、作成されたオブジェクトのフィールド変数に、引数で受け取った値を代入して初期化します。

えーっ、コンストラクタはオブジェクトの中に入らないんですか？
せっかく作ったのに･･･

コンストラクタは、オブジェクトを初期化するためのものだ。
初期化したらもう要らなくなるので、オブジェクトの中には含まれない。

コンストラクタは、オブジェクトの構成要素ではありません。オブジェクトを構成するのは、フィールド変数とメソッドです。オブジェクトの構成要素をメンバ（member）といいますが、オブジェクトのメンバは、フィールド変数とメソッドの2つだけです。

コンストラクタ

new演算子がフィールド変数とメソッドをコピーすると、次は、コンストラクタが、引数をフィールド変数に代入します。

次の図は、上段が引数に指定した値で、下段がコンストラクタの定義です。このように、引数の並びに合わせて値を指定します。

```
new Product( "A100" , "XenPad" , 35760 , LocalDate.of(2016,9,16) , true )

Product( String number , String name , int price , LocalDate date , boolean stock )
```

ふーん、コンストラクタって、クラスと同じ名前じゃないとダメですか？
（まぎらわしいなぁ）

同じじゃないとダメだ。
new 演算子はコンストラクタの名前から、コピーするクラスを判断している。

な、なるほど。･･･ でもおかしいな。
先輩、コンストラクタの定義に戻り値型がありません！

戻り値型がない　クラスと同じ名前

```
public   Product(String number, String name, int price,
                     LocalDate date, boolean stock) {
    this.number = number;
    this.name = name;
    this.price= price;
    this.date = date;
    this.stock = stock;
}
```

よく気づいたが、それは間違いじゃない。
コンストラクタはメソッドじゃないからだ。
戻り値なんて、最初から定義されていない。

コンストラクタはメソッドの仲間ではありません。

コンストラクタは、new演算子と一緒に使うもので、作成するオブジェクトの元になるクラス名を指示するとともに、作成したオブジェクトの初期化を行う役割があります。

そのため、クラス名と同じ名前で、戻り値型などはありません。コンストラクタの特徴をまとめると、次のようになります。

コンストラクタの特徴

- new演算子と一緒に使う
- クラス名と同じ名前である
- メソッドではないので戻り値型は書かない
- 主にフィールド変数に初期値を設定するために使う

2.作成したインスタンスはクラス型の変数に代入する

作ったオブジェクトは、変数に代入するのが普通です。いろいろな処理は、その変数を使って行います。そのため、オブジェクトを作る書き方は、いつも次のような代入文になります。

```
Product p1 =
    new Product("A100", "XenPad", 35760, LocalDate.of(2016,9,16), true);
```

これは、作成したオブジェクトを変数p1に代入する、という式です。変数p1の型が、クラス名と同じProduct型であることに注意してください。クラスはオブジェクトをデザインするだけでなく、同時にオブジェクトの型としても使われます。

先輩、ちょっと待ってください。
すると、クラスを作るたびに、新しい型ができるんですか？

そうだ。
だから、今までのプリミティブ型（基本データ型）と区別して、新しくできる型をクラス型という。Product型もクラス型のひとつ、ということになる。

オブジェクトを作成する書き方は、一般形で示すと、次のような形式です。

型 変数 = new コンストラクタ

変数の型は、オブジェクトをデザインしたクラス名と同じです。つまり、オブジェクトをデザインしたクラスは、オブジェクトの型としても使われます。Java言語では、このような型を、クラス型といいます。

3.インスタンスとは

プリミティブ型では具体的な値をリテラルといいました。これに対して、クラスをコピーして、フィールド変数に値をセットしたオブジェクトも「具体的な値」の一種です。そこで、オブジェクトという一般的な言い方ではなく、クラスのインスタンス（instance、実例）といいます。

あるクラス型のオブジェクトの実例という意味で、クラスのインスタンスというわけです。newとコンストラクタで作ったオブジェクトは、どれもクラスのインスタンスです。

これに対して、オブジェクトという言葉は、"オブジェクト指向" とか、"オブジェクトの仕組み" のように、一般的なオブジェクトを指す時に使います。

先輩、すると、さっきのthis ですけど、「このクラスのオブジェクト」じゃなくて、「このクラスのインスタンス」というべきですか？

それはどうかな。
thisはクラスから作られるインスタンスを抽象化したキーワードで、特定のインスタンスを指すわけじゃない。「オブジェクト」と言っていいだろう。

複数のインスタンスを作る

ところで、インスタンスを作る処理は、どこに書けばいいですか。
書こうと思ったら、なんだかわからなくなりました（汗）・・・

Java言語では、何かを実行する処理はmainメソッドに書く。
オブジェクトを作ったり、使ったりする時も同じだ。
だから、mainメソッドを作って、その中に書くんだ。

じゃ、Productクラスの中にmainメソッドを作るんですか？
（何か変な感じだなぁ）

いや、ここでは別なクラスを作って、その中に書くのがいいだろう。
Productクラスのある**sample**パッケージに、Execクラスを作るといい。
同じパッケージなら、ExecクラスからProductクラスを使うことができる。

Java言語では、**最初に実行される処理はmainメソッド**である、という原則があるので、何かを実行する処理は、どんな処理でもmainメソッドに書きます。

また、同じパッケージに属するクラス同士は、互いに見える状態（visible）にあります。つまり、互いにアクセスできる仲間のようなクラスです。そこで、インスタンスを作成する処理は、同じパッケージ内に別のクラスを作って、そのmainメソッドで実行するのがいいでしょう。

ここでは、いよいよ、3ページの表にあった5件のインスタンスを作成してみます。同じパッケージ内に、作成を行うためのExecというクラスを作ります。そして、Execクラスにmainメソッドを作成し、インスタンスを作る処理を書いてみましょう。

例題 5件のインスタンスを作る [Exec]

```
package sample;
import java.time.LocalDate;
public class Exec {
    public static void main(String[] args) {

        Product p1 = new Product("A100", "XenPad",
                          35760, LocalDate.of(2016,9,16), true);
        Product p2 = new Product("A101", "CoolPad",
                          22898, LocalDate.of(2016,7,8), true);
        Product p3 = new Product("A102", "jPad pro",
                          68000, LocalDate.of(2016,3,31), true);
        Product p4 = new Product("A103", "jPad Air2",
                          45199, LocalDate.of(2014,10,17), false);
        Product p5 = new Product("A104", "ASUSBook",
                          32000, LocalDate.of(2015,9,19), true);
    }
}
```

※インスタンスを作るだけなので、実行しても何も表示されません。

例題は、5件のインスタンスp1、p2、p3、p4、p5を作成しています。

インスタンスは、クラスをコピーして作ります。そのため、いくつでも同じ型のインスタンスを作成できます。

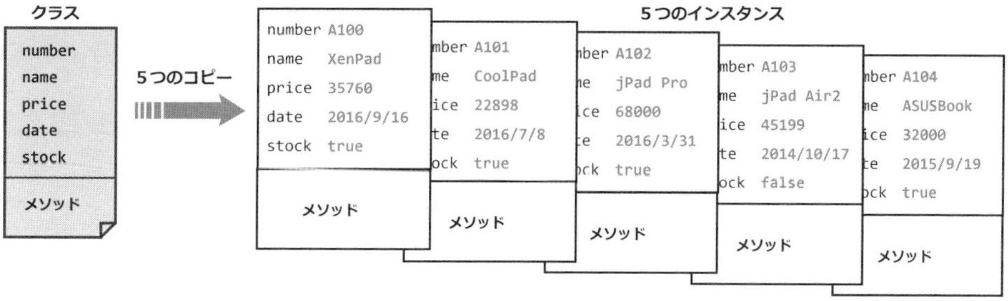

作成したインスタンスは、型が同じですから、同じフィールド変数と同じメソッド（この例では、ゲッターとセッター）を持っています。ただし、多くの場合、それぞれのフィールド変数の値は同じではありません。コンストラクタにより、いろいろな値をセットできるからです。

フィールド変数をオブジェクトの属性（プロパティ）と言い、その値を属性値といいます。同じ型のインスタンスは、属性値の違いで区別できます。

(例題を実行しても何も表示されないなぁ･･･)
先輩、インスタンスは作れたようなので、何かに使ってみたいんですが。
いったい、どんなことができるんですか？

インスタンスも普通の値と同じ使い方ができると考えていい。ただ、オブジェクトにしかできないこともあるので、使うには新しい知識が必要だ。

ふーん、新しい知識 ･･･
それじゃ、次は何を？

さしあたり、インスタンスが持つゲッター、セッターメソッドの使い方を説明する。それから新しいメソッドの追加の方法も説明しよう。

Q2-1

解答

ここまでの理解度を確認しましょう。

次の表にある5件のインスタンスを作るExecOrderクラスを書いてみてください。元になるクラスは、Q1-2で作成したOrderクラスです。

Q1-2で作成したOrderクラスが必要です。
ch02プロジェクトのexerciseパッケージにOrderクラスをコピーしてから始めてください。

注文表

型番 String **code**	受注日 LocalDate **date**	価格 int **price**	個数 int **quantity**	納品済かどうか boolean **delivery**
ICBK61	2025年7月11日	2100	5	true
ICBK62	2025年9月2日	1050	10	false
ICY62	2025年7月15日	1050	12	true
ICC62	2025年7月27日	1050	18	true
ICM62	2025年8月22日	1050	9	false

2.2 ゲッターとセッターの使い方

1.メンバ参照演算子

次の図は、Productクラスの5つのインスタンスを図にしたものです。変数p1、p2、･･･、p5は、どれも同じ名前のフィールド変数、同じ名前のメソッドを持っています。

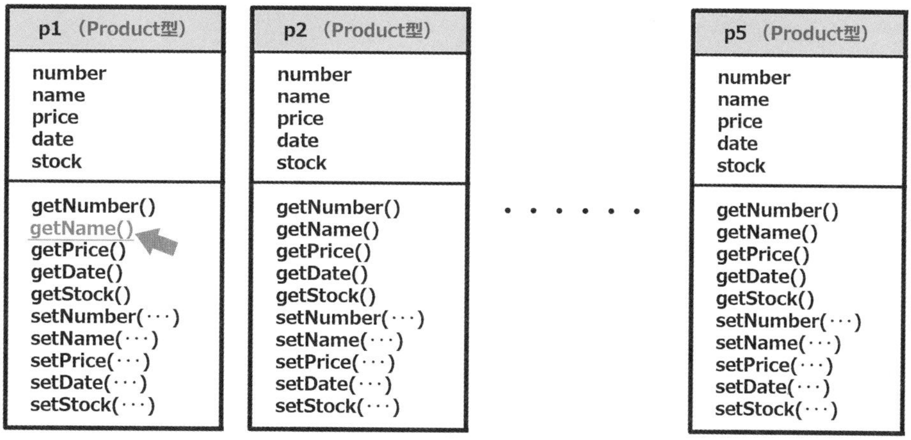

どのインスタンスでも、メンバの名前が同じなので、特定のメンバ --- 例えば、変数p1のgetName()というメンバ（青矢印の部分）を指し示すには、getName()とだけ指定したのではダメなことは明らかです。

そこで、インスタンスの特定のメンバを指し示すには、メンバ参照演算子（.）を使って次のように書きます。

```
p1.getName() --- p1の（中の）getName()
```

ドット（.）がメンバ参照演算子で、変数.メンバ のように使います。これで、p1のgetName()を指し示すのです。

先輩、フィールド変数もメンバですよね。
すると、メンバ参照演算子は、フィールド変数にも使えるんですか？
例えば、p1.name みたいに書いてもいいんでしょうか。

全く問題ない、文法的には正しい書き方だ。
ただ、フィールド変数だと、そう書いてもうまくいかないだろうな。

えっ、文法的には正しいのに「うまくいかない」って、
一体、どういうことですか？

フィールド変数には private がついているからだ。
その働きでコンパイルエラーになってしまう。
これは次の例題をやった後で解説しよう。

2.ゲッターの使い方

メンバ参照演算子を使って、変数の中のメンバを指し示せることがわかったので、ゲッターメソッドを使ってみましょう。ゲッターメソッドは、インスタンスの中のフィールド変数の値を返すメソッドです。戻り値型は、フィールド変数の型と同じです。

次のExecGetterクラスでは、変数p1のインスタンスから、ゲッターメソッドを使って品名と価格を取り出し、コンソールに表示します。

なお、ExecGetterクラスはProductクラスを使いますので、sample パッケージに、Product クラスがコピーしてあることを確認してください。

例題 ゲッターの使い方 [ExecGetter]

```
package sample;
import java.time.LocalDate;
public class ExecGetter {
    public static void main(String[] args) {

    ❶ Product p1 =new Product("A100", "XenPad",
                      35760, LocalDate.of(2016, 9, 16), true);
    ❷ System.out.println(p1.getName());          // 品名を表示する
    ❸ System.out.println(p1.getPrice());         // 価格を表示する
    }
}
```

```
XenPad
35760
```

2

❶で Product クラスのインスタンスを作って、変数 p1 に入れています。したがって、getName() メソッドの呼び出しは p1.getName() と書き、getPrice() メソッドの呼び出しは p1.getPrice() と書きます。

そして❷、❸でゲッターメソッドの呼び出しをprintln文の中に、直接、書くことによって、品名と価格を表示します。getName() の戻り値は製品名、getPrice() の戻り値は価格ですから、それらがコンソールに表示されるわけです。

実際に、Productクラスのソースコード（14ページ）を見てみると、これら2つのゲッターメソッドは、それぞれフィールド変数の値をreturn文で返す内容になっています。

```
public String getName() {
    return name;             // フィールド変数nameの値を返す
}
public int getPrice() {
    return price;            // フィールド変数priceの値を返す
}
```

フィールド変数をprivateにする理由

❷で、p1.getName() をp1.name に書き換えてみると、次のようにコンパイルエラーになります。

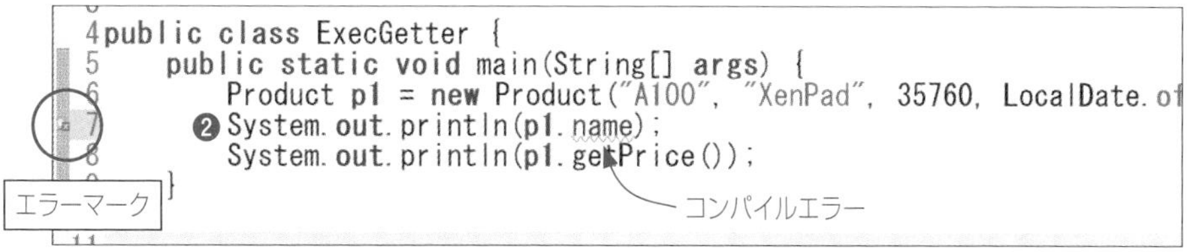

エラーになるのは、Productクラスで、nameなどのフィールド変数にprivate が付いているからです。privateは他のクラスで、フィールド変数を直接使うプログラムを書けないようにするために付けられています。

えっ、「書けないようにする」んですか？
(だったら、付けなきゃいいのに)

それは、フィールド変数を使われると、クラスの変更が難しくなるからだ。
例えば、何年か後になって、Productクラスで、製品番号をnumber1とnumber2に分けることになったとしよう。この時、他のクラスが`p1.number`を直接使っていたら、それらを全部探し出して、書き換えなくてはいけなくなる。

確かに、それは大変だ・・・
でも、メソッドを使っていても、同じじゃないですか？

いや、`getNumber()`を修正するだけで、つじつまを合わせることができる。
他のプログラムは書き換えなくてよくなるはずだ。

例えば、次のように`getNumber()`メソッドが2つの製品番号を1つに連結して返すようにすると、`getNumber()`を使っていた従来のプログラムは、書き替える必要がありません。

```
public String getNumber(){
        return number1 + number2;     // 2つの番号を連結して返す
}
```

メソッドは、内部のロジックを工夫することで、柔軟に処理を変更できるので、変化への対応が可能なのです。一方、フィールド変数を使われてしまうと、そのような対応が不可能になり、クラスの変更は難しくなってしまいます。

このことから、後からの変更に強くするには、メソッドだけを使わせておく方がいい、ということになります。そして、これがフィールド変数にprivateを付ける理由なのです。それによって、他のクラスがフィールド変数に直接アクセスすることを防ぎ、将来、クラスデザインの変更が必要になった時、対処しやすくなります。

ただ、他のクラスでも、フィールド変数の値を利用できないと困るので、代わりにゲッターメソッドとセッターメソッドを作っておきます。ゲッター、セッターはpublicにして、どのクラスからでも利用できるようにします。

2

3.セッターの使い方

次はセッターを使ってみましょう。セッターは、フィールド変数の値を変更するメソッドです。次の例では、Productクラスのインスタンスを作成し、価格（price）の値を35760から40200に変更します。

例題 セッターの使い方 [ExecSetter]

```
package sample;
import java.time.LocalDate;
public class ExecSetter {
    public static void main(String[] args) {

      ❶ Product p1= new Product("A100", "XenPad",
                        35760, LocalDate.of(2016, 9, 16), true);
      ❷ p1.setPrice(40200); // priceの値を40200に変更する
      ❸ System.out.println("price: " + p1.getPrice());  // 確認のため表示する
    }
}
```

```
price: 40200
```

❶でインスタンスを作成します。この時、フィールド変数price（価格）の初期値は35760です。

次に、❷で、セッターメソッド setPrice(40200) を実行します。セッターメソッドは、引数として受け取った値を、フィールド変数に代入する処理です。これにより、priceの値を40200に変更することができます。

最後に、❸で、ゲッターを使ってpriceの値を表示してみると、確かに40200に変わっていることが分かります。つまり、次の図のように、インスタンスの中のフィールド変数の値が変更されたわけです。

※ − はprivate、+ はpublicを表す

フィールド変数を直接変更はできない

先輩、8行目をp1.price = 40200; に変更してみました！
やっぱり、コンパイルエラーでした。

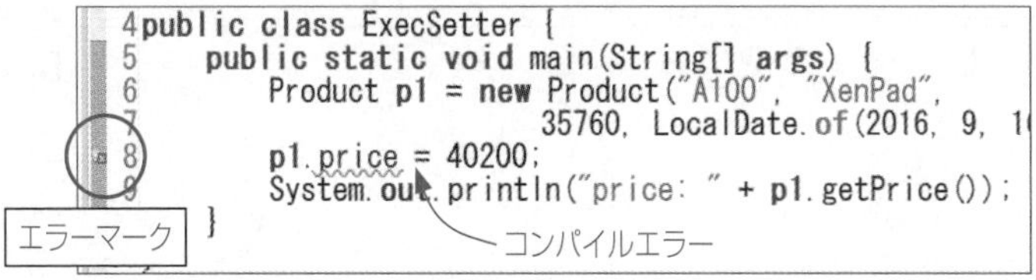

priceはprivateになっているので、他のクラスからはアクセスできない。
その代わり、セッターを作って、値の変更ができるようにしているわけだ。

フィールド変数はprivateなので、p1.price=40200; のように、直接、値を変更するような書き方はできません。フィールド変数の値を変更するには、セッターメソッドを使う以外に方法はないのです。

このように、フィールド変数に直接アクセスできないようにしておくことにより、将来、クラスのデザインを変更する必要が出てきた時、変更しやすくなる、というわけです。

なお、多くの場合、ゲッターは必須ですが、セッターは必ずしもそうではありません。コンストラクタでセットした値を変更しないという方針のクラス※では、セッターを作らないのが普通です。

また、セッターを積極的に使う場合は、不正な値をセットしないようにチェックする機能を、プログラマが追記する必要があります。

※イミュータブル（immutable）なクラスといいます。4章（86ページ）で解説します。

Q2-2

解答

では、ここまでの理解度を確認しましょう。

> 第1章で作成したOrderクラスが必要です。まだコピーしていない場合は、ch02プロジェクトのexerciseパッケージにOrderクラスをコピーしてから始めてください。

次の表から、Orderクラスのインスタンスを作成し、ゲッターとセッターを使ってみてください。作成するクラス名はExecJuchuとします。

型番	受注日	価格	個数	納品済かどうか
ICBK61	2025年7月11日	2100	5	true

最初は、ゲッターを使って、変更前の値を次のように表示します。

```
変更前
型　番=ICBK61
受注日=2025-07-11
個　数=5
```

次に、セッターを使って、受注日を2025-08-30に、また、個数を12個に変更した後、次のように表示してください。

```
変更後
型　番=ICBK61
受注日=2025-08-30
個　数=12
```

表示は、最終的に次のようになります。

```
変更前
型　番=ICBK61           最初の表示
受注日=2025-07-11
個　数=5

変更後
型　番=ICBK61           変更後の表示
受注日=2025-08-30
個　数=12
```

2.3 メソッドを追加する

1.toStringメソッドの作成

クラスに必要な機能があれば、いくつでもメソッドを追加できます。ここでは、新しくメソッドを追加する例を示します。

取り上げるのは、すべてのフィールド変数の値を調べて表示する処理です。この処理は、プログラムの動作を検証するのに役立ちます。ゲッターを使うと、フィールド変数の値を取り出せるのですが、1つずつ取り出して表示する、というのではちょっと不便です。

そこで、すべてのフィールド変数の値を、見やすく整形した文字列として返すtoStringメソッドを作ります。toStringメソッドの戻り値をコンソールに表示するだけで、インスタンスの内容がわかるのでとても便利です。

`toString()` はよく利用されるメソッドなので、どのIDEにも、自動生成の機能が組み込まれています。Eclipseでも自動生成できるので、sampleパッケージにあるProductクラスを開いて、次の手順でメソッドを追加してみましょう。

toStringメソッドの自動生成

① Productクラスの末尾にカーソルを置く

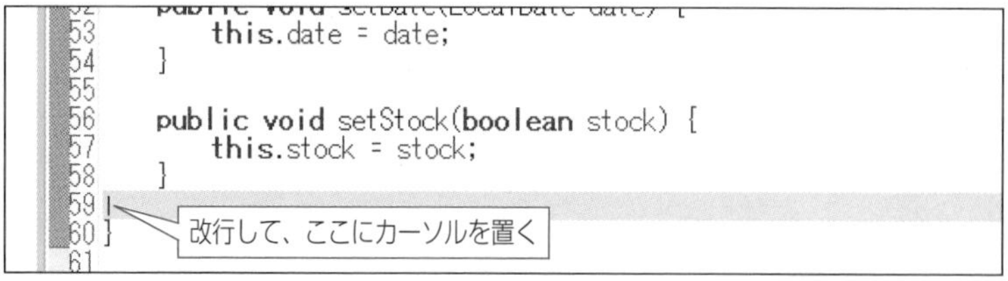

② メニューで、[ソース] ➡ [toString( )生成] と選択する
③ [toString( )の生成] ダイアログが開く
④ すべてのフィールドがチェックされていることを確認する
⑤ [OK] を押す

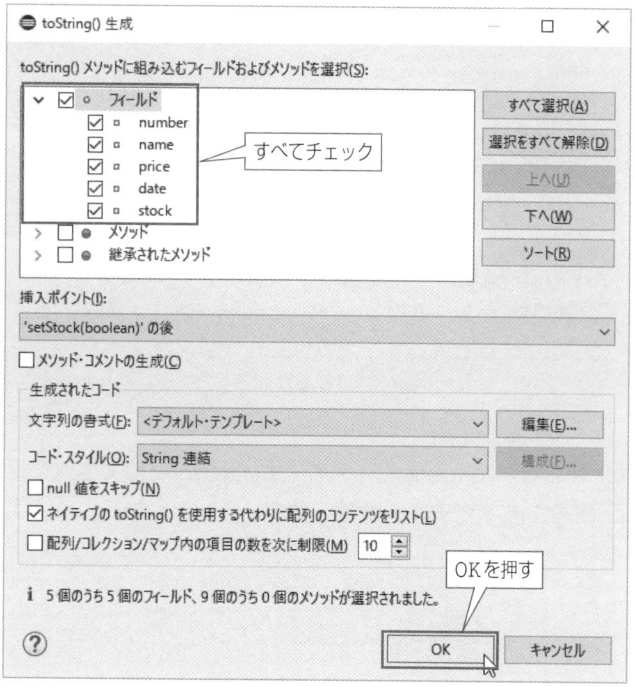

以上で、次のようにtoStringメソッドが自動生成されます。

```java
    public void setDate(LocalDate date) {
        this.date = date;
    }

    public void setStock(boolean stock) {
        this.stock = stock;
    }

    @Override
    public String toString() {
        return "Product [number=" + number + ", name=" + name + ", "
                + "price=" + price + ", date=" + date + ", stock=" + stock + "]";
    }

}
```

toStringメソッドの内容

プログラム全体を示すと、次の例題のようになります。例題では、見やすくするため、コンストラクタ、ゲッター、セッターの掲載を省略しています。

例題 toString()メソッドを追加したProductクラス [Product]

```
package sample;
import java.time.LocalDate;
public class Product {

    private String number;              // 型番
    private String name;                // 品名
    private int price;                  // 価格
    private LocalDate date;             // 発売日
    private boolean stock;              // 在庫（の有無）
     --- コンストラクタ、ゲッター、セッターの掲載を省略 ---
❶  @Override
    public String toString() {
        return "Product [number=" + number + ", name=" + name + ", "
        + "price=" + price + ", date=" + date + ", stock=" + stock + "]";
    }
}
```

青枠の部分が、自動生成されたtoStringメソッドです。toStringは文字列を返すメソッドで、その処理内容は、すべてのフィールド変数の値を、次のような形式の文字列に整形して返すことです。

```
"Product [number=×××, name=×××, price=×××, date=×××, stock=×××]"
```

そのため、インスタンスを文字列にして返す、とか、インスタンスの文字列表現を返すなどと言われます。

先輩、自動生成っていうから、もう少し複雑なものと思ってたら、フィールド変数を集めて文字列を作っているだけじゃないですか？

その通り、単純だ。
しかし、自動生成だから変数の書きもらしがないのが利点かな。

あれっ、でも、❶に余計なゴミみたいなのが付いてますよ。
これは消してもいいですか。

その @Override は、アノテーションといって、Java言語では非常に重要なモノだ。ここでは削除しても影響はないが、ひとまずそのままにしておくように。
９章で説明する予定だ。

2.toStringメソッドを使ってみる

それじゃ問題だ。Productクラスのインスタンスを作って、その内容をtoStringメソッドを使って表示する処理を書いてみるように。

ずいぶん簡単な問題ですね（笑）！
最初に、インスタンスを作ってp1に代入します。
その後、printlnの中にp1.toString()って書いておくだけじゃないですか。
toStringは文字列を返すので、これでいいはずです。

```
public static void main(String[] args) {
    Product p1= new Product("A100", "XenPad",
            35760, LocalDate.of(2016, 9, 16), true);
    System.out.println( p1.toString() );
}
```

```
Product [number=A100, name=XenPad, price=35760, date=2016-09-16, stock
=true]
```

残念！
それでも表示できるが、それは正解じゃない。

えっ、正解じゃないんですか？？？
（これ以外、どんな答えが…）

オブジェクトの内容を表示するには、printlnの中にp1だけを指定します。

```
× System.out.println( p1.toString() );
○ System.out.println( p1 );
```

println(p1) と書くと、インスタンスの文字列表現を得るために、println()メソッドの内部でp1のtoStringメソッドが呼び出されます。

一般に、println()、print()、printf() などの出力系メソッドは、インスタンスを出力する時、文字列表現を得るために、そのインスタンスのtoString()メソッドを呼び出すように作られているのです。

ですから、toString()メソッドは、直接利用するのではなく、出力系の標準メソッドのために作っておくもの、と考えた方がいいでしょう。

次の点を理解しましょう。

toStringメソッドの意義

toString()はprintlnなどの出力系メソッドが利用するメソッドである

では、あらためてtoStringを使う正解プログラムを見てみましょう。

例題 toString( )メソッドを試す [ExecToString]

```
package sample;
import java.time.LocalDate;
public class ExecToString {
    public static void main(String[] args) {

        Product p1= new Product("A100", "XenPad",
            35760, LocalDate.of(2016, 9, 16), true);
    ❶  System.out.println( p1 );
    }
}
```

```
Product [number=A100, name=XenPad, price=35760, date=2016-09-16, stock=true]
```

❶が、インスタンスp1を、直接、出力する書き方です。

プログラムの中にtoString()は書かれていませんが、printlnメソッドの処理の中で間接的に利用されています。このメカニズムは、すべての出力命令で、同じように働くので、printやprintf※メソッドでも、同じような書き方ができます。

今後は、オブジェクトのクラスを作る時、toString()メソッドも一緒に作成するようにしてください。そうすると、例題のように簡潔な形で出力できるようになります。

なお、出力の形式を自動生成されたものと違うものに変えたい場合は、toString()メソッドのソースコードを自分で編集するといいでしょう。

※printfで使う時は、文字列を出力するので、書式文字列に%sを使います。

既定のtoString()メソッド

プログラマがtoString()メソッドを作成しなかった場合に備えて、あらかじめ用意されている既定のtoString()メソッドがあります。しかし、既定のままでは、役に立つ表示はできません。

試しに、既定のtoString()メソッドを使ってみましょう。それには、ProductクラスからtoString()メソッドを削除した上で、例題をもう一度実行します。

先輩、やってみましたけど、プログラムがおかしくなったみたいです！
変な記号が出力されます。

```
sample.Product@15db9742
```

それは、おかしくなったわけじゃない。
@15db9742の部分は、インスタンスのメモリー上の位置に基づく値だ。

えっ、インスタンスの中身じゃないんですか･･･
メモリー上の位置なんて、役に立たない情報だなぁ。

あらかじめ用意されているtoString()メソッドだから、インスタンスの中身なんてわからない。仕方なく、そんな情報を表示するんだ。

表示されるのはインスタンスのメモリーアドレスです。メモリーアドレスを使う操作※ができないJava言語では、この値自体は何の役にも立ちません。結局、適切な表示をするためには、自分でtoString()メソッドを作る以外にない、ということです。

【重要】インスタンスをきちんと表示したければ、toStringメソッドを作成する

※メモリーアドレスを使って、メモリーにアクセスし、その位置に何かのデータを置いたり、逆にそこから取り出したりするような操作のこと。Java言語単体では、そのような操作はできないことになっている。

3. メソッドを増やすには

先輩、他にも自動生成できるメソッドはありませんか（笑）？
（自分で作らなくていいなら、ラクでいいなぁ）

何もかも、自動生成だとプログラマは失業してしまう。
大部分のメソッドは、必要に応じてプログラマが手書きするんだ。

ふーん。
（やはり、そうか・・・）

でも、メソッドの書き方は簡単だ。
セッターをまねると外部から値を受け取って処理するメソッドが書けるし、ゲッターをまねると外部に値を返すメソッドが書ける。2つを組み合わせれば、もっと複雑なメソッドも書けることになる。

toString() メソッドだけでなく、クラスに必要な機能があれば、いくつでもメソッドを追加できます。自動生成はできないので、メソッドはプログラマが手書きしますが、ゲッターとセッターをお手本にすれば、メソッドの作成は簡単です。

まず、メソッドが処理結果の値を外部に返すには、ゲッターメソッドのようにreturn文で返せばいいのです。ゲッターメソッドは次のようにreturn文で値を返していました。

```
public String getNumber() {          // （戻り値型はString）number のゲッター
    return number;
}
```

また、外部から、何かの値を受け取って処理するには、セッターメソッドのように引数で受け取ればいいのです。セッターメソッドは次のように引数を使っていました。

```
public void setNumber(String number) { // （引数はString型）numberのセッター
    this.number = number;
}
```

したがって、何かの値を受け取って、何かの処理を実行し、結果を返すメソッド、つまり、一般的なメソッドは、これらを組み合わせて、次のような一般的な形に書けます

```
public 戻り値型 someMethod( 引数並び ) {
    ...
    return 返す値 ;
}
```


4.メソッドを書いてみよう

先輩、メソッドなら何でもいいんですね。
それなら、「こんにちは」っていう文字列を返すメソッドでもいいですか？

意味のないメソッドはダメだ。
このクラスに密接に関係していて、作る妥当性があるものでないと。
フィールド変数を使って何かできないか、考えるといい。

そうですか。
うーん･･･あっ、価格（price）がありますね。
「個数を受け取って、その総額を返す」って、どうでしょう？

うん、それならいいだろう。
個数を受け取る処理はセッターをまねて、総額を返す処理はゲッターをまねればいい。

メソッドを追加してみましょう。

追加するメソッドは、Productクラスの機能になるわけですから、Productクラスに関係していて、本当に必要なものでなければいけません。Productクラスは、クラスを使って「商品」を表したものです。その機能に当たるメソッドも、「商品」の機能としての妥当性を持つことが必要なのです。

例えば、「商品」が給与計算をしたり、顧客にメールを送るような機能を持つことは妥当ではありません。ここでは、個数に応じた商品総額を返すtotalPrice()メソッドを作成してみましょう。

商品の個数は外部から受け取るので、セッターのようにメソッドの引数にします。

```
totalPrice(int quantity)
```

また、計算方法は、価格×個数なので、次のように計算し、ゲッターにならってreturn文で返します。


```
int total = price * quantity;        // 価格 × 個数
return total;                        // 総額を返す
```

したがって、totalPriceメソッドの戻り値型はintです。
結局、メソッドは次のようになるでしょう。

```
// 数量に応じた商品の総額を返す
public int totalPrice(int quantity) {
    int total = price * quantity;           // 価格 × 個数
    return total;                           // 総額を返す
}
```

このメソッドをProductクラスに追加したものが次の例題です。

例題 totalPriceメソッドを追加する [Product]

```
package sample;
import java.time.LocalDate;
public class Product {

    private String number;          // 型番
    private String name;            // 品名
    private int price;              // 価格
    private LocalDate date;         // 発売日
    private boolean stock;          // 在庫（の有無）

    // コンストラクタは記載を省略

    // 数量に応じた商品の総額を返す
    public int totalPrice(int quantity) {
        int total = price * quantity;         // 価格 × 個数
        return total;                         // 総額を返す
    }
    // 他のメソッドは記載を省略
}
```

では、このメソッドはうまく働くかどうか、試してみましょう。
次は、インスタンスを1つ作り、totalPriceメソッドを使ってみる例です。

例題 totalPriceメソッドを試す [ExecProduct]

```
package sample;
import java.time.LocalDate;
public class ExecProduct {
    public static void main(String[] args) {

        Product p1 =new Product("A100", "XenPad",
                    35760, LocalDate.of(2016, 9, 16), true);
        int quantity = 5; // 個数

❶      System.out.println("商品名= " + p1.getName());
❷      System.out.println("個 数= " + quantity);
❸      System.out.println("総 額= " + p1.totalPrice(quantity));
    }
}
```

```
商品名= XenPad
個 数= 5
総 額= 178800
```

例題は、商品個数を5個として計算しています。キーボード入力で任意の値を入力することもできますが、目的がメソッドのチェックなので簡単にしています。

プログラムは、❶で、ゲッターを使って商品名を取得して表示します。また、❷では個数を表示します。totalPriceメソッドを使うのは❸です。引数に個数（quantity）を指定して呼び出していますが、printlnの中に書いているので、戻り値がそのまま出力されます。セッター、ゲッターをまねると、一般的な処理を実行するメソッドを作れることがわかりました。メソッドは必要に応じていくつでも追加できます。

Q2-3

解答

では、ここまでの理解度を確認しましょう。

Productクラスに、商品の価格がp円よりも高いかどうかを調べるisHighPriceメソッドを追加してください。isHighPriceメソッドは、引数に価格pを取り、商品の価格がpより大きい場合true、そうでなければfalseを返します。

※boolean型の値を返すメソッドの名前は、"isHighPrice"のように、isを付けます。

2

2.4 まとめとテスト

1.まとめ

1.インスタンスの作成

・new演算子 ……………… クラスからフィールド変数とメソッドをコピーする
・コンストラクタ ………… フィールド変数に初期値を設定する
・オブジェクトのメンバ … フィールド変数+メソッド

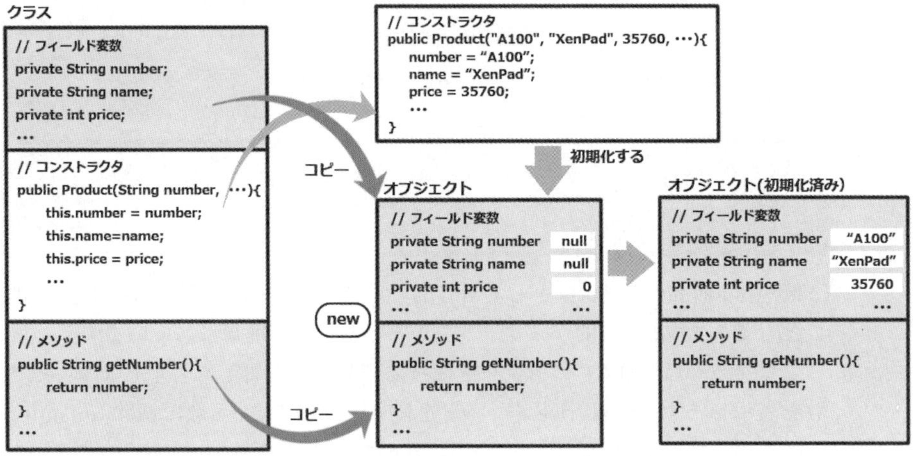

・作成したインスタンスは、変数に代入して使う。一般には次のような代入文になる。

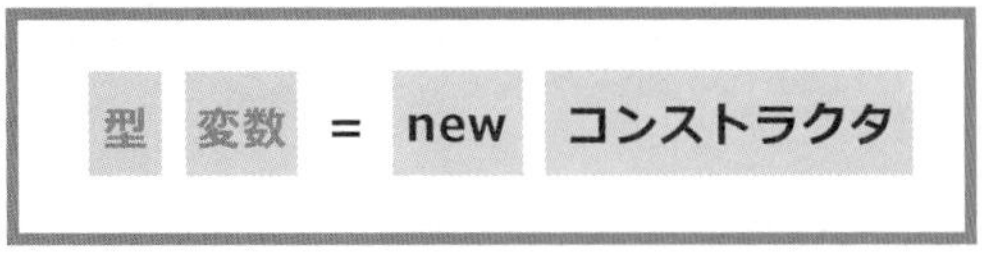

・変数の型はクラス名と同じ（クラス型）。

```
Product p1 =
      new Product("A100", "XenPad", 35760, LocalDate.of(2016,9,16), true);
```

2.thisとは

・this は、「このクラスのオブジェクト」という意味。

3.コンストラクタの特徴

・フィールド変数に初期値を設定するためのもの
・new 演算子と一緒に使う
・クラス名と同じ名前である
・メソッドではないので戻り値型は書かない

4.メンバ参照演算子（.）

・インスタンスのメンバを指し示すための演算子　p.name、p.getName()

5.ゲッターとセッター

ゲッター … フィールド変数の値を返す　System.out.println(p1.getPrice());
セッター … フィールド変数の値を変更する　p1.setPrice(40100);

6.toStringメソッド

・フィールド変数の値を、文字列に整形・編集して返すメソッド
・直接には使用しない。println、print、printfなどの出力メソッドが利用する

```
Product p1 =  new Product("A100", "XenPad", 35760, LocalDate.of(2016, 9, 16), true);
System.out.println(p1);
```

7.メソッドを追加する

・追加できるメソッドは、そのクラスに関係していて、作る妥当性のあるものに限る。
・メソッドの一般形は次のようになる。

```
public 戻り値型 someMethod( 引数並び ) {
    ・・・
    return  返す値 ;
}
```

2

補足：ゲッターとセッターの作成規則

自動生成するので、ゲッターやセッターを手書きすることはほとんどありませんが、ゲッターとセッターは、次のように書き方の規則が決まっています。

	ゲッター	セッター
アクセス修飾子	public	public
戻り値型	フィールド変数の型	void
メソッド名	get + フィールド変数名 is + フィールド変数名	set + フィールド変数名
引数	なし	フィールド変数と同じ型の変数

アクセス修飾子は、どちらもpublicです。また、ゲッターには引数はありませんが、戻り値があります。これに対して、セッターには引数がありますが、戻り値はありません。

メソッドの名前の付け方も決まっています。

・ゲッター：　get+フィールド変数名　　例 getNumber()
　　　　　　　is+フィールド変数名　　例 isResult()
・セッター：　set+フィールド変数名　　例 setNumber(…)

※フィールド変数名部分の**最初の1文字は大文字**にします
※ゲッターがboolean型の値を返す時は、get～ではなく**is**～と書きます

次の、作成例を見て作り方の規則を確認してください。

フィールド変数	ゲッター	セッター
int number	public int getNumber()	public void setNumber(int number)
double[] x	public double[] getX()	pubiic void setX(double[] x)
LocalDate date	public LocalDate getDate()	public void setDate(LocalDate date)
boolean result	public boolean **is**Result()	pubilc void setResult(boolean result)

※フィールド変数には、あらゆる型の変数を使うことができます。

2.演習問題

解答

問題を解いて、この章の内容を理解したかどうか確認しましょう。

次の備品台帳の表からBihinクラスを作る問題を解いてください。

品名 String **name**	購入日付 LocalDate **date**	価格 int **price**	個数 int **quantity**
パソコン	2013年3月10日	105,000	5
スキャナー	2010年7月21日	62,500	1
書架	2015年10月1日	138,800	2

問1　表からBihinクラスを作成してください。ただし、コンストラクタ、ゲッターとセッター、toString( )メソッドを持つようにします。

問2　ExecBihinクラスを作成し、表にあるデータから3つのインスタンスを作成し、次の実行例のように表示してください。

```
Bihin [name=パソコン, date=2013-03-10, price=105000, quantity=5]
Bihin [name=スキャナー, date=2010-07-21, price=62500, quantity=1]
Bihin [name=書架, date=2015-10-01, price=138800, quantity=2]
```

問3　次の処理をExecBihinクラスに追加してください。「パソコン」について、購入日付を2013年3月10日から2013年4月1日に変更します。ただし、変更前の日付と変更後の日付を、それぞれ実行例のように表示してください。

```
変更前：2013-03-10
変更後：2013-04-01
```

問4　LocalDateクラスには、日付Aが日付Bよりも後かどうかを調べるisAfterメソッドがあります。使い方は次のようです（563ページに詳しい解説があります）。

```
boolean b = A.isAfter(B);   // 日付AがBよりも後の日付ならtrueを返す
```

そこで、購入日付(date)が、指定した日付dateXよりも後かどうか調べて返すisAfterBihinメソッドをBihinクラスに追加してください。

＜ヒント＞

- メソッドの戻り値はboolean型です
- メソッドの引数は指定する日付dateXです

Chapter

3 クラスの仕組み

クラスはオブジェクトをデザインするための仕組みです。1章では自動生成を使ってクラスを作る方法を解説しましたが、この章では、アクセス修飾子、クラスメンバの種類、コンストラクタのオーバーロードなど、オブジェクトをデザインするために必須の知識を詳しく解説します。

3.1 他のクラスからのアクセスを制限する

1.privateとpublic

privateが付いていても、同じクラスの中なら自由に使うことができます。クラス内でのアクセスには何の制限もありません。

一般に、privateやpublicのように、アクセスの制限を表すキーワードをアクセス修飾子といいます。アクセス修飾子は、自クラスではなく、他のクラスからのアクセスを制限するためのものです。

自クラス内ではアクセス制限はない

最初に、次のProductクラス（抜粋）を見て、自クラス内では、privateが付いているフィールド変数でも自由にアクセスできることを確認しておきましょう。

```
public class Product {
    private String number;          // 型番
    private String name;            // 品名
    private int price;              // 価格
    private LocalDate date;         // 発売日
    private boolean stock;          // 在庫（の有無）

    // コンストラクタ
    public Product(String number, String name,
                   int price, LocalDate date, boolean stock) {
        this.number = number;
        this.name = name;
        this.price = price;         フィールド変数に代入
        this.date = date;
        this.stock = stock;
    }

    public String getNumber() {
        return number;  ←—— フィールド変数の値を返す
    }
```

フィールド変数はprivateになっていますが、コンストラクタでは、フィールド変数に値を代入していますし、またgetNumber()メソッドではフィールド変数numberの値を返しています。

このことから、クラス内でのアクセスには、何の制限もないことがわかります。

他のクラスはアクセス制限を受ける

では、他のクラスではどうだったか、思い出してみましょう。

2.2節（31ページ）では、ExecGetterクラスの❶で、Productクラスのフィールド変数nameを使ってみると、コンパイルエラーになりました。

```
public class ExecGetter {
    public static void main(String[] args) {
        Product p1= new Product("A100", "XenPad",
                35760, LocalDate.of(2016, 9, 16), true);
❶   System.out.println(p1.name);
```

コンパイルエラー（p1.name）

ExecGetterクラスでは、次のようにnameの値を表示したい時は、ゲッターを使って値を取得するしかありません。

```
❶   System.out.println(p1.getName());
```

ゲッターであるgetName()のアクセス修飾子はpublicなので、すべてのクラスで使えます。

そもそも、privateとpublicは次のような意味があります。

privateとpublicの意味

private ----- 他のクラスの中では使えないようにする（制限あり）
public ----- 他のクラスの中でも使えるようにする（制限なし）

先輩、privateはフィールド変数に付けますね。
それじゃ、publicは何につけたらいいですか？

それは、Productクラスを見ればわかる。
Productクラスのどこにpublicが使われているか、確認してみるんだ。

ふん、ふん、Productクラス（14ページ）ですね。
クラス宣言、コンストラクタ、メソッド全部にpublicが付いています！

3

アクセス修飾子は、クラス宣言、フィールド変数、コンストラクタ、メソッドに付けることができます。多くの場合、フィールド変数以外にはpublicを付けます。その理由は、クラス名、コンストラクタ、メソッドは、他のクラスで使う必要があるからです。

「他のクラス」を確認してみます。次は、ExecGetterクラスからの抜粋ですが、Productクラスのクラス名、コンストラクタ、メソッドが使われている様子がわかります。

```
public class ExecGetter {
    public static void main(String[] args) {

❶        Product p1= new Product("A100", "XenPad",
                     35760,LocalDate.of(2016, 9, 16), true);

❷  System.out.println(p1.getName());
```

型名（❶の Product p1 の Product）、コンストラクタ（❶の new Product(…) の Product）、メソッド（❷の p1.getName()）

❶はProduct型を宣言するのに、Productクラスの名前を使っています。また、❶の右辺では、コンストラクタを使っていますし、❷はゲッターメソッドを使っています。

このように、どうしても他のクラスで使う必要があるものには、publicを付けておかねばなりません。

2.privateでもpublicでもないケース

最後に、アクセス修飾子は必ず付けなくてはいけない、というわけではありません。privateとpublicのどちらも付けないという書き方も可能です。ただし、どちらも付けなかった場合は、既定のアクセス制限が自動的に適用されます。

既定のアクセス制限とは、同じパッケージに属するクラスの中でだけ使えるようにする、というアクセス制限です。既定値として適用されるので、これをデフォルトアクセス、または、パッケージアクセス（package access）といいます。

同じパッケージ内には、関連したクラスを集めるのが普通なので、関連の深いクラス同士に限って、互いにアクセスできるようにしようというわけです。

クラスの要素とアクセス修飾子

次の表は、アクセス修飾子と、それがどのクラス要素に適用できるかを示しています。青色の部分は一般的な組み合わせを示していますが、それ以外のアクセス制限も適用できる、という点に注意しましょう。

アクセス制限	class	フィールド変数	メソッド	コンストラクタ
private	×	○	○	○
パッケージアクセス	○	○	○	○
public	○	○	○	○

ほとんどの要素に、どのアクセス制限でも適用できるのですが、例外は、class宣言にだけprivateが使えないことです。

試しにclassにprivateを付けてみたら、コンパイルエラーになりました！

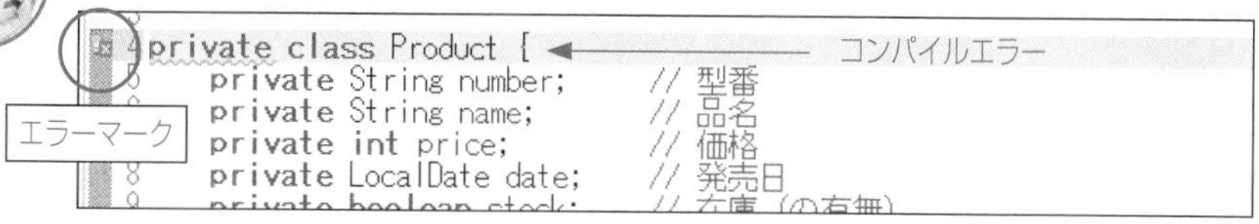

もしもクラスをprivateにできるとしたら、他のクラスでは、型名すらも使えないことになる。そんなクラスはあっても意味がないから、クラスにはprivateを付けることができないわけだ。

どんな時にprivateを使うか

先輩、メソッドをprivateにすることなんてあるんですか？
なんだか理由がわかりません。

privateにすると、そのクラスの中でだけ使えるメソッドになる。
他のクラスが使う必要のないメソッドは、privateにしていい。

ふーん・・・
全部publicじゃだめなんですか？

publicにして公開したメソッドは、API（戻り値型、引数など）を変えることができなくなる。自由に変更できるようにしておくには、必要以上にメソッドを公開しない方がいいんだ。

クラスのメソッドには、他のクラスから利用されるメソッドと、クラス内でだけ使う下請けメソッドがあります。

例えば、メソッドAが何かの計算結果を返すメソッドである時、Aで使うデータをファイルから読み込むメソッドBや、読み込んだデータを整形して使い易くするメソッドCは、外部のクラスが使う必要のない下請けメソッドです。この場合、BとCはprivateにして構いません。

でも、さすがにコンストラクタはprivateにしませんよね？
インスタンスを作るのに、絶対必要ですから。

いや、そうでもない。
他のクラスでインスタンスを作らないように、わざとprivateにすることがある。

えっ！？
インスタンスを作れなくてもいいんですか・・・

コンストラクタをprivateにするのは、インスタンスの生成をコントロールするための特殊なケースです。インスタンスを1つだけしか作れないようにするとか、同じ値を持つインスタンスを2重に作れないようにする、などの場合があります。

このようなケースでは、自クラスの中にインスタンスを作って返すpublicなメソッドを用意します。例えば、`LocalDate`クラスの`of()`メソッド（555ページを参照）などが、その例です。

3.カプセル化とは

従来、バラバラに扱われていたデータとメソッドを、1つのクラスにまとめてしまうことをカプセル化といいます。本来、クラスはカプセル化を実現するための仕組みです。

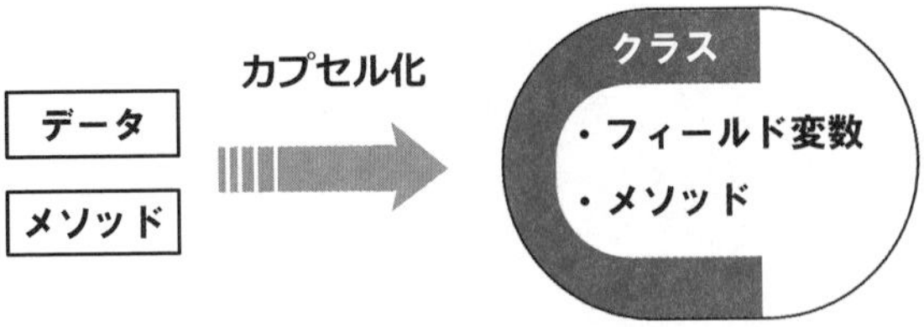

カプセル化の特徴は、公開する情報を制限することです。フィールド変数や、場合によっては、一部のメソッド、コンストラクタもprivateにして、外部のクラスが使えないように制限します。その上で、外部のクラスに利用してもらいたいメソッドだけを、publicにして公開します。

つまり、詳細を隠して、必要最小限のメソッドだけを公開するという方針で、クラスをデザインするわけです。この操作を**情報隠ぺい**（または**データ隠ぺい**）といいます。

カプセル化とは、データとメソッドを1つにまとめ、情報隠ぺいを施すことです。カプセル化により、変更に強いクラスとなり、その結果、**独立性の高いプログラム部品**として使えるようになるのです。

カプセル化って、薬のカプセルのように、クラスの中にデータとメソッドを包み込んでしまうイメージですか？

その通り。本来、クラスはカプセル化のために用意された仕組みなんだ。
カプセル化しないんだったら、変数とメソッドだけでいいはずだ。

ふん、ふん。
そう言えば、mainメソッドだけ書いていた頃は、何で全体をclassで囲むのかナゾでした。カプセル化するためだったんですね。

Q3-1

解答

覚えることが多いので、少しチェックしておきましょう。
次のうち、正しいものはどれでしょう。3つあります。
考えても判断が付かない場合は、解説を参照してかまいません。

A. コンストラクタにprivateは適用できない
B. classにprivateは適用できない
C. classにパッケージアクセスは適用できない
D. Fooクラスのprivateなメンバは、他のクラスの中からアクセスできない
E. Fooクラスのパッケージアクセスのメンバは、異なるパッケージにあるクラスの中からはアクセスできない
F. Fooクラスのpublic なメンバは、異なるパッケージにあるクラスの中からはアクセスできない

3.2 メンバの仕組み

1.スタティックメンバとは

3

Productクラスのように、オブジェクトをデザインするクラスのメンバ（フィールド変数とメソッド）には、staticが付きません。これらはインスタンスメンバといいます。

一方、staticを付けたメンバをスタティックメンバといいます（クラスメンバとか静的メンバということもありますが同じ意味です）。

例えば、次のStaticAdderクラスは、スタティックメンバだけからなるクラスです。

例題 スタティックメンバだけのクラス [StaticAdder]

```
package sample;
public class StaticAdder {

❶  private static int number;                        // フィールド変数

❷  public static void add() {                        // addメソッド
        number++;
    }
    public static void main(String[] args) {        // mainメソッド
        number = 100;                                // numberを100にする
        add();                                       // numberを1増やす
        add();
❸      System.out.println("number=" + number);      // 表示
    }
}
```

```
number=102
```

StaticAdderクラスは、mainメソッドの他、mainメソッドからアクセスする変数numberやadd( )メソッドが定義されています。すべてスタティックメンバなので、このまま実行できるクラスです。次のように動作します。

まず、❶のフィールド変数numberはプログラム内の共有変数で、すべてのメソッドがアクセスできます。また、❷のaddメソッドはnumberの値を1増やすメソッドです。mainメソッドでは、最初にnumberに100を代入し、続いてaddメソッドを2回呼び出すので、numberの値は102になります。最後に❸で、numberをコンソールに表示すると、`number=102`と表示されます。

先輩、1つ質問です。
staticが付いただけで、どうして実行できるんですか？

それは、実行開始前に、Javaシステム（JVM: Java Virtual Machine）が、すべてのスタティックメンバをメモリー※にコピーしてしまうからだ。
メモリー上で、すぐに実行できる状態になっている。次の図を見るといい。

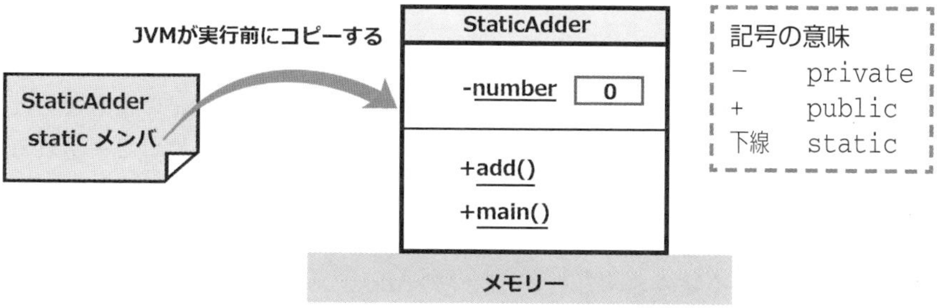

なるほど、メモリーにコピーされていれば、すぐに実行できるわけか。
フィールド変数もコピーされていますね。

staticの付いたメンバ、つまり、スタティックメンバは、Javaシステムにより、自動的にメモリーにコピーされます。プログラムの実行開始前に自動コピーされるので、いつでもアクセス可能な状態になっています。

mainメソッドは最初に実行するメソッドなので、常にスタティックメンバにします。そして、mainメソッドから呼び出されるメソッドや、アクセスするフィールド変数も、メモリー上になければアクセスできないので、スタティックメンバにします。

こうして、mainメソッドと、mainメソッドが必要とするすべてのメンバがメモリー上にあることで、実行可能なプログラムになるわけです。

※メモリーのメソッドエリア（static 領域）。メモリーは、他に、ヒープ領域とスタックに大別される。

2.インスタンスメンバとは

先輩、staticが付いてないメンバは、どうなるんですか。
メモリーに、自動的にはコピーされないわけですね。
実行したい時はどうすれば・・・

staticがないのは、オブジェクトをデザインするクラスのメンバだ。
つまり、インスタンスメンバだ。だから・・・

あっ、そうだった・・・(汗)
(newとコンストラクタでインスタンスを作るんだった)

オブジェクトをデザインするクラスのメンバは、staticの付かないインスタンスメンバです。インスタンスメンバは、インスタンスを作るためにコピーされる"データ"のようなものなので、**new演算子を使って、メモリー※にコピーするまで、実体は存在しません。**

次は、インスタンスメンバだけのAdderクラス(Adderオブジェクトのクラス)です。

例題 インスタンスメンバだけのクラス [Adder.class]

```
package sample;
public class Adder {

❶   private int number;                              // フィールド変数
    public Adder(int number) {                       // コンストラクタ
        this.number = number;
    }
❷   public void add() {                              // numberを1増やすメソッド
        number++;
    }
    public int getNumber() {                         // ゲッターメソッド
        return number;
    }
    public void setNumber(int number) {              // セッターメソッド
        this.number = number;
    }
}
```

※ インスタンスはヒープ領域に作られる。

このAdderクラスは、StaticAdderクラスのオブジェクト版です。mainメソッド以外の部分をAdderオブジェクトのクラスにまとめています。

Adderクラスは内部にフィールド変数number（❶）を持ち、その値を1だけ増やすことができるaddメソッド（❷）を持ちます。また、それ以外に、コンストラクタとゲッター、セッターメソッドがあります。

インスタンスの生成とは

次は、Adderクラスのインスタンスを作って、StaticAdderのmainメソッドと同じ処理を実行するExecAdderクラスです。

例題 インスタンスの生成 [ExecAdder]

```
package sample;
public class ExecAdder {
    public static void main(String[] args) {

❶       Adder adder = new Adder(100);         // インスタンスを作る。numberは100に。
        adder.add();                           // numberを1増やす
        adder.add();
❷       System.out.println("number=" + adder.getNumber());    // 表示
    }
}
```

```
number=102
```

例題は、mainメソッドの❶で、Adderクラスのインスタンスを作っています。この時、実体ができ、コンストラクタによりnumberは100に初期化されます。そして、addメソッドを2回実行するので、❷によりコンソールには`number=102` と表示されます。

new演算子はAdderクラスをコピーするんでしたね。
それでインスタンスができる・・・

詳しくいうと、new演算子は、Adderクラスのすべてのインスタンスメンバをメモリーにコピーする演算子だ。それで実体ができ、実行することができるようになる。次の図を見てほしい。

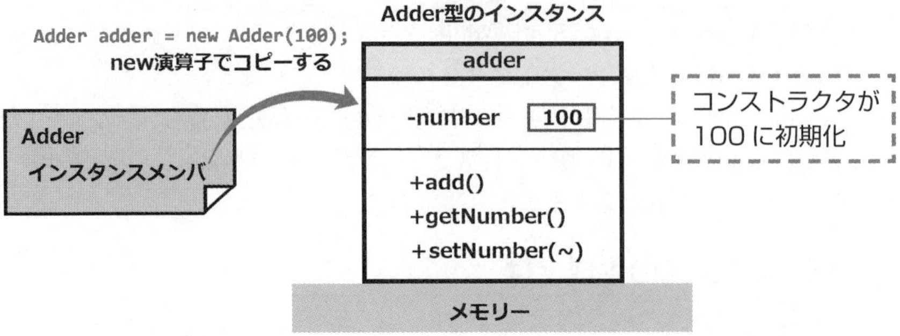

Adderクラスのインスタンスadderは、mainメソッドの中でnew演算子とコンストラクタによって作成されます。スタティックメンバと違って、インスタンスメンバは、プログラマがmainメソッドの実行中に、new演算子でコピーして作成するという違いがあります。

スタティックメンバとインスタンスメンバの違い

スタティックメンバにはスタティック変数とスタティックメソッドがあります。これらは、クラス変数、クラスメソッドということもあります。一方、インスタンスメンバには、インスタンス変数とインスタンスメソッドがあります。

	スタティックメンバ	インスタンスメンバ
メンバの名称	スタティック変数 スタティックメソッド	インスタンス変数 インスタンスメソッド
特徴	staticが付いている	staticが付かない
メモリへのコピー	JVMが自動的に行う	プログラマがnew演算子でコピーする
コピーのタイミング	プログラム実行前	プログラム実行中
コピーの回数	1回だけ	何回でも可能
メソッドの実行	いつでも実行できる	インスタンスを作成しないと実行できない

スタティックメンバは、実行開始前にJVMにより自動的にメモリーにコピーされ、終了時まで存在し続けるのでいつでも実行可能です。一方、インスタンスメンバは、プログラムの実行中に、プログラマがnewでインスタンスを作成した時、初めて実体化され実行できるようになります。

また、スタティックメンバはメモリー中に1つだけしか存在しませんが、インスタンスメンバは、同じクラスのインスタンスをいくつでも作ることができます。

Q3-2-1

解答

では、これまでの理解を確認しましょう。次の中で、インスタンスやインスタンスメンバの特徴でないものを3つ選んでください。

A. main メソッドの中で作る
B. static が付いていない
C. プログラマが作成する
D. プログラム実行開始前にメモリー上に置かれる
E. 静的メンバともいう
F. コンストラクタで任意の値に初期化できる
G. インスタンスの中にある
H. 1つだけしか作れない

3. インスタンスメンバとスタティックメンバの混在

次は、Adderクラスにmainメソッドを追加したAdderExクラスです。インスタンスメンバの中に、スタティックメンバ（mainメソッド）が混在しています。

例題 mainメソッドを持つクラス [AdderEx]

```
package sample;
public class AdderEx {

    private int number;

    public AdderEx(int number) {
        this.number = number;
    }
    public void add() {
        number++;
    }
    public int getNumber() {
        return number;
    }
    public void setNumber(int number) {
        this.number = number;
    }
    public static void main(String[] args) {
❶       AdderEx adder = new AdderEx(100);
        adder.add();
        adder.add();
        System.out.println("number=" + adder.getNumber());
    }
}
```

Adderクラスと同じ部分

追加したmainメソッド

```
number=102
```

うーん、これって、文法的には間違いじゃないんですよね？
（実行はできたみたいだけど）

文法的には、まったく問題ない。
インスタンスメンバとスタティックメンバの両方があるクラスは可能だ。

一般に、オブジェクトをデザインするために作成した、インスタンスメンバのクラスに、スタティックメンバが混在していても、コンパイルエラーにはなりません。インスタンスメンバとスタティックメンバは、それぞれ独立に機能します。

スタティックメンバは、JVMがメモリーに自動的にコピーするってことだったけど、インスタンスメンバまでコピーされてしまわないかなぁ？

JVMはインスタンスメンバをメモリーにコピーしたりしない。
インスタンスメンバは、実行には何の関係もないし、無いのと同じだ。

すると、AdderExクラスを実行すると、単にmainメソッドが動くだけ、ということですか？

その通り。
インスタンスメンバとスタティックメンバが混ざっていても、実行に関係するのはスタティックメンバだけだ。インスタンスメンバはあっても無視される。

混在したクラスを実行すると、スタティックメンバだけがメモリーにコピーされ、実行されます。この時、残りのインスタンスメンバは無視されます。つまり、存在しないのと同じなので、実行には何の影響も及ぼしません。

で、でも、ちょっと待ってください・・・
mainメソッドは❶で自クラス（AdderExクラス）のインスタンスを作ってます！

```
AdderEx adder = new AdderEx(100);
```

大丈夫、new演算子はインスタンスメンバをメモリーにコピーするだけで、スタティックメンバをコピーしたりしない。
スタティックメンバは無視するので、何の問題もない。

mainメソッドで、そのmainメソッドが属するクラスのインスタンスを作ることは、何の問題もありません。自クラスのインスタンスメンバをメモリーにコピーするだけです。また、スタティックメンバには何の影響もありません。

結論

インスタンスメンバとスタティックメンバが混在しているクラスでは、最初に、スタティックメンバに注目します。スティックメンバだけが、JVMによりメモリーにコピーされ、実行可能な状態になっているからです。この時、インスタンスメンバは、メモリー上に存在していないので、実行とは無関係です。

例題のように、mainメソッドの中で、自クラスのインスタンスを作成する処理を書くことができます。new演算子は、インスタンスメンバだけをメモリーにコピーして、インスタンスを作ります。この時、スタティックメンバには何の影響もありません。

結局、インスタンスメンバとスタティックメンバが混ざっていても、それぞれの機能には影響しないということが分かります。mainメソッドはちゃんと動くし、インスタンスもちゃんと作れる、というわけです。

Q3-2-2

解答

この節は、とても重要なパートです。
確実に理解できているかどうか、次の問に答えてみてください。

問1　次のクラスの記述は、コンパイルエラーになりますか。
おそらくやったことがないので、迷うと思いますが、メモリー上に存在していれば使えるということを念頭において考えてみてください。

```
public class Rocker {
    int data;
    public Rocker(){
        this.data = Base.number;  // スタティックメンバを使っています
    }
}
public class Base {
    public static int number = 10;
}
```

問2　次のBookクラスの最後に、mainメソッドを追加してみましょう。
mainメソッドでは、表のデータからインスタンスを作成し、作成したインスタンスを出力してください。exerciseパッケージに作成します。

```
package exercise;
public class Book {
    private String title;          // 書名
    private String author;         // 著者
    public Book(String title, String author) {
        this.title = title;
        this.author = author;
    }
    @Override
    public String toString() {
        return "Book [title=" + title + ", author=" + author +  "]";
    }
}
```

タイトル	著者
マイクロサービスの構築	John Thompson

実行例

```
Book [title=マイクロサービスの構築, author=John Thompson]
```

3.3 コンストラクタの仕組み

1.オーバーロード

同じ名前のメソッドを作ることを、オーバーロードといいます。
次は、Adderクラスのaddメソッドをオーバーロードする例です。

```
public void add(){              // 元からあったaddメソッド
    number++;                   // numberを 1 増やす
}
public void add(int val){       // オーバーロードしたaddメソッド
    number += val;              // numberに引数のvalを加える
}
```

オーバーロードとは、同じ名前で、機能の異なるメソッドを作ることです。例では、元のメソッドがnumberの値を 1 増やすだけだったのに対して、追加したメソッドは、numberに引数valを加算して、引数の分だけ増やすようになっています。

先輩、ちょっと質問です。
同じ名前のメソッドなのに、機能が違うなんて、まぎらわしくないですか？

いや、名前が違うと、かえってわかりにくいんだ。
例えば、新しいメソッドをadd_n という名前にしたとしよう。すると、1 だけ増やしたい時、つい、add(1)と書いてしまわないだろうか？

うっ、･･･
確かに、間違いそうです。

同じにしておけば、add()でもadd(1)でも動く。
値をいくつ増やすかで使い分けるんじゃなくて、値を増やすにはaddメソッドを使う、とだけ覚えておけばよいので使いやすいわけだ。

同じ目的のメソッドは、同じ名前にして、引数の違いで機能にバリエーションを持たせるのがオーバーロードのテクニックです。ですから、オーバーロードするメソッドは、それぞれ異なる引数構成を持たねばなりません。

異なる引数構成とは次のどれかに該当することです

① 引数の数が違う
② 引数の型が違う
③ (同じ数、同じ型でも) 引数の並び順が違う

3

オーバーロードするには、引数構成を変えることだけが条件です。引数構成が同じなら、たとえ戻り値型やアクセス修飾子、引数名が違っていても、コンパイルエラーになります。戻り値型、アクセス修飾子、引数名の違いは、オーバーロードには何の効果もありません。

2.コンストラクタをオーバーロードする

メソッドと同じように、コンストラクタもオーバーロードできます。オーバーロードの条件もメソッドと同じです。コンストラクタをオーバーロードするのは、引数の数を減らして簡単にする場合や、異なるデータ型の引数を使う場合などです。

次は、Productクラスについて、引数の少ないコンストラクタをオーバーロードする例です (全体のソースコードは70ページ)。引数として受け取らないデータ (発売日、在庫の有無) は、既定値 (LocalDate.now()、true) を割り当てます。

```
// 元のコンストラクタ
public Product(String number, String name, int price,
                              LocalDate date, boolean stock) {
    this.number = number;
    this.name = name;
    this.price = price;
    this.date = date;
    this.stock = stock;
}
// オーバーロードしたコンストラクタ
public Product(String number, String name, int price) {
    this.number = number;
    this.name = name;
    this.price = price;
    this.date = LocalDate.now();            // 今日の日付を代入しておく
    this.stock = true;                      // 在庫あり (true) にしておく
}
```

※LocalDate.now() は、今日の日付を返すクラスメソッドです。

また、次は、Productクラスの初期値を、データファイルから読み込んで初期化するコンストラクタです。データファイルから読み込むので、引数はファイル名だけになっています。

なお、このようなコンストラクタは自動生成できないので手書きで作成します。

```
// ファイルから初期値を読み込むコンストラクタ
public Product(String fileName) {
    // fileNameのデータファイルから初期値を読み込んで、
    // フィールド変数にセットする処理（省略）
}
```

※ファイル入出力は15章で解説するので、ここでは詳細を省略します。

引数のないコンストラクタ

引数のないコンストラクタは、文字通り、引数が1つもないコンストラクタです。インスタンスは作っておくが、フィールド変数の値は後で決めたい、という場合に使います。引数のないコンストラクタは、すべてのクラスに共通な、最も基本的なコンストラクタなので、オーバーロードしておくことを推奨します。

例えば、Productクラスの引数のないコンストラクタは次のようです。

```
// 引数のないコンストラクタ
public Product() {
}
```

ただし、引数のないコンストラクタを使うと、フィールド変数には、既定の初期値が自動的に代入されます。フィールド変数に、何か値を設定しないとインスタンスを作れないからです。

既定の初期値とは次のような値で、フィールド変数の型により値が決まっています。

オブジェクトの初期化の既定値

- int、double などの数値型の変数 ………………………… 0 または 0.0
- boolean型の変数 ……………………………………………… false
- String やその他のオブジェクトの型※の変数 …………… null

※オブジェクトの型の詳細は、94ページを参照してください。

3

例題 いろいろなコンストラクタ [Product]

```
package sample2;
import java.time.LocalDate;
public class Product {

    private String number;          // 型番
    private String name;            // 品名
    private int price;              // 価格
    private LocalDate date;         // 発売日
    private boolean stock;          // 在庫（の有無）
    // ❶ 通常のコンストラクタ
    public Product(String number, String name,
                        int price, LocalDate date, boolean stock) {
        this.number = number;
        this.name = name;
        this.price = price;
        this.date = date;
        this.stock = stock;
    }
    // ❷ 引数を減らしてオーバーロードしたコンストラクタ
    public Product(String number, String name, int price) {
        this.number = number;
        this.name = name;
        this.price = price;
        this.date = LocalDate.now();        // 今日の日付
        this.stock = true;                  // 在庫あり（true）
    }
    // ❸ ファイルから初期値を読み込むコンストラクタ
    public Product(String fileName) {
        /* fileNameのデータファイルから初期値を読み込んで、
           フィールド変数にセットする処理（省略） */
    }
    // ❹ 引数のないコンストラクタ
    public Product() {
    }
    // ゲッター、セッター、toStringメソッドの記載は省略

    public static void main(String[] args) {    // テスト用にmainを追加
        Product p = new Product();              // 引数のないコンストラクタで生成
        System.out.println(p);                  // 内容を表示してみる
    }
}
```

```
Product [number=null, name=null, price=0, date=null, stock=false]
```

このProductクラスはこれまでのProductクラスと別にするため、sample2パッケージに作成しています。❶〜❹の4つのコンストラクタをオーバーロードしています。

mainメソッドでは、❹の引数のないコンストラクタを使っています。

```
Product  p = new Product();
```

使い方はこれまでと同じです。引数はありませんが、フィールド変数には、既定の初期値が代入されます。それは、例題の出力結果を見るとわかるでしょう。

なお、引数のないコンストラクタに処理を書けないわけではありません。次のように、コンストラクタの中でフィールド変数を特定の値に初期化することもできます。

```
public Product(){
    number = "";
    name = "";
    price=0;
    date=LocalDate.of(2020, 1,10);
    stock = true;
}
```

Q3-3-1

解答

コンストラクタのオーバーロードについて、理解度を確認しましょう。
次は、Bizクラスのコンストラクタです（処理内容は省略）。

```
public Biz(int number, double rate, String eval)
```

この時、Bizクラスに書き加えるとコンパイルエラーになるものはどれでしょう。
なお、処理内容は省略しています。

A. public Biz(double a, int b, String c)
B. public Biz(int a, double b, String c)
C. private Biz(int number, double rate)
D. Biz(String eval)
E. public Biz()

3.thisによるコンストラクタの簡単化

コンストラクタの中から、他のコンストラクタを呼び出すと、処理を簡単にできます。ただし、呼び出すコンストラクタは、次のように**this(…)**という表記にします。

```
// 通常のコンストラクタ
public Product(String number, String name,
                        int price, LocalDate date, boolean stock) {
    this.number = number;
    this.name = name;
    this.price = price;
    this.date = date;
    this.stock = stock;
}
// 引数を減らしてオーバーロードしたコンストラクタ
public Product(String number, String name, int price) {
    this(number, name, price, LocalDate.now(), true);
}
```

thisは、そのクラスから作られるオブジェクト自身を指すキーワードで、「このオブジェクト」という意味であると解説しました。しかし、thisに( )を付けると「このオブジェクトのコンストラクタ」という意味になります。

this( )を使えるのは、コンストラクタの中だけです。また、複数あるコンストラクタのどれを指すのかは、引数の並びで判断されます。

示した例では、引数が3つのコンストラクタの中で、引数が5つのコンストラクタを呼び出しています。不足する引数は、下線部分のように適切な既定値を充てることで、引数の数を5にしています。

この書き方を、例題の❷のコンストラクタと比較してください。引数は全く同じですが、プログラムが簡潔になったことがわかるでしょう。多くのコンストラクタをオーバーロードする時は、this()が使えないかどうか、考えてみてください。

Q3-3-2

解答

`this()`を使う練習をしてみましょう。

次はComputerクラスです。枠内には他のコンストラクタの呼び出しを書きます。不足する引数は既定値の表にある値を使います。枠内を埋めてください。

```
public class Computer {
    private String name;
    private int cores;
    public Computer(String name, int cores) {
        this.name = name;
        this.cores = cores;
    }
    public Computer(String name) {
        ①
    }
    public Computer() {
        ②
    }
}
```

既定値

name	cores
M200	32

4.デフォルトコンストラクタ

オブジェクトをデザインするクラスには、コンストラクタが必須です。そのため、コンストラクタを1つも定義しなかった場合は、コンパイラにより、自動的に、デフォルトコンストラクタが作られます。デフォルトコンストラクタは引数のないコンストラクタになります。

ただし、コンパイルしたclassファイルの中に作られるので、ソースコードを見てもわかりません。また、1つでもコンストラクタが作られていると、デフォルトコンストラクタは作成されません。

例題 デフォルトコンストラクタ [SimpleObject]

```
package sample;
public class SimpleObject {

    private int number;                              // フィールド変数

    public int getNumber() {                         // ゲッターメソッド
        return number;
    }
    public void setNumber(int number) {              // セッターメソッド
        this.number = number;
    }
    public static void main(String[] args) {
❶       SimpleObject obj = new SimpleObject();      // デフォルトコンストラクタ
        System.out.println("number=" + obj.getNumber());
    }
}
```

```
number=0
```

例題のSimpleObjectクラスは、フィールド変数numberとそのゲッター、セッターだけのクラスで、テスト用にmainメソッド（点線枠内）を追加しています。

コンストラクタは定義していませんが、デフォルトコンストラクタが自動生成されるので、❶のように、引数のないコンストラクタを使って、インスタンスを作成できます。numberには初期化の既定値である0が代入されます。

先輩、普通、誰だってコンストラクタは作りますよね。
すると、デフォルトコンストラクタなんて、出番がないような・・・

それじゃ、本当にコンストラクタを書き忘れたらどうなる？
インスタンスが作れないのでは。

あっ、確かに。
ということは、まさかの時の保険みたいなものですか？

そう、保険だ。だから、プログラマが積極的に使うものじゃない。
やはり、コンストラクタは、きちんと作るべきだ。

Q3-3-3

解答

では、知識の確認です。次のプログラムを見てください。
このプログラムは、正しく動くでしょうか？ 判断した理由は何ですか。

```
public class Bar{
    private double value;
    public static void main(String[] args){
        Bar bar = new Bar();
    }
}
```

3.4 まとめとテスト

1.まとめ

1.アクセス修飾子

・private ………………… 他のクラスの中では使えないようにする
・パッケージアクセス … 同じパッケージに属するクラスの中でだけ使えるようにする
・public …………………… 他のクラスの中でも使えるようにする

アクセス制限	class	フィールド変数	メソッド	コンストラクタ
private	×	○	○	○
パッケージアクセス	○	○	○	○
public	○	○	○	○

2.カプセル化とは

・カプセル化 ……クラスの中にフィールド変数とそれに関連するメソッドを集め、詳細を隠して必要な限られたメソッドだけを公開する（情報隠ぺい）こと。

3.メンバの仕組み

・スタティックメンバ …プログラム実行開始前にJVMによりメモリーにコピーされる
→ メソッドは、常に実行できる
・インスタンスメンバ …プログラム実行中にnew演算子によりメモリーにコピーする
→ メソッドは、インスタンスを作ると実行できる

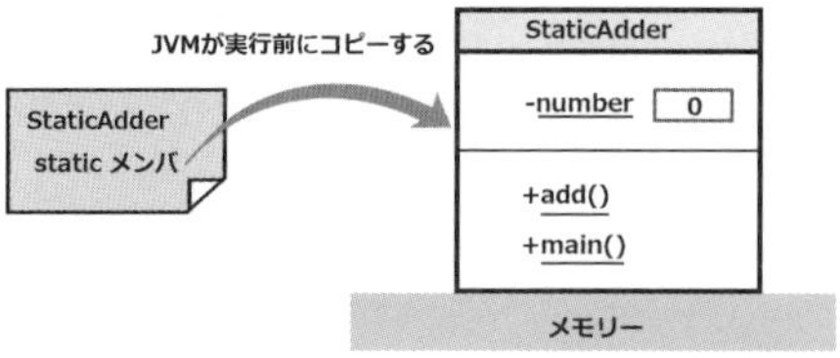

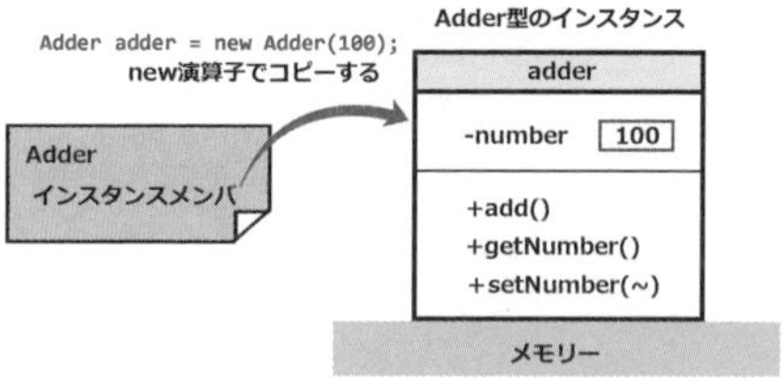

・スタティックメンバとインスタンスメンバが混在したクラスを作ってもよい。
・インスタンスメンバは、スタティックメンバにアクセスできる。
・スタティックメンバは、インスタンスを作らない限り、インスタンスメンバにアクセスできない。

4.オーバーロードとコンストラクタの仕組み

・オーバーロード … 引数の構成（型、数、並び順）が異なっていなければならない
・初期化の既定値 … 数値型は0または0.0、boolean型はfalse、オブジェクトの型はnull
・this(～) ………… コンストラクタの中で他のコンストラクタを呼び出す書き方
・クラスにコンストラクタを1つも作らなかった時は、デフォルトコンストラクタが作られる。

2.演習問題

解答

問題を解いて、この章の内容を理解できたかどうか確認しましょう。

問1　クラスのカプセル化と情報隠ぺいのために必要な処置はどれですか。2つ選んでください。

A. フィールド変数にprivateを付ける
B. コンストラクタをpublicにする
C. publicなゲッターとセッターメソッドを作る
D. スタティックメンバを含まないようにする
E. 公開しないメソッドはパッケージプライベートにする
F. 引数のないコンストラクタを作る

問2　アクセス修飾子を理解しているかチェックする問題です。
p1パッケージのStoneクラスと、p2パッケージのExecStoneクラスがあります。
パッケージが異なる点に注意してください。

```
package p1;
public class Stone {
    int varA;
    private int varB;
    public int varC;
    public Stone(int varA){}
    void methodA(){}
    void methodB(){}
}
package p2;
import p1.Stone;    //Stoneクラスを使えるようにする
public class ExecStone {
    public static void main(String[] args){
        Stone stone = new Stone(100);
        [                              ]
    }
}
```

この時、枠内に書いてコンパイルエラーにならないのはどれですか。

A. `stone.methodA();`
B. `stone.methodB();`
C. `System.out.println(stone.varA);`
D. `System.out.println(stone.varB);`
E. `System.out.println(stone.varC);`

3

問3　インスタンスメンバとスタティックメンバの違いに関する問題です。
次のA、Bはコンパイルエラーになるかどうか、答えてください。

A.
```
public class Test1 {
    private int m=0;
    public static void main(String[] args){
        System.out.println(m);
    }
}
```

B.
```
package exercise;
public class Test2 {
    static int m=5;
}
package exercise;
public class Test3 {
    public static void main(String[] args){
        System.out.println(m);
    }
}
```

問4　オーバーロードに関する問題です。
次のようなOverloadクラスのコンストラクタがあります（処理内容は省略している）。

```
public Overload(String a, int b)
```

コンストラクタのオーバーロードとして正しいものはどれですか。

A. `private Overload(String str, int n)`
B. `public OverLoad(String name, int age)`
C. `public void overload(String s)`
D. `Overload(int max, String str)`

問5　コンストラクタの簡単化に関する問題です。
Bigfootクラスでは、次のようにコンストラクタがオーバーロードされています。
このクラスはコンパイルエラーでしょうか。判断した理由は何ですか。

```
public class Bigfoot {
    int n;
    double x;
    public Bigfoot(int n, double x){
        this.n=n; this.x=x;
    }
    public Bigfoot(int n){
        this(n, n);
    }
    public Bigfoot(double x){
        this(x, 5);
    }
}
```

Chapter

4 インスタンスと参照

作成したインスタンスが、「コンピュータのメモリー上のどこにおかれているのか」という情報を参照といいます。この章では、インスタンスを入れたはずの変数に、本当は参照が入っていることや、参照がどうやってインスタンスのアクセスと結びつくのかについて、わかりやすく解説します。インスタンスの操作には、参照についての正しい理解が必要です。

4.1 参照とは

コンピュータのメモリーには、先頭位置から順に番号が付いていますが、あるインスタンスが、何番のメモリー番号の位置に置かれているか、という情報をインスタンスの参照(reference)といいます。つまり、参照は、インスタンスのメモリー上の位置を示す値で、JVM(Javaシステム)がインスタンスにアクセスするために使われます。

1. 参照とその役割

Java言語では、図のように、メモリーを用途に分けて管理しています。プログラムを置く**コード領域**、ローカル変数を置く**スタック領域**などです。また、newで作成したインスタンスは、それらとは別に、ヒープ領域に置かれます。インスタンスがヒープ領域に置かれると、インスタンスのメモリー上の位置を表す参照の値が決まります。

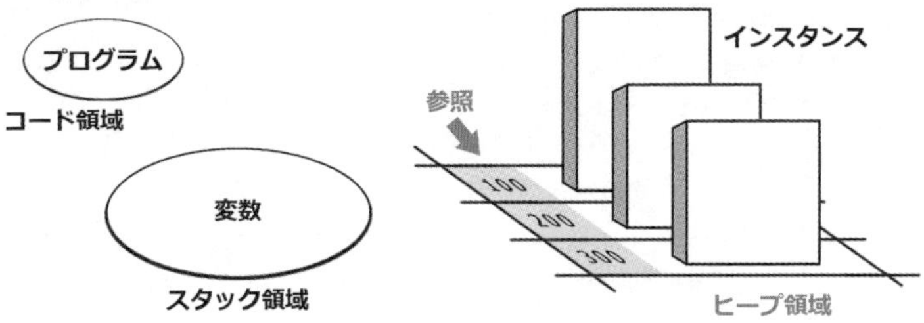

これまで、インスタンスは変数に代入して使う、と説明してきましたが、変数に入るのは、実際には、インスタンスではなく、インスタンスの参照です(下図)。インスタンスの置かれている区画のxxxが参照で、それが変数(p1)に代入されています。

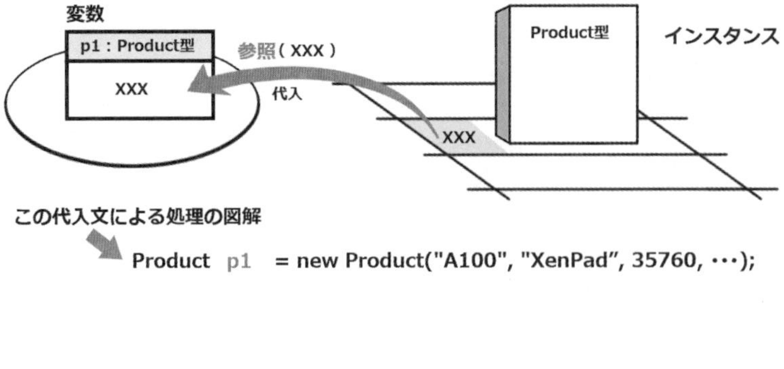

変数の中に、インスタンスがないとすると、どうやってインスタンスにアクセスするんですか？

参照はインスタンスの位置情報だから、それを使って、図のようにインスタンスを探し出せる。

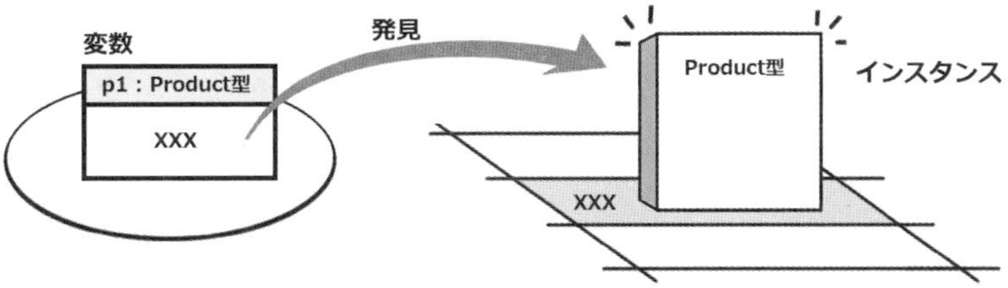

それはそうですが･･･
でも、探し出すための処理は何もやってませんけど。

確かに。
だから、その作業はJVM（Javaシステム）が自動的にやってくれるんだ。

えっ、自動的に、ですか！
（知らなかった･･･）

参照を使ってインスタンスを取り出す処理はJVMがやってくれるので、`p1.getName()`のように書くだけで、xxxにあるインスタンスの`getName()`にアクセスできます。プログラマは、どうやってインスタンスにアクセスするかは考えなくてもよい、ということです。

このように、Java言語では、参照を使ってインスタンスにアクセスする処理が自動化されているので、多くの場合、「変数の中にインスタンスが入っているとみなしてプログラムを書いてもよい」わけです。

なお、変数同士の代入や、メソッドの引数、戻り値として使う場合は、若干、考慮する必要がありますが、これについては、次の4-2節で解説します。

2. 参照を使う理由

先輩、1つ質問です。
変数にわざわざ参照を入れるのはなぜですか？
インスタンスの方がいいような気がします。

それは、参照の方が圧倒的にデータ量が小さいからだ。
オブジェクトを変数に代入する時に、その分速く処理できる。

何だ、それだけの理由なんですか。
もうちょっと、深い理由があるのかと思ったんですが・・・

いや、よく考えてみよう。
代入は、間接的に行われる場合もあるので、かなり頻繁に実行される。
だから、代入の効率を上げることは、全体のパフォーマンスを上げることになるんだ。

「代入は間接的に行われる場合もある」とは、メソッドの引数として、または戻り値として使う場合のことです。

例えば、日付オブジェクトを、コンストラクタやメソッドの引数として使いましたが、それは受け側の仮引数へ代入されます。これが間接的な代入です。

また、メソッドの戻り値として使う時も、return文で返された値は、受け取り側の変数に代入されることになります。このようなメソッド間での受け渡しが間接的な代入にあたります。

日付オブジェクトだけでなく、あらゆるオブジェクトが代入と間接的な代入で使われているので、代入の効率を良くすることは、オブジェクトを使うプログラムの実行スピードを大きく改善することになります。

ですから、サイズの大きなインスタンスよりも、「位置番号」にすぎない参照を変数に入れておく方がよい、というわけです。

その代わり、インスタンスへのアクセスはJVMが裏で代行してくれるので、あたかも変数にはインスタンスが入っているようにみなして、プログラムを書けるのです。

4.2 参照を意識する

インスタンスを作るには、new演算子を使う以外、方法はありません。代入などの操作で新しいインスタンスが作られることはないのです。しばしば勘違いするので注意しましょう。

1.変数から変数への代入

int n2 = n1; のように変数同士の代入では、常にn1の内容のコピーが作成され、それがn2に代入されます。これはオブジェクトの場合も同じです。Product p2 = p1; とすると、p1のコピーが作成され、それがp2に代入されます。

ただし、p1の中身は、インスタンスではなく参照ですから、p2に代入されるのはコピーされた参照です。インスタンスのコピーが作成されて代入されるのではありません。

その結果、p1、p2の両方が、同じ参照を持ち、同じインスタンスにリンクすることになります。次の例題でそれを確認しましょう。

例題 変数同士の代入 [Exec]

```
package sample;
import java.time.LocalDate;
public class Exec {
    public static void main(String[] args) {

        Product p1 =new Product("A100", "XenPad", 35760,
                     LocalDate.of(2016, 9, 16), true);

    ❶  Product p2 = p1;                      // 変数p2に参照を代入

    ❷  p2.setPrice(40200);                   // p2で価格を40200に変更
    ❸  System.out.println("p1= " + p1);      // p1を表示
        System.out.println("p2= " + p2);      // p2を表示
    }
}
```

```
p1= Product [number=A100, name=XenPad, price=40200, date=2016-09-16, stock=true]
p2= Product [number=A100, name=XenPad, price=40200, date=2016-09-16, stock=true]
```

❶で `Product p2=p1;` により、p1の参照をコピーしてp2に代入しています。その結果、次の図のように、p1とp2は同じ参照を持つことになり、同じインスタンスにリンクした状態になります。

同じインスタンスにリンクしている

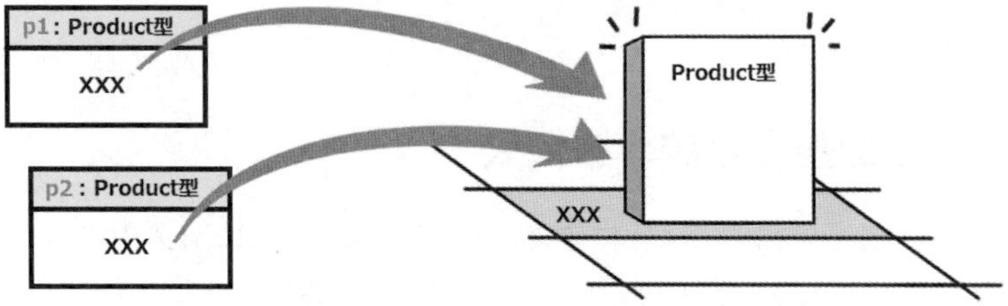

この状態では、どちらの変数を使ってインスタンスの内容を変更しても、操作されるインスタンスは同じものです。

試しに、例題の❷で `p2.setPrice(40200);` として、インスタンスの価格を変更してみました。そして、❸でp1とp2の内容を表示してみると、どちらも全く同じになりました。そもそもリンクしているインスタンスが同じものなので、これは当然の結果です。

変数にはインスタンスが入っているとみなしてプログラムを書いていい。しかし、実際にはインスタンスではなく参照が入っていることを、いつも意識しておくことが大事だ。

なんだか、説得力のない例題だなぁ。
先輩、`Product p2=p1;` みたいな代入は誰だってしないと思いますけど・・・

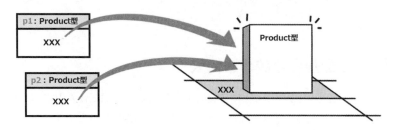

うん、確かに、例題のような直接的な代入はそうだ。
しかし、間接的な代入ならどうかな。
次のメソッド呼び出しの例を見てくれ。

例題 メソッド間での受け渡し [ExecMethod]

```
package sample;
import java.time.LocalDate;
public class ExecMethod {

    public static void main(String[] args) {
❶       Product p1 =new Product("A100", "XenPad", 35760,
                            LocalDate.of(2016, 9, 16), true);
❷       sub(p1); ──── 間接的な代入 ────           // p1 を引数として渡す
        System.out.println("p1= " + p1);          // p1 を表示
    }
                                      ❸
    public static void sub(Product p2) {           // p2 に受け取る
❹       p2.setPrice(40200);                       // 価格を40200に変更
        System.out.println("p2= " + p2);          // p2 を表示
    }
}
```

```
p2= Product [number=A100, name=XenPad, price=40200, date=2016-09-16, stock=true]
p1= Product [number=A100, name=XenPad, price=40200, date=2016-09-16, stock=true]
```

この例題は、mainメソッドからsubメソッドを呼び出す例で、プログラム自体に意味はありませんが、subメソッドに参照の入った変数p1を渡している点がポイントです。

❶で作成したインスタンスp1を、❷でsubメソッドの引数に指定しています。subメソッドは、❸でそれを引数 p2 に受け取ります。よく勘違いするのですが、この場合も、subメソッドのp2に渡されるのはp1の参照のコピーです。インスタンスではないことに注意してください。

subメソッドは❹で、setPriceメソッドを使って、インスタンスp2の価格を40200に変更し、確認のためにp2を出力します。その処理の後、mainメソッドでもp1を出力してみると、こちらの価格も40200になっています（出力を参照）。

このように、p2には、p1の参照のコピーが渡されるので、mainもsubも同じインスタンスを処理します。そのため、subメソッドの中でインスタンスの内容を変更すると、メインメソッドの処理に影響します。

2. イミュータブル（immutable）なクラス

オブジェクトをメソッドの引数にするということは、その参照を渡すわけだ。
だから、他のメソッドで内容を変更されてしまうことがある。

な、なるほど。
呼び出したメソッドで、内容を書き換えられてしまうわけですね。

ただ、最初から、値の変更を予定していたのなら構わない。
問題なのは、そうでない場合だ。うっかり、変更されてしまってバグの原因になることがある。

うーむ、それはちょっと･･･
何か対策はないんですか？

それには、フィールド変数を変更できないようにするのが一番だ。
フィールド変数を変更できなくする方法があるので説明しよう。

普通のクラスは、フィールド変数の値をいつでも変更できるので、ミュータブル（mutable：変更できる）なクラスですが、フィールド変数の値を変更できないクラスはイミュータブル（immutable：変更できない）なクラスといいます。それはフィールド変数の値を一度決めたら、後からは変更できないクラスです。イミュータブルなクラスなら、他のメソッドに参照を渡しても、内容を変更されることはありません。

イミュータブルなクラスを作る基本的な方法は、次のようです。

> **イミュータブルなクラスを作る基本的な方法**
>
> ① セッターメソッドを作らない
> ② フィールド変数に final 修飾子を付ける
> ③ クラス宣言に final 修飾子を付ける

①のセッターメソッドを作らない、だけで十分なように思えるかもしれませんが、それだけではイミュータブルにできません。なぜなら、セッターでなくてもフィールド変数の値を変更するようなメソッドを作ることができるからです。そこで、②のようにフィール

ド変数にfinal修飾子を付けます。

final修飾子は「変更できない」という意味で、フィールド変数に付けると、「一度、値を設定したら、後からは変更できない」という意味になります。これにより、フィールド変数の値を変更するようなメソッドを作れなくなります。

しかし、それでもまだ十分ではありません。5章で解説する継承という機能を使うと、クラスデザインを変更してイミュータブルでないクラスにできるので、この機能を使えなくしておく必要があります。そこで、クラス宣言にもfinalを付けておきます。これにより、クラスは継承が使えなくなるのです。

イミュータブルなProductクラスの例を示します。

※この例題は、既存のProductクラスとは別に、sample2パッケージにあります。

例題 イミュータブルなクラス [Product]

```
package sample2;
import java.time.LocalDate;
public final class Product {

    private final String number;        // 型番
    private final String name;          // 品名
    private final int price;            // 価格
    private final LocalDate date;       // 発売日
    private final boolean stock;        // 在庫（の有無）

    // コンストラクタでは必ずフィールド変数に値を設定しなければならない
    public Product(String number, String name,
                   int price, LocalDate date, boolean stock) {
        this.number = number;
        this.name = name;
        this.price = price;
        this.date = date;
        this.stock = stock;
    }
    // セッターは作成しない
    // ゲッター、toStringメソッドの掲載を省略
}
```

セッターを作らず、クラスの修飾子は public final、フィールド変数も private final とします。

なお、フィールド変数にfinalが付いているので、フィールド変数には必ず初期値を代入しておかねばなりません。そのため、初期値を設定するコンストラクタが必要です。適切なコンストラクタがないとコンパイルエラーになるので注意してください。

Q4-1

解答

参照の本質を理解できたか、知識の確認のために次の問題を考えてみましょう。
次は、メソッド間での参照の受け渡しについての問題です。

問1 次のようなSingerクラスがあります。

```
public class Singer {                              // 歌手のクラス
    private String name;                           // 名前
    public Singer(String name){                    // コンストラクタ
        this.name = name;
    }
    public String getName(){                       // ゲッター
        return name;
    }
    public void setName(String name){              // セッター
        this.name = name;
    }
}
```

この時、次のプログラムを実行して表示されるのは、Jackでしょうか、それともTomでしょうか。

```
public class ExecSinger {
    public static void main(String[] args){
        Singer jack = new Singer("Jack");    // インスタンスJackを作る
        sub(jack);                            // Jackを引数にしてsubを実行
        System.out.println(jack.getName()); // jackから名前を取り出して表示
    }
    public static void sub(Singer singer){
        singer.setName("Tom");                      // singerの名前をTomにする
    }
}
```

問2 問1のSingerクラスをイミュータブルなクラスにするには、どうすればいいですか。要点を答えてください。

4.3 完全にイミュータブルなクラス

先輩、「イミュータブルなクラスを作る基本的な方法」って書いてあるけど、
応用的な方法ってのもあるんですか？

うむ、知っておいたほうがいいかもしれないので説明しておこう。
実は、フィールド変数が何かのオブジェクトだと、これだけではうまく行かない。

えっ！ 前の例題にはString型やLocalDate型があります！
numberやname、dateなんかはオブジェクトですよね。

StringやLocalDateは、もとからイミュータブルなクラスだから問題ない。
問題なのは、イミュータブルでないクラスのインスタンスを持つ場合だ。

StringやLocalDateクラスは、イミュータブルになるように作成してあるので、セッターがないのはもちろん、一度作成したインスタンスの値を後から書き換えるようなメソッドは一切ありません。ですから、前の例題は完全にイミュータブルなクラスです。

では、そうではない例を見てみましょう（例題はsample3パッケージにあります）。

次のMemberクラスは、IDと名前を持つクラスで、基本的な方法①～③によりイミュータブルな形式にしています。つまり、クラスとフィールド変数をfinalにし、メソッドはゲッターと`toString()`だけで、セッターは作っていません。

sample3/Member

```
public final class Member {
❶  private final IdNumber id; // イミュータブルでないクラスのインスタンス
    private final String name;

    // コンストラクタ、ゲッター、toStringメソッドの記載を省略
    ...
}
```

ただ、❶のフィールド変数idはIdNumber型のオブジェクトです。IdNumberクラスはint型のnumberをフィールド変数に持つ普通のクラスで、次のように、イミュータブルなクラスではありません。

sample3/IdNumber

```
public class IdNumber {
    private int number;     // 番号

    // コンストラクタ、ゲッター、セッター、toStringメソッドの記載を省略
    ...
}
```

イミュータブルでないことを確かめてみましょう。
まず、Memberクラスのインスタンスを作って表示してみます。

sample3/Exec

```
public class Exec {
    public static void main(String[] args) {
        IdNumber id = new IdNumber(100);     // IdNumberのインスタンスを作成
        Member member = new Member(id, "田中宏");// Memberのインスタンスを作成
        System.out.println(member);              // memberの内容を表示する
```

Memberクラスにはtostringメソッドが作成してあるので、次のように出力されます。

```
Member [id= IdNumber [number=100] , name=田中宏]
```

青枠の部分がidの値です。"IdNumber [number=100]"は、メンバであるIdNumberクラスのtoStringメソッドにより表示されています。

では、idの値は変更できるでしょうか？セッターは作成していないことに注意してください。少し考えるとわかると思いますが、まずidをゲッターで取得し、次に、IdNumberクラスのセッターを使います。つまり、id.setNumber(~)で値を変更できます。

sample3/Exec（続き）

```
IdNumber _id = member.getId();        // idを取り出す
_id.setNumber(200);                   // IdNumberクラスのセッターで200に変更する
System.out.println(member);           // memberの内容を表示する
```

次のように、200に変更されたidの値が表示されます。

```
Member [id=IdNumber [number=200], name=田中宏]
```

以上で、Memberクラスがイミュータブルでないことがわかりました。

な、なるほど・・・
IdNumberクラスにセッターがあることが問題ですね。

いや、IdNumberクラスに文句を言ってもダメだ。それはどうしようもない。
Memberクラスの側で、イミュータブルになるように、対処する必要がある。

ふん、ふん、そうですよね。
Member側でなんとかしなくちゃ。（よくわからないけど・・・）

そこで、オリジナルのidをそのまま使わずに、コピーを作るとよい。
コンストラクタでは、コピーしたidの値をフィールドに代入し、ゲッターでもコピーしたidの値を返すようにする。

Memberクラスのフィールド変数IdNumberのように、イミュータブルなクラスが、ミュータブル（可変）なオブジェクトをフィールド変数に持つ場合は、取り扱いに注意が必要です。具体的には、次のようにします。

完全にイミュータブルなクラス
①コンストラクタでは、引数のコピーを作成してフィールド変数に代入する
②ゲッターでは、フィールド変数のコピーを作成してそれを返す

①、②を適用したイミュータブルなMemberクラスは次のようになります（このクラスはsample4パッケージにあります）。

例題 可変フィールド変数を持つイミュータブルなクラス[sample4/Member]

```
package sample4;
public final class Member {
    private final IdNumber id;
    private final String name;

    public Member(IdNumber id, String name) {
❶      this.id = new IdNumber(id.getNumber()); //コピーを作成して代入する
        this.name = name;
    }
```

```
        public IdNumber getId() {
        ❷   return new IdNumber(id.getNumber()); // コピーを作成して返す
        }
        public String getName() {
            return name;
        }
        @Override
        public String toString() {
            return "Member [id=" + id + ", name=" + name + "]";
        }
    }
```

4

コンストラクタでは、❶のように、受け取ったidのコピーを作成して、それをフィールド変数に代入しています。また、ゲッターでは、❷のように、フィールド変数のコピーを作成してそれを戻り値として返しています。

❶、❷により、クラスの外部で、参照を通じてidの値が変更されても、Memberクラスには一切影響を及ぼさなくなります。

試してみましょう。次のExecクラスでは、idの値を取り出して、100から200へ変更します。

例題 イミュータブルかどうか確かめる [sample4/Exec]

```
package sample4;
public class Exec {
    public static void main(String[] args) {
        IdNumber id = new IdNumber(100);
        Member member = new Member(id, "田中宏");
        System.out.println(member);

    ❶   IdNumber _id = member.getId();
    ❷   _id.setNumber(200);
    ❸   System.out.println(member);
    }
}
```

❶でmemberからidの値を取り出して、_idに代入しますが、これはコピーされたクローンオブジェクトですから、❷でその値を変更しても、❸の出力ではmemberの値が変わっていないことがわかります。

```
Member [id=IdNumber [number=100], name=田中宏]
Member [id=IdNumber [number=100], name=田中宏] ◀── ❸による出力
```

コンストラクタで、コピーしたidをフィールド変数に代入するのも同じ理由です。memberインスタンスを作成するのに使ったidが他の場所で変更されても、memberインスタンスのidの値は変わりません。コピーしたidをフィールド変数に代入しているからです。

Q4-2

解答

1. 次のBookクラスは、Authorクラス（下段）のインスタンスをメンバに持つクラスです。イミュータブルにしたBookクラスを作成してください。

Book.java

```
import java.time.LocalDate;
public class Book {
    private String    title;
    private Author    author;
    private LocalDate date;
    public Book(String title, Author author, LocalDate date) {
        this.title = title;
        this.author = author;
        this.date = date;
    }
    // ゲッター、セッター、toStringメソッドの記載を省略
}
```

Author.java

```
import java.time.LocalDate;
public class Author {
    private String    name;
    private LocalDate birthday;
    private String address;
    public Author(String name, LocalDate birthday, String address) {
        this.name = name;
        this.birthday = birthday;
        this.address = address;
    }
    // ゲッター、セッター、toStringメソッドの記載を省略
}
```

4.4 参照型

1.Java言語の型

String型、LocalDate型、Product型などを、クラス型といいました。そして、あるクラス型の変数には、同じクラス型のインスタンス（の参照）しか代入できません。

また、配列やインタフェース（11章）、record（5章）、enum（24章）もオブジェクトの仲間です。それぞれ、配列型、インタフェース型、レコード型、列挙型といい、これら全体を総称して参照型といいます。

なお、レコード型と列挙型は、クラス型から派生して作られた型です。

次の、Java言語のすべての型を示す図で、それを確認してください。

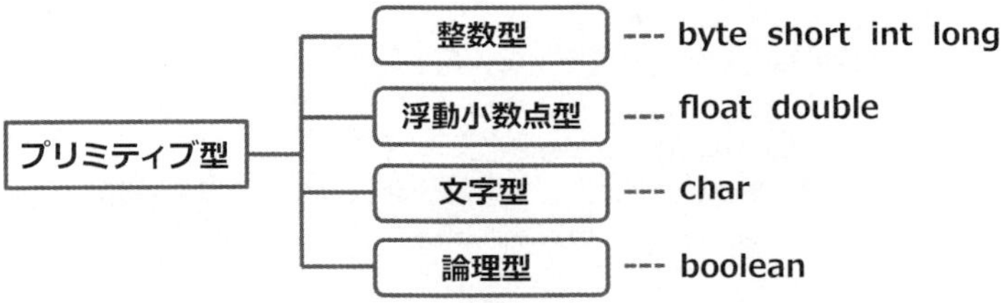

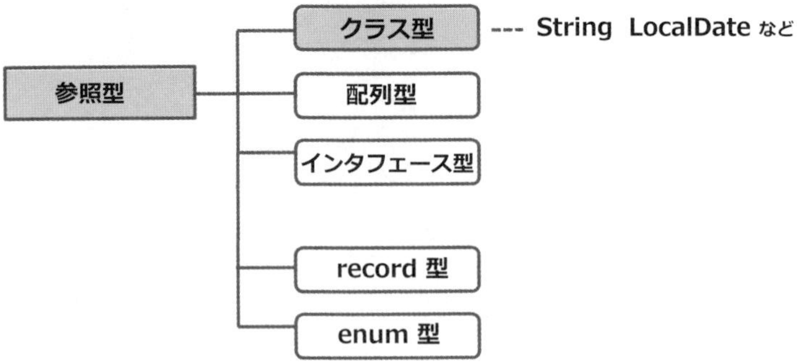

参照型は、オブジェクト全体の型をまとめていう時に使われます。これは、int型やdouble型などをまとめてプリミティブ型（基本データ型）と呼ぶのと同じです。

2.nullとは

先輩、ちょっと疑問なんですが･･･
これまでも時々出てきた null って何ですか？

boolean型のtrueやfalseに似ているが、型名はない。
文法では参照型の変数に代入できる特別な値ということになっている。
ただ、インスタンスにはリンクしていないので、普通の参照としては使えない。

普通の参照として使えないんですか！
うーん、なんだかいい加減だなぁ。
そんなモノが何の役に立つんですか？

例えば参照型の変数を一時的に初期化するのに使う。
それから、特殊な値だから、「終了」とか「異常」を表す符号にもなる。

nullは、参照型の変数に代入できるので、クラス型、配列型、インタフェース型、レコード型の変数に代入できます（列挙型の値は定数としてしか扱えないので、代入操作はできません）。

```
Product p1 = null;        // クラス型の変数 p1 に代入
int[] array = null;       // 配列型の変数 arrayに代入
```

ただし、nullは特定のオブジェクトにリンクする参照としては使えません。
図のように、nullはどのオブジェクトにもリンクしていない値なのです。

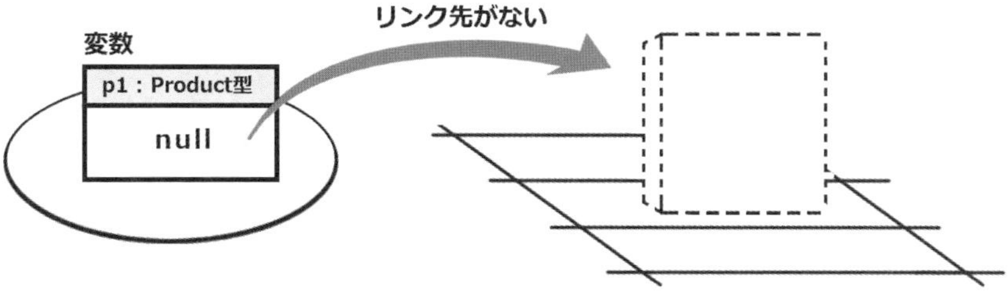

nullが入った変数ではメンバにアクセスできない

nullを代入した変数を使って、インスタンスのメンバにアクセスしようとすると、実行時例外（実行エラー）になります。次の例題で確かめてみましょう。

例題 nullを代入した変数 [ExecNull]

```
package sample;
public class ExecNull {
    public static void main(String[] args) {
❶       Product p1 = null;
❷       p1.setNumber("B200");   ←── 実行時例外（実行するとエラーになる）が起こる
    }
}
```

```
Exception in thread "main" java.lang.NullPointerException
    at sample.ExecNull.main(ExecNull.java:5)
```

❶で、変数 p1 に null を代入しています。しかし、nullを使ってアクセスできるインスタンスは存在しないので、❷のように、インスタンスのメンバ（setNumberメソッド）にアクセスしようとするとエラーになります。

このエラーは、実行した時に発生するので、**実行時例外**※といいます。なお、コンパイルエラーは、実行前のコンパイル作業で発生するエラーで、ソースコードが文法的に正しくない場合に発生します。例題には文法的な間違いはないので、コンパイルエラーは起こりません。

初期化されていない変数

クラス型の変数p1を宣言しただけでは、その変数は「空（カラ）」です。空とは参照やnullさえも入っていない状態です。これを「**初期化されていない**」といいます。

初期化されていない変数を使ってクラスメンバにアクセスする処理は、コンパイル時にコンパイラによって発見され、コンパイルエラーになります。例えば、次は、宣言しただけのp1を使う例で、コンパイルエラーになります。

```
Product p1;                 // 宣言しただけのp1。何も代入されていない
p1.setNumber("B200");       // p1を使うこの行がコンパイルエラーになる
```

※例外については12、13章で解説します。

ただし、null が代入されている場合は、値としては有効ですから、コンパイルエラーにはなりません。

nullの用途

nullはインスタンスにはリンクしていないので、インスタンスを指す参照としては役に立ちません。普通は、変数を一時的に初期化したり、「終了」や「異常」を表す符号として使われます。

nullとは

① 参照型の値である
② 参照型に属す変数ならどれにも代入できる
③ オブジェクトにリンクしていないので、アクセスできるオブジェクトはない
④ 一時的な初期化や「終了」、「異常」を表す符号として使用する

一時的に変数を初期化しておくとは、次のような代入をすることです。

```
Product p1 = null;
```

また、次は、変数の値がnullならば、特別な処理をするというロジックで、実際のプログラムの中でよく見られるパターン※です。

```
if(p1==null){
    return;                          // p1がnullなら何もせずリターンする
}
```

※このようなパターンは、21章で解説するOptional 型を利用すると、もっとスマートに処理できます。今後は、このような書き方はだんだん減っていくでしょう。

Q4-3

解答

では、次の問題を考えて、この節の理解度を確認しましょう。
次のA、B、Cを実行すると、正常終了、実行時例外、コンパイルエラーのどれになりますか。

A.
```
public class ExecToy1{
    public static void main(String[] args){
        Toy toy = new Toy();
        System.out.println(toy.getItem());
    }
}
```
B.
```
public class ExecToy2{
    public static void main(String[] args){
        Toy toy = null;
        System.out.println(toy.getItem());
    }
}
```
C.
```
public class ExecToy3{
    public static void main(String[] args){
        Toy toy;
        System.out.println(toy.getItem());
    }
}
```

ただし、Toyクラスは次のようなクラスです。

```
public class Toy {
    private String item = "ball";
    public String getItem(){
        return item;
    }
}
```

4.5 まとめとテスト

1.まとめ

1.参照

・インスタンスを変数に代入すると、実際にはインスタンスの参照が代入される。

・JVMが参照を使ってインスタンスへのアクセスを代行するので、変数にはインスタンスが入っていると考えてプログラムを書いてよい。

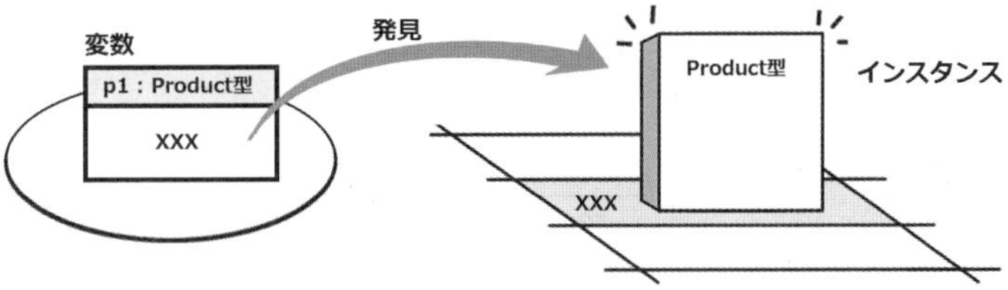

・Product p2=p1; のような代入や sub(p1); のようなメソッド呼び出しでは、参照が受け渡され、同じインスタンスにリンクする。

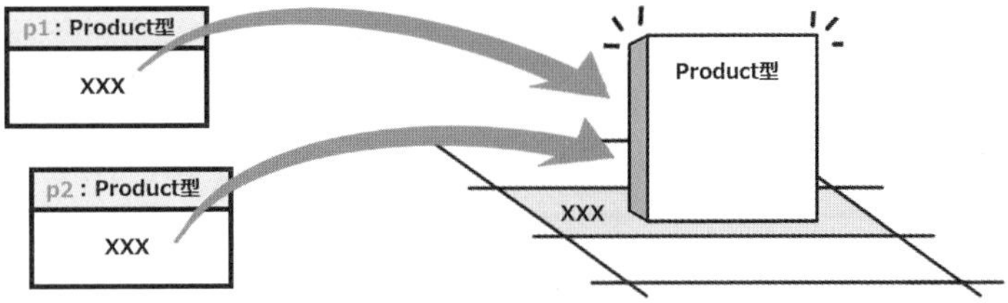

2.イミュータブルなクラス

・受け渡した参照を使って内容を変更されたくない時は、イミュータブルなクラスにする。

イミュータブルなクラスを作る方法

① セッターメソッドを作らない
② フィールド変数に final 修飾子を付ける
③ クラス宣言に final 修飾子を付ける
④ フィールド変数がミュータブルなインスタンスである場合は、
　・コンストラクタで、インスタンスをコピーして受け取る
　・ゲッターで、インスタンスをコピーして返す

3. 参照型

・オブジェクトの型を総称して参照型という。

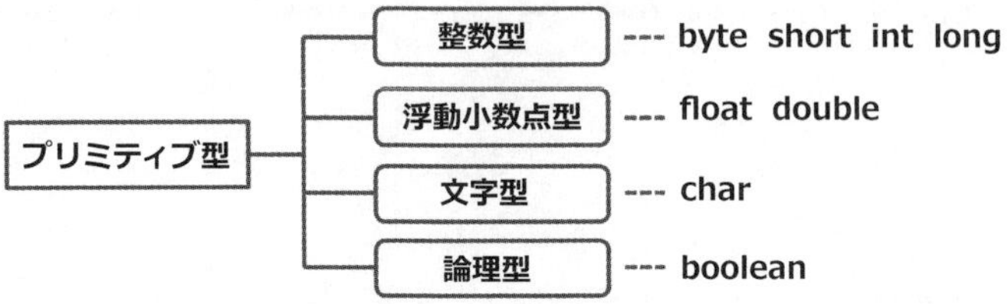

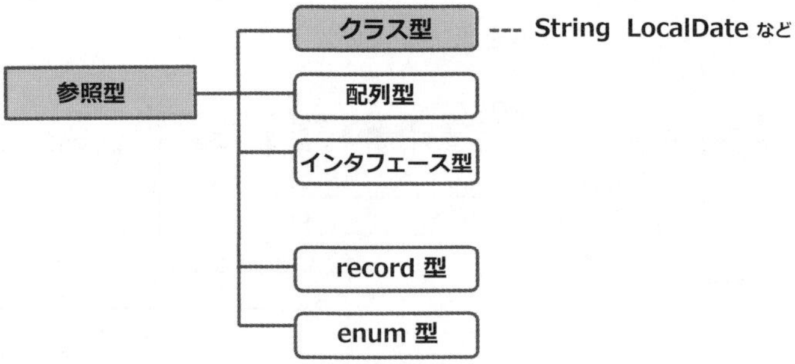

・null は参照型の変数に代入できる。

> **nullとは**
>
> ①参照型の変数に代入できる特別な値
> ②インスタンスにリンクしていないので、普通の参照としては使えない
> ③一時的な変数の初期化や「終了」、「異常」を表す符号として使うことがある

2. 演習問題

解答

問題を解いて、この章の内容を理解できたかどうか確認しましょう。

問1. java言語の型についての問題です。
次のうち、参照型の変数でないのはどれですか。

```
A. Product p1;
B. int[] array;
C. Product[] parray;
D. String str;
E. boolean bool;
F. LocalDate date;
```

問2. 参照の機能についての問題です。
次のプログラムで表示される値は100ですか、それとも200ですか。

```
public class Glass {
    private int number=100;
    public int getNumber(){
        return number;
    }
    public void setNumber(int number){
        this.number = number;
    }

    public static void main(String[] args){
        Glass g1, g2;
        g1 = new Glass();
        g2 = g1;
        g2.setNumber(200);
        System.out.println(g1.getNumber());
    }
}
```

問3. 次のAuthorクラスはフィールドに可変なArrayListを持っています。コンストラクタではリストをコピーしてフィールドに代入していますが、まだ完全にイミュータブルなクラスではありません。Authorクラスを完全にイミュータブルなクラスになるように、書き換えてください。

```
import java.util.ArrayList;
public final class Author {
    private final String name;
    private final ArrayList<String> books;
    public Author(String name, ArrayList<String> books) {
        this.name = name;
        this.books = new ArrayList<String>();
        for(String book : books) {
            this.books.add(book);
        }
    }
    public String getName() {
        return name;
    }
    public ArrayList<String> getBooks() {
        return books;
    }
}
```

＜ヒント＞ コンストラクタを参考にしてゲッターを書き換えます。

問4. 参照型の変数の初期化についての問題です。
コンパイルエラーになるのはどちらですか。

A. nullを代入した参照型の変数を使って、メンバにアクセスする
B. 宣言しただけの参照型の変数を使って、メンバにアクセスする

Chapter

5 オブジェクト・モデリング

オブジェクト指向のソフトウェア開発では、いろいろなオブジェクトを組み合わせて、全体を作成します。そのため、データを集めたオブジェクトだけでなく、何かの処理機能に特化したオブジェクトも必要です。現実の問題に合わせて、必要なオブジェクトを作成することをオブジェクト・モデリングといいます。ここでは、簡単な例を示して、オブジェクト・モデリングの考え方や作成方法を解説します。
また、データを集めたオブジェクトの新しい作成方法として、Java16で正式な仕様となったrecord（レコード）型についても解説します。

5.1 何かの機能を実現するクラス

先輩、オブジェクトにできるのは、データの集まりだけですか？
もう少し役に立つものがありそうな気がします。

それは、いくらでもある。
例えば、Java言語の標準ライブラリは、いろんな機能をクラスにしたものだ。
膨大な数のクラスがある

あ、なるほど！――
確かにいろんな機能がクラスになってますね。

いろんな機能のオブジェクトを作るのは、普通のことだし、難しくない。
「～の機能を持つオブジェクト」と考えてみるといい。

大きく分けると、オブジェクトには、「データを集めたオブジェクト」と、何かの「機能を実現するオブジェクト」があります。Java言語の標準ライブラリのクラスは、文字列の機能を実現するStringクラスや、さまざまなデータ構造の機能を実現するクラスなど、ほとんどが「機能」に特化したオブジェクトのクラスです。

「～の機能を実現するオブジェクト」は、情報システムの大部分をなす、キーになるクラスです。ここでは、具体例を示しながら考え方や作り方を解説します。

1.処理の概要

データベースのバックアップや、システム同士でのデータ交換に使われるCSV形式というデータがあります。そこで、これを簡単に操作できる機能を実現しようと思います。CSV形式とはComma-Separated Values形式の略で、例えば、次のような文字列のことです。

```
"100,田中宏,20,68.0,178.5"
```

これは、番号、氏名、年齢、体重、身長のデータを、コンマで区切って文字列として並べたものです。そこで、実現したい機能は、CSV文字列をコンマの位置で項目に分割し、それぞれの値を簡単に取り出せるようにすることです。

具体的には、先頭から何番目の位置かを指定して、その位置のデータ項目を取り出せるようにしたいわけです。また、年齢や体重のように、取り出した後でintやdouble型の値に変換する必要があるデータもあります。そこで、最初からintやdoubleに変換した値を取り出せるようにしておくと便利です。

うーん、やりたいことはだいたいわかったけど、
これをどういうプログラムにすればいいのか ･･･

どういうプログラムか、ではなくて、どういうクラスにするか、だ。
つまり、「～の機能を実現するクラス」を作ればいい。
～の部分にどういう言葉を当てはめればいいか、それがスタートだ。

えっ、「～」に入れる言葉を考えるだけでいいのですか。
それじゃ、「CSVデータを操作する機能を実現するクラス」ではどうでしょう。
（どうやって操作するのかは、わからないけど）

OK、それでいい。次は、クラス名を決め、
まずは、クラスのフィールド変数は何にしたらよいかを考えるといい。
フィールド変数が決まれば、どんなメソッドができるか見えてくる。

2. クラスの定義（仕様）を考える

具体的にどんなクラスを作るのか、考えてみましょう。

最初は、クラス名です。直観的でわかりやすい名前がいいでしょう。ここでは、「CSVデータを操作する機能を実現するクラス」ですから、Csvクラスとします。

```
public class Csv {
}
```

では、Csvクラスに必要なデータ（フィールド変数）は何でしょう。

明らかに、それは、CSVデータです。Csvクラスの機能は、CSVデータを使って項目データを取り出したり、変換したりすることですから、CSVデータがないと始まりません。これをフィールド変数にしましょう。変数名を**csvString**とします。

```
public class Csv {
    private String csvString;          // CSVデータ
```

フィールド変数なので、csvStringは、コンストラクタで受け取ります。
書いてみると、コンストラクタは次のようです。

```
public Csv (String csvString){        // コンストラクタ
    this.csvString = csvString;
}
```


このコンストラクタを使うと、引数にCSVデータを指定してインスタンスを作ることができます。具体的には、次のように、インスタンスを作成できます。

```
Csv csv = new Csv("100,田中宏,20,68.0,178.5");
```

では、いよいよメソッドです。どんなメソッドを作りますか？
実現したい機能は、先頭から何番目の位置か（**インデックス**といいます）を指定して、CsvStringの中の項目を取り出すことでした。そこで、この取り出しのメソッドを**get**メソッドとしましょう。

名前が決まったので、次は、getメソッドの使い方を具体的に考えます。プログラムをどうするかは後にして、とにかく**使い方を先に考える**のがポイントです。

例えば、名前を取り出す場合を考えてみましょう。名前は、先頭から２番目の項目ですが、インデックスは0から数えるので、1が名前項目のインデックスです。この場合、getメソッドを次のように使えるといいですね。

```
Csv csv = new Csv("100,田中宏,20,68.0,178.5");
String name = csv.get(1); // 名前を取り出す
```

さて、以上の考察から、getメソッドの引数はインデックスの値で、int型です。また、戻り値はデータ項目の値ですからString型です。

したがって、getメソッドの定義は、次のようになるでしょう。

```
public String get(int index) {
    … 省略 …
}
```

先輩、getメソッドの中身はどうするのですか。
何も書いてないけど。

重要な事は、どんな引数を受け取って、どんな値を返すかだ。
つまり、設計では、APIを決めておくことが重要なのだ。
詳細は後でもいい。

メソッドの名前、引数、戻り値を明示したものを**API**（Application Programming Interface）といいます。設計の段階では、具体的な使い方を想定して、APIをしっかり決めておくことが重要です。実装（中身）は、後から検討します。

さて、他の機能として、String型ではなく、int型やdouble型にしてデータを取り出す機能が必要でした。int型で取り出すメソッドをgetIntとすると、例えば、年齢（インデックスは2）を取り出す時に、次のように使えるといいですね。

```
Csv csv = new Csv("100,田中宏,20,68.0,178.5");
String name = csv.get(1);     // 名前を取り出す
int age = csv.getInt(2);      // 年齢をint型で取り出す
```

同様に、double型で取り出すメソッドをgetDoubleとすると、例えば、体重（インデックスは3）を取り出す時に、次のように使えるといいわけです。

```
Csv csv = new Csv("100,田中宏,20,68.0,178.5");
String name = csv.get(1);              // 名前を取り出す
int age = csv.getInt(2);               // 年齢をint型で取り出す
double weight = csv.getDouble(3);      // 体重をdouble型で取り出す
```

それからCSV文字列の中に項目データがいくつあるのかも知っておく必要があります。その個数で、インデックスとして指定できる値の上限が決まるからです。これをsize( )メソッドとすると、引数なしで、次のように使うことになるでしょう。

```
Csv csv = new Csv("100,田中宏,20,68.0,178.5");
String name = csv.get(1);                // 名前を取り出す
int age = csv.getInt(2);                 // 年齢をint型で取り出す
double weight = csv.getDouble(3);        // 体重をdouble型で取り出す
int n = csv.size();                      // CSV文字列に含まれるデータの個数を返す
```

これで、メソッドの検討は終わりです。
作ることにしたメソッドをAPIの形で示すと、次のようになります。

```
public String get(int index) {
    … 省略 …
}
public int getInt(int index) {
    … 省略 …
}
public double getDouble(int index){
    … 省略 …
}
public int size(){
    … 省略 …
}
```

以上で、クラス名、フィールド変数、主なメソッドが決まりました。オブジェクト・モデリングとは、このように、クラスの機能を考えて、フィールド変数を決め、必要なメソッドのAPIを決めることです。

3. クラスの最終的な仕様を検討する

なるほど、やり方は大体わかりました。
でも、CSV文字列からどうやって項目を取り出すのか、
考えておかなくてもいいのですか？

うん、クラスの要素が出そろったので、この段階で、もう一度、最終的な検討をするのがいい。クラスの仕様を見直してみよう。

クラスの大枠はできましたが、これで十分かどうか、考えましょう。

例えば、フィールド変数のcsvStringから、特定の項目データを、インデックスを指定して取り出すには、csvStringをコンマの位置で分割しておく必要があります。そして、それを配列に入れておくと、インデックスを指定して取り出すことができます。

幸いなことに、Stringクラスには、文字列を分割して、配列に入れて返してくれるメソッドがあります。それがsplit( )メソッドです。

次のように使います（P.594に解説があります）。

```
String str = "apple,banana,peach";
String[] fruits = str.split(",");
```

String[] fruits

0	"apple"
1	"banana"
2	"peach"

splitメソッドは、任意の区切り文字を指定すると、その位置で文字列を分割し、区切り文字を含まない文字列の配列を返します。

上記の例では、"apple,banana,peach"というCSV文字列に対して、コンマ(,)を区切り文字に指定して分割しています。分割した結果をString型の配列にして返すので、それをfruitsという配列変数に受け取っています。

このように、splitメソッドを使うと、分割した配列を簡単に作成できます。

ただ、getメソッドが呼び出されるたびに、毎回、splitメソッドを実行するのでは、効率が悪くなりそうですね。

それでは、いっそのこと、インスタンスを作る時に、CSVデータから配列を作成し、フィールド変数にしておけばどうでしょう。フィールド変数にしておけば、getメソッドで、毎回splitメソッドを呼び出す必要がなくなり、処理も簡単になります。

以上の検討から、クラスの仕様を次のように変更します。

```
public class Csv {
    private String[] items;                 // 項目データの配列

    public Csv (String csvString){          // コンストラクタ
     ❶items = csvString.split(",");         // 配列を作成しておく
    }
```

コンストラクタでは、❶で、引数として受け取ったCSV文字列を、splitメソッドを使って分割し、配列を作成します。そして、それをフィールド変数itemsとして、持っておくことにします。CSV文字列自体は、持っていても使い道がなさそうですから、フィールド変数にはしないことにします。

以上で、CSVクラスの仕様は完成です。まとめると次のようになります。

```
public class Csv {
private String[] items;                    // CSV文字列を分割した配列

public Csv (String csvString){             // コンストラクタ
    items = csvString.split(",");          // 配列を作成してフィールド変数に代入する
}
public String get(int index) {     // CSV文字列のindex番目の文字列を返す
    … 省略 …
}
public int getInt(int index) {     // CSV文字列のindex番目をintにして返す
    … 省略 …
}
public double getDouble(int index){     // CSV文字列のindex番目をdoubleにして返す
    … 省略 …
}
public int size(){     // CSV文字列に含まれるデータの個数を返す
    … 省略 …
}
}
```

仕様の検討が済んだら、いよいよクラスを作成します。メソッドの内容をコーディングしましょう。作成したクラスは次のようになりました。

4. コーディング

例題 Csvクラス [Csv]

```
package sample;
public class Csv {
    private String[] items;              // CSV文字列を分割した配列
    public Csv(String csvString){        // 引数はCSV文字列
        this.items = csvString.split(",");
    }
❶  public String get(int index) {          // index番目の文字列を返す
        return items[index];
    }
❷  public int getInt(int index) {          // index番目をintにして返す
        return Integer.parseInt(items[index]);
    }
❸  public double getDouble(int index) { // index番目をdoubleにして返す
        return Double.parseDouble(items[index]);
    }
❹  public int size(){
        return items.length;     // CSV文字列に含まれるデータの個数を返す
    }
}
```

❶のgetメソッドは配列itemsのindex番目の値を返します。

❷のgetIntメソッドと❸のgetDoubleメソッドは、index番目の値をint型、double型に変換して返します。

❹のsizeメソッドは、CSV文字列に含まれるデータの個数を返します。

❷、❸の変換には、標準ライブラリにあるIntegerクラス、Doubleクラスが持つ、変換メソッドを利用します。文字列をint型に変換するparseIntメソッド、double型に変換するparseDoubleメソッドです。

クラスメソッドなので、`Integer.parseInt(s)`、`Double.parseDouble(s)`のように、使います。それぞれのAPIは次のようになっています。

【API】Integerクラス、Doubleクラス　(Java.langパッケージ　)

`public static int Integer.parseInt(String s)` ・文字列sをintに変換して返す ・不正な文字列を指定すると例外を発生します
`public static double Double.parseDouble(String s)` ・文字列sをdoubleに変換して返す ・不正な文字列を指定すると例外を発生します

5.クラスのインスタンスを作って処理を実行する

Csvクラスを使って、CSV文字列からデータを取り出してみましょう。次は、健康診断のCSVデータからBMI指数（肥満度を表す指数）を計算する例です。CSVデータには、文字列で、番号、氏名、年齢、体重、身長が書かれています。

例題 CSVデータの利用 [ExecCsv]

```
package sample;
public class ExecCsv {
    public static void main(String[] arags) {

        String str = "100,田中宏,20,68.0,178.5";

    ❶   Csv csv = new Csv(str);
    ❷   String name   = csv.get(1);                       // 氏名
    ❸   double weight = csv.getDouble(3);                  // 体重
    ❹   double height = csv.getDouble(4);                  // 身長

    ❺   double bmi = weight/Math.pow(height/100, 2);     // BMI指数
        System.out.printf("%5s%6.1f",name,bmi);
    }
}
```

```
田中宏  21.3
```

CSVクラスを利用するには、まず、インスタンスを作成しなければいけません。❶では、CSV文字列を引数にして、インスタンスを作成しています。そのインスタンスを使って、❷で氏名、❸で体重、❹で身長の項目データを取り出します。そして、❺でBMI指数を計算します。

なお、BMI指数は次の式で計算します。

BMI指数 = 体重（kg）÷ [身長（m）]^2

6.結論

処理内容を把握したら、それをどのようにプログラムするかではなく、それをどんなクラスにするか考えることが重要です。「〜の機能を実現するクラス」を作ろう、と考えるわけです。

作成するクラスでは、最初にフィールド変数をどうするか考えます。クラス内のメソッドは、フィールド変数のデータを使って処理を組み立てるので、これは重要なポイントです。

次に、目的とする機能を実現するメソッドを考えます。多くの場合、1つ以上のメソッドが必要です。メソッドの中身は後で考えることにして、「どういう風に使えると便利か」を考えます。

すると、引数や戻り値型が自然に決まってきます。重要なことは、引数にどんなデータを受け取って、実行結果として何を返すかです。このようにしてAPIを先に決めておくと作りやすくなるので、とても重要なポイントです。

なお、splitメソッドなど、実際に、メソッドの中身をコーディングするには、Java言語の標準クラスの使い方を知っている必要がありますが、心配ありません。本書の後半では、それらを詳しく解説しています。

最後に、「〜の機能を実現するクラス」ができたら、それを使って実際の処理を行います。mainメソッドの中で、クラスのインスタンスを作成し、そのインスタンスメソッドを使って、処理を実行します。

これがオブジェクト指向プログラミングの方法です。

Q5-1

解答

1. 次は、体重と身長の値から、標準体重とBMI指数を計算して表示する処理です。このプログラムを参考にして、「標準体重とBMI指数を計算する機能を実現するクラス」を作成します。問1、2、3に答えてください。

```
public static void main(String[] args) {

    double weight = Input.getDouble(); // キーボードから入力(注)
    double height = Input.getDouble();

    double stdweight = Math.pow(height/100, 2)*22;
    double bmi       = weight/Math.pow(height/100, 2);

    System.out.println("標準体重=" + stdweight);
    System.out.println("BMI 指数=" + bmi);
}
```

5

問1 次の空欄を埋めてください

　クラス名をHealthCheckクラスとする。フィールド変数は、[①]と[②]で、値はコンストラクタで受け取ることにする。作成する主なメソッドは、[③]の値を返すメソッドと[④]の値を返すメソッドである。また、それ以外のメソッドとして、ゲッターとtoStringメソッドを作成する。

問2 Healthクラスを作成してください。

問3 Ex5_1クラスを作成し、そのmainメソッドで、Healthクラスをテストするコードを作成してください。データを適当に決めて、Healthクラスのインスタンスを作り、それを使って標準体重とBMI指数を求めます。値をコンソールに出力するといいでしょう。

（注）Inputクラスについて

Inputクラスは、キーボードをタイプしてデータを入力するためのクラスです。

```
int    n = Input.getInt()        // intの値を入力する
double x = Input.getDouble()     // doubleの値を入力する
String s = Input.getString()     // Stringの値を入力する
 ...    ...
```

Inputクラスは パブリックドメインです。サポートウェブ（https://k-webs.jp）からダウンロードしたEclipseには、最初から含まれています。使い方（API）は巻末の資料編に掲載しています。

5.2 record

先輩、「データを集めたオブジェクト」が簡単にできるようになった、という話を聞いたのですが、本当ですか？

recordのことだろう。
1行の記述で作れるようになったので便利だ。

えっ、1行（！）ですか？
早く教えてくれればよかったのに･･･

使えるようになったのはJava16（2021年）からだ。
それに、classじゃなくてrecordという新ジャンルだ。
classの親戚だが、普通のクラスではないので制約もある。

1.recordとは

データを集めたオブジェクトの大半は、データを持ち運ぶだけのコンテナのようなクラスです。データは読み取り専用で、フィールド変数の値は最初に設定した値から変更することはありません。メソッドも自動生成できるものだけで十分です。

それならば、「機能を単純にして、専用のプログラム部品として作れるようにした方がいい」という考えから、record（レコード）が導入されました。

recordはデータを持ち運ぶだけのコンテナのような部品です。内容の変更ができないばかりでなく、継承してサブクラスを作る（6章）こともできません。その代わり、簡単に定義できるという特徴があります。

例えば、番号、氏名、メールアドレスの3つからなる名簿データをオブジェクトにする場合、次のように1行で定義できます。キーワードはclassではなく、recordです。

```
public record Meibo(int number, String name, String mail){}
```

コンストラクタのようにも見えますが、これだけでrecordの定義です。末尾に{ }があることに注意してください。

recordのインスタンスは、クラスと同じように、new演算子で作成します。コンストラクタは自動生成されているので、定義する必要はありません。

```
Meibo miebo = new Meibo(100, "田中宏", "tanaka@mail.jp");
```

すべてのフィールド変数を引数にとるコンストラクタが自動生成されています。これをデフォルトのコンストラクタといいます。また、フィールド変数の値を取り出すためのゲッターも自動生成されるので、定義しなくても使えます。

```
int number = meibo.number();
String name = meibo.name();
String mail = meibo.mail();
```

5

ただし、ゲッターには"get"が付かないことに注意してください。フィールド変数名がそのままメソッド名になります。内容の変更はできないようになっているので、セッターはありません（セッターは作成もできません）。

インスタンスの内容を出力するためのtoString()メソッド、比較を行うために必要なequals()メソッドとhashcode()メソッドも自動生成されます。例えば、toString()メソッドが生成されているので、次のようにして内容を出力できます。

```
System.out.println(meibo);          // meibo.toString()と同じ
```

```
Meibo [number=100, name=田中宏, mail=tanaka@mail.jp]
```

recordの普通の使い方は、これだけです。つまり、インスタンスを作って、ゲッターを使うだけです。

もちろん、いろいろなメソッドを追加するとか、コンストラクタのバリエーションを増やすことなども可能ですが、そのような場合は、従来のクラスを使う方が良いかもしれません。recordの特徴がどうしても必要な場合に限り、そのような機能追加を行うようにしてください。

なお、機能追加の方法は、「3.recordへの機能追加」で解説します。

2.recordの定義と機能

Eclipseでrecordを作成するには、右図のように、「新規Javaクラス」ボタン（）の▼をクリックして［レコード］を選びます。

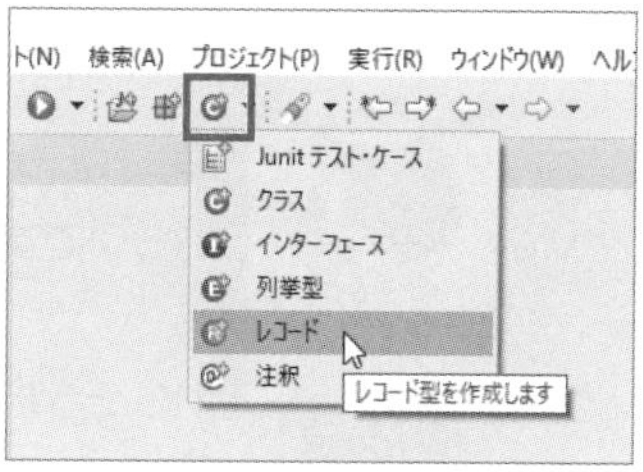

オブジェクトは、recordキーワードを使って定義しますが、作成されるファイルの拡張子はjavaです。

例題 人口データのレコード ［Population］

```
package sample;
// 都道府県名、人口、人口増減率のレコード
public record Population(String prefecture, int population, double rate ) {}
```

これは、人口データのレコードです。これだけでの記述で、new演算子でインスタンスを作成し、ゲッターを利用できます。

例題 Populationレコードの使用例 ［PopulationSample］

```
package sample;
public class PopulationSample {
public static void main(String[] args) {
    Population[] data = {new Population("北海道", 5250, -6.8),
                         new Population("東京都", 13921, 7.1),
                         new Population("大阪府", 8809, -0.4),
                         new Population("福岡県", 5104, -0.7),
                         new Population("沖縄県", 1453, 3.9) };
    for(Population p : data) {
        System.out.printf("%s¥t%,7d%7.1f%n",
                p.prefecture(),p.population(), p.rate());
    }
}
```

※書式文字列の中の%,7dのコンマ（,）は、3桁ごとにコンマを挿入して表示する指定（フラグ）です

```
北海道    5,250   -6.8
東京都   13,921    7.1
大阪府    8,809   -0.4
福岡県    5,104   -0.7
沖縄県    1,453    3.9
```

例題は、コンストラクタを使って5件のインスタンスを作成し、Populationの配列にしています。そして、ゲッターを使って各レコードの内容を表示しています。

先輩、ちょっとのコーディングでOKっていうのは、
うれしいですね！

それはそうだが、recordはそれだけで導入されたものではない。
「不変性」が重要なところだ。

えっ、フヘンセイ…
？？？

内容が変わらない、変えられないということだ。
フィールド変数の値を、後から変えることができなくなっている。

recordは、一般的なクラスの簡易版ではなく、データを受け渡しする際の入れ物として導入されました。データの集合体を、メソッドの引数や戻り値として、やり取りするためのものです。やり取りの過程で、内容が変えられてしまわないように、不変性を持たせています。次のような特徴があります。

①recordは継承できない
②フィールド変数はすべてprivate final
③セッターがない（②が働くので、作るとコンパイルエラーになる）

※継承は6章で解説します。

recordはclassのように継承（6章）できないので、継承して内容を改訂することはできません。また、フィールド変数に、final修飾子が適用されているので、インスタンスを作成した後で、違う値に変更することはできません。

セッターは、最初からありません。メソッドを追加作成できるので、セッターを作成できるように思いますが、フィールド変数がfinalなので、作成するとコンパイルエラーになります。

これを不変性といいます。内容を変えられないので、メソッド間の受け渡しだけでなく、スレッド間での受け渡しでも安心して使えます。

ただし、クラスの場合と同じように、フィールドに可変なオブジェクトを含む場合は、不変性を維持できません。そのような場合の対処方法は、この後の4節で解説します。

Q5-2

解答

1. 商品コード（String code）、商品名（String name）、価格（int price）、欠品（boolean shortage）の4つのフィールドを持つレコードとして、Productを作成してください。

2. 次の値を持つProductレコードのインスタンスを作成し、実行結果のように出力するプログラム（Ex5_2）を作成してください。

商品コード	商品名	価格	欠品
MT890	ステンレスネジ	280	false

実行結果

```
商品コード = MT890
商品名     = ステンレスネジ
価格       = 280
欠品       = false
```

3.recordへの機能追加

recordでは、コンストラクタをオーバーロードできます。また、インスタンスメソッドやクラスメソッドも定義できます。典型的な例を示します。

例題 recordに機能を追加する [sample2/Population]

```
package sample2;
import jp.kwebs.Csv;
public record Population(String prefecture, int population, double rate ) {

    // デフォルトのコンストラクタにチェック機能を追加する
❶  public Population {
        if(prefecture==null) {
            throw new RuntimeException();
        }
    }
```

```
    // コンストラクタのオーバーロード
❷   public Population(String prefecture, int population) {
        this(prefecture, population, 0);
    }

    // インスタンスメソッド-- 人口増減率がプラスの時trueを返す
❸   public boolean isPlus() {
        return rate > 0;
    }

    // クラスメソッド -- CSVからインスタンスを作成して返す
❹   public static Population of(Csv csv) {
        return new Population( csv.get(0),          // 都道府県名
                               csv.getInt(1),       // 人口
                               csv.getDouble(2));   // 人口増減率
    }
}
```

record定義の末尾にある { } の中に、追加機能を記述します。例題では、{ } をクラスの記述と同じスタイルで書いています。

❶は、デフォルトのコンストラクタにチェック機能を追加したい時の書き方です。classにはないrecordの独自機能です。不正な値が指定されたかどうかチェックできるようにします。チェック機能を追加するだけですから、フィールド変数への代入などは書けません。なお、チェック機能を利用するには12章の「例外」についての知識が必要です。

```
public record名{
    チェックする内容と異常時の処理（例外を投げる）
}
```

例題では、都道府県名（prefecture）がnullなら例外を発生して、プログラムを停止します。例外については後で解説しますので、ここでは、フィールド変数に異常な値が指定されている時、それをチェックする処理を書く、ということを覚えておくだけで構いません。

❷は、コンストラクタ・オーバーロードです。オーバーロードなので、デフォルトのコンストラクタとは、引数構成を変える必要があります。主に、一部のフィールド変数だけを引数にとり、不足するものは既定値を割り当てて生成する、という用途に使います。

ただ、内容を自由に書けるわけではなく、`this(…);`の形式で、デフォルトのコンストラクタを呼び出すことしかできません。`this.rate=0;`のようにフィールド変数に直接アクセスすることはできないので注意してください。

❸は、インスタンスメソッドを追加しています。インスタンスメソッドはいくつでも追加できます。処理の中で、フィールド変数にアクセスできることも、classの場合と変わりません。ただし、インスタンスフィールド（フィールド変数）は、追加できません。

❹は、クラスメソッドを追加しています。この例のofメソッドは、前節で作成したCsvオブジェクトで複数の値を受け取り、それからインスタンスを生成して返すファクトリメソッドです。Csvクラスがjp.kwebsパッケージに入れてあるので、それをインポートして利用しています。

staticメンバは制限なく追加できます。mainメソッドを追加することもできますし、例にはありませんが、staticなフィールド変数も定義できます。

他にも、次のような機能があります。

- デフォルトのコンストラクタをオーバーライド（9章）できる
- デフォルトのゲッターをオーバーライドできる
  （❶で示したデフォルトのコンストラクタへのチェック機能の追加ができなくなります）
- デフォルトのequals、hashcode、toStringメソッドをオーバーライドできる
- インタフェース（11章）を実装できる
- アノテーションを付けることができる
- classやrecord定義の中に、別のrecordを定義できる（ネストしたrecord）

※recordは、内部的にはjava.lang.Recordクラスを継承して生成されるので、デフォルトのコンストラクタやメソッドを上書きして差替えるオーバーライド機能が有効です。オーバーライドは9章、インタフェースは11章を参照してください。

4.完全にイミュータブルなレコード

ミュータブルなオブジェクトをフィールドに持つ場合は、レコードの不変性が成り立たなくなります。しかし、4章でクラスに対して行った対策と同じ方法で、完全にイミュータブルなレコードにできます。

次は、フィールドにIdNumberクラスのインスタンスを持つレコードです。IdNumberクラス（➡P.90）はイミュータブルなクラスではありません。

例題 完全にイミュータブルなレコード sample3/Member.java

```
package sample3;
public record Member(IdNumber id, String name) {

❶  public Member(IdNumber id, String name) {
        this.id = new IdNumber(id.getNumber());
        this.name = name;
    }
❷  public IdNumber id() {
        return new IdNumber(id.getNumber());
    }
}
```

5

❶は、デフォルトのコンストラクタをオーバーライドしています。

レコードでは、デフォルトのコンストラクタと全く同じ引数を持つコンストラクタを作成すると、オーバーライドでき、この場合だけ、例題のようにフィールドに、直接、値を代入できます。

デフォルトのコンストラクタは、引数を単純に代入してしまうので、idのコピーを作成し、それをフィールド変数に代入するようにしています。これにより、外部でidが変更されても、レコードは影響を受けなくなります。

❷は、デフォルトのゲッター（recordでは、"get"は付かない）をオーバーライドしています。ゲッターは、名前、アクセス修飾子、戻り値型、引数構成が同じものを作成すると、既存のゲッターをオーバーライドできます。

そこで、新しいゲッターでは、idをそのまま返すのではなく、idのコピーを作成し、それを返すようにしています。これにより、外部でidが変更されても、レコードは影響を受けなくなります。

このように、コピーを受け入れ、コピーを返すという対策により、レコードの外部でidの値が変更されても、レコードは一切影響を受けず、不変性が保たれます。

5.簡易な使い方

クラス定義と同じファイル内にrecordの定義を書くと、簡易な使い方ができます。

例題 recordに機能を追加する [sample4/PopulationSample]

```
package sample3;

❶ record Population(String prefecture, int population, double rate) {}

❷ class PopulationSample {
   public static void main(String[] args) {
       Population[] data = { new Population("北海道", 5250, -6.8),
                             new Population("東京都", 13921, 7.1),
                             new Population("大阪府", 8809, -0.4),
                             new Population("福岡県", 5104, -0.7),
                             new Population("沖縄県", 1453, 3.9) };
       for(Population p : data) {
           System.out.printf("%s¥t%,7d%7.1f%n",
                   p.prefecture(), p.population(), p.rate());
       }
   }
}
```

❶はレコードの定義ですが、同じファイルにPopulationSampleクラス（❷）も書かれています。この場合、publicアクセス修飾子は、recordかclassのどちらか一方にしか使えません（➡P.164）。recordをデフォルトアクセスにしておくといいでしょう。同じパッケージ内で使えます。

Q5-3

解答

1. Q5-2で作成したProductレコードに、コンストラクタをオーバーロードしてください。オーバーロードするコンストラクタは、商品コード、商品名、価格、だけを引数に取り、欠品には、常にfalseをセットします。

5.3 まとめとテスト

1.まとめ

1.何かの機能を実現するクラス

どのようにプログラムするかではなく、どんなクラスにするか考える。

作成手順

①フィールド変数をどうするか考える

②どういうメソッドを作るか、具体的な使い方を考えて、APIを先に決める

③仕様の細部を検討して、問題があれば修正する

④コーディングする

使用方法

①作成したクラスのインスタンスを作る

②インスタンスのメソッドを利用して処理を組み立てる

2.レコード

・レコードを使うと「データを集めたオブジェクト」を簡単に作成できる

・キーワードはrecord

```
public record Meibo(int number, String name, String mail){}
```

・レコードは継承できない

・フィールドとコンストラクタ、ゲッター、toString、equals、hashcodeメソッドが自動生成される

フィールド …………… private final なフィールド

コンストラクタ ……… すべてのフィールド変数を引数に取る

ゲッター ……………… フィールド変数名と同じメソッド名（"get"が付かない）

toString ……………… すべてのフィールド変数を表示する

equals、hashcode …… すべてのフィールド変数を使って一致を検証する

・レコードの最大の特徴は不変性（フィールド変数の値を後から変更できない）

フィールド変数にはfinal修飾子が付いているので値を変更できない

セッターは作れない

recordは継承（6章）できない

・簡易な使い方として、クラス定義と同じファイル内にrecordの定義を書ける

・レコードは機能を追加できる

①デフォルトのコンストラクタの先頭で実行するチェック機能を追加できる
②コンストラクタをオーバーロードできる
③インスタンスメソッドを追加できる
④静的メソッド（クラスメソッド）、静的変数（クラス変数）を追加できる
⑤デフォルトのコンストラクタをオーバーライド※できる
　ただし、①の機能は使えなくなる
⑥デフォルトのゲッターをオーバーライドできる
⑦デフォルトのequals、hashcode、toString、ゲッターをオーバーライド※できる
⑧インタフェース（11章）を実装できる
⑨アノテーションを付けることができる
⑩classやrecord定義の中に、別のrecordを定義できる（ネストしたrecord）

※オーバーライドは9章で解説します

2.演習問題

解答

1. 次は、入力したデータの基本統計量（合計、平均、最大値、データ数）を求めるプログラムです。ただし、データはCSV形式の文字列で入力し、Csvオブジェクトにして使用しています。このプログラムを参考にして「基本統計量を計算する機能を実現するクラス」を作成します。

```
import lib.Input;
import lib.Csv;
public class Exec{
    public static void main(String[] args) {
        // CSV形式でデータを入力する
        String    str = Input.getString();      // キーボードから入力
        Csv       csv = new Csv(str);           // CSV形式の文字列を操作するクラス

        // 合計を求めて表示する
        double total=0;
        for(int i=0; i<csv.size(); i++) {
            total += csv.getDouble(i);
        }
        System.out.println("合 計=" + total);

        // 平均を求めて表示する
        double average=total/csv.size();
        System.out.println("平 均=" + average);

        // 最大値を求めて表示する
```

```
        double max=0;
        for(int i=0; i<csv.size(); i++) {
            double x = csv.getDouble(i);
            if(max<x) {
                max = x;
            }
        }
        System.out.println("最大値=" + max);

        // データ数を表示する
        System.out.println("データ数=" + csv.size());
    }
}
```

```
String>10,7,12,4,11,7
合 計=51.0
平 均=8.5
最大値=12.0
データ数=6
```

※Inputクラス、Csvクラスはlibパッケージからインポートします。

問1 次の空欄を埋めてください。
クラス名をStdStatクラスとする。フィールド変数は計算に使うCsv型のデータで、値はコンストラクタで受け取ることにする。作成する主なメソッドは、[①]、[②]、[③]、[④]の値を返すメソッドである。また、それ以外のメソッドとして、ゲッターとtoStringメソッドを作成する。

問2 StdStatクラスを作成してください。

問3 Pass1クラスを作成し、そのmainメソッドで、StdStatクラスを使って、上記の実行結果と同じ出力をするプログラムを作成してください。

2.次の表のような成績データがあります。これを使って、次の手順で成績データと平均点を出力するプログラム（Pass2）を作成してください。

氏名	英語	国語	数学
田中真一	80	65	85
前田はな	90	80	95
中村恵美	70	90	75
木村一郎	60	70	65
鈴木太郎	85	65	70

手順

①Pass2クラスを作成する
②pass2クラスと同じファイル内に、1人分の成績を表すSeisekiレコードを作成する
ただし、科目の点数のデータ型はdoubleとする
③Pass2クラスにmainメソッドを作成する。
④mainメソッドの中で、全員分のSeisekiインスタンスを作成し、配列`Seiseki[] data`に入れる
⑤mainメソッドの中で、学生の得点を平均点と共に、次の実行結果のように出力する

```
田中真一  80.0  65.0  85.0  76.7
前田はな  90.0  80.0  95.0  88.3
中村恵美  70.0  90.0  75.0  78.3
木村一郎  60.0  70.0  65.0  65.0
鈴木太郎  85.0  65.0  70.0  73.3
```

・右端の列は、学生ごとの平均点です。
・出力はprintfで行い、書式として`"%s%6.1f%6.1f%6.1f%6.1f%n"`を指定します。
・成績レコードに、英語、国語、数学の平均点を返すaverage()メソッドを作成すると処理が簡単になります。

256とか
512とか
スキ
256番
です
256

Chapter

6 継承とは

この章ではクラス図の書き方から始めます。クラス図は、クラスを可視化するためのツールです。本書ではクラスの図示に一貫してクラス図を使いますので、ここで見方を覚えておきましょう。また、クラス図を使って、継承の意味や方法をやさしく解説します。継承はオブジェクト指向の基礎になる重要なトピックです。この章を終えると、オブジェクト指向の最初の関門を通過したことになります。

6.1 クラス図

1.クラス図の見方

クラスの構成を図を使って表現するには、クラス図を使います。クラス図は、四角形の枠の中に、クラス名やフィールド変数、メソッドなどを書き込んだもので、クラスの内容をコンパクトに示すことができます。また、クラス同士の関係をさまざまな方法で図示できるという特徴があります。

例題 Memberクラスとそのクラス図

プログラム

```
public class Member {
   private int id;
   private String name;
   public Member(int id, String name){
     this.id = id;
     this.name = name;
   }
   public int getId(){
     return id;
   }
   public String getName(){
     return name;
   }
   public void setId(int id){
     this.id = id;
   }
   public void setName(String name){
     this.name = name;
   }
 }
```

クラス図

```
Member
--------------------------------
-id:int
-name:String
--------------------------------
+Member(id:int, name:String)
+getId():int
+getName():String
+setId(id:int):void
+setName(name:String):void
```

※コンストラクタは、クラスのメンバではありません。違いを忘れないように、本書ではコンストラクタを灰色で表記しています。

Memberクラスは、フィールド変数にidとnameを持つ簡単なクラスです。その他には、コンストラクタとゲッター、セッターがあります。

Memberクラスを表すクラス図（右側）は、3つの部分からできています。線で区切られた最上段がクラス名、2段目がフィールド変数、最後がコンストラクタとメソッドを書く場所です。

先輩、クラス図って、一体、何に使うんですか？
プログラムだけで十分じゃないかなぁ。

何かのシステムを作る時は、そのシステムでどんなクラスがあればいいか考える。
クラス図はそれを考えるための道具の1つだ。

うーん。
でも今から何かのシステムを作るわけじゃないですよね。

クラス図にはクラスの中身を一目で理解できるという利点がある。
クラス同士の関連を表現する機能もあるから、継承の理解に役立つだろう。

2.クラス図の書き方

クラス図はUML（Unified Modeling Language：統一モデリング言語）の一部ですから、作成のための細かな規則がいろいろあります。ここでは、最低限知っておく必要のある規則について、Memberクラスのクラス図を元に解説します。

フィールド変数

Memberクラスでは、フィールド変数は次のように書かれています。

```
-id:int
-name:String
```

最初に変数名を書いて、その頭に － 記号を付けます。ここで － は private を意味します。記号は、－ ＃ ～ ＋ の4つが規定されていて、次の表のような意味です。ただし、ほとんどの場合、変数はprivateですから － を付けます。

記号	意　味	Java言語での意味
－	private	他のクラスの中では使えない
＃	protected	同じパッケージのクラスの中と、サブクラスの中で使える
～	パッケージアクセス	同じパッケージのクラスの中で使える
＋	public	すべての他のクラスの中で使える

※protectedは7章で解説します。

また、プログラムでは、`int id;` のように書きますが、クラス図では `-id:int` のように、順序が逆になります。その理由は、クラス図はクラスの構成を表すので、要素を区別するための名前（変数名）が重要で、型は補足的な情報とみなすからです。

コンストラクタとメソッド

コンストラクタとメソッドは、宣言部分だけを書き、変数と同様に、先頭にアクセス範囲を表す記号を付けます。Memberクラスではどれもpublicなので、+ が付いています。

コンストラクタでは、引数がフィールド変数と同じように、変数名:型、という書き方になっていることに注意しましょう。これは、メソッドでも同じです。

```
+Member(id:int, name:String)
```

6

メソッドは次のように書かれています。コンストラクタと違うのは、右端に戻り値型を付けることです。

```
+getId():int
+getName():String
+setId(id:int):void
+setName(name:String):void
```

なお、クラス図では、メソッドだけを書いて、コンストラクタを省略する場合もあります。

クラス図の主な特徴

① クラス名、フィールド変数、コンストラクタとメソッドの３つの領域に分割されている
② 変数は、変数名:型 のように書く
③ コンストラクタやメソッドの引数は、②と同じように書く
④ メソッドは、`method():型` のように戻り値型を書く
⑤ 要素の先頭に付ける ＋ は public を表し、－ は private を表す

Q6-1

解答

クラス図についての理解を確認しましょう。
次のAdderクラスをクラス図に直してみてください。

```
public class Adder {
    private int number;
    public Adder(int number) {
        this.number = number;
    }
    public void add() {
        number++;
    }
    public int getNumber() {
        return number;
    }
    public void setNumber(int number) {
        this.number = number;
    }
}
```

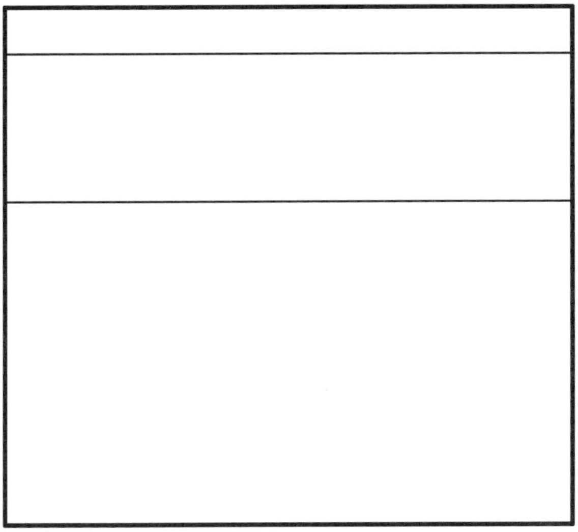

6.2 継承

既存のクラスを土台にして、新しく別のクラスを作る仕組みを継承といいます。継承を使うと、元のクラスに、フィールド変数やメソッドを追加したクラスを簡単に作成できます。この節では、会員クラス（Memberクラス）を例にして、継承について解説します。

1.継承してクラスを作る

スポーツジムの会員管理システムを作ろうとしていると考えてください。前節で解説したMemberクラスは、その中の一般会員を表すクラスです。ただし、スポーツジムでは、一般会員の他にも、学生会員があります。

学生会員は18才までという制限があるので、誕生日のフィールド変数が余計に必要ですし、有効期限（18才になって資格が失効する日付）を計算するメソッドも必要になります。そこで、Memberクラス（一般会員）を元にして、次のようなStudentMemberクラス（学生会員）を作ろうと考えています。

2つのクラスのクラス図は次のようです。ただし、青字の部分は、Memberクラスと重複するメンバです。

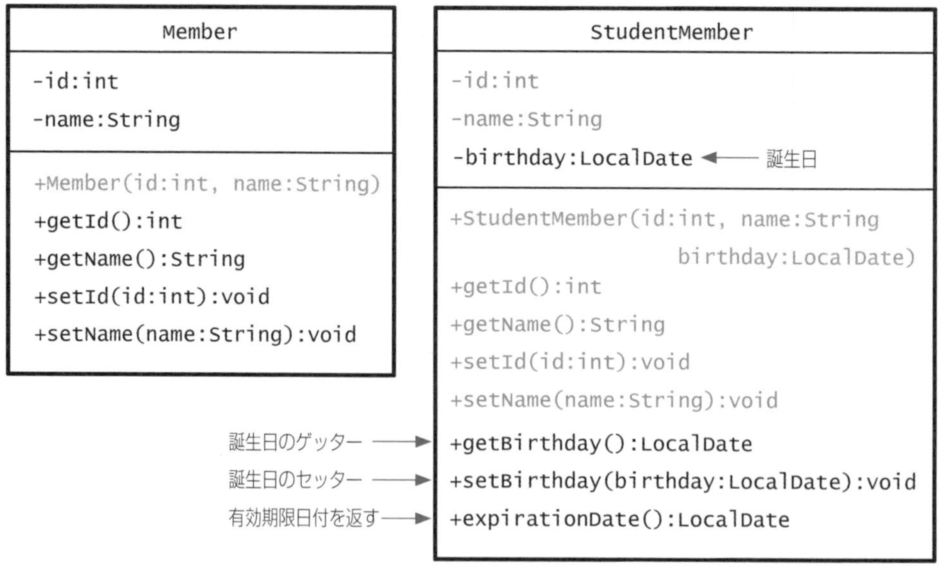

※青字のメンバはMemberクラスと同じ

Member クラスと StudentMember クラスは、どちらも「会員」を表しています。同じ「会員」を表すクラスですから、オブジェクト指向の観点からは、これらを完全に別々のクラスとして作成するのは好ましくありません。

うーん、別々のクラスにするのが良くないなんて、どういう意味かなぁ。
中身が違うわけだし、別々のクラスとして作るしかないでしょう？

いや、StudentMemberクラスの青字の部分は、Memberクラスと同じだ。
だから、同じ部分はMemberクラスを取り込むことにする。

えっ、「取り込む」んですか･･･
（どうやって？）

それが継承という機能だ。
コードを書く代わりに、Memberクラスを取り込んでしまう。
そして、追加する部分だけを書くんだ。

次は、継承により、Memberクラスを取り込んでStudentMemberクラスを作る例です。StudentMemberでは新たに追加するメンバだけを書きます。

例題　継承してクラスを作る　[StudentMember]

```
package sample;                                  ── 継承の宣言
import java.time.LocalDate;
❶ public class StudentMember extends Member {

    private LocalDate birthday;                     // 誕生日
    public StudentMember (int id, String name,
                          LocalDate birthday) { // コンストラクタ
❷      super(id, name);
        this.birthday = birthday;
    }
    public LocalDate getBirthday() {                // 誕生日のゲッター
        return birthday;
    }
    public void setBirthday(LocalDate birthday) {   // 誕生日のセッター
        this.birthday = birthday;
    }
    public LocalDate expirationDate() {             // 有効期限日を返す
        return birthday.plusYears(18);  // 誕生日に18年を足した日付を返す
    }
}
```

※ plusYears() はLocalDateクラスで年の加算をするクラスメソッドです。562ページのAPIを参照してください。

❶のクラス宣言に extends Member という記述があることに注意してください。

これが継承の宣言で、「Memberクラスを取り込んで拡張する」という意味です。この宣言により、StudentMemberクラスは、Memberクラスを取り込んだクラスになります。ですから、クラスの中に書くのは、StudentMemberクラスで新たに追加するメンバだけです。

クラスのソースコードからはわかりにくいのですが、StudentMemberクラスから作ったインスタンスは、次の図のような構造になります。継承によって、Memberクラスが取り込まれていることがわかります。

StudentMember クラスのインスタンスの構造

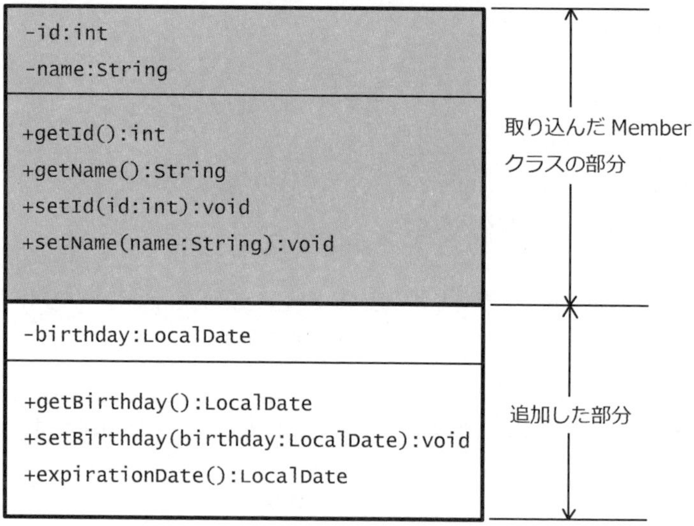

継承元のMemberクラスをスーパークラス（または、親クラス、基底クラス）といい、継承したStudentMemberクラスをサブクラス（または、子クラス、派生クラス）といいます。

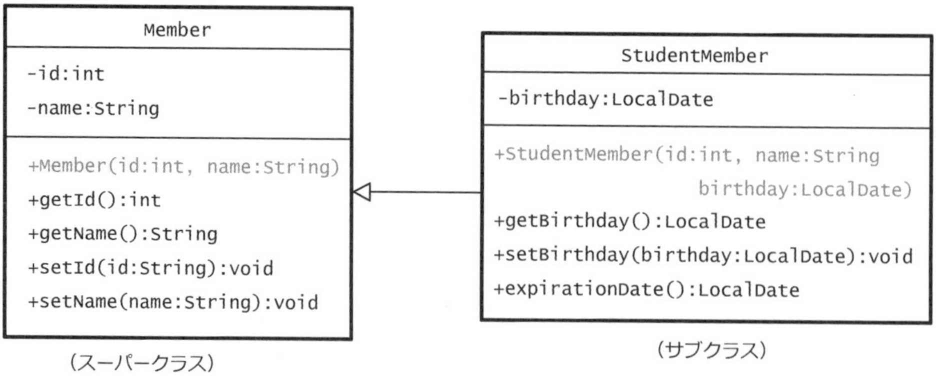

クラス図では、継承関係はサブクラスからスーパークラスへ向かって引いた白い矢印で表します。継承は、クラス間の親子関係を表現しています。

図では、Memberクラスがスーパークラス、StudentMemberクラスがサブクラスです。StudentMember クラスは、Memberクラスを含んでいますが、クラス図ではそれは矢印で表されています。

2.インスタンスの初期化

なるほど、extends でスーパークラスを取り込むんですね。
あれっ、先輩、例題のコンストラクタですけど、❷の**super(id, name)** っていうのは、一体、何ですか？

それはスーパークラス（Memberクラス）のコンストラクタの呼び出しだ。
インスタンスの初期化では、継承した部分とそれ以外の部分を、分けて初期化する。

ふーん、それでスーパークラスのコンストラクタか ･･･
それじゃ、Member(id, name) って書けばいいんじゃないかなぁ？

いや、その書き方はコンパイルエラーだ。
コンストラクタの中ではsuperを使う書き方しか使えない規則になっている。

文法では、サブクラスは、取り込んだスーパークラス部分を最初に初期化することになっています。したがって、コンストラクタの1行目は、super(~); のように、スーパークラスのコンストラクタ呼び出しでなくてはいけません。

```
public StudentMember(int id, String name, LocalDate birthday) { // コンストラクタ
    super(id, name);
    this.birthday = birthday;
}
```

スーパークラスのコンストラクタに引数がある場合は、それも指定します。したがって、サブクラスのコンストラクタには、引数として、スーパークラスの初期化に必要なものも含めておく必要があります。

StudentMemberクラスでも、下線を引いたidとnameは、スーパークラス（Member）のコンストラクタに渡す引数です。

super(～) は、必ずコンストラクタの1行目に書きます。スーパークラスから継承した部分を、先に初期化する規則になっているからです。次のように2行目以降に書くとコンパイルエラーになるので注意してください。

```
public StudentMember(int id, String name, LocalDate birthday) { // コンストラクタ
    this.birthday = birthday;
    super(id, name); ◀──── 2行目以降に書くとコンパイルエラーになる
}
```

サブクラスのコンストラクタの自動生成

サブクラスのコンストラクタってなんだか、面倒だなぁ･･･
先輩、これまでのように、パパッと自動生成できないのですか？

それは、もちろんできる。
一般的なコンストラクタなら、自動生成で十分だ。
それに、ゲッター、セッターもこれまでどおり自動生成できる。

ふん、ふん、やっぱりそうなんだ。
自動生成できるんだったら、最初からそれでやってくれればよかったのに。

自動生成に頼りすぎて、手順だけ覚えてもだめだ。
文法を理解してから、使うように！

ここでは、例題のソースコードについて、コンストラクタの自動生成の手順を示します。基本的に、これまでと同じですが、次の２点に注意してください。

- スーパークラスを指定してクラスを作成する
- フィールド変数を書いた後で、コンストラクタの自動生成を行う

コンストラクタの作成手順

① sampleパッケージに作成するので、sampleパッケージ（ sample ）をマウスでクリックし、さらにJavaクラスの新規作成ボタン［ ］を押して、［新規Javaクラス］ダイアログを開く

② ダイアログでは次のようにする

- ［**名前**］欄に`StudentMember`と入力する
- ［**スーパークラス**］欄の`java.lang.Object`を消して、`Member`と入力する
- ［**完了**］ボタンを押す

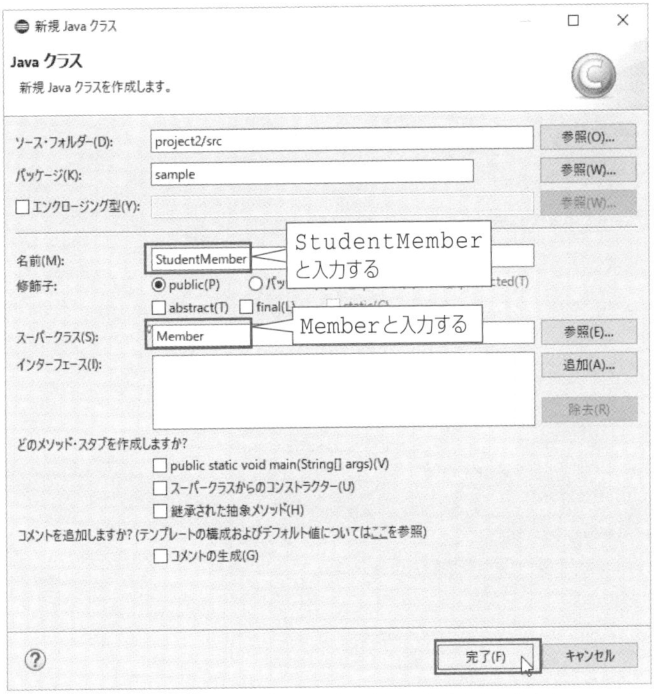

※［スーパークラス］欄への入力は必須ではありませんが、入力しなかった場合は、生成されたソースコードにextends Memberを手書きで追記する必要があります。

③ **クラスの骨格が生成される**

コンストラクタを作っていないので、コンパイルエラーが表示される。

このままで、④の作業に移る

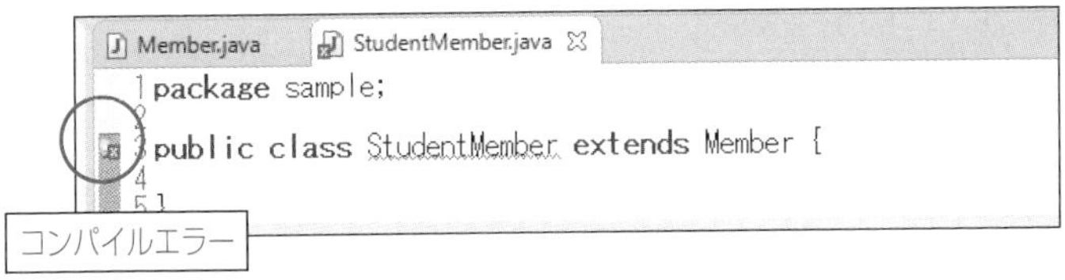

④ フィールド変数に、LocalDate型のbirthdayを入力する

⑤ LocalDateクラスのimport文は自動入力されないので、手動で、メニューで［ソース］➡［インポートの編成］と選択してimport文を挿入する

Member.java　StudentMember.java

```java
package sample;

import java.time.LocalDate;

public class StudentMember extends Member {
    private LocalDate bithday;

}
```

⑥ メニューで、［ソース］➡［フィールドを使用してコンストラクターを生成］と選択する

⑦ ダイアログが表示されるので、birthdayにチェックを入れ、［OK］ボタンを押す

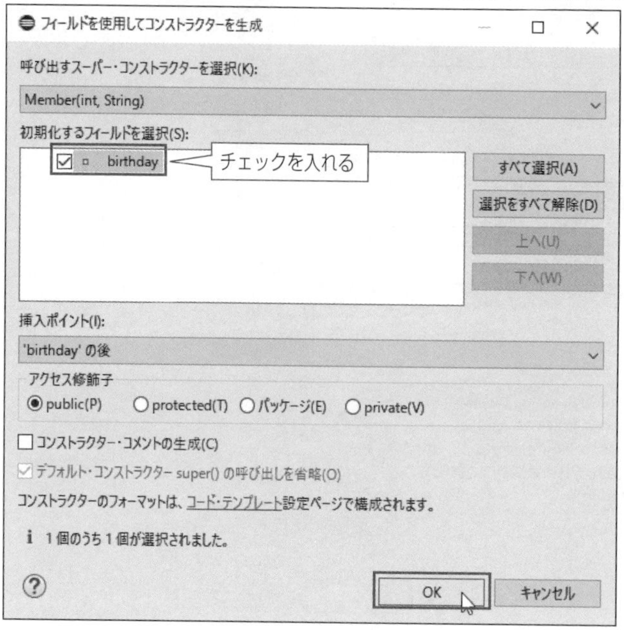

⑧ スーパーコンストラクタの呼び出し `super(id, name);` を含むコンストラクタが生成される

Member.java　StudentMember.java

```java
package sample;

import java.time.LocalDate;

public class StudentMember extends Member {
    private LocalDate birthday;

    public StudentMember(int id, String name, LocalDate birthday) {
        super(id, name);
        this.birthday = birthday;
    }

}
```

フィールド変数を持たないサブクラスの場合

StudentMemberのbirthday のように、サブクラス独自のフィールド変数がある場合は、上記の手順でいいのですが、フィールド変数を持たないサブクラスでは、⑥の手順が少し違います。[ソース] ➡ [スーパークラスからコンストラクターを生成] と選択します。

3.継承の効果を確認する

先輩、これまでの説明からすると、StudentMemberクラスのインスタンスを使って、Memberクラス (スーパークラス) のメソッドも使えるわけですね?

もちろん、そうだ。
StudentMemberクラスは、136ページの図のように、Memberクラス全体を取り込んでいる。本当に使えるかどうか、インスタンスを作って試してみよう。

6

例題 サブクラスのインスタンスを試す [ExecStudentMember]

```
package sample;
import java.time.LocalDate;
public class ExecStudentMember {
    public static void main(String[] args) {

        StudentMember stmem =
          new StudentMember(100, "田中宏", LocalDate.of(2004, 7, 30));
❶       System.out.println(stmem.getId());              // スーパークラスのメソッド
❷       System.out.println(stmem.getName());            // スーパークラスのメソッド
        System.out.println(stmem.getBirthday());        // 自クラスのメソッド
        System.out.println(stmem.expirationDate());     // 自クラスのメソッド
    }
}
```

```
100
田中宏
2004-07-30
2022-07-30
```

例題は、StudentMemberクラスのインスタンスを使って、MemberクラスとStudentMemberクラスのメソッドを実行しています。特に、❶の`getId()`と❷の`getName()`は、スーパークラスであるMemberのメソッドですが、ちゃんと実行できています。

一般に、サブクラスのインスタンスで、スーパークラスのメソッドを実行するのは何の問題もありません。

privateメンバは継承していない？

あれっ、idやnameを使うとコンパイルエラーになる！
先輩、継承したはずのメンバを使えません・・・

```
public static void main(String[] args) {
    StudentMember stmem =
        new StudentMember(100, "田中宏", LocalDate.of(2004, 7, 30));
    System.out.println(stmem.id);              // コンパイルエラー
    System.out.println(stmem.name);            // コンパイルエラー
}
```

当たり前だ。
idとnameはMemberクラスでprivateになっている。
いくら継承していても、サブクラスのStudentMemberでは使えなくて当然だ。

うーん、継承って、スーパークラスを丸ごと取り込むんじゃなかったかなぁ。
先輩、取り込んでいても使えないわけですか？

その通り。
内部に取り込んでいるけど、アクセスできない。
だから、普通、privateメンバは継承しているとは言わないことになっている。

スーパークラスのprivateメンバは、サブクラスからはアクセスできません。privateの定義により、アクセスできるのは、スーパークラスの中に限られます。ただ、136ページの図に示すように、継承した部分の中に、それらprivateメンバが含まれているのは事実です。そうでなければ、オブジェクトとして完全ではないからです。

結局、スーパークラスのprivateメンバは、サブクラスの内部に存在するのですが、アクセスできない仕組みになっています。継承では、アクセスできるメンバだけを、継承したメンバというため、存在していてもアクセスできないprivateなスーパークラスのメンバは、継承していないメンバということになります。

Q6-2

解答

継承はとても重要なトピックです。
手抜きのできないところですから、おさらいを兼ねて、スーパークラスとサブクラスを作ってみてください。次のクラス図を見て作ってみましょう。メソッドはセッターとゲッターだけですから、自動生成です。

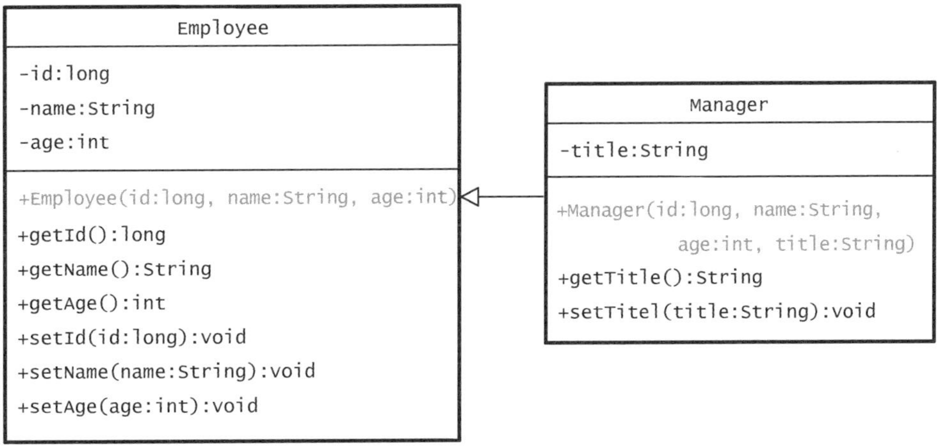

それから、サブクラスからスーパークラスのメソッドを使えることも確かめましょう。
次の手順でプログラムを書いてみてください。クラス名はExecManagerとします。

＜手順＞
・次の表のデータを使って、Managerクラスのインスタンスを作成する
・ゲッターメソッドを使って、実行例のように表示する
（項目の間には¥tを出力して隙間を開ける）

id	name	age	title
110	森下　樹	32	プロジェクトマネージャー

＜実行例＞

```
110	森下樹	32	プロジェクトマネージャー
```

6.3 継承の規則

1.Is-a の関係

先輩、会員クラス（Member）を継承して自動車クラスCarを作ってみました。
足らない部分だけ作ればいいので、便利ですね！

```
public Car extends Member {
    private price;                                      // 販売価格
    public Car(int id, String name, int price){  // コンストラクタ
        super(id, name);                                 // id=型番、name=車名
        this.price = price;
    }
    public getPrice(){                                   // 販売価格のゲッター
        return price;
    }
    public setPrice(int price){                          // 販売価格のセッター
        this.price = price;
    }
}
```

おや、このプログラムは、継承の原則を無視しているなぁ。
「自動車は会員の一種」とは言えないだろ。
サブクラスはスーパークラスの一種でないといけない。

え、えっ・・・！
継承は便利だと思ったんですが、そんなシバリがあったんですか。

そう、これを「Is-a の関係」という。
継承するには、Is-aの関係が成り立ってないとダメだ。

継承の目的は、少ない手間でサブクラスを作ることではありません。同種のオブジェクトの系統を作ることに意味があります。オブジェクトの系統を作っておくことで、サブクラスをスーパークラスとして使うことができるからです。この機能は8、9章で解説しますが、オブジェクト指向の大きな利点とされています。

サブクラスを作る時は、それがスーパークラスとどういう関係にあるか考えます。サブクラスはスーパークラスから分岐した型かどうか確認するのです。「サブクラスBはスーパークラスAの一種である」という関係が成り立つ必要があります。

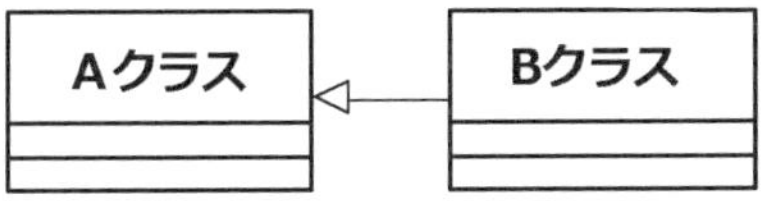

これを「Is-a の関係」といいます。例えば、「B is a A」とは、「BはAの一種」ということです。サブクラスを作る時は、Is-a の関係が成り立つかどうか確認してください。

2.継承できないクラス

Java.langパッケージで提供されているStringクラスをはじめとする多くの標準クラスは、Javaシステムの基本機能にかかわるクラスなので、継承して使うことはできません。サブクラスを作って、さまざまな変更を加えられると混乱の元になりかねないからです。

具体的には、次のように、final修飾子がクラス宣言に付けてあります。これで、継承できないクラスになります。

```
public final class String
    implements java.io.Version, Comparable<String>, CharSequence {
    ……
```

※このクラス宣言はインタフェースや総称型を含んでいます。これらについては本書の後半で解説します。

final修飾子は、「最終形」にするという意味で、適用する要素によって、次のように機能が変わります。

finalの効果

・クラス宣言に付ける…………継承できないクラスになる
・メソッド宣言に付ける………オーバーライドできないメソッドになる
・変数宣言に付ける……………初期値を変更できない変数になる

※オーバーライドはメソッドの内容を変更する機能です。9章で解説します。

標準クラス以外でも、プログラマが継承できないクラスを作る典型的なケースとしては、4章で解説したイミュータブルなクラスを作る場合がありました。継承によってクラスをミュータブル（変更できる）に改訂されないよう、finalを付けてクラスを作成し、継承を禁止しました。

3.封印されたクラス（シールクラス）

先輩、「封印された」クラスなんて、
秘密めいたネーミングですね。

キーワードはsealed（封印された）だが、"シールド"と訳すと、
shield（盾）と混同されてしまうので、仕方なくそういう訳になっている。
シールクラスと訳す場合もあるが、これだと意味が分かりにくい

継承を制限するもう1つの方法は、クラスにキーワードsealedを付けることです。finalのように、全面禁止にするのではなく、指定した名前のサブクラスだけを作れるように限定できます。こうすると、クラス階層を設計者が完全に管理できます。不用意な継承ができないので、Is-aの関係も確実なものになります。

例題　封印されたクラス　[Member、StudentMember、ChildMember]

```
   package sample2;
❶ public sealed class Member permits StudentMember, ChildMember {
       // 省略
   }
```

```
   package sample2;
❷ public final class StudentMember extends Member {
       // 省略
   }
```

```
   package sample2;
❸ public non-sealed class ChildMember extends Member {
       // 省略
   }
```

スーパークラスでは、❶のようにclassの前にキーワードsealedを付けて封印されたクラスであることを示します。そして、キーワードpermitsに続けて、許可するサブクラス名を列挙します（例では、StudentMemberとChildMember）。

また、❷、❸のように継承するサブクラスを必ず作成しなければいけません。作成しないとコンパイルエラーになります。

一方、サブクラスでは、classの前に、final、sealed、non-sealedのどれかを付けてクラス宣言します。
それぞれ、次のような意味になります。

`final`	このサブクラスは継承できない
`sealed`	このサブクラスを封印されたクラスにする
`non-sealed`	このサブクラスは継承できる

スーパークラスとサブクラスは、互いにアクセスできるようになっている必要があります。そのため、同じパッケージ、またはモジュール（➡巻末資料）に入れる必要があります。

なお、封印されたクラスと同様に、封印されたインタフェースも定義されています。詳細は11章を参照してください。

4.継承できないメンバ

すでにprivateメンバは継承されないことを解説しましたが、勘違いしやすいのは、コンストラクタとスタティックメンバです。
コンストラクタは、クラスのメンバではないので、インスタンスを作ってもその中にはありません。したがって継承されることもありません。では、static の付くメンバ、つまり、スタティックメンバはどうでしょうか。

先輩、スタティックメンバも、一応、クラスのメンバですね。
すると、継承されるんでしょうか？

staticが付いたメンバ（スタティックメンバ）は、インスタンスの中に含まれない。
3章で説明したはずだ。

はぁ（汗）・・・
インスタンスには含まれていない、わけですね・・・

継承とはインスタンスからインスタンスへ、取り込んで受け継ぐことだ。
だから、インスタンスの中にないものは、継承しようがない。

スタティックメンバについては3章で詳しく説明しました。スタティックメンバは、staticなのでプログラムの実行開始時に、メモリー上に1つだけコピーされます。プログラムが開始してから終了するまで、コピーが1つだけメモリー上に存在し続けます。

クラスのインスタンスを作る時、スタティックメンバは無視されるので、インスタンスの中には含まれません。したがって、継承されることもありません。継承とは無関係な存在です。

継承されないもの

- privateなメンバは継承されない
- コンストラクタはメンバではないので継承されない
- staticメンバはインスタンスの中に含まれないので継承とは無関係である

Q6-3

解答

IS-Aの関係について、理解度を確認しましょう。

次の継承のうち、Is-a関係の点から正しいものに○を、正しくないものには×を付けてください。

A.
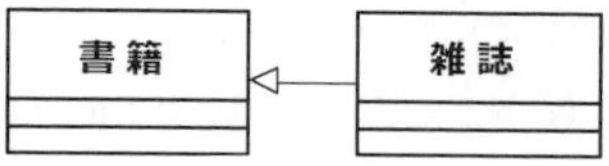

B.
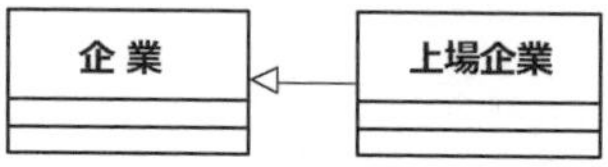

C.
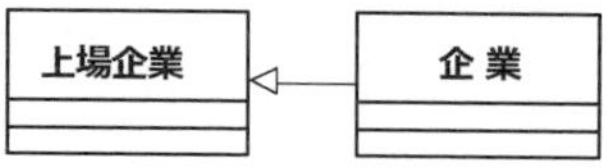

D.
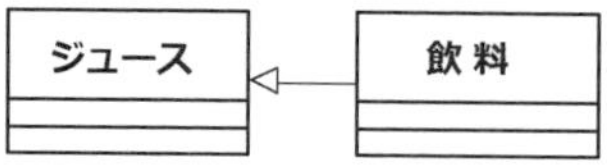

E.
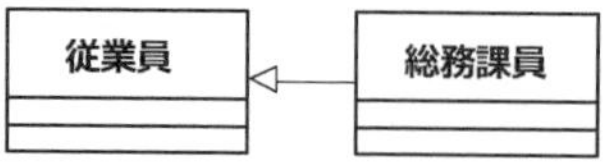

F.
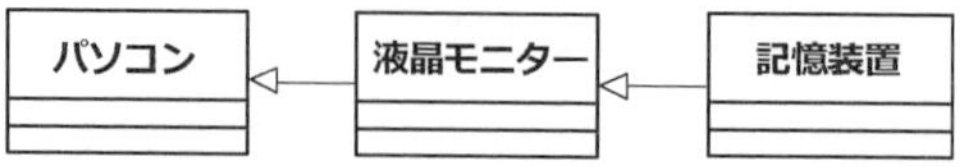

6.4 まとめとテスト

1.まとめ

1. クラス図

クラス図は、クラスの設計のために使われる図法で、本書ではクラスの内容や継承関係の説明のために利用する。

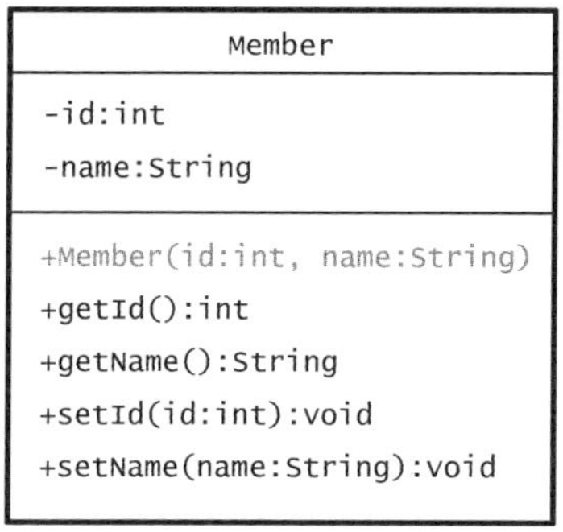

記号	意　味
−	private
#	protected
~	パッケージアクセス
+	public

2.継承の書き方

継承では、キーワードextendsを使って他のクラスを取り込み、拡張部分だけを作成する。継承元をスーパークラス（親クラス、基底クラス）、継承先をサブクラス（子クラス、派生クラス）という。

```
public class StudentMember extends Member {
    …
}
```

クラス図で示すと次のようになる。

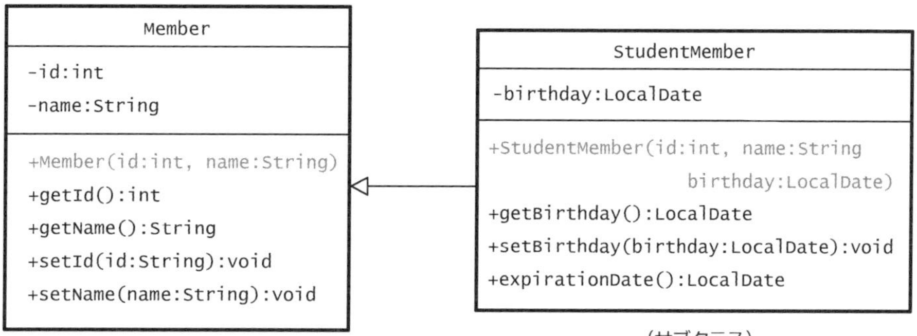

（スーパークラス）　（サブクラス）

・コンストラクタでは、先にスーパークラスを初期化するので、**super(~)**を最初の行に書く。
・サブクラスは、スーパークラスのpublicなメソッドを使用できる。

3. 継承の規則

・サブクラスはスーパークラスの一種でなければならない。これを、Is-aの関係という。
・スーパークラスのprivateメンバは、サブクラスに継承されない（存在するが、アクセスできない）。
・final を付けたクラスは継承できない。

4. 封印されたクラス（シールクラス）

・継承できるサブクラスを限定するには、sealedを付けてクラス宣言し、permitsの後に、サブクラスを列挙する

```
public sealed class A permits B, C {}
```


・サブクラスは、final、sealed、non-sealedのどれかを付けてクラス宣言する

```
public final class B extends A {}
```

・すべてのサブクラスを必ず作成しなければならない
・スーパークラス、サブクラスは同じパッケージまたはモジュールに置く必要がある

5. final修飾子

最終形にするという意味で、適用する要素に応じて次のような効果がある

finalの効果

・クラス宣言に付ける…………継承できないクラスになる
・メソッド宣言に付ける………オーバーライドできないメソッドになる
・変数宣言に付ける……………初期値を変更できない変数になる

5. 継承されないもの

・privateなメンバは継承されない
・コンストラクタはメンバではないので継承されない
・staticメンバはインスタンスの中に含まれないので、継承とは無関係である

2.演習問題

解答

問題を解いて、この章の内容を理解できたかどうか確認しましょう。
特に、クラス図を見て、継承のプログラムを正しく書けることが重要です。

問1　クラス図から、GeometricShape（幾何図形）クラスとCircle（円）クラスを作成してください。

＜クラスの説明＞

・Circleクラスのareaメソッドは円の面積を返すメソッド
・円の面積は、radius（半径）を使って、次のように計算する
　面積 = radius * radius * Math.PI（※Math.PIは円周率を表すMathクラスの定数）

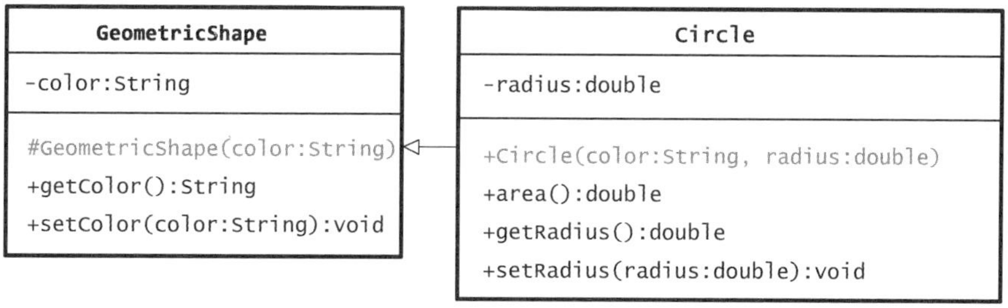

問2　mainメソッドを持つExecCircleクラスを作成し、次の処理を作成しましょう。

・Circleクラスのインスタンスを作成する
・ゲッターメソッドを使って、実行例のように表示する
　ただし、色と半径は次の値を使います。

color	blue
radius	5.5

```
色　=blue
半径=5.5
面積= 95.03
```

＜ヒント＞

面積の出力には、printfを使います。
書式文字列は、"面積=%6.2f"を使うといいでしょう。

問3　継承できるものとできないものを理解しているかどうか、確認する問題です。
　次のクラスからサブクラスを作るとき、継承されないものはどれですか、①〜⑨の番号で答えてください。

```
import java.time.LocalDate;
public class Machine {

    public static String manufacture = "WEBS";          // ① 製造メーカー
    private int weight = 2000;                          // ② 重量
    double power = 3.5;                                 // ③ 馬力
    final LocalDate shippingDate;                       // ④ 出荷日

    Machine(LocalDate shippingDate) {                   // ⑤ コンストラクタ
        this.shippingDate = shippingDate;
    }
    public void start() {                       // ⑥
    }
    public static void output() {               // ⑦
    }
    public final void doit() {                  // ⑧
    }
    public static void print(){                 // ⑨
    }
}
```

6

Chapter

7 継承関係

継承を使って、作成した同種のクラス群は継承ツリーとして可視化でき、ひとつのクラスファミリーを形成することがわかります。継承では、クラスファミリー間の関係を理解することがとても重要です。この章では、その手始めとして、クラスファミリーにおける初期化の規則やprotectedアクセスというアクセス修飾子について解説します。

7.1 継承ツリー

1.継承ツリーとは

先輩、継承ツリーって、何のことですか。
(もしかして、クリスマスツリーみたいな？)

継承関係では、あるクラスを継承したサブクラスを、さらに他のクラスが継承することもめずらしくない。その継承関係を図で表したものが継承ツリーだ。

なーんだ、ただの図なんですね。
その図に、どういう使い道があるんですか？

継承ツリーを構成するクラス同士には、いくつかの特別な関係ができる。オブジェクト指向では、それらの関係を理解することがとても大事なんだが、継承ツリーは、そういった関係の理解に役立つはずだ。

あるクラスを継承したサブクラスを、さらに他のクラスが継承するということを繰り返すと、その関係は、次の図のような**1本の継承ツリー**として表現できます。図は、A、B、C、Dという4つのクラスの継承ツリーです。

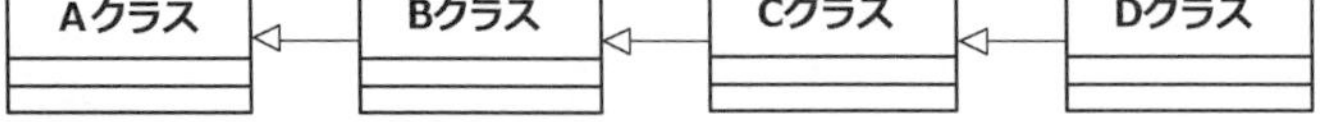

サブクラスはスーパークラスのメンバを取り込んでいるので、継承ツリー上では、どのクラスも、**自分のすべてのスーパークラスのメンバ（青色の部分）**を持つことになり、徐々にオブジェクトが肥大していきます。

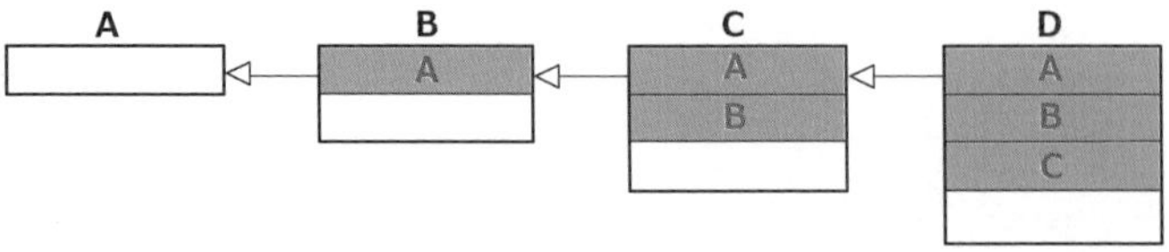

単一継承

Java言語の継承は、単一継承です。単一継承とは、同時には、1つのクラスしか継承できないという意味です。例えば、次の図のBクラスのように、2つ以上のクラスを同時に継承することはできません。

このため、継承ツリーは1本のツリー構造として表現されます。

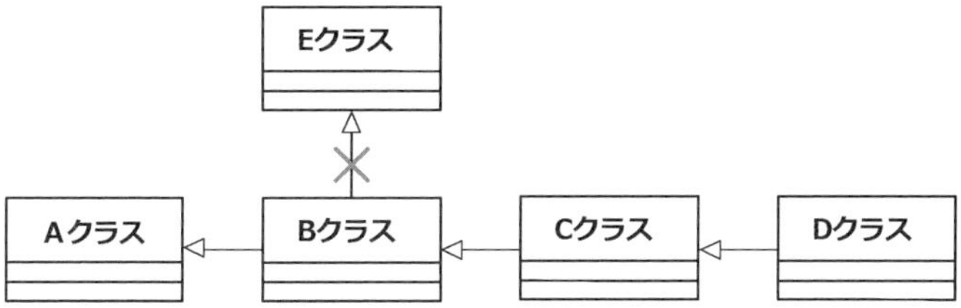

2.Objectクラス

java.langパッケージにあるObjectクラスは、すべてのクラスのスーパークラスです。ただし、クラス宣言に`extends Object`と書く必要はありません。どんなクラスでも、自動的にObjectクラスを継承しています。

Objectクラスは自動的にスーパークラスになるので、これまでに解説した、ProductクラスやMemberクラスなども、Objectクラスを継承しています。普通は継承ツリーには書きませんが、あえて書いてみると次のようになります。

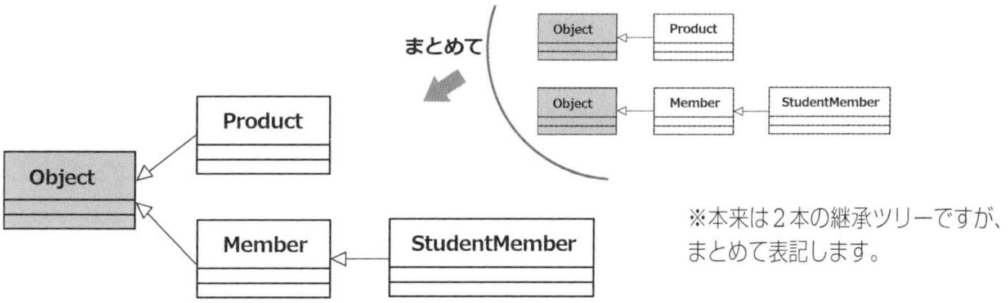

あれっ･･･
先輩、図のStudentMemberクラスは、Objectクラスも継承してるんですか？

当たり前だ！ 下の図を見るといい。
まず、MemberクラスがObjectクラスを継承している。だから、それを継承したStudentMemberクラスには、ObjectとMemberの両方が取り込まれている。

StudentMember クラスのインスタンスの構造

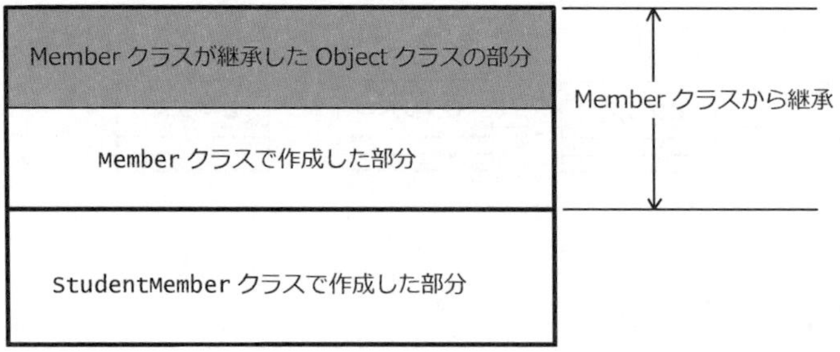

あっ、そうだった･･･（汗）
継承したMemberクラスの中にObjectクラスが含まれているんだった。

Objectクラスのメソッド

Objectクラスが自動的に継承されるのは、すべてのオブジェクトが持たねばならない、必須メソッドが定義されているからです。メソッドの一覧を示しますが、どんなクラスでもObjectクラスのサブクラスなので、これらのメソッドを最初から持っていることになります。

オブジェクトクラスのメソッド

メソッド	機　能
equals(Object o)	オブジェクトの比較を行う
hashCode( )	オブジェクトのハッシュコードを返す
toString( )	オブジェクトの文字列表現を返す
clone( )	オブジェクトのコピーを返す
finalize( )	ガベージコレクション実行の前に呼び出されるメソッド
getClass( )	オブジェクトについてのClass型のオブジェクトを返す
notify( )	スレッドを再開する
notifyAll( )	全てのスレッドを再開する
wait( )	スレッドを待機させる
wait(long time)	スレッドを待機させる。timeはタイムアウトの時間
wait(long time, int nano)	スレッドを待機させる。time、nanoはタイムアウトの時間

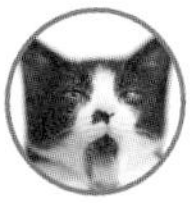

先輩、このメソッドはどんな風に使うんですか？
（ピンと来ないなぁ）

equals() とhashCode() は、オブジェクト同士の比較に使うメソッドだ。詳しくは16章で説明する。それから、toString() は36ページですでに使っている。

えっ？
toString() メソッドを作ったことは覚えてるけど…

そう、それが出来たのは**toString()**がObjectクラスに定義されていたからなんだ。equals()、hashCode()、clone()、finalize() も同じで、Objectクラスのメソッドを作り、書き換えて使う。この作り書き換えの機能は9章で説明する。

equalsからfinalizeまでのメソッドは、元々、サブクラスで内容を書き換えて使うためのものです。どんなクラスでも利用できるように、Objectクラスに定義してあるわけです。また、equals、hashCode、toStringの書き換えは、EclipseなどIDEの機能で自動生成できます。

さらに、書き換えたメソッドを直接利用することはほとんどありません。作成したメソッドは、主に、他の標準クラスの内部処理で使われるのです。39ページで見たように、toString() も、System.out.println() などの中で使われていました。

ふん、ふん、なるほど･･･（そういうことだったのか）
他のメソッドも同じですか？

getClass() はシステムプログラムで、また、notify() やwait() はマルチスレッドのライブラリで内部的な処理に使われている。

ふーん。
つまり、当面は、使う機会はないってことか（ホッ）

getClass() は、Class型のオブジェクト（Classというクラスがある）を使って汎用的な処理を作る時にしばしば利用されます。そういう機能をリフレクション（reflection）といいます。リフレクションを利用すると、クラスの名前文字列からオブジェクトを生成したりできますが、Java言語に精通した後で使う機能です。

また、標準クラスのメソッドでも、引数にClass型のオブジェクトを必要とするものがあるので、そういう時にも利用します。

notify()やwait()は、マルチスレッド機能を実現するライブラリの内部で使われています。最近は、ライブラリだけを使ってマルチスレッド処理を作成できるので、直接使う機会は少なくなりました。

Q7-1

解答

継承ツリーについて、理解度を確認します。
次の継承ツリーを見て、問に答えてください。

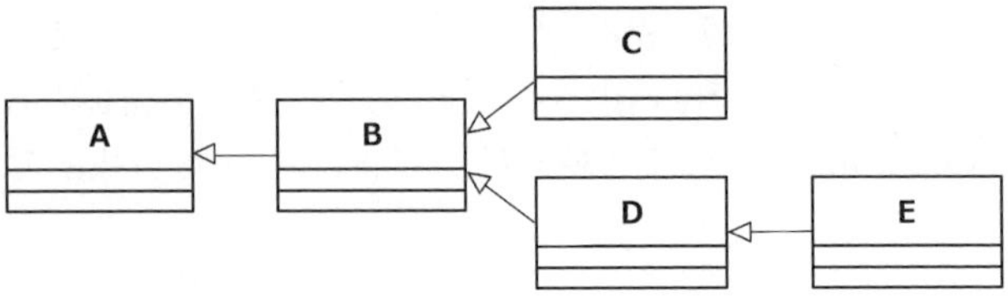

問1　スーパークラスとサブクラスの関係について、間違っているのはどれですか。

(1) CはAのサブクラスである
(2) CはEのスーパークラスである
(3) EはAのサブクラスである
(4) BはEのスーパークラスである
(5) AはDのスーパークラスである

問2　クラスの内容について、間違っているのはどれですか。

(1) CはAからの継承できるすべてのメンバを持っている
(2) Aにはスーパークラスはない
(3) Bは、toString() メソッドを持っている
(4) Eは、toString() メソッドを持っている

7.2 コンストラクタの連鎖

1.コンストラクタの連鎖

6-2節「インスタンスの初期化」で解説したように、コンストラクタの中では、最初にスーパークラスのコンストラクタを実行し、その後で自クラスの初期化をするよう決まっています。では、親クラス、子クラス、孫クラスのように、多くのクラスが同じ継承ツリー上にある時は、どのような順序で初期化が実行されるのでしょうか？

ここでは、簡単な例題を使って、それを確かめましょう。

例題 コンストラクタの連鎖 [A、B、C、ConstructorTest]

```
package sample;
public class A {
    public A() {
    ❸ System.out.println("Aクラス");
    }
}
```

```
package sample;
public class B extends A {
    public B() {
    ❷ super();
    ❹ System.out.println("Bクラス");
    }
}
```

```
package sample;
public class C extends B {
    public C() {
    ❶ super();
    ❺ System.out.println("Cクラス");
    }
}
```

```
package sample;
public class ConstructorTest {
    public static void main(String[] args) {
        C obj = new C();
    }
}
```

```
Aクラス
Bクラス
Cクラス
```

例題には、4つのクラスが書かれています。

まず、A、B、Cという実験用の3つのクラスには、コンストラクタだけが定義されています。それぞれのコンストラクタでは、コンストラクタを実行したことが分かるように、クラス名を表示します。また、これらの3つのクラスには、次の図のような継承関係があります。

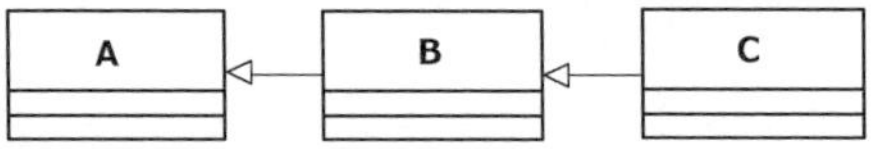

4つ目のConstructorTestクラスは、mainメソッドでCクラスのインスタンスを作ります。この時のプログラムの動作を調べるのが、例題の目的です。

さて、Cクラスのインスタンスを作る際、Cクラスのコンストラクタが呼び出されます。ただ、CクラスはBクラスを継承しているので、最初にBクラスのコンストラクタを呼び出します（❶）。ところが、BクラスもAクラスを継承しているので、Bクラスのコンストラクタの中では、最初にAクラスのコンストラクタが呼び出されます（❷）。

こうして、Cクラスのコンストラクタ呼び出しから、Aクラスのコンストラクタ呼び出しにまでさかのぼっていくわけです。ここからは、実行結果も見てください。

さかのぼって行った結果、最初にAクラスのコンストラクタを実行するので、「Aクラス」とコンソールに表示します（❸）。それが終わるとBクラスのコンストラクタに戻り、「Bクラス」と表示します（❹）。さらにそれが終わって、最後にCクラスのコンストラクタに戻り、「Cクラス」と表示する（❺）わけです。

2.super()の省略

あれっ、先輩、AクラスはObjectクラスを継承しているはずです。
それなのに、コンストラクタにsuper()がありません！

それは問題ない。
super() が書かれていないと、コンパイラが自動的に挿入してくれる。
つまり、**super()** は省略してもいい規則になっている。

え〜っ?!
それじゃ、スーパークラスのコンストラクタ呼び出しは要らないってことですか？

いや、全部が省略できるわけじゃない。
省略できるのは引数がない**super()**だけだ。
引数があるsuper(100, "田中宏")みたいなものは、必ず書かなくちゃいけない。

サブクラスでのスーパーコンストラクタの呼び出しは、**引数のないsuper()に限って、省略できます。**省略した場合、コンパイラが自動的に super() を挿入してくれる規則になっているからです。したがって、例題の場合、次のように全てのsuper() を省略できます。

※sample2パッケージに作成した例です

```
package sample2;
public class A {
    public A() {
        System.out.println("Aクラス");
    }
}
```

```
package sample2;
public class B extends A {
    public B() {
        System.out.println("Bクラス");
    }
}
```

```
package sample2;
public class C extends B {
    public C() {
        System.out.println("Cクラス");
    }
}
```

```
package sample2;
public class ConstructorTest {
    public static void main(String[] args) {
        C obj = new C();
    }
}
```

```
Aクラス
Bクラス
Cクラス
```

ただし、引数がある場合は省略できません。引数を指定して、必要な値を渡さないとスーパークラスの初期化ができないからです。

Q7-2

解答

どういう場合にスーパークラスのコンストラクタを省略できるのか、あるいはできないのか、理解できたでしょうか。次の問に答えて、確認しましょう。

7

次のAクラスがある時、サブクラスBのコンストラクタとして正しいものはどれですか。

```
class A {
    private int number;

    public A(int number){
        this. number = number;
    }
}
```

①
```
public B(){
}
```
②
```
public B(){
    super();
}
```
③
```
public B(int number){
    super();
}
```
④
```
public B(int number){
    super(number);
}
```

7.3 複数のクラスを１つのファイルにする

継承関係の解説では、同時にいくつものクラスが関係しますが、前の例題のように、クラスごとにファイルを作ると、プログラムの表記が冗長になります。そこで、以降では、複数のクラスを1つのファイルにまとめることがあります。

この方法は、解説のためのもので、一般のプログラミングで使うことはありません。解説書やJava言語の認定試験（OCJPなど）などでは、しばしばこの方法が使われています。

例題　複数のクラスがあるファイル　[ManyClasses]

```
package sample3;
class A {
    public A() {
        System.out.println("Aクラス");
    }
}
class B extends A {
    public B() {
        System.out.println("Bクラス");
    }
}
class C extends B {
    public C() {
        System.out.println("Cクラス");
    }
}
class ConstructorTest {
    public static void main(String[] args) {
        C obj = new C();
    }
}
```

```
Aクラス
Bクラス
Cクラス
```

例題には、前の例題で説明した、A、B、C、ConstructorTestの4つのクラスが書かれています。そのため、4つのクラスの関係が一覧でき、わかりやすくなっています。

ふーむ、前の例題の4つのクラスが1つのファイルに書かれている・・・
おや、先輩、どのクラスにもpublicが付いていません！

ファイル名はpublicを付けたクラスと同じ名前にする、という規則があるので、publicはどれか1つにしか付けられない。
面倒なので、どれにも付けてない。

えーっ、そんな理由なんですか！
そう言えば、ファイル名がManyClasses.javaになっている。

そう、どのクラスにもpublicを付けなければ、ファイル名は何でもいい。
説明のためのクラスだし、無理にpublicを付ける必要はないだろう。

複数のクラスをまとめて書く場合、ファイル名はpublicなクラスの名前と同じにしなくてはいけません。したがって、**publicにできるクラスはどれか1つだけです**。逆に、どのクラスにもpublicを付けなければ、ファイル名は自由に決めることができます。

なお、このファイルをコンパイルすると、4つのクラスファイル（A.class、B.class、C.class、ConstructorTest.class）ができます。ソースコードは1つでも、実行ファイルは、書かれたクラスの数だけできるわけです。

複数のクラスを1つのファイルにまとめる条件

- ファイル名はpublicを付けたクラスと同じ名前にする
- publicを付けるクラスは1つだけ
- どのクラスにもpublicを付けなければ、ファイル名は何でもよい
- コンパイルすると、クラスの数だけの実行ファイル（classファイル）ができる

mainメソッドのあるクラスにpublicを付けておこう！

Eclipseは、実行するクラスをファイル名から決定することがあります。そのため、複数のクラスがあるファイルでは、mainメソッドを含むクラスをpublicにします。実行するクラスの名前とファイル名を同じにしておくわけです。

Q7-3

解答

複数のファイルを集める規則は簡単ですが、うっかりすることもあります。
次のややトリッキーな問に答えて、理解度を補強してください。

問　複数のソースコードを1つのファイルに集めることについて、正しいものはどれですか。

A. 異なるパッケージのクラスでも集めることができる
B. ソースコードの行数には制限がある
C. スーパークラスとサブクラスは集めることができない
D. すべてのクラスにfinal修飾子をつければ、ファイル名は自由に付けてよい
E. すべてのクラスをパッケージアクセスにすれば、ファイル名は自由に付けてよい
F. public修飾子は、どのクラスにもつけないか、あるいはすべてに付けるかのどちらかにする

7.4 protected修飾子

1.protectedの機能

アクセス修飾子として、これまでにprivate、public、そしてパッケージアクセスを解説しましたが、最後のアクセス修飾子として、protected があります。

protectedは、同じパッケージ内にあるクラスに対してアクセスを許可するので、パッケージアクセスと同じ機能です。また、別のパッケージにあるクラスの場合は、サブクラスに限ってアクセスを許可します。したがって、publicよりは厳しく、パッケージアクセスよりはゆるいアクセス制限です。

protectedの機能

①同じパッケージにあるクラスならアクセスできる（パッケージアクセスと同じ）
②別のパッケージにあるクラスでも、サブクラスなら継承したスーパークラスのメンバにアクセスできる

7

次のプログラムは、①の機能を確かめます。

例題 同じパッケージのクラスからのアクセス [Obj Other]

```
package p1;
public class Obj {
    protected int number;          // protectedなフィールド変数
    public Obj() {                 // 引数のないコンストラクタ
        number = 100;              // memberを100に初期化する
    }
}
```

```
package p1;
public class Other {                            // サブクラスではない同じパッケージ内のクラス
    public static void main(String[] args) {
        Obj o = new Obj();                      // Objクラスのインスタンスを作る
        System.out.println(o.number);           // numberを表示する
    }
}
```

```
100
```

Otherクラスは Objクラスと同じp1パッケージにあるクラスですが、Objクラスのサブクラスではありません。独立した別のクラスです。例題は、Otherクラスが、Objクラスのprotectedメンバにアクセスできるか試します。

そこで、Otherクラスのmainメソッドで、Objクラスのprotectedメンバであるnumberを出力してみました。すると、100と表示されたので、アクセスできることが確認できました。

次に、②の機能、つまり、別のパッケージからのアクセスを確かめてみましょう。Subクラスは Objクラスのサブクラスで、Objとは別のp2パッケージにあります。

例題 別のパッケージからのアクセス [Sub]

```
package p2;                              // SubはObjとは別のパッケージにある
import p1.Obj;
public class Sub extends Obj {           // SubはObjのサブクラス
    public void print() {
    ❶  System.out.println(number);       // numberを表示する
    }
}
```

Subクラスはprintメソッドの❶で number にアクセスし、出力しています。このnumberは、Subクラスのメンバですが、実際には、Objクラスから継承したnumberです。次の図を見て関係を確認してください。

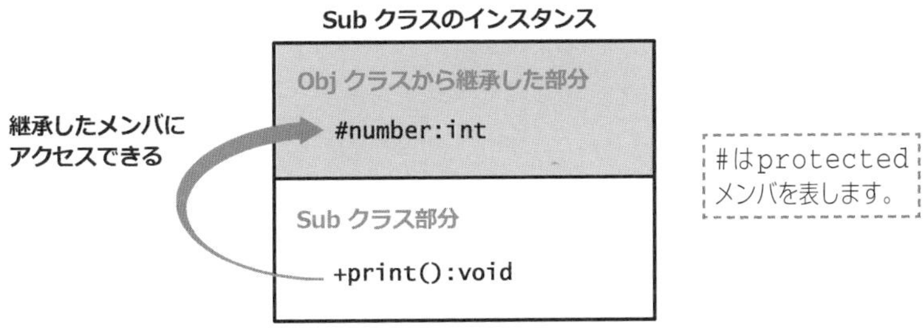

numberがprotectedだからアクセスできたわけで、もしも privateだったらこのようなアクセスはできません。

では、確認のため、Execクラスを作って、その中でSubクラスのインスタンスを作り、printメソッドを実行してみましょう。

例題 Subを実行してみる [Exec]

```
package p2;
public class Exec {
    public static void main(String[] args) {
        Sub s = new Sub();
        s.print();
    }
}
```

```
100
```

100が出力され、numberにアクセスできていることがわかります。

2.protectedの注意点

先輩、例題のObjとSubクラスを使ってみました。
どこも間違ってないはずなのに、コンパイルエラーになります！

```
package p3;                          // Objクラスとは別のパッケージ
import p1.Obj;                       // Objクラスをインポートする
public class Sub extends Obj {       // SubはObjのサブクラス
    public void print() {
    ❶  Obj o = new Obj();            // Objクラスのインスタンスを作る
    ❷  System.out.println(o.number);     // コンパイルエラー！
    }
}
```

よくある間違いだ。
❶がまずい。これだと、oは、Objクラスのインスタンスだ。

えーっ、Objはスーパークラスですよ。
numberはprotectedだからアクセスできるはずです！

protectedは、継承したメンバへのアクセスを許可するだけだ。
だから、サブクラスのインスタンスに含まれているメンバに限られる。
スーパークラスのインスタンスに、直接、アクセスできるわけじゃない。

例では、❷がコンパイルエラーになります。

o.numberはprotectedなので、アクセスできるような気がするのですが、それは間違いです。アクセスできるのは、Subクラスのインスタンスに含まれているメンバに限られます。つまり、**継承したメンバにアクセスできるだけです**。

例のように、Objクラスのインスタンスを別に作っても、その中のprotectedメンバにはアクセスできません。

したがって、次のように、Subクラスで、Obj型のインスタンスを引数として受け取って処理する場合も同じです。Objクラスのメンバであるo.numberを使うとコンパイルエラーになります。

```
public void print(Obj o) {                 // 引数でObj型のインスタンスを受け取る
    System.out.println(o.number);          // コンパイルエラー！
}
```

逆に、Sub型のインスタンス s を受け取るケースでは、問題なくprotectedメンバにアクセスできます。 s はサブクラスのインスタンスなので、s.numberには問題なくアクセスできます。

```
public void print(Sub s) {                 // 引数でSub型のインスタンスを受け取る
    System.out.println(s.number);          // アクセスできる
}
```


3.アクセス修飾子のまとめ

protected修飾子は、パッケージアクセスの他に、サブクラスからのアクセスを許可するので、より範囲の広いアクセス修飾子です。比較のために、他のアクセス修飾子と合わせてまとめたのが次の表です。

それぞれのアクセス修飾子とアクセスできる範囲をしっかり確認してください。

アクセス修飾子のまとめ

	同じクラスの中からのアクセス	同じパッケージ内からのアクセス	別のパッケージのサブクラスからのアクセス	別のパッケージからのアクセス
private	○			
パッケージアクセス	○	○		
protected	○	○	○	
public	○	○	○	○

また、privateとprotectedはclassには適用できません。これも表にまとめておきます。

アクセス修飾子を適用できる要素

アクセス制限	class	フィールド変数	メソッド	コンストラクタ
private	×	○	○	○
パッケージアクセス	○	○	○	○
protected	×	○	○	○
public	○	○	○	○

青い網掛けは、一般にそのアクセス修飾子を適用することの多い要素を示しています。

なお、protectedですが、10章で解説する抽象クラスでは、コンストラクタをprotectedにするのが普通です。

Q7-4

解答

protectedアクセスは、勘違いしやすいアクセス修飾子です。
次の問に答えて、理解を補強してください。

7

Bクラスは A クラスのサブクラスで、互いに異なるパッケージにあります。
スーパークラスであるAクラスのprintメソッドはprotectedになっています。
次の、A～Cの中で、正しいものはどれですか。

```
package pk1;
public class A {
    protected void print(){
        System.out.println("hello");
    }
}
```

```
package pk2;
import p1.A;
public class B extends A {
    public static void main(String args){
        A a = new A();
        a.print();
    }
}
```

A. printメソッドではなく、Aクラスにprotectedを適用しなくてはいけない
B. BクラスはAクラスのサブクラスなのでa.print(); を実行できる
C. aはAクラスのインスタンスなので、Bクラスではa.print(); を実行できない

7.5 まとめとテスト

1.まとめ

1.継承ツリー

あるクラスを継承したサブクラスを、さらに他のクラスが継承するということを繰り返すと、その関係は、次の図のような1本の継承ツリーとして表現できる。

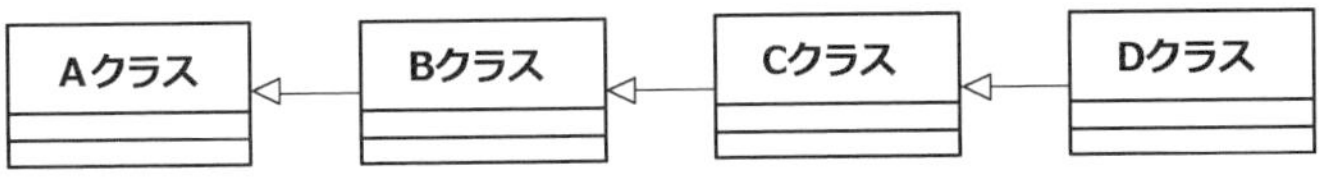

・クラスは、同時には1つのクラスしか継承できない。これを単一継承という。

2.Objectクラス

・Objectクラスは、すべてのクラスのスーパークラスである。
・クラス宣言にextends Object と書かなくても、継承している。
・Objectクラスには、すべてのクラスが持たねばならない必須メソッドが定義されている。

3.コンストラクタの連鎖

・サブクラスのコンストラクタでは、最初にスーパークラスのコンストラクタを呼び出すので、クラスツリーの末端にあるサブクラスのインスタンスを作ると、コンストラクタ呼び出しが、最上位のスーパークラスまで波及する。
・結局、最上位のコンストラクタから、末端のサブクラスに向かって、順にコンストラクタが実行される。
・super() は省略可能。しかし引数のあるsuper(~) は省略できない。

4.複数のクラス

・複数のクラスを1つのファイルにまとめて書くには、次のような条件がある。

複数のクラスを1つのファイルにまとめる条件

・publicを付けるクラスは1つだけ
・ファイル名はpublicを付けたクラスと同じ名前にする
・どのクラスにもpublicを付けなければ、ファイル名は何でもよい
・コンパイルすると、クラスの数だけの実行ファイル(classファイル)ができる

5.protected修飾子

・protectedは次のような機能を持つ。

> **protectedの機能**
>
> ①同じパッケージにあるクラスならアクセスできる（パッケージアクセスと同じ）
>
> ②別のパッケージにあるクラスでも、サブクラスなら継承したスーパークラスのメンバにアクセスできる

	同じクラスの中からのアクセス	同じパッケージ内からのアクセス	別のパッケージのサブクラスからのアクセス	別のパッケージからのアクセス
private	○			
パッケージアクセス	○	○		
protected	○	○	○	
public	○	○	○	○

・protectedとprivateはクラスには適用できない。

・別のパッケージにあるサブクラスの場合、protectedは、サブクラスのインスタンスに対してだけ有効である。

2.演習問題

解答

問題を解いて、この章の内容を理解できたかどうか確認しましょう。

問1　継承ツリーに関する問題です。次のような継承関係がある時、これらのクラスの継承ツリーを描いてください。図はフリーハンドで構いません。

```
class B extends A {}
class C extends B {}
class D extends A {}
class E extends D {}
class F extends A {}
```

問2　Objectクラスの理解についての問題です。
次のBookクラスについての説明で、正しいものに○、間違っているものに×を付けてください。

```
class Book extends Object {
    public static void main(String[] args){
        Book book = new Book();
        System.out.println(book.hashCode());
    }
}
```

A. 1行目のextends Object は書かなくてもよい
B. 1行目のextends Object は書いてはいけない
C. 4行目はhashCode() メソッドを定義していないので、コンパイルエラーになる
D. 1行目のextends Object を削除すると、4行目がコンパイルエラーになる

問3　コンストラクタの連鎖に関する問題です。
次のクラスを実行した時、表示されるのはどれですか。

```
 class First {
   public First() {
       System.out.print("First ");
   }
 }
 class Second extends First {
   public Second() {
       System.out.print("Second ");
   }
}
class Exec {
    public static void main(String[] args) {
        Second s = new Second();
        First f = new First();
    }
}
```

A. Second First
B. First Second
C. Second First Second
D. First Second First
E. First First Second

問4　複数クラスを1つのファイルにまとめることについての問題です。
3つのクラスが、Exec.javaという1つのファイルに書かれています。
(1)～(4)で間違っているのはどれですか。

```
public class A {
}
public class B extends A {
}
public class C {
  public void main(String[] args){
  }
}
```

(1) BクラスとCクラスのpublicを削除するとコンパイルエラーにならない
(2) 3つのクラス全部からpublic を削除するとコンパイルエラーにならない
(3) ファイル名を A.java に変更し、BクラスとCクラスのpublicを取ればコンパイルエラーにならない
(4) Cクラスの名前をExec に変更し、AクラスとBクラスのpublicを取ればコンパイルエラーにならない

問5　protected修飾子についての問題です。

次に示すAccountクラスとMyAccountクラスは、それぞれp1、p2パッケージにあります。
MyAccountクラスはAccountクラスのサブクラスです。
また、Accountのフィールド変数 id はprotectedです。
正しいのは、AとBのどちらですか。

```
package p1;
public class Account {
    protected int id;
    public Account(int id) {
        this.id = id;
    }
}
```



```
1  package p2;
2  import p1.Account;
3  public class MyAccount extends Account {
4      public MyAccount(int id) {
5          super(id);
6      }
7      public void show(Account a) {
8          System.out.println(a.id);
9      }
10 }
```

A. MyAccountクラスはAccountクラスのサブクラスなので、Accountクラスのprotectedメンバにアクセスできる。したがって、8行目の a.id という使い方は何の問題もない

B. protectedが有効なのは、サブクラスのインスタンスについてだけなので、スーパークラスのインスタンスを操作している8行目はコンパイルエラーになる

Chapter

8 参照の自動型変換

サブクラスのインスタンスの中には、スーパークラスから継承した部分が含まれているので、サブクラスで独自に拡張した部分を使わないことにすれば、スーパークラスのインスタンスとして扱うことができます。この時、インスタンスの型（actual type）は不変ですが、インスタンスの参照の型（declared type）は、サブクラス型からスーパークラス型へ自動型変換されます。この自動型変換の機能は、オーバーライド（9章）と共に、ポリモーフィズム（9章）を可能にするキーになる機能です。この章では、自動型変換の仕組みと機能をわかりやすく解説し、ポリモーフィズムの理解に備えます。

8.1 参照の自動型変換

1. 自動型変換

先輩、型変換ってオブジェクトでもできるんですか。
たしか、オブジェクトは型変換できないって、習った気がします！

おっと、勘違いしないように。
型変換できるのは、オブジェクトじゃなくて、その参照だ。

え、参照？
参照を型変換するってことですか（どういうことかなぁ）。

参照は、オブジェクトがメモリー上のどこにあるか指し示す値だ。
しかし、参照には型があるので、参照の型変換ならできるということだ。

継承関係のあるクラス同士では、サブクラスのインスタンスには、かならずスーパークラスのインスタンスに相当する部分が含まれています。そこで、スーパークラスから継承した部分だけを使うことにすれば、スーパークラスのインスタンスとして使うことができます。

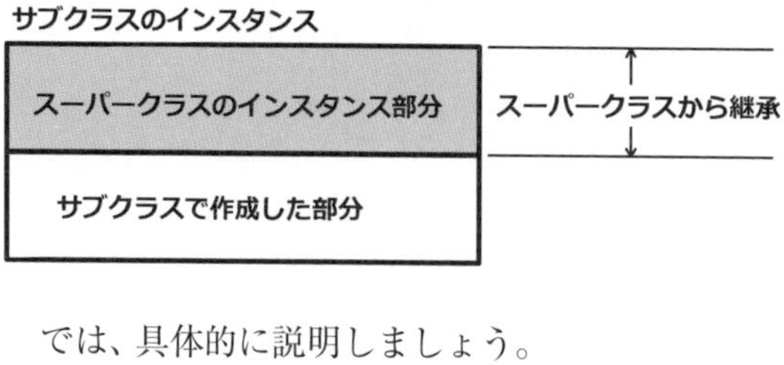

では、具体的に説明しましょう。

ここでは、例として次のようなMemberクラスと、そのサブクラスであるStudentMemberクラス（6章、P134を参照）を使います。

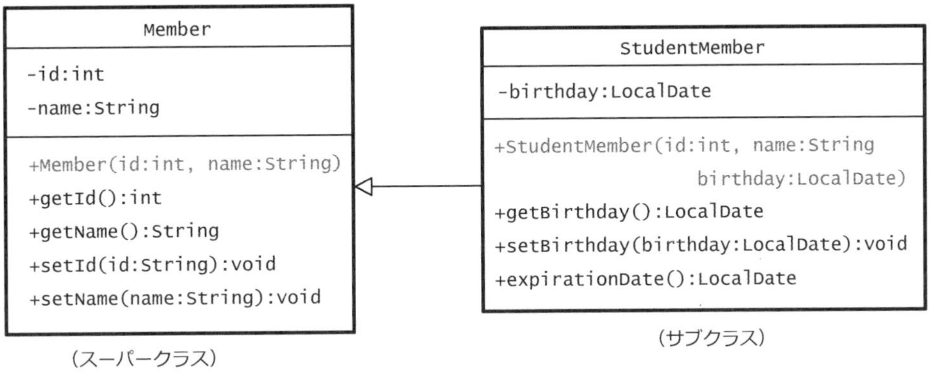

サブクラスのインスタンスをスーパークラスのインスタンスとして使うには、次のように、サブクラス型の変数を、スーパークラス型の変数に代入します。

```
❶ StudentMember stmem = new StudentMember(…);   // インスタンス作成
❷ Member mem = stmem;
```

❶で、StudentMemberのインスタンスを作成し、変数stmemに代入します。この時、stmemには、インスタンスの参照XXXが入っています（下図）。

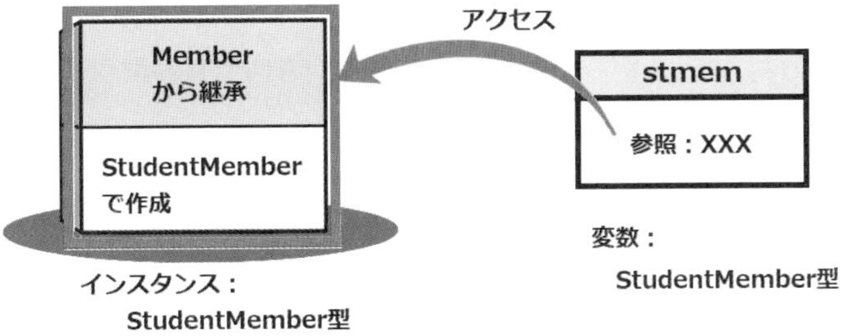

stmem（の参照XXX）はStudentMember型なので、当然、青枠で囲ったインスタンス全体をアクセスできます。

では、❷の代入を行うとどうなるでしょう。

実は、StudentMember型の参照xxxが、自動型変換されて、Member型の参照YYYとなり、変数memに代入されます（次図）。

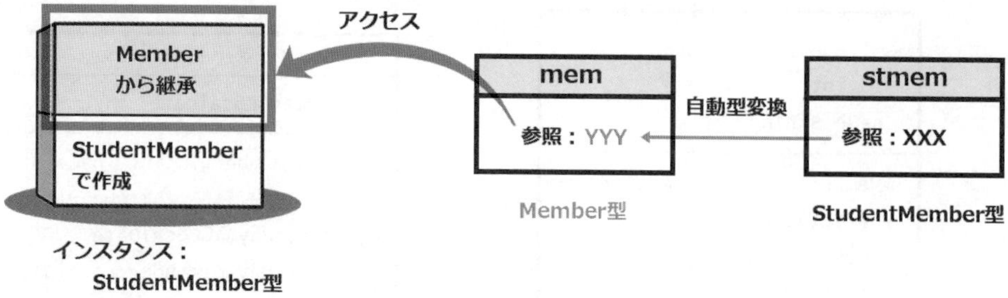

参照が、StudentMember型のXXXから、Member型のYYYに自動型変換されるので、それを使ってアクセスできるのは、インスタンスの青枠で囲った部分、つまり、［Memberクラスから継承した部分］だけになります。参照の型がスーパークラスの型なので、インスタンスのアクセスできる部分もスーパークラスから継承した部分だけに制限されてしまうわけです。

さて、ここでのポイントは次の3つです。

①自動型変換が働くので、サブクラス型の変数をスーパークラス型の変数に代入できる
②自動型変換されるのは変数、つまり変数の中にある参照である
③参照の型により、インスタンスのどの部分にアクセスできるか決まる

インスタンスは一度作成すると不変で、そのままヒープメモリに存在し続けますが、アクセスする参照の型は、サブクラス➡スーパークラスの方向で自動型変換でき、その結果、アクセスできる範囲も違ってくる、ということです。

では、実際の例題でこのことを確認しましょう。

アクセスできる範囲を確認する

では、StudentMemberクラスのインスタンスを作ってMember型の変数に代入し、実際にアクセスできる範囲を確認してみましょう。

例題 スーパークラスへの代入とアクセス範囲 [ExecMember]

```
package sample;
    import java.time.LocalDate;
    public class ExecMember {
        public static void main(String[] args) {
            StudentMember stmem =
              new StudentMember(100, "田中宏", LocalDate.of(2004, 7, 30));
            Member mem = stmem;
        ❶  System.out.println(mem.getId());
        ❷  System.out.println(mem.getName());
        ❸  //System.out.println(mem.getBirthday());        コンパイルエラー
        ❹  //System.out.println(mem.expirationDate());     コンパイルエラー
    }
}
```

```
100
田中宏
```

❶、❷で実行しているgetId()とgetName()は、スーパークラスMemberのメンバですから実行できて当然です。しかし、❸、❹のgetBirthday()とexpirationDate()は、サブクラスStudentMemberのメンバです。Eclipseでソースコードを確認してください。実行しようとしましたが、コンパイルエラーになってしまいました。

アクセスしているインスタンスはStudentMember型のままでも、Member型に自動型変換された変数では、Member型のメンバにしかアクセスできないことが、これでわかりました。

ここで、次の用語を覚えておきましょう。

実際の型（actual type）　　　= インスタンスの型
宣言された型（declared type）= インスタンスにアクセスする変数（参照）の型

インスタンスは、newで作成された時に型が決まると、それ以降、型が変わることはありません。しかし、変数（参照）の型は、自動型変換を通じて変わることがあります。そのため、両者の型の意味を区別することが重要です。

上記の例を、この用語で言いかえると、「実際の型がStudentMember型であっても、宣言された型がMember型なら、Member型のメンバにしかアクセスできない」ということです。

先輩、これって、本当に何かの役に立つんですか？
スーパークラス型に代入すると、サブクラスで作った部分が使えなくなります！

確かに、普通はそうだ。
ところが、使える場合もあるんだ。

ええっ！
何ですか「使える場合」って。

うーむ、これはオブジェクト指向のツボみたいなところだ。
とても大事なことなので、後の8、9章でくわしく説明しよう。

代入の書き方

次の2つの書き方は、全く同じ効果です。

```
StudentMember stmem = new StudentMember(…);   // インスタンス作成
Member mem = stmem;
```

⬇

```
Member mem = new StudentMember(…);
```


普通は、下段のように1行にまとめて書きます。

サブクラスのインスタンスを作成して、そのまま、スーパークラス型の変数に代入するという書き方です。これから、しばしば目にする書き方なので、しっかり覚えておいてください。

Q8-1

解答

参照の自動型変換でアクセスできる範囲がどう変わるか、理解できましたか。
この問に答えて、理解度を確認してください。

次のような継承関係があります。

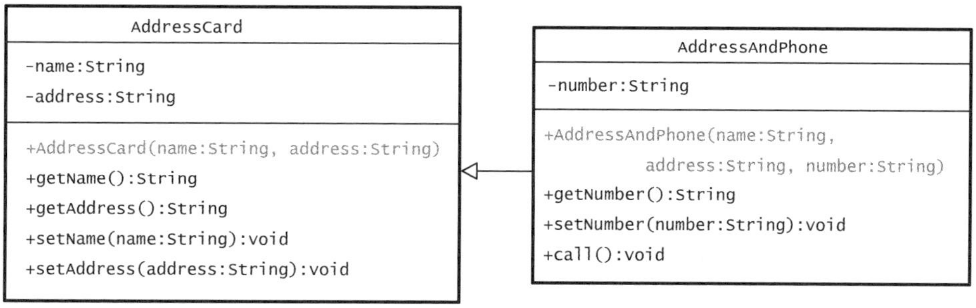

同じパッケージにExecuteクラスを作って、次のようにしたとき、枠内に書いてエラーにならない文はどれですか。2つ選んでください。

```
public class Execute {
    public static void main(String[] args){
        AddressCard ad = new AddressAndPhone("田中", "Tokyo", "000-123-456");
        [                                        ]
    }
}
```

A. System.out.println(ad.name);
B. System.out.println(ad.getAddress());
C. System.out.println(ad.getName());
D. System.out.println(ad.number);
E. System.out.println(ad.getNumber());
F. System.out.println(ad.call());

8

8.2 アップキャストとダウンキャスト

1.視覚的な模式図

オブジェクト指向を理解する鍵は、実際の型（インスタンスの型）と宣言された型（変数の型、参照の型）を分けて考えることです。インスタンスは不変ですが、変数（参照）は型変換でき、その型によって、インスタンスのどの部分にアクセスできるのか違ってくるからです。

そこで、理解を助けるため、以降の解説では、次のような視覚的な模式図を使います。
ここで例に使うMemberとStudentMemberは、前項と同じものです。

さて、下図の❶は、StudentMemberのインスタンスそのものを表します。ヒープメモリにある不変の姿を図にしたものです。
それに対して、❷❸は、参照の入った変数（stmem、mem）で、青枠により、インスタンスのどの範囲をアクセスできるのかを示します。つまり、❷、❸では、グレーの枠が実際の型で、青い枠が宣言された型（変数、参照の型）を表しています。

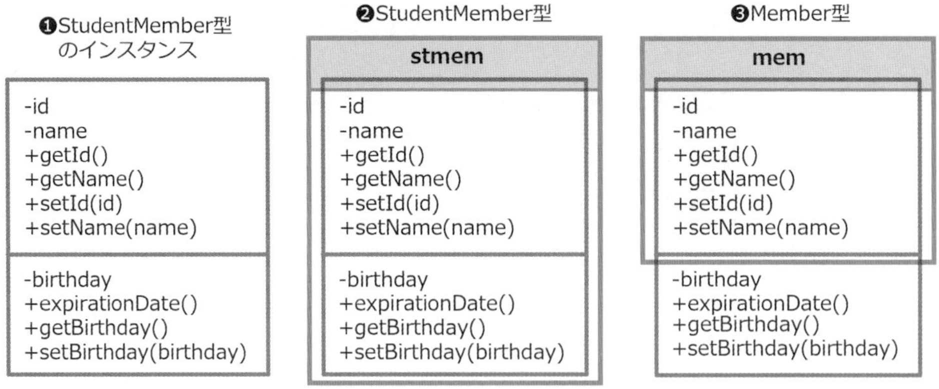

この図により、変数stmemは、インスタンス全体をアクセスできるのに対して、変数memは、インスタンスの内、スーパークラスから継承した部分だけしかアクセスできないことが、視覚的にわかると思います。

2.アップキャストとダウンキャスト

先輩、自動型変換が効きません！
（なぜだろう？）

```
×  StudentMember stmem =  new Member(100, "田中宏");  // コンパイルエラー
```

これまでとは逆に、スーパークラス型からサブクラス型へ代入している。
それはダウンキャストといって、自動型変換はできない。

えっ、ダウンキャストって何ですか？
（何だかダメそうな名前だけど・・・）

継承関係の方向から来ている言い方だ。
スーパークラスからサブクラス方向がダウンキャスト、逆がアップキャストだ。
自動型変換できるのはアップキャストだけだ。

オブジェクトのキャストには、アップキャスト（Upcasting）とダウンキャスト（Downcasting）があります。次の図に示すように、サブクラス型からスーパークラス型へがアップキャスト、スーパークラス型からサブクラス型へがダウンキャストです。

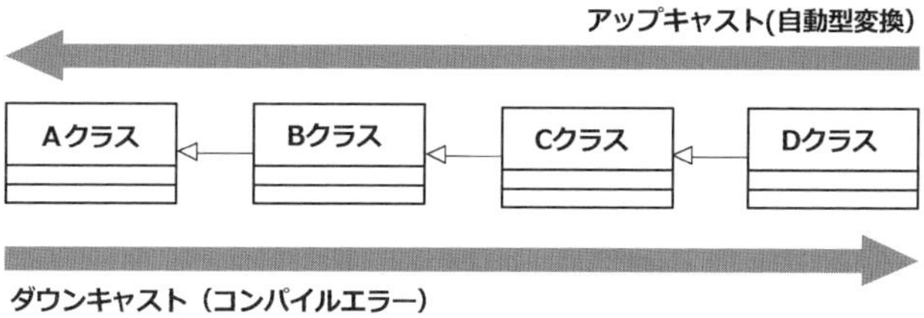

前節で説明した自動型変換は、アップキャストです。サブクラスのインスタンスは、スーパークラス型から継承した部分があるので、その部分だけを使うという意味で、自動型変換できます。しかし、この逆が成り立たないことは明らかです。次の図を見て理解しましょう。

アップキャスト：サブクラスのインスタンスをスーパークラス型の変数に代入

```
Member mem = new StudentMember(…);
```

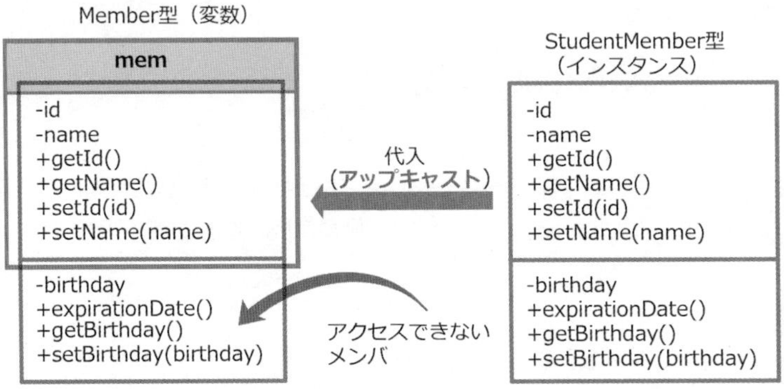

ダウンキャスト：スーパークラスのインスタンスをサブクラス型の変数に代入

```
StudentMember stmem = new Member(…);
```

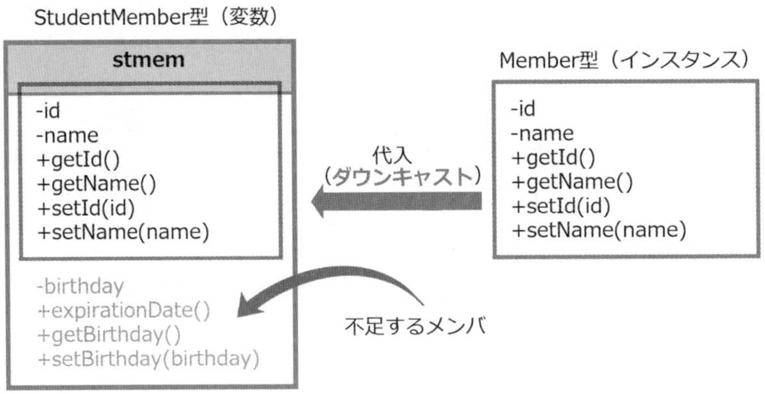

スーパークラス型にアップキャストすると、インスタンスのうちサブクラスで拡張された部分はアクセスできないメンバになりますが、プログラムは問題なく動作します。

一方、サブクラス型にダウンキャストすると、本来なくてはならないメンバが不足しているので、このままでは正しく動作できません。そのため、このような代入はコンパイルエラーになるのです。

Q8-2

解答

問に答えて、自動型変換の理解をチェックしましょう。
次の継承関係がある時、コンパイルエラーになるものをすべてあげてください。

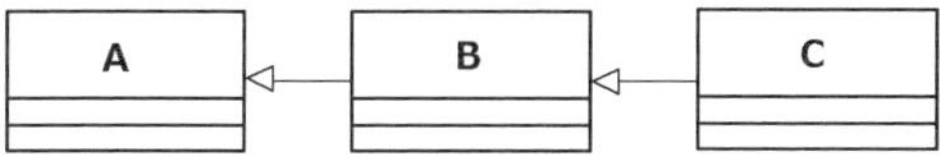


```
① A a = new B();
② A a = new C();
③ B b = new A();
④ B b = new C();
⑤ C c = new A();
⑥ C c = new B();
```

8.3 instanceof演算子

なるほど、ダウンキャストだと必要なメンバが欠けてしまうんだ。
ダウンキャストしないように、気をつけないとなぁ。

ところが、ダウンキャストが可能なケースもある。
その場合は、キャスト演算子を使って、ダウンキャストしてよい。
次の図を見てほしい。

ダウンキャスト可能なケース：

```
StudentMember stmem = (StudentMember)mem;
```

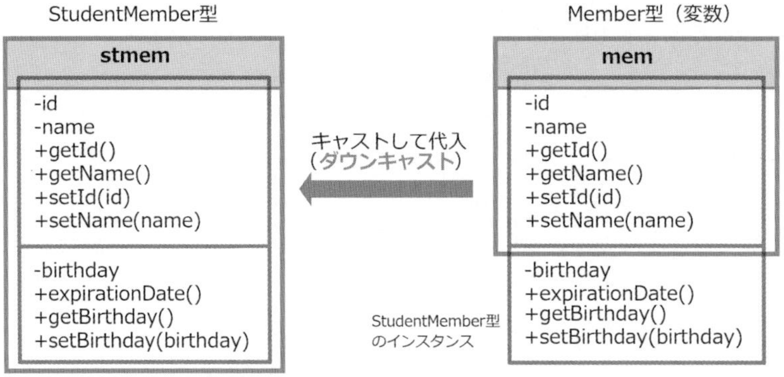

スーパークラス型の変数が、実際には、サブクラスのインスタンスにリンクしていることがあります。この図では、変数memの宣言された型はMember型ですが、実際の型はサブクラスのStudentMember型です。

このようなケースでは、キャスト演算子を使って、変数memを強制的にStudentMember型に型変換できます。そうすることで、宣言された型と実際の型が同じになり、インスタンス全体をアクセスできるようになります。

```
StudentMember stmem = (StudentMember)mem;
```

一般に、継承関係のあるオブジェクトを操作する場合、宣言された型（変数の型、参照の型）と、実際の型（インスタンスの型）が違っていることは珍しくないので、キャスト演算子によるダウンキャストは、しばしば必要になります。

ただ、自分が期待する型でない場合もあるので、ダウンキャストの前に、instaceof演算子を使って、実際の型を調べるのが安全です。

instanceof 演算子は、「変数 instanceof 型」という形で使って、変数の（実際の）型が、指定した型かそのサブクラス型の時、trueを返します。つまり、実際の型を調べる演算子です。

次の例題は、継承関係にある3つのクラスでinstanceof演算子を試した例です。3つのクラスは次のような継承関係です。

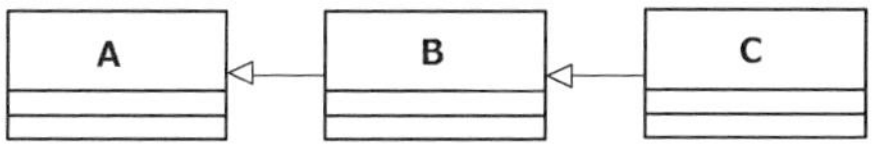

例題 instanceof演算子 [InstanceOfTest]

```
package sample;
    public class InstanceOfTest {
        public static void main(String[] args) {

            Object o1 = new A();    // Object←Aのアップキャスト
            Object o2 = new B();    // Object←Bのアップキャスト
            Object o3 = new C();    // Object←Cのアップキャスト

        ❶ System.out.println(o1 instanceof B);    // o1 は Bか
        ❷ System.out.println(o2 instanceof B);    // o2 は Bか
        ❸ System.out.println(o3 instanceof B);    // o3 は Bか
        }
    }
    class A {
    }
    class B extends A {
    }
    class C extends B {
}
```

```
false
true
true
```

プログラムの先頭で、各クラスのインスタンスを作っています。どれも Object型の変数o1、o2、o3 に代入して、あらかじめアップキャストしています。したがって、宣言された型はObject型ですが、実際の型はA、B、Cということになります。

例題は、instanceof の機能を見るために、Object型である o1、o2、o3 の、実際の型がB型かどうか調べます。

❶は、o1を検査していますが、実際の型はAで、Bのスーパークラスですから、falseが表示されます。

❷では、o2を検査していますが、実際の型はB型なので trueになります。また、❸では、o3を検査していますが、実際の型はC型で、Bのサブクラスなので、これもtrueになります。

B型やそのサブクラスならB型にダウンキャストできます。
instanceofの結果が、サブクラスでもtrueになるのはそのためです。

instanceof のパターンマッチング

instanceofをif文の中で使う時、便利な書き方ができます。

8

例題 **instanceof のパターンマッチング** [PatternMatch]

```
package sample;
import java.time.LocalDate;

public class PatternMatch {
    public static void main(String[] args) {

❶       Member member =
            new StudentMember(100, "田中宏", LocalDate.of(2004, 7, 30));

❷       if(member instanceof StudentMember s) {
❸           System.out.println(s.getBirthday());
        }
    }

}
```

```
2004-07-30
```

例題は、❶でStudentMemberのインスタンスを作成して、Member型の変数memberに代入しています。つまり、アップキャストしています。

そこで、「memberの実際の型がStudentMember型なら、誕生日を出力する」という処理をif文を使って作成します。

❷のif文で、「member instanceof StudentMember **s**」と変数sが付いている点に注意してください。これはパターンマッチ式という書き方で、trueの場合は、❸のように、StudentMember型のsを使って処理を書くことができます。

本来なら、これは次のように書くところですが、パターンマッチ式を使うことで簡単になっています。

```
if(member instanceof StudentMember) {
    StudentMember s = (StudentMember)member;
    System.out.println(s.getBirthday());
}
```

Q8-3

解答

では、instanceofの機能について、理解度を確認しましょう。

図のような継承関係がある時、`A a = new D();` のように代入しました。
この時、trueと表示するのはどれですか。

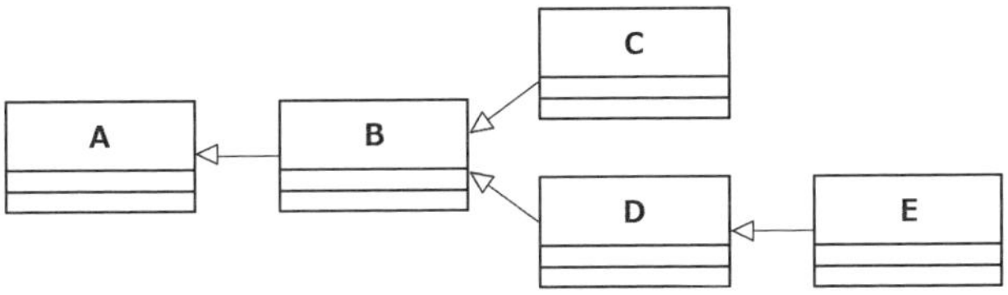

(1) `System.out.println(a instanceof C);`
(2) `System.out.println(a instanceof B);`
(3) `System.out.println(a instanceof E);`

8.4 switchによる型の判定

※Java 17 preview　に基づく解説です。
java 18以降で変更があった場合は、サポートウェブ（https://k-webs.jp/oop）に掲載します。

1.switch文／switch式(注)

switch文の新しい書き方がjava 14から正式に使えるようになりました。

caseラベルには複数の値をコンマで区切って指定でき、->のおかげでbreak文も不要になりました。また、新しく導入されたswitch式は、caseラベルごとに「異なる値を返す式」を書くことができます。

switch文

```
switch( s ) {
    case 10 ->  命令文A;
    case 20 ->  命令文B;
    default ->  命令文C;
}
```

switch式

```
switch( s ) {
    case 10 ->  値1;
    case 20 ->  値2;
    default ->  値3;
}
```


2.switchによるオブジェクト型の判定

そして、Java 17 preview以降のswitchの新機能は、引数にオブジェクトを指定できることです。caseラベルでは、オブジェクトの型が何型かによって、異なる処理を実行したり、異なる値を返すことができます。

ふーん、オブジェクトの型で分岐するのか・・・
先輩、するとinstanceOfは使わなくていいってことですか？

instanceOfは手軽に使える利点がある。しかし、いろいろな型とマッチングしなくてはいけない時は、switchの方が便利だろう。
選択肢が増えたのはいいことだ。

次は、クラスA、B、Cで、A←B←Cという継承関係がある時、あるオブジェクトがどの型かを判定するswitch式です。

(注) switch文/switch式の詳細は、「わかりやすいJava 入門編」をご覧ください。

例題 switchによる型の判定 [SwitchExample]

```
package sample2;
public class SwitchExample {
    public static void main(String[] args) {

        Object obj    = new B();          // Object ← Bのアップキャスト
❶       String result = switch(obj) {
❷           case C c     -> c.name();     // Cクラスかそのサブクラス型
            case B b     -> b.name();     // Bクラスかそのサブクラス型
            case A a     -> a.name();     // Aクラスかそのサブクラス型
❸           case null    -> "nullです";
❹           default      -> "その他のクラス";    // 必須
        };
        System.out.println(result);
    }
}

class A {
    public String name() {
        return "Aクラス";
    }
}
class B extends A {
    public String name() {
        return "Bクラス";
    }
    public int number() {
        return 100;
    }
}
class C extends B {
    public String name() {
        return "Cクラス";
    }
}
```

```
Bクラス
```

例題は、❶のようにswitch式で書いてあります。このswitch式の引数はオブジェクトです。objは、B型のインスタンスをObject型にアップキャストしたものであることに注意してください。switch式は、objの型を判定して、結果を文字列で返します。

caseラベルの並び順

❷以下の3つのcaseラベルはどれもobjの型を判定するcaseラベルです。

```
❷      case C c        -> c.name();
       case B b        -> b.name();
       case A a        -> a.name();
```

C型、B型、A型の順で、型を指定するcaseラベルが並んでいます。instanceOfの場合と同様に、型だけでなく変数を書いておく必要があります。->の右辺では、その変数を処理に利用します。

先輩、C、A、Bの順でcaseラベルが並んでいますけど、switchでは、caseラベルの並び順に意味はなかったですよね。

ところが、オブジェクトの型を判定する時は、並び順が重要だ。サブクラス型を先に、スーパークラス型を後に並べなくてはいけない。

オブジェクトの型の判定は、caseラベルの上から下へ向かってマッチングされます。オブジェクトには継承関係があるので、objの継承関係を調べた後、それとcaseラベルを順に比較するわけです。

したがって、先にスーパークラス型の判定（例えば case A a）を書いてしまうと、そのサブクラス型もマッチするので、それ以降のマッチングが行われません。

null値の判定

switchでは、❸のようにnullかどうかの判定もできます。nullは、継承関係とは無関係なので、caseラベルを置く場所はどこでも構いません。

型の範囲を完全にカバーする

オブジェクトの型を判定する場合は、すべての可能な型をcaseとdefaultラベルで網羅的に指定しなくてはいけません。そうしないとコンパイルエラーになります。

もともと、switch式ではdefaultラベルが必須ですが、switch文ではそうではありません。しかし、オブジェクトの型を判定する場合は、switch文であってもdefaultラベルを必ず書いて、すべての可能な型をカバーするようにしなくてはいけません。

例えば、次のswitch文はコンパイルエラーです。

```
switch(obj) {
    case A a    ->  System.out.println("C型");
}
```

3.関係式による条件

でも、型の判定しかできないわけだし、
面倒だけど、instanceOfだけでもいい気がするなぁ。

いや、そうでもない。
caseラベルでの型の判定に、if文のように関係式を追加できる。
まったくswitchらしくないが・・・

caseラベルでは、オブジェクトの型と共に、関係式で条件を追加できます。

```
case B b && b.number()>0    ->  b.name() + " : 正の数";
```

わっ、本当に関係式だ！
switchでは絶対にできないことになっていたのになぁ。

「型がB型で、かつ、そのnumber()メソッドの返す値が0より大きい」というcaseラベルになる。ちなみに&&の代わりに||は書けない。

例題 関係式による条件 [SwitchExample2]

```
package sample2;
public class SwitchExample2 {
    public static void main(String[] args) {

        Object obj    = new B();      // Object ← Bのアップキャスト
        String result = switch(obj) {

❶           case B b && (b.number()>0 && b.number()<100)
                                    -> b.name() + ": " + b.number();
❷           case B b && b.number()>0   -> b.name() + ": 正の値";
❸           case B b                   -> b.name();
            case null                  -> "nullです";
            default                    -> "その他のクラス";
        };
        System.out.println(result);
    }
}
```

number( ) が 99 の時

```
B クラス: 99
```

number() が 200 の時

```
B クラス: 正の値
```

number() が 0 の時

```
B クラス
```

型の判定に加えて、&&で関係式を追加することができます。「～型で・・・である」というcaseラベルになります。caseラベルは、上に書いたものから順にチェックされるので、より範囲の狭いものを先に、広いものを後に書かなくてはいけません。

例題では、❶が一番範囲の狭い条件ですが、複数の関係式からなる条件は、このように全体を括弧で囲みます。「B型で、number()メソッドの返す値が0と100の間の数」という、caseラベルです。

❷は、「B型で、number()メソッドの返す値が0より大きい」というcaseラベル、❸は、「B型である」だけで条件のないcaseラベルですから、❶❷❸の順序で書く必要があります。

Q8-4

解答

次のtoDoubleメソッドは、instanceOfを使って引数オブジェクトの型を判定し、doubleの値に変換して返します。このメソッドをswitch式を使って書き直してください。

```
public class Q8-4 {
    public static double toDouble(Object obj) {
        double result;

        if (obj instanceof Integer) {
            result = ((Integer)obj).doubleValue();

        }else if (obj instanceof Double) {
            result = ((Double)obj).doubleValue();

        }else if (obj instanceof String) {
            result = Double.parseDouble(((String) obj));

        }else {
            result = 0d;
        }

        return result;
    }
}
```

＜ヒント＞toDoubleメソッドを次のようにします。

```
public static double toDouble(Object obj) {
    return switch(objJ) {
        ...
        ...
    }
}
```

8.5 まとめとテスト

1.まとめ

1.参照の自動型変換

・サブクラスのインスタンスを、スーパークラス型の変数に代入できる

```
  Member mem = new StudentMember(…);
あるいは
  Studentmember stmem = new StudentMember(…);
  Member mem = stmem;
```

・代入によりアップキャストされ、宣言された型（変数、参照の型）がスーパークラス型になるが、実際の型（インスタンスの型）は変わらない

・スーパークラス型の変数では、スーパークラス型の範囲でしかインスタンスにアクセスできない

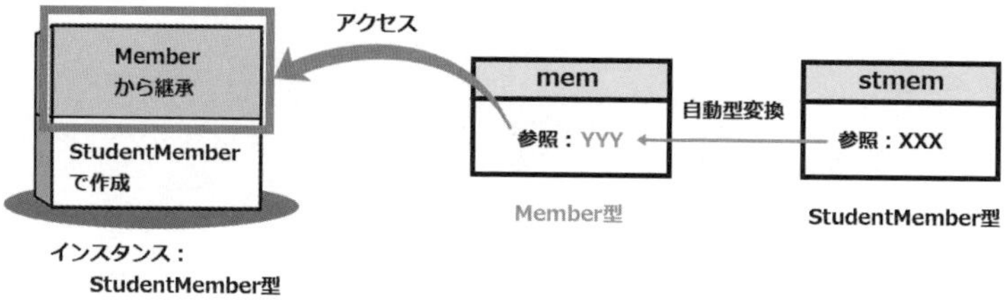

2.直感的な模式図

・次の図は、代入操作でのアップキャストを表している。

Member mem = new StudentMember(･･･);

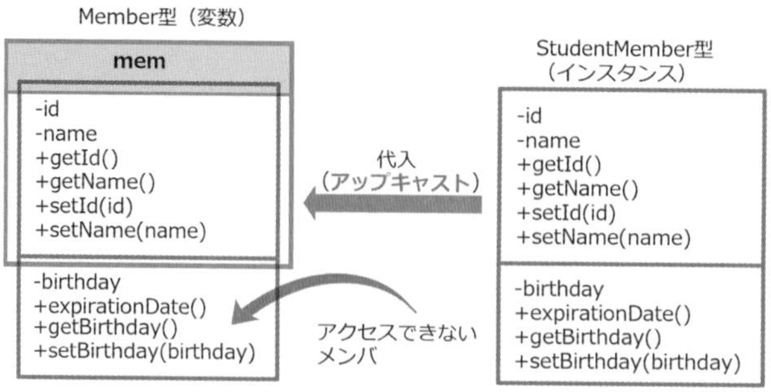

3. ダウンキャストとアップキャスト

・インスタンスのキャストには、アップキャストとダウンキャストがある。
・アップキャストは自動型変換されるが、ダウンキャストはコンパイルエラーになる。

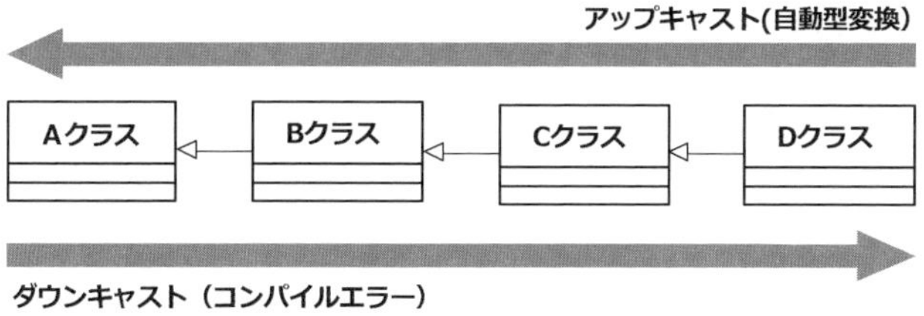

4.instanceof演算子

・間違ったダウンキャストをしないように、instanceof演算時で実際の型をチェックする
・instanceof 演算子は、「変数 instanceof 型」という形で使い、変数の実際の型が指定した型（かそのサブクラス型）の時trueを返す
・if文の中でパターンマッチ式を使うと簡略な書き方ができる

```
if(member instanceof StudentMember s) {
    System.out.println(s.getBirthday());
}
```

5.switchによる型の判定

・switch式／switch文は、オブジェクトを引数にして型の判定ができる
・関係式による条件も付加した分岐処理ができる

8

2.演習問題

解答

この章では、サブクラス型をスーパークラス型に代入できるということが、一番のポイントです。参照の自動型変換について理解できたかどうか、次の問に答えて確認しましょう。
次のような継承関係があります。

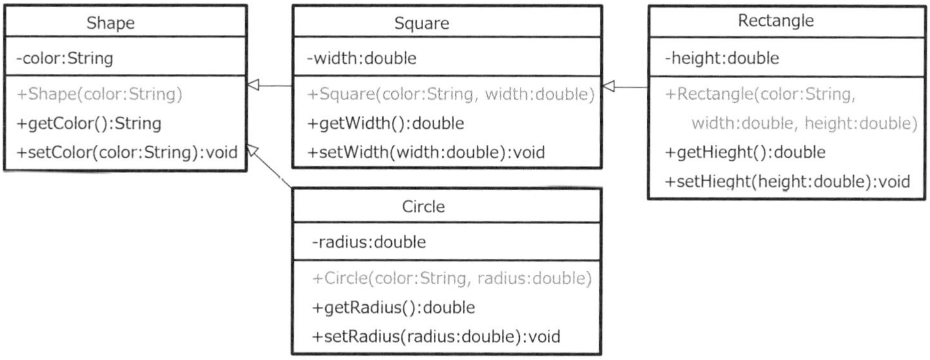

問1　自動型変換して代入できるかどうかを考えてください。
次のうち、正しくないものはどれですか。2つ選んでください。

A. Square sq = new Shape("blue");
B. Square sq = new Rectangle("blue", 10, 20);
C. Shape sh = new Rectangle("blue", 10, 20);　Square sq = (Square)sh;
D. Shape sh = new Rectangle("blue", 10, 20);　Circle ci = (Circle)sh;

問2　型変換された参照についての問題です。
Shape s = new Rectangle("blue", 10, 20); としたとき、コンパイルエラーにならないのはどれですか。

A. System.out.println(s.getColor());
B. System.out.println(s.getWidth());
C. System.out.println(s.getHeight());

問3　instanceofの働きについての問題です。
次のようにインスタンスを作成して、Object型の変数に代入した時、falseと表示するのはどれですか。

```
Object o1 = new Square("blue", 10);
Object o2 = new Rectangle("blue", 10, 20);
Object o3 = new Circle("blue", 5.5);
```

A. System.out.println(o1 instanceof Square);
B. System.out.println(o2 instanceof Square);
C. System.out.println(o3 instanceof Square);

問4　Shape型の変数shapeがある時、instanceof演算子のパターンマッチング機能を使って、if文で、「shape がRectangle型かそのサブクラス型なら、Rectangle型のgetHeight()メソッドの値を取得して表示する」という処理を書いてください。
なお、解答はプログラム全体でなく、if文だけで構いません。

8

Chapter

9 ポリモーフィズム（多態性）

前章では、サブクラスのインスタンスを、スーパークラス型の変数に代入して、スーパークラス型として使えることがわかりました。それはポリモーフィズム（多態性）というJavaオブジェクトの特性です。
一方、サブクラスでは、オーバーライドと言って、スーパークラスのメソッドを上書きして書き換えることができます。この章では、オーバーライドされたメソッドがポリモーフィズムの中でどのように働くか解説し、それにより、カスタマイズ可能な汎用的なクラスを作成できることを示します。

9.1 オーバーロード

1.サブクラスでのオーバーロード

クラスの中に同じ名前のメソッドをいくつか作ることを、メソッドのオーバーロードといいます。オーバーロードは、引数の構成を変えることによって、同じ名前で機能の違うメソッドを追加したい時に使う機能です。

例えば3章では、Adderクラスのadd()メソッドを次のようにオーバーロードしました。同じaddメソッドでも、オーバーロードした方にはint型の引数があります。

3章で作成したaddメソッドの例

```
public void add(){                          // 元からあったaddメソッド
    number++;                               // numberを 1 増やす
}
public void add(int val){                   // オーバーロードしたaddメソッド
    number += val;                          // numberに引数のvalを加える
}
```

同様に、サブクラスでも、スーパークラスから継承したメソッドと同じ名前のメソッドを作るとオーバーロードになります。もちろん、引数の構成を変えることが必要です。

例えば、次は、add()メソッドだけを持つAdderクラスに対して、そのサブクラスSubAdderで、add(int val) メソッドをオーバーロードする例です。SubAdderクラスは、add()メソッドを継承していますが、それに加えて、int型の引数を持つ add(int val) メソッドをオーバーロードします。

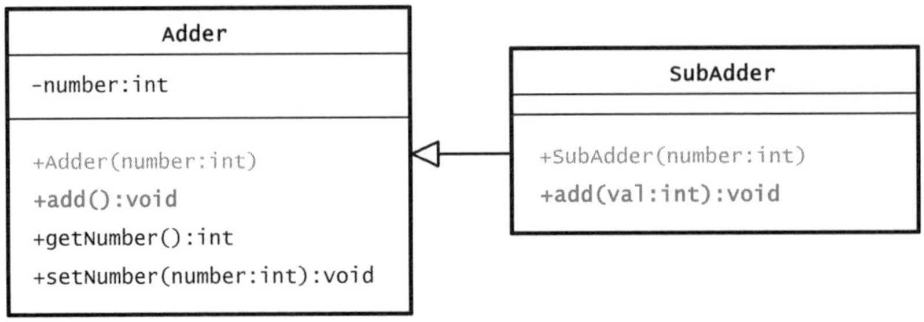

例題 サブクラスでのオーバーロード [OverloadSample]

```
package sample;
class Adder {                                   // スーパークラス
    private int number;                         // 合計値（初期値は0になる）

    public void add() {                         // （オーバーロードされる）
        number++;
    }
    public int getNumber() {                    // ゲッター
        return number;
    }
    public void setNumber(int number) {         // セッター
        this.number = number;
    }
}
class SubAdder extends Adder {                  // サブクラス
    public void add(int val) {                  // オーバーロード
        setNumber(getNumber() + val);
    }
}
```

※コンストラクタはデフォルトコンストラクタ（➡ P.74）です。numberは0に初期化されます。

うーん、どうもピンと来ないなぁ・・・
先輩、クラスは別なのに、それでもオーバーロードと言うところが何だか・・・

それは、SubAdderのインスタンスを考えるといい。
SubAdderクラスのインスタンスを作った時、インスタンスの中にはadd(int val)だけでなく、add() も含まれている。

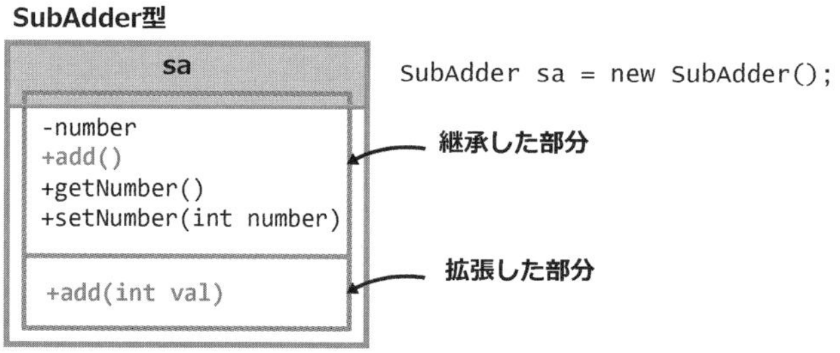

あっ、同じインスタンスの中に2つのaddメソッドがあるってことですね。
だから、オーバーロードっていうわけだ。

SubAdderクラスは、Adderクラスを継承しているので、インスタンスの中には、継承したadd() メソッドが含まれています。そこに同じ名前のメソッドを追加するわけですから、これはオーバーロードになります。

2.メソッドのシグネチャー

メソッド名とメソッドの引数構成をあわせて、シグネチャー(Signature)といいます。

メソッドのシグネチャーとは

- メソッド名
- 引数構成(引数の型、個数、並び順)

正しいオーバーロードでは、メソッドの引数構成を変える必要がありますが、これを、「(メソッド名を除いて)シグネチャーが違っていなくてはいけない」ということがあります。

ただし、メソッドの戻り値型、publicなどのアクセス修飾子はシグネチャーに含みません。また、staticなどの修飾子や引数の変数名もシグネチャーに含みません。したがって、これらが違っているだけでは正しいオーバーロードにならないので、気を付けてください。

間違ったオーバーロードの例

例えば、次のようなfuncメソッドがある時、A～Dは、どれも間違ったオーバーロードです。引数型に下線を引いていますが、どれも引数構成が同じだからです。

```
○ public void func(int number, double data)
        ↓
A) public int  func(int number, double data)……………… × 戻り値型が違うだけ
B) private void func(int number, double data) …………… × アクセス修飾子が違うだけ
C) public static void func(int number, double data)   × 修飾子が違うだけ
D) public void func(int n, double x)……………………………… × 引数の変数名が違うだけ
```

正しいオーバーロードの例

正しいオーバーロードでは、次のように引数の型、数、並び順のどれかが違っていなければなりません。

A）public void func(**String** number, double data) ………… ○ 引数の型が違う
B）public void func(**int** number) ……………………………………………… ○ 引数の数が違う
C）public void func(**double** data, **int** number) ………………… ○ 引数の並び順が違う

Q9-1

解答

オーバーロードについての理解を確かめるために、次の問に答えてください。

同じパッケージ内に、次のクラスが定義されています。

```
class A {
    public int foo(int a, double b) {
        return 0;
    }
}

class B extends A{
    [                                        ]
}
```

この時、Bクラスの枠内に、正しいオーバーロードとして書けるメソッドはどれですか。

A. public void foo(int number, double value) { }
B. protected int foo(int a, double b) {return 0;}
C. public double foo(int a, double b) {return 0;}
D. public int foo(double a, int b) {return 0;}
E. public static int foo(int a, double b) {return 0;}

<ヒント>オーバーロードは、引数の型、数、並び順だけを見て判定します

9.2 オーバーライド

1.オーバーライドとは

オーバーライド (override) は、スーパークラスから継承したメソッドの機能を書き換える、という意味です。簡単な例で試してみましょう。

例題 オーバーライド [Exec]

```
package sample;
class Foo {                                     // スーパークラス
❶   public void show() {                        // 元のshowメソッド
        System.out.println("Fooクラスです");
    }
}
class Bar extends Foo {                         // サブクラス
    @Override
❷   public void show() {                        // オーバーライドしたshowメソッド
        System.out.println("Barクラスです");
    }
}
public class Exec {
    public static void main(String[] args) {
❸       Bar bar = new Bar();
        bar.show();                             // Barクラスのshowメソッドを実行する
    }
}
```

```
Barクラスです
```

簡単にするために、FooクラスとBarクラスにはshow()メソッドだけしかありませんが、間違った書き方ではありません。コンストラクタはデフォルトコンストラクタです。

❶と❷が、全く同じメソッド宣言であることに注意してください。❶はFooクラスのshow()メソッドで、❷はそのサブクラスであるBarクラスのshow()メソッドです。

このように、サブクラスが、スーパークラスのメソッドとそっくり同じものを定義することをオーバーライドといいます。これにより、もとのメソッドが、サブクラスのメソッドで上書きされることになります。

実際、❸で、サブクラスのインスタンスを作り、show() メソッドを実行してみると、"Barクラスです"と表示され、メソッドの機能が置き換わっていることがわかります。

先輩、Barクラスのshow() メソッドは、Fooクラスとシグネチャーが同じですね。
オーバーライドでは引数構成を変えたりしなくてもいいんですか？

いや、原則として、何も変えてはいけない。
メソッド名はもちろん、戻り値型、アクセス修飾子、引数構成なども変えない。
まったく同じにして、中身だけを書き換えるんだ。

次の図のように、実際には、Barクラスには、show() メソッドが2つある状態です。

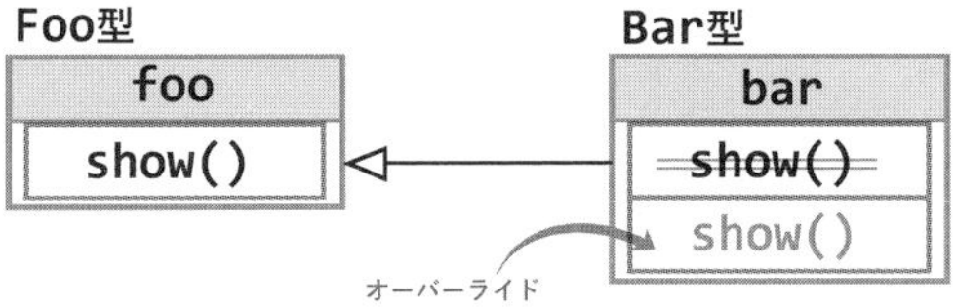

しかし、Barクラスのインスタンスからshow() メソッドを起動すると、常に、Barクラスでオーバーライドしたメソッド（青色）が起動します。新しいメソッドに、置き換えられてしまうわけです。

9

2.オーバーライドの例外

オーバーライドは、スーパークラスから継承したメソッドの機能を変更することが目的ですから、変えるのは処理内容だけです。アクセス修飾子、戻り値型、引数構成は原則として変更しません。ただ、少しだけ例外があるので、ここで覚えておきましょう。

次は、Firstクラスとそのサブクラスである Secondクラスの例です。Firstクラスには、自分自身のインスタンスを生成して返すcreateメソッドが定義されています（このような自身のインスタンスを作成して返すメソッドをファクトリーメソッドといいます）。

createメソッドの戻り値型はFirst型（自クラスの型）です。また、アクセス修飾子を省略して、パッケージアクセスにしています。

Secondクラスは❶でcreateメソッドをオーバーライドしています。

例題 正しいオーバーライド [OverrideSample]

```
package sample;
class First {
    First create() {
        return      new First();      // 自クラスのインスタンスを作成して返す
    }
}

class Second extends First {
    @Override
 ❶ public Second create() {          // protected First ➡ public Second と変更
        return      new Second();    // Secondクラスのインスタンスを返す
    }

 ❷ protected First create(int n) { // シグネチャーが違うのでオーバーロードになる
        return      new First();
    }
}
```

※コンストラクタはどちらのクラスもデフォルトコンストラクタです。

先輩、❶のpublicは、間違ってますね！
Firstクラスではパッケージアクセスになってますよ。

うん、それはOKなんだ。
アクセス修飾子を公開範囲の広いものに変更するのは認められている。
public はパッケージアクセスよりも範囲が広い。

えっ、そうなんですか。
あっ、でも戻り値型のSecondはどうみても間違いですね。
スーパークラスでは戻り値型は First型です！

よく気がついたが、それもOKだ。
オブジェクトを返す時、戻り値型は、サブクラス型に変えてよいことになっている。
SecondはFirstのサブクラスだ。

アクセス修飾子

createメソッドのスーパークラスでのアクセス制限は、パッケージアクセスですが、❶ではpublicに変わっています。本来、オーバーライドでは、何も変えないのが原則ですが、このように、より公開範囲が広い方向にアクセス修飾子を変えることは認められています。

公開範囲は、次の順序で広くなります。

public ＞ protected ＞ パッケージアクセス ＞ private

戻り値型

createメソッドの戻り値型はFirst型ですが、❶では、Second型になっています。これも例外の1つで、戻り値型がオブジェクトなら、そのサブクラス型に変更してよいことになっているのです。

```
@Override
public Second create() {         // First ➡ Second と戻り値型を変更
    return     new Second();     // Secondクラスのインスタンスを返す
}
```

オーバーロードとの混在

最後に、❷のもうひとつのcreateメソッドはオーバーライドではなく、オーバーロードです。int型の引数があり、引数構成が違うのでオーバーライドにはなりません。

オーバーライドの原則

① シグネチャー（メソッド名と引数構成）、戻り値型、アクセス修飾子を変えない
② ただし、アクセス修飾子は、より公開範囲が広いものになら変更できる
③ ただし、戻り値型がクラス型なら、サブクラスの型に変更できる

9

3.@Overrideアノテーション

例題にある**@Override**のように、@の付いたキーワードをアノテーションといいます。@Overrideは、コンパイラにオーバーライドとして正しいかどうかをチェックさせるためのアノテーションです。

あっ、1章で出てきたやつですね。
やっぱり、ゴミみたいな記号じゃなかったんだ。

英語では、annotationと書いて、注釈という意味だ。
Java言語では、注釈をコンパイラに伝えて、何かをしてもらうために使う。

1章では、toString()メソッドについてましたね・・・
えーっ、すると、あれもオーバーライドだったんですか？！

そう、ObjectクラスにtoStringメソッドがある。
それをオーバーライドしていたのだ。

では、@Overrideの機能を確かめてみましょう。

例題の❶を変更して、引数を持たせました。
シグネチャーが変わってしまうので、これはオーバーライドではなく、オーバーロードになってしまいます。しかし、@Overrideを付けているので、コンパイラがオーバーライドかどうか検査し、その結果コンパイルエラーが表示されます。

```
package sample;
class First {
    protected First create() {
        return    new First();              // Firstクラスのインスタンスを返す
    }
}
class Second extends First {
    @Override
    protected First create(int n) {         // コンパイルエラー！  (オーバーロード)
        return    new First();
    }
}
```

なお、EclipseのようなIDEでは、正しくオーバーライドを書いた時だけ、@Overrideが付くように設定できます。オーバーライドかどうかをEclipseが判断してくれるので、間違いがわかりやすくなります。

えっ、自動的に付くんですか？
自分で書かなくてもいいんですね。

正しく書けば、自動的に@Overrideが付く。
もちろん、Eclipseでの設定が必要だが、サポートウェブからダウンロードしたEclipseは設定済みだ。

ふん、ふん、なるほど。
それじゃ、ついでですが、Eclipseの設定って、具体的にはどうやるんですか。
(知っておくと便利かもしれない)

Eclipseのメニューで、[ウィンドウ] ➡ [設定] と選択すると設定ダイアログが表示される。そこで、[Java] ➡ [エディター] ➡ [保管アクション] と選択して、さらに [追加アクション] にチェックを入れればいい。

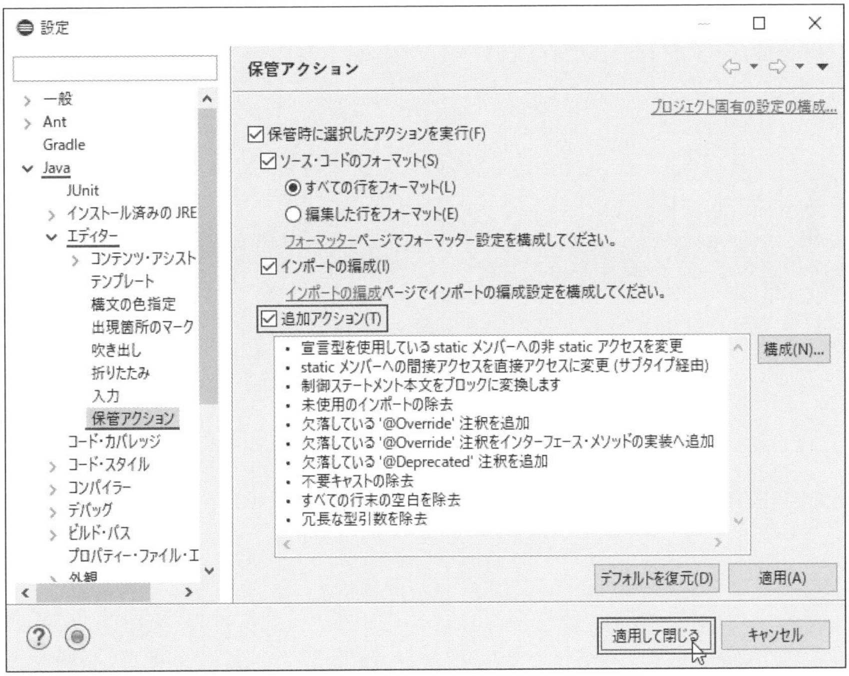

Q9-2

解答

オーバーライドについて理解しているかどうか、問に答えて確認してください。
同じパッケージ内に、次のクラスが定義されています。

```
class A {
    protected int foo(int a, double b) {
        return 0;
    }
}
class B extends A {
    [                                    ]
}
```

この時、Bクラスの枠内に、オーバーライドとして書けるメソッドはどれですか。

A. private int foo(int a, double b) {return 0;}
B. public int foo(double a, int b) {return 0;}
C. public double foo(int a, double b) {return 0;}
D. public int foo(int a, double b) {return 0;}

9

9.3 ポリモーフィズム（多態性）

1. ポリモーフィズムとは

ポリモーフィズム（Polymophizm）は、多態性、多相性などとも言われ、カプセル化、継承と共に、オブジェクト指向の3大特徴の１つです。

ポ、ポリモーフィズム？
（なんだか舌を噛みそう）

簡単にいうと、インスタンスの「実際の型」は変わらないのに、
アップキャストすると、いろいろな「宣言された型」として扱えることだ。

ポリモーフィズムとは、代表的な意味では、1つのオブジェクトがいろいろな型として扱えることを言います。Java言語のすべてのオブジェクトは、アップキャストにより自分自身の型の他に、Object型やその他のスーパークラス型としても扱えます。このような多態性を持つオブジェクトはポリモーフィックなオブジェクトといいます。

例えば、次の図は、A ← B ← Cという継承関係にある時、Cクラスのインスタンスをアップキャストにより A型、B型としても扱えることを示しています。

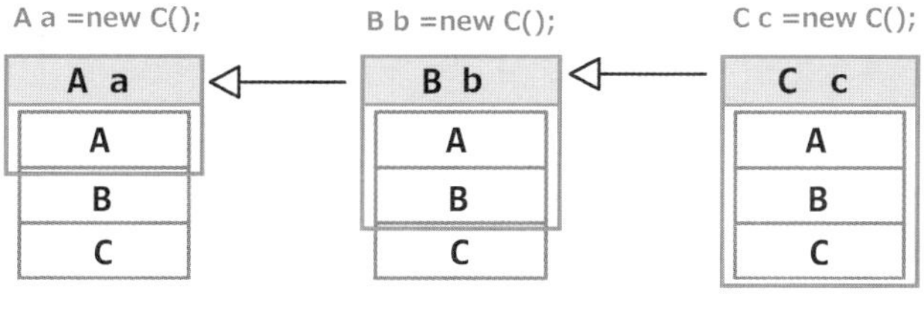

メソッドのオーバーロードも、もう1つのポリモーフィズムです。引数構成を変えるだけで、同じ名前のメソッドをいくつでも作ることができました。オーバーロードメソッドでは、メソッドに指定した引数に応じて、その内のどれかが起動します。

また、18章で解説しますが、クラスを定義する時にメンバ、メソッドの戻り値、引数について、型を決めずに定義することができます。インスタンスを作る時に使いたい型を指定する仕組みで、このような汎用的な型付けを**総称型**といいます。

Java言語のポリモーフィズムは、このようにポリモーフィックなオブジェクト、オーバーロード、そして**総称型**から構成されています。

なるほど、1つのモノがいろいろ変わるということですね。
ポリモーフィズムよりも「多態性」の方が分かりやすい気がするなぁ。

それは、どちらでもいい。
とにかく、Java言語の汎用性は、ポリモーフィズムのおかげということだ。

先輩、気になるんですが、ポリモーフィックなオブジェクトって、
スーパークラスに代入すると、結局、使えるメソッドが減るだけじゃなかったですか？

だから、そうならないケースもあるんだ（前にも言ったような）。
それには、ダイナミックバインディングについて知る必要がある。
早速、説明しておこう。

2.ダイナミックバインディング

Barクラスは Fooクラスのサブクラスで、show() メソッドをオーバーライドしています。

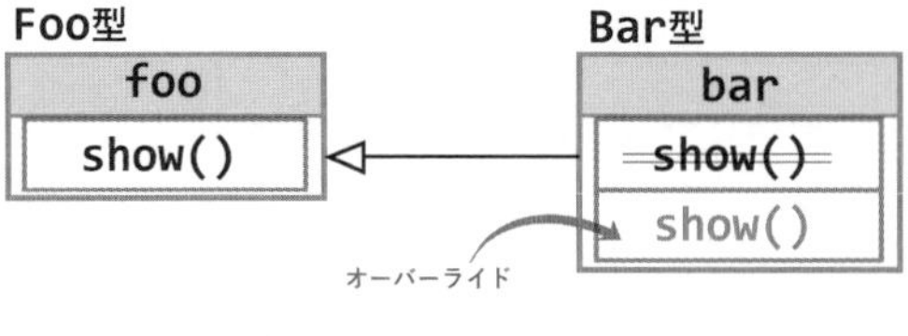

そして、次は、Barクラスのインスタンスを Fooクラスにアップキャストして、show() メソッドを実行する例です。

例題 オーバーライドの効果 [sample2/Exec]

```
package sample2;
class Foo {
    public void show() {
        System.out.println("Fooクラスです");
    }
}
class Bar extends Foo {
    @Override
    public void show() {
        System.out.println("Barクラスです");
    }
}
public class Exec {
    public static void main(String[] args) {
❶       Foo foo = new Bar();  // アップキャスト
❷       foo.show();
    }
}
```

```
Barクラスです
```

例題では、❶でBarクラスのインスタンスをFoo型にアップキャストしています。その結果次の図のような状態になっています。

果たして、この時、❷のfoo.show(); により起動するのはどちらのshow()メソッドでしょうか？ その答えを示すのが、この例題です。

ふーん、"Barクラスです" と表示されますね。
ということは、Barクラスのshow() メソッドが実行されたんですか？

そうだ。
Barクラスのshow() メソッドが動いたことは間違いない。

でも、おかしいなぁ。
Barクラスのインスタンスを Foo型の変数に代入すると、Foo型の範囲でしかインスタンスにアクセスできないんじゃなかったかなぁ？

確かにそういう規則だが、オーバーライドしたメソッドは例外だ。
ダイナミックバインディングといって、アクセスできる範囲に関係なく、オーバーライドしたBarクラスのshow() メソッドが動く。

こうなるのは、変数の型（＝宣言された型）に関係なく、そのインスタンスの「実際の型」を調べて、そのクラスでオーバーライドしたメソッドを起動するからです。実行時に、インスタンスの「実際の型」を調べて、起動するメソッドを決定するので、ダイナミックバインディングといいます。

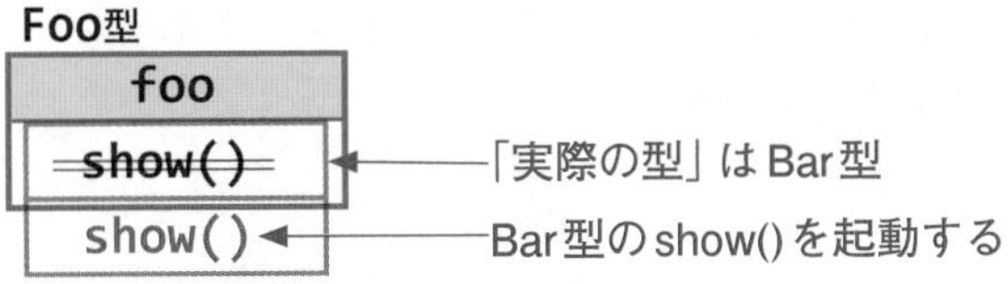

例題では、変数fooに入っているインスタンスは、「実際の型」はBar型です。そのため、Barクラスでオーバーライドしたshow() メソッドが起動します。本来なら、Foo型の変数（＝参照）ではアクセスできないはずですが、オーバーライドメソッドは例外です。

あっ、先輩、これですね。
オブジェクト指向のツボ、とかいってたやつ。

そのとおり。
スーパークラスでは、サブクラスのオーバーライドメソッドが起動する、
ということだ。

3.汎用化の仕組み

例えば、あるクラスがA～Cのメソッドを使って、何かの処理を実行しているとします。その内［メソッドA］だけは、特定の問題に固有の処理が必要なので、このクラス全体は、使いまわしのきく汎用的なクラスではありません。

そのため、よく似ている問題を処理する場合でも、このクラスをコピーして別のクラスを作り、その中の［メソッドA］だけを書き直して対処するしかありません。

しかし、ポリモーフィズムを利用すると、このような問題を一気に解決できます。

まず、次の図のようにサブクラスを作成して、［メソッドA］をオーバーライドし、特定の問題に固有な処理に書き換えます。

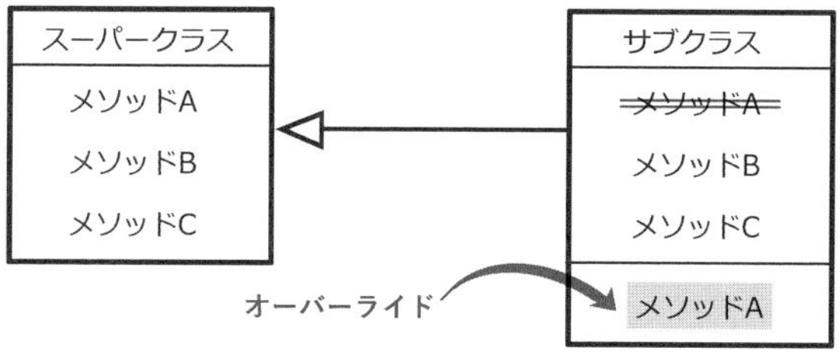

実行時には、サブクラスのインスタンスをスーパークラス型の変数に代入して（＝アップキャストして）実行します。これにより［メソッドA］の部分だけは、サブクラスでオーバーライドしたものが起動します。

これで、スーパークラスを書き換えなくても、新しい分野の問題に対処できるわけです。

なお、［メソッドA］の中身を、「いつもサブクラスで書き換える」という前提にすれば、スーパークラスでは、［メソッドA］の具体的な内容を作成する必要はありません。中身を空にしておくことで、真に汎用的なクラスにできます。

次の章では、そのような汎用クラスの作り方について解説します。

Q9-3

解答

オーバーライドの特徴は理解できましたか。次の問に答えて理解度を確認してください。

次のようなEmployeeとDirectorのクラスがあります。A～Dのどれかを空欄に記入した時、実行すると「重役」と表示するものに○を付けて下さい。

```
class Employee {
    public void print() {
        System.out.println("従業員");
    }
}
class Director extends employee {
    @Override
    public void print() {
        System.out.println("重役");
    }
}
public class Ex09_3 {
    public static void main(String[] args) {
        [                                        ]
        obj.print();
    }
}
```

```
A. Employee obj = new Employee();
B. Employee obj = new Director();
C. Director obj = new Employee();
D. Director obj = new Director();
```

9.4 まとめとテスト

1.まとめ

1.サブクラスでのオーバーロード

・スーパークラスのメソッドをサブクラスでオーバーロードできる

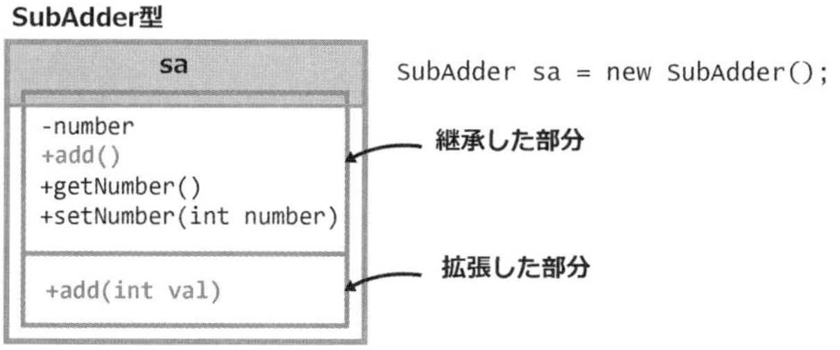

2. シグネチャー

・メソッド名と引数構成（型、数、並び順）をあわせてシグネチャー（Signature）という

3.オーバーライド

・スーパークラスで作成したメソッドの内容を、サブクラスで書き換えること
・オーバーライドの原則

① シグネチャー（メソッド名と引数構成）、戻り値型、アクセス修飾子を変えない ② ただし、戻り値型がクラス型なら、サブクラスの型に変更できる ③ ただし、アクセス修飾子は、より公開範囲が広いものになら変更できる

4.ダイナミックバインディング（Dynamic Binding）

インスタンスの中に、オーバーライドされた同名のメソッドが複数ある時、インスタンスの実際の型を調べて、そのクラスでオーバーライドしたものを起動する。そのため、インスタンスをアップキャストして使っている場合でも、サブクラスでオーバーライドしたメソッドが起動する。

5. @Override アノテーション

オーバーライドしたメソッドに付ける。これにより、正しいオーバーライドかどうかコンパイラがチェックしてくれるようになる。

2.演習問題

解答

この章の内容を理解できたか、問に答えて確認しましょう。

問1　オーバーロードに関する問題です。
Fooクラスには次のdoitメソッドがあります。

```
Foo doit(double data, boolean flag)
```

Fooクラスのサブクラス Barで、doitメソッドをオーバーロードする時、正しいものはどれですか。3つ選んでください(メソッドの処理部分は記述を省略しています)。

```
A. public Foo doit(double x, boolean t)
B. public Bar doit(double x, boolean t)
C. public Bar doit()
D. protected Foo doit(boolean t, double x)
E. private Foo doit(double x, boolean t)
F. int doit(String s)
```

問2　オーバーライドに関する問題です。
同じパッケージ内に、次のクラスが定義されています。

```
class A {
    A foo(String a, boolean b){
        ...
        return new A();
    }
}
class D extends A {
    [                              ]
}
```

この時、Dクラスの枠内に、正しいオーバーライドとして書けるメソッドを2つ選んでください。ただし、Aクラス～Dクラスについて、図のような継承関係があるものとします。

9

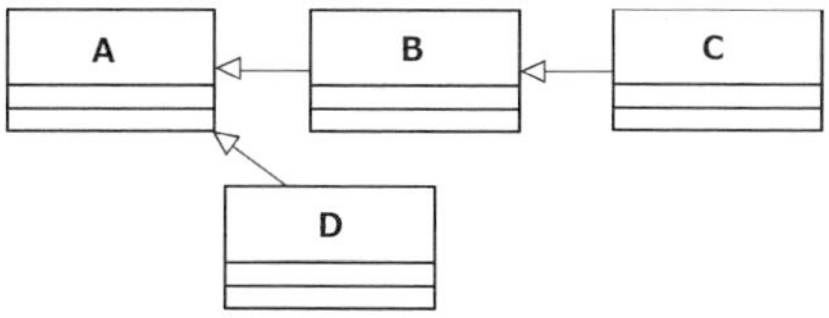

※各メソッドの処理部分は省略しています。

A. private C foo(String str, boolean flag)
B. public B foo(String str, boolean flag)
C. B foo(boolean b, String a)
D. protected D foo(String s, boolean f)
E. protected B foo()

問3　オーバーロードとオーバーライドが混合した、少し難しい問題です。
Parentクラスとそのサブクラスのchildクラスがあります。
Parentクラスには(1)、(2)のメソッドがあり、Childクラスには、(a)〜(c)の3つのメソッドがあります。

```
class Parent {
    Parent doit() {                    // (1)
        return new Parent();
    }
    Parent doit(Parent p) {            // (2)
        return p;
    }
}
class Child extends Parent {
    Parent doit() {                    // (a)
        return new Child();
    }

    Child doit(Child c) {              // (b)
        return c;
    }
    Child doit(Parent p) {             // (c)
        return new Child();
    }
}
```

(a)〜(c)について述べた文について、A、B、Cの中で正しいものに○を付けてください。

・(a)は、(A.コンパイルエラー ／ B.オーバーロード ／ C.オーバーライド) になる
・(b)は、(A.コンパイルエラー ／ B.オーバーロード ／ C.オーバーライド) になる
・(c)は、(A.コンパイルエラー ／ B.オーバーロード ／ C.オーバーライド) になる

問4　オブジェクト指向の3大要素についての問題です。

次の文は、①カプセル化について、②継承について、③ポリモーフィズムについて、のどれに最も関係しているでしょうか。①〜③の番号で答えてください。

A．スーパークラスとサブクラスの系列を作る
B．フィールド変数をprivateにし、publicなセッター、ゲッターを作る
C．変数の型に関係なく、オーバーライドしたメソッドが起動する
D．Is-a の関係が重要である
E．汎用的で変更の容易な処理を作成できる

問5　ポリモーフィズムについての問題です。

次のクラスがある時、A、B、C を実行するとコンソールには何と表示されるでしょう。

```
class Foo {
   private double x = 10;
   public double calc() {
       return x;
   }
   public double getX() {
       return x;
   }
}
class Bar extends Foo {
   @Override
   public double calc() {
       return getX() * 2;
   }
}
class Baz extends Foo {
   @Override
   public double calc() {
       return getX() / 2;
   }
}
```

```
A. Foo foo = new Foo();
   System.out.println( foo.calc() );

B. Foo foo = new Bar();
   System.out.println( foo.calc() );

C. Foo foo = new Baz();
   System.out.println( foo.calc() );
```

9

Chapter

10 抽象クラス

ポリモーフィズムを利用して、汎用的で再利用可能なクラスを作成するために、スーパークラスでは、問題ごとに固有の処理が必要なメソッドは、内容を空にしておきます。その代わり、空のメソッドをサブクラスでオーバーライドして、固有な処理を組み込むわけです。
しかし、単に内容を空にしておくだけでは、サブクラスでオーバーライドを忘れるなどの「事故」が発生する可能性があります。そこで、内容が空のメソッドを作成する安全で確実な仕組みを提供するのが、抽象クラスです。この章では、抽象クラスの作り方、使い方を詳しく解説します。

10.1 抽象クラスとは

1.抽象クラスの特徴

ポリモーフィズムの解説で見たように、サブクラスでオーバーライドさせたいメソッドは、処理内容を書く必要はありません。サブクラスでオーバーライドさせるので、メソッドの形だけあればいいからです。

例えば、前章のFooクラスのshow()メソッド（➡P.204）は、次のように書いても良かったわけです。

```
class Foo {
    public void show() {            // 形だけあればよい
    }
}
```

ただ、サブクラスでオーバーライドしなかった場合、この書き方では、何もしないメソッドが残ってしまうので、好ましくありません。これに対する良い方法は、オーバーライドさせたいメソッドのあるクラスを、普通のクラスではなく、**抽象クラス**（abstract class）として作成することです。

先輩、サブクラスでオーバーライドしないってことありますか。
1つしかないメソッドを、忘れるはずないと思います！

それは、このFooクラスに限っての話だ。
他の多くのクラスでは、もっとたくさんのメソッドがあり、オーバーライドさせたいメソッドもたくさんある。

でも、何もしないメソッドなら、害もないのでは？
そのままじゃ、まずいですか？

オーバーライドして欲しいメソッドには、当然何かの役割がある。
何もしないのでは、不具合（バグ）と同じだ。

抽象クラスの特徴

抽象クラスは、クラス宣言にabstract を付けたクラスです。修飾子がある場合は、その前か後、どちらかにabstractを付けます。

```
public abstract class Foo { }        // 抽象クラスの宣言
abstract public Class Foo { }
```

抽象クラスはabstractが付くだけで、あとは、フィールド変数、メソッド、コンストラクタなど、普通のクラスと書き方は同じです。しかし、ただ1つ、**抽象クラスにしかできない**ことがあります。それは、次のように**抽象メソッド**（abstract method）を書けることです。

```
public abstract class Foo {
    ...
    public abstract void show();  // 抽象メソッドの宣言。{ } の部分を書かない
    ...
}
```

抽象メソッドはメソッドの宣言だけで、処理の中身にあたる {} の部分がありません。また、メソッド宣言に abstract を付け、末尾にはセミコロン（;）を付けることに注意してください。

抽象クラスの利点は、普通のクラスが抽象クラスを継承した時、**抽象メソッドをオーバーライドしないとコンパイルエラーになることです**。そのため、サブクラスでのオーバーライドのし忘れを防ぐことができます。これが抽象クラスを使う理由です。

なお、抽象クラスは普通のクラス（**具象クラスという**）と同じように扱えますが、1つだけできないことがあります。それは、new演算子でインスタンスを作ることです。**抽象クラスからはインスタンスを作ることができません**。

抽象クラスの特徴

- クラスにabstractを付けて宣言したものを抽象クラスという
- 抽象クラスには抽象メソッドを書ける
- 具象サブクラスは、抽象メソッドをオーバーライドしないとコンパイルエラーになる
- 抽象クラスからインスタンスを作ることはできない

抽象メソッドを持たない抽象クラス

class宣言にabstractを付けるだけで抽象クラスになります。したがって、仮に抽象メソッドが1つもないとしても、abstract class と宣言していれば抽象クラスです。もちろん、抽象クラスなのでインスタンスを作ることもできなくなります。

2.抽象クラスの書き方

次は、図形を表すクラスです。2つの抽象メソッドがありますが、それ以外は普通のクラスと変わりありません。これは、一般的な抽象クラスの記述例です。

例題　抽象クラス　[GeometricShape]

```
package sample;
public abstract class GeometricShape {

    private String color;                          // 図形の色

    protected GeometricShape(String color) {       // コンストラクタ
        this.color = color;
    }

❶  public abstract String getName();              // 図形の名前を返す
❷  public abstract double area();                 // 図形の面積を返す

    public String getColor() {                     // 図形の色を返す
        return color;
    }
    public void setColor(String color) {
        this.color = color;
    }
}
```

例題は、❶の図形の名前を返すgetName()メソッドと、❷の図形の面積を返すarea()メソッドが抽象メソッドになっています。その理由は、GeometricShapeクラスは、円や四角形など、いろいろな幾何図形のスーパークラスなので、図形名や面積計算など、図形ごとに違う部分は、その図形を表すサブクラスでオーバーライドさせる計画だからです。

フィールド変数は、色（color）があり、コンストラクタは色を引数にしてあります。また、色を返す`getColor()` メソッドは、具象メソッドです。赤や青といった色の値は、どんな図形でも共通なので、スーパークラスで具体的な取り扱いを決めていても問題ありません。

抽象クラスの書き方は、具象クラス（concrete class）と同じです。フィールド変数、コンストラクタ、メソッドがあります。違うのは、クラス名に abstract を付けることだけで、普通はそれに加えて、抽象メソッドを定義します。

あれっ、なぜだろう。
先輩、コンストラクタがprotectedになっています！

抽象クラスはインスタンスを作れないってこと、忘れてないか。
このコンストラクタを使うのは、サブクラスだけなので protected だ。

えっ…（どういう意味？）
サブクラスがどういう風に使うんですか？

普通にnewを使ってスーパークラスのインスタンスを作るわけじゃない。
サブクラスのインスタンスを作る時、初期化のために、スーパークラスのコンストラクタが呼び出される。それで使われるんだ。

抽象クラスのコンストラクタはpublicとしても意味がないので、protectedにするのが普通です。というのも、このコンストラクタは、サブクラスが、スーパークラスから継承した部分を初期化するために使う以外、使い道がないからです。

なお、メソッドのアクセス修飾子は、これまでどおり用途によって決めます。

Q10-1

解答

問に答えて、ここまでの理解度を確認しましょう。
次の文の中で、正しいものはどれですか。

A. 抽象クラスは具象メソッドを持つことができない
B. 抽象クラスには、フィールド変数を書けない
C. 抽象クラスのコンストラクタはprivateにする
D. 抽象クラスは必ず抽象メソッドを持つ
E. 抽象クラスからインスタンスを作成できる
F. 抽象クラスの具象サブクラスは、抽象メソッドをオーバーライドしなければいけない

10.2 抽象クラスを継承する

1.抽象メソッドの実装

サブクラスで、継承した抽象メソッドの中身を作成することを、抽象メソッドを実装するといいます。Eclipseなどの IDE は、**実装すべきメソッドの骨格を自動生成する機能があります**。ここでは、抽象クラスGeometricShapeのサブクラスであるCircleクラスを作成する場合を例にして、自動生成の方法を説明します。

①サブクラスの骨格を作成すると、まだ実装していない抽象メソッドがあるので、コンパイルエラーになっている。

② エラーマークにマウスポインタを重ねると、抽象メソッドを実装していないという趣旨の説明が表示される。

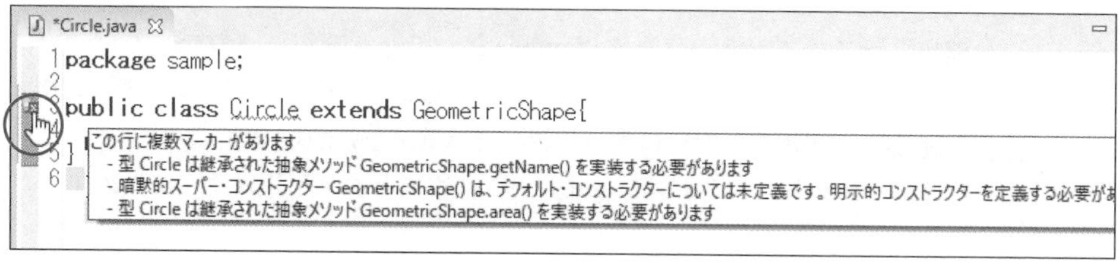

③エラーマークをクリックすると、選択肢を選ぶポップアップメニューが表示されるので、「実装されていないメソッドの追加」をダブルクリックする。

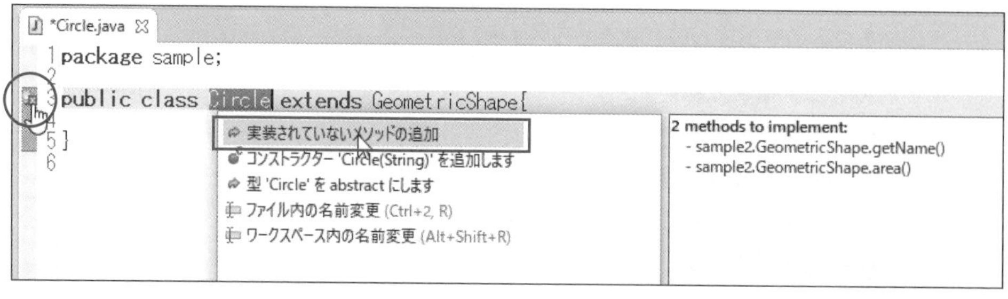

④ 実装しなければならない抽象メソッドの骨格が挿入される。

※まだ、エラーになっているのは、コンストラクタを作成していないため

*Circle.java

```java
package sample;

public class Circle extends GeometricShape{

    @Override
    public String getName() {
        // ここにコードを挿入
        return null;
    }

    @Override
    public double area() {
        // ここにコードを挿入
        return 0;
    }

}

```

⑤ フィールド変数 radius（半径）を追加する。

⑥ その後、メニューで、［ソース］➡［フィールド変数を利用してコンストラクタを作成］と選択して、コンストラクタを生成すると、エラーは消える。次の図は、さらにメソッドの内容まで実装した後の図である。

Circle.java

```java
package sample;

class Circle extends GeometricShape {  // 円形のクラス
    private double radius;             // 半径

    public Circle(String color, double radius) {
        super(color);
        this.radius = radius;
    }

    @Override
    public double area() {                    // 面積を計算して返す（オーバーライド）
        return radius * radius * Math.PI;
    }

    @Override
    public String getName() {                 // 図形の名前を返す（オーバーライド）
        return "円 形";
    }

    public double getRadius() {
        return radius;
    }

    public void setRadius(double radius) {
        this.radius = radius;
    }

}
```

注意＞

サブクラスにフィールド変数がない場合、⑥の部分が違います。

その場合は、［ソース］➡［スーパークラスからコンストラクタを生成］と選択します。

2. サブクラスも抽象クラスにする

先輩、抽象メソッドを実装するまで、ずーっとエラー状態なので驚きました。
サブクラスにとって、実装の自動生成は便利ですね！

確かに、抽象メソッドがたくさんある時などは特に便利だ。
でも、文法的には実装しないで済ます方法もある。

えっ！
それってマズいんじゃないですか？

あまりやることはないが、理由があれば構わない。
サブクラスにabstractをつけるだけだ。

抽象クラスのサブクラスは、抽象メソッドを実装して、具象クラス（普通のクラス）にするのが普通ですが、文法的には、必ずそうしなくてはいけないということはありません。サブクラスにabstractを付けて、抽象クラスにすることができます。その場合、抽象メソッドを実装する必要はありません。

例題　抽象クラスのサブクラス　[AbstractSample]

```
package sample;
abstract class AbSuper {
    public abstract void print();
}
abstract class AbSub extends AbSuper {
    public void doit() {
        System.out.println("do something");
    }
}
```

AbSubクラスは、抽象クラスAbSuperのサブクラスで、抽象クラスです。クラスには、抽象メソッドはなく、具象メソッドのdoitがあるだけですが、クラス宣言にabstractが付いているので、抽象クラスになります。

AbSuperから継承する抽象メソッドprintを実装していませんが、抽象クラスなのでコンパイルエラーにはなりません。もちろん、必要なら新たな抽象メソッドを宣言することもできます。

この例題は、抽象クラスのスーパークラスが抽象クラスであってもよい、と見ることもできます。また、全てのクラスのスーパークラスはObjectクラスですが、これは具象クラスです。したがって、具象クラスのサブクラスを抽象クラスにしても何の問題もないことがわかります。

Q10-2

解答

抽象クラスの継承について、理解度を確認しましょう。
抽象クラス Foo が次のようである時、それを継承するBarクラスとBazクラスがあります。
BarクラスとBazクラスの書き方が、正しいか間違っているか答えてください。

```
abstract class Foo {
    private int n;
    protected Foo(int n){
        this.n = n;
    }
    public abstract void talk();
    public abstract double bye();
}

class Bar extends Foo {
    public Bar(int n){
        super(n);
    }
    public void talk(){
        System.out.println("hello");
    }
}

abstract class Baz extends Foo {
    public Baz(int n){
        super(n);
    }
    public void talk(){
        System.out.println("hello");
    }
}
```

10.3 抽象クラスのクラス図

クラス図では、抽象クラス名と抽象メソッド名を斜体字で表すことになっています。それ以外は、具象クラスと同じです。抽象クラスGeometricShapeとそのサブクラスCircleについて、クラス図を書くと次のようになります。

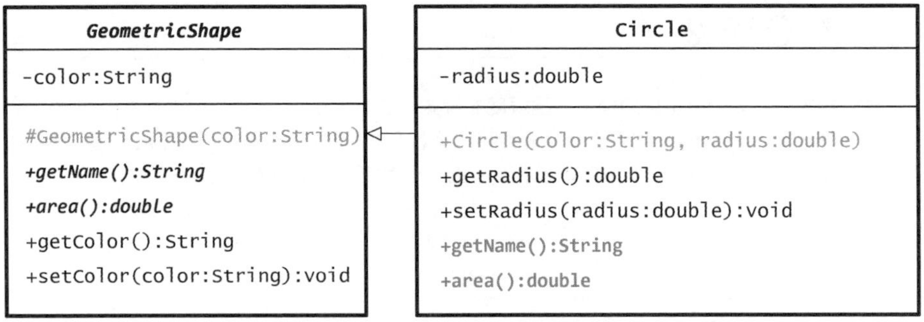

クラス図では、次の点に注意してください。

> **抽象クラス、抽象メソッドのあるクラス図**
>
> ① 抽象クラス名は斜体字にする
>
> ② 抽象メソッド名は斜体字にする
>
> ③ スーパークラスのコンストラクタはprotectedなので # を付ける

Circleクラスでは、オーバーライドした`getName()`と`area()`メソッドもクラス図に記入します。本来、クラス図で色を変えることはありませんが、わかりやすくするために例示では、青字で表示しています。

Q10-3

解答

クラス図の書き方は覚えましたか。
では、次のクラス図のうち正しいものはどれか答えてください。
ただし、Firstは抽象クラスで、today() とhello() が抽象メソッド、bye() は具象メソッドです。
また、Secondは具象クラスです。

A.

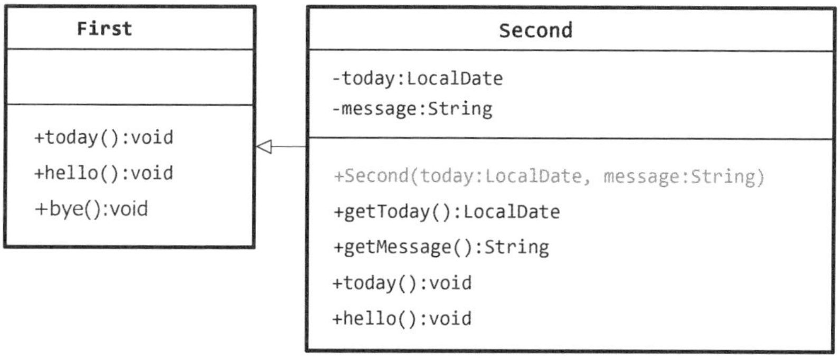

B.

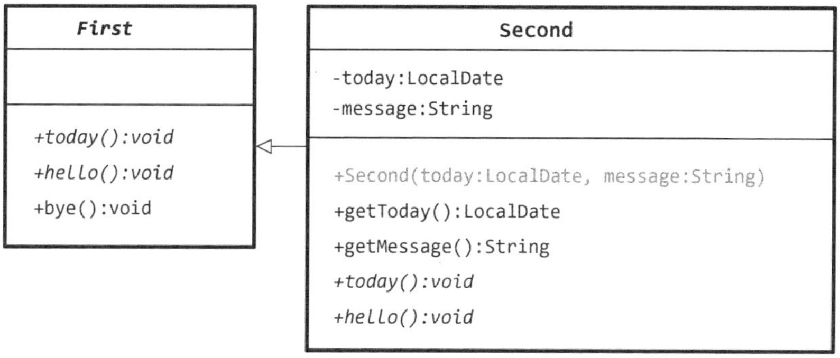

C.

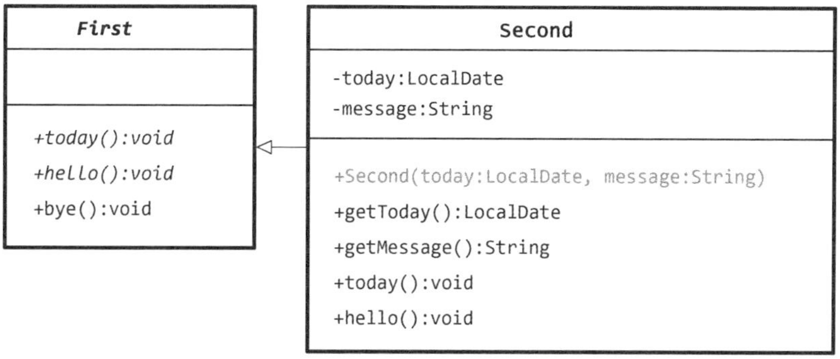

10

10.4 まとめとテスト

1.まとめ

1.抽象クラスとは

・クラス宣言にabstractを付けたクラスのこと
・ポリモーフィズムを利用したい時、(スーパー) クラスを抽象クラスにする

抽象クラスの特徴

・クラスにabstractを付けて宣言したものを抽象クラスという
・抽象クラスには抽象メソッドを書ける
・具象サブクラスは、抽象メソッドをオーバーライドしないとコンパイルエラーになる
・抽象クラスからインスタンスを作ることはできない
・抽象メソッドは必須ではない
・具象クラスのサブクラスとして抽象クラスを書ける
・抽象クラスのサブクラスを抽象クラスにしてもよい

2.抽象クラスの書き方

・一般形

```
public abstract class ○○ {                    // クラス宣言にabstractを付ける
    …
    protected ○○(){                           // コンストラクタはprotectedに
        …
    }
    public abstract int method();              // 抽象メソッドを書けるが、必須ではない
    …
}
```

・コンストラクタはprotectedにする

3.抽象メソッドの実装

・具象サブクラスは、実装する抽象メソッドの骨格をIDEの機能で自動生成できる
・抽象クラスのサブクラスを抽象クラスにした場合は、抽象メソッドを実装しなくてもよい

4.抽象クラスのクラス図

・抽象クラスと抽象メソッドは斜体字で書く

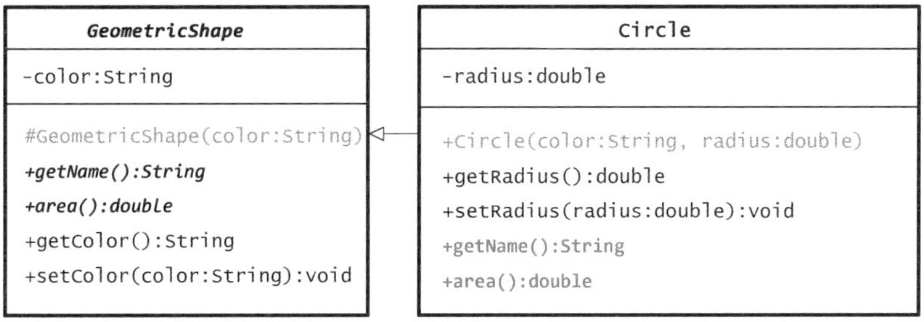

2.演習問題

解答

抽象クラスについて、問に答えて理解度を確認してください。

問1　抽象クラスの特徴についての問題です。間違っている文はどれですか。

A. 具象クラスのサブクラスとして抽象クラスを定義できる
B. 抽象クラスのサブクラスとして抽象クラスを定義できる
C. 抽象クラスで、スーパークラスのメソッドをオーバーライドできる
D. 抽象クラスのコンストラクタをpublicにするとコンパイルエラーになる
E. 抽象クラスのサブクラスで、あらたな抽象メソッドを追加できる

問2　抽象クラスの書き方・継承の仕方についての問題です。
　次のうち、正しいものはどれですか。

A.
```
class Foo {
    public abstract void doit();
}
class Bar extends Foo {
    public void doit(){
        System.out.println("★");
    }
}
```

B.
```
class Foo {
    public void doit(){
        System.out.println("★");
    }
}
abstract class Bar extends Foo {
    public abstract void doit();
}
```

10

C.
```
abstract class Foo {
        public void doit();
    }
    class Bar extends Foo {
        public void doit(){
            System.out.println("★");
        }
    }
```

D.
```
abstract class Foo {
        public abstract void doit();
    }
    class Bar extends Foo {
        public void doit(String msg){
            System.out.println(msg);
        }
    }
```

問3　クラス図から、プログラムを作成する問題です。
　　次のクラス図と説明を見て、2つのクラスを作成してください。

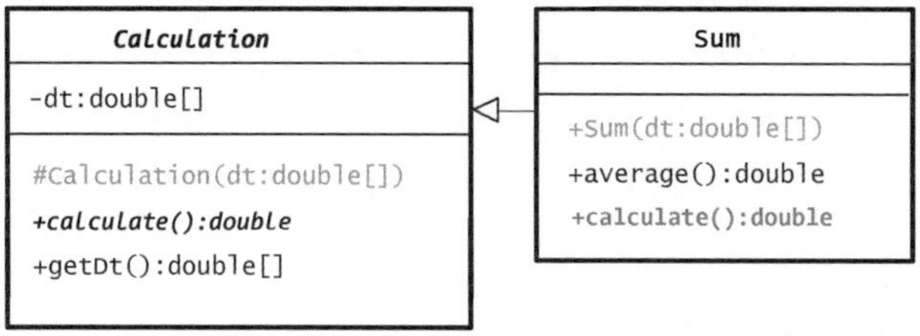

説明
・Sumクラスのaverageメソッドは、配列dtのすべての要素の平均を計算して返します。
・Sumクラスのcalculateメソッドは、配列dtのすべての要素の合計を計算して返します。

Chapter

11 インタフェース

インタフェースは、クラスの機能を拡張する仕組みですが、それだけではありません。重要なことは、インタフェースで機能を拡張したクラスは、本来のクラス型の他にインタフェース型を持つようになることです。そして、どんなクラスでも、同じインタフェースで機能を拡張すると、同じインタフェース型として扱えるようになります。これが、インタフェース=「異なるものを結びつける時の共用部分」(デジタル大辞典)という意味の由来です。

11.1 インタフェースとは

1.インタフェースの定義

インタフェースは、抽象クラスとよく似ています。次は、Versionという簡単なインタフェースの例です。このインタフェースには、ソフトウェアのバージョンを表す文字列を返すgetVersionメソッドが定義されています。

例題 Versionインタフェース [Version]

```
package sample;
public interface Version {                  // Versionインタフェース
    public abstract String getVersion();    // バージョン文字列を返す抽象メソッド
}
```

（public abstract は取り消し線）わざと書かない

インタフェース宣言

抽象クラスと似ていますが、abstract classの代わりにinterface と書きます。

アクセス修飾子はpublicかパッケージアクセスで、privateとprotectedは使えません。また、当然ですが、クラスではないのでnew演算子を使って、インタフェースからインスタンスを作ることはできません。

※abstract interface と書くのは誤りです。互換性のために書いてもエラーにはなりませんが、文法ではすでに廃止されています。

抽象メソッド宣言

抽象クラスと同じように、インタフェースには、**抽象メソッド** を定義します。例題ではgetVersionメソッドだけですが、抽象メソッドはいくつでも定義できます。ただし、インタフェースの抽象メソッドは、常に、public abstract です。これ以外の指定はできないので、最初から書かなくてよいことになっています。

次の3通りの宣言は、どれも `public abstract String getVersion( );` とみなされます。

```
         String getVersion();  ┐
public   String getVersion();  ├ ➡ public abstract String getVersion();
abstract String getVersion();  ┘
```

インタフェースって、ほとんど抽象クラスと同じだなぁ。
先輩、これを継承して新しいクラスを作るんですか？

インタフェースはクラスじゃないので継承はできない。
インタフェースを取り込むだけだ。
インタフェースを「実装する」という。

継承じゃなくて、実装……
でも、要は、抽象メソッドをオーバーライドするだけでしょ？

それはそうだが、継承と実装では大きな違いがある。
その違いは少し後でしっかり説明する予定だ。
次節では、とりあえずクラスに実装してみることにしよう。

Eclipseで新しいインタフェースを作成するには、次のようにします。次節の例題も、この方法で作成しています。

Eclipseでのインタフェースの作成

①メニューで　[ファイル] ➡ [新規] ➡ [インタフェース] と選択する
② [名前] 欄にインタフェース名を記入する
③ [完了] を押す
インタフェースファイルの拡張子も、プログラムと同じ `.java` です。

Q11-1-1

解答

用語や規則がいくつも出てきたので、ここで確認しておきます。次の中で、正しいものはどれですか。

A. インタフェース宣言は `abstract interface` と書くのが正式である
B. インタフェースは `public` と決められている
C. インタフェースの抽象メソッドは `public abstract` と決められている
D. インタフェースからインスタンスを作れる
E. クラスはインタフェースを継承する

2.クラスへの実装

それではVersionインタフェースを実装してみましょう。次は、MemberクラスにVersionインタフェースを実装する例です。

例題 インタフェースの実装 [Member]

```
package sample;
public class Member implements Version { // Versionを実装したMemberクラス
    // その他のメンバ、コンストラクタを省略

    @Override
    public String getVersion() {         // 抽象メソッドgetVersionをオーバーライド
        return "Memberクラス version 1.0"; // バージョン文字列を返す
    }
}
```

※レコードにも同じ方法で実装できます (➡P.410)

クラスにインタフェースを実装するには、クラス宣言に「**implements インタフェース名**」を追記します。例では、implements Version です。

そして、**必ずpublic を付けて**、抽象メソッドをオーバーライドします。インタフェースのメソッドは常にpublicと決まっていることに注意してください。このgetVersionメソッドは、「Memberクラス version 1.0」という文字列を返します。

先輩、やっぱり、抽象クラスと同じじゃないですか？
抽象メソッドをオーバーライドしただけだ。

いや、インスタンスを作った時、抽象クラスとは大きな違いが出てくる。
インスタンスは、Member型であると同時に、Version型になる。
クラス型とインタフェース型の両方を持つようになるんだ。

えっ、Version型ですか？
Versionインタフェースだから、Version型？

インタフェース名は、そのまま型名になる。クラスと同じだ。
大事なのは、インスタンスがクラス型とインタフェース型の2つを持つようになることだ。これは重要なポイントだから、次の2節でもう一度説明する。
それで、なぜ、インタフェースというのかもわかるだろう。

インタフェースのクラス図とインスタンスの模式図

インタフェースはクラス図では次のように描きます。

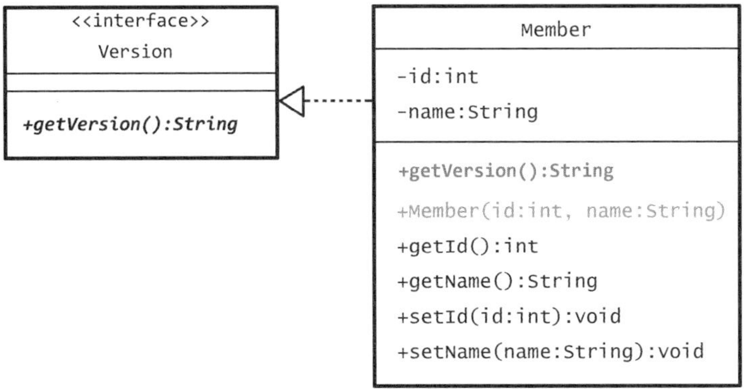

インタフェースには <<interface>> を付け、定義している抽象メソッドを、斜体字で記入します。また、実装するクラスは、インタフェースに向けて白い矢印を引きますが、**点線を使うことに注意してください。**

インタフェースを実装したクラスには、オーバーライドしたメソッドを、メンバとして記入します。図では青字で示しています。
インタフェースを実装したインスタンスの模式図は次のようです。オーバーライドしたインタフェースのメソッドが、他のメンバの上に乗っているイメージです。

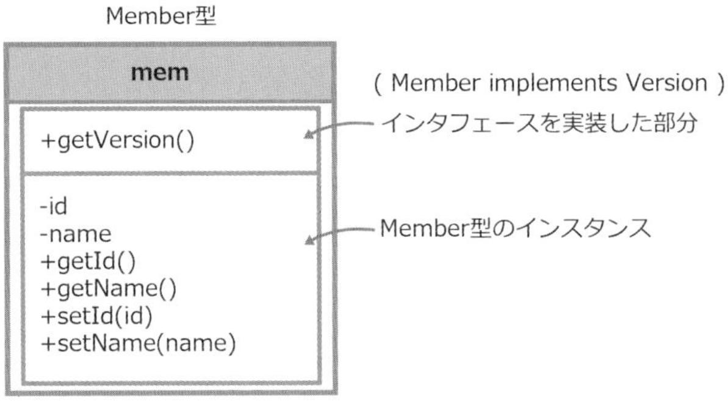

継承とインタフェース

インタフェースはクラスの継承と併用できます。例えば、BarクラスがFooクラスを継承し、同時にVersionインタフェースを実装するには、次のように書きます。

```
public class Bar extends Foo implements Version {
    …
}
```

また、同時に複数のインタフェースを実装できます。上の例で、Versionインタフェースの他に、Visibleインタフェースも実装するには、コンマで区切って並べます。そして、実装したクラスでは、2つのインタフェースで定義されている抽象メソッドをすべてオーバーライドします。

```
public class Bar extends Foo implements Version, Visible {
    …
}
```

先輩、もしもですが、Versionインタフェースで定義しているgetVersionメソッドが、Visibleインタフェースでも定義してあったら、どうするんですか？

getVersionメソッドを1つだけ、オーバーライドすればいい。
どちらのメソッドかは関係ない。

ソースコードの自動生成

抽象クラスの場合と同じように、実装しなければいけないメソッドのスケルトンを、Eclipseの機能で自動生成できます。

【手順】

①実装クラスの骨格を作成する。

抽象メソッドを実装していないのでコンパイルエラー状態になる。

②エラーマークをクリックする

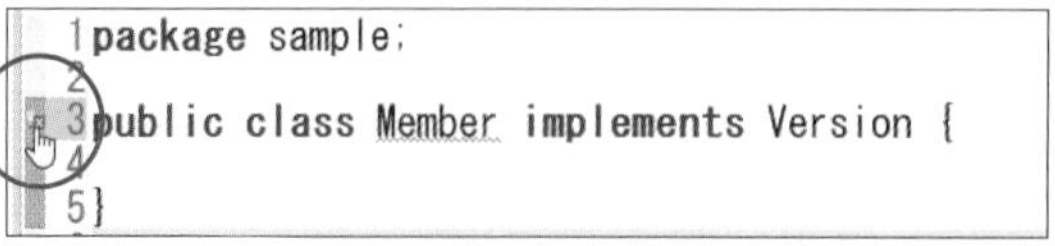

③ポップアップメニューが表示されるので［実装されていないメソッド］の追加をダブルクリックする

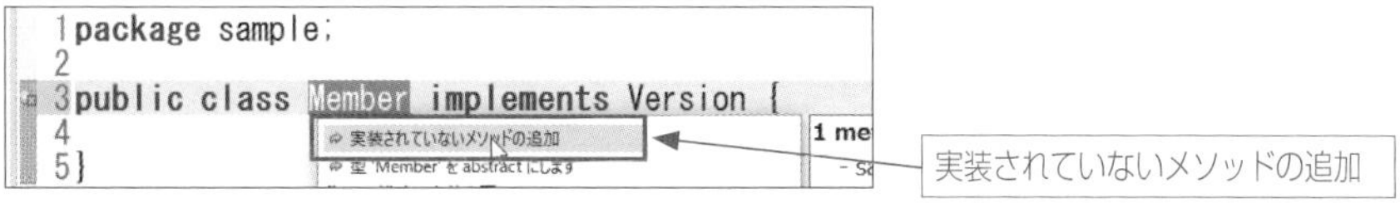

④以上でスケルトンが挿入される

Q11-1-2

解答

インタフェースの実装について理解を確認します。次の2つの問に答えてください。

問1　次のプログラムの間違いはどこですか。

```
public interface Talkable{
    String talk();
}
public class Star implements Talkable {
    String talk() { return "☆彡"; }
}
```

問2　次のインタフェースA、Bがあります。
Fooクラスが A、B を実装する時、正しいものはどれですか。

```
interface A {
    void doIt();
    String doThat();
}
interface B {
    void doAll();
    String doThat();
}

public class Foo implements A, B {
    // ここにメソッドをオーバーライド
}
```

A. doIt()、doThat()、doAll() をオーバーライドする
B. doIt()、doAll() をオーバーライドし、doThat() をオーバーロードする
C. doThatが重複しているので、2つを同時に実装することはできない

3.封印されたインタフェース

6章では作成できるサブクラスを限定する「封印されたクラス」について解説しましたが、インタフェースも、実装できるクラスを限定することができます。

例題 封印されたインタフェース

```
package sample;
❶ public sealed interface Service permits ServiceA, ServiceB{
    // 省略
}
```

```
package sample;
❷ public non-sealed class ServiceA implements Service {
    // 省略
}
```

```
package sample;
❸ public final class ServiceB implements Service {
    // 省略
}
```

実装できるクラスを限定するには、❶のように、キーワードsealedを付けてインタフェース宣言をします。また、permitsに続けて実装できるクラスを列記します。

実装するクラスでは、❷、❸のように、クラス宣言にfinal、sealed、non-sealedのどれかを付けて宣言します。

それぞれ、次のような意味になります。

final	このクラスは継承できない
sealed	このクラスを封印されたクラスにする
non-sealed	このクラスは継承できる

なお、必ずpermitsで指定したクラスを作成してインタフェースを実装する必要があります。そうしないとコンパイルエラーになります。また、インタフェースとクラスは、互いにアクセスできるようになっている必要があります。そのため、同じパッケージまたはモジュールに入れる必要があります。

11.2 インタフェース型への型変換

1.インタフェース型

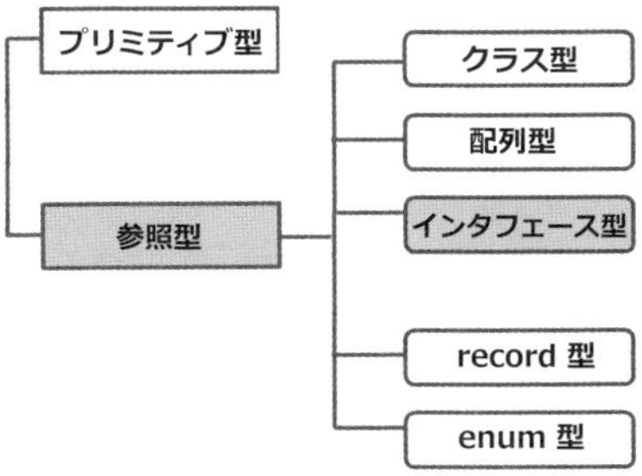

図に示すように、インタフェース型はJava言語の型の1つで、クラス型や配列型と共に、参照型に属しています。

インタフェースを取り込んだクラスは、本来のクラス型と同時に、インタフェース型も持つようになります。そこで、instanceof 演算子 (➡ P.186) を使って、型を確かめてみましょう。

instanceof演算子は、インスタンスの型を調べる演算子です。インスタンスが指定した型であればtrueを返すので、次のようにif文で結果を判定できます。

```
Member  m = new Member();              // インスタンスを作る
if( m instanceof Member){              // Member型か調べる
    …
}
```

第1節では、MemberクラスにVersionインタフェースを実装しました。次の例題は、instanceof演算子 を使ってMemberクラスが本当に2つの型を持つのか調べています。

例題 2つの型を持つインスタンス [CheckType]

```
package sample;
public class CheckType {
    public static void main(String[] args){
        Member mem = new Member(); // Memberクラスのインスタンスを作る
   ❶   if(mem instanceof Member){ // Member型か調べる
            System.out.println("Member型です");
        }
   ❷   if(mem instanceof Version){ // Version型か調べる
            System.out.println("Version型です");
        }
    }
}
```

```
Member型です
Version型です
```

例題は、Member型のインスタンスを作って、その型を調べます。❶でMember型か調べ、❷でVersion型かどうか調べています。実行結果から、Member型でもあり、Version型でもあることがわかります。

ふーむ、確かにMember型とVersion型になってますけど・・・
先輩、そもそも、これが何の役に立つんですか？

いろんなクラス、例えば、Memberクラス、Productクラス、Adderクラスなどに Versionインタフェースを実装すると、どれもVersion型として扱える。

えっ、それじゃ、クラスがゴタ混ぜです！
継承関係もないような、いろんなクラスをまとめてどうするんですか？

いや、そのゴタ混ぜなところが大事だ。
いろんなクラスが同じインタフェース型を持つと、共通の型という窓口（インタフェース）ができる。これがインタフェースの利点だ。

2.インタフェース型への型変換

インタフェースはクラスではないので、継承を考えず、どんなクラスにでも実装できます。それらをすべて、インタフェース型のインスタンスとして一律に扱えるのが、インタフェースの強みです。その理由を、模式図で確かめてみましょう。

Versionインタフェースを実装したクラスの模式図（再掲）は次のようでした。

Member mem = new Member(・・・);

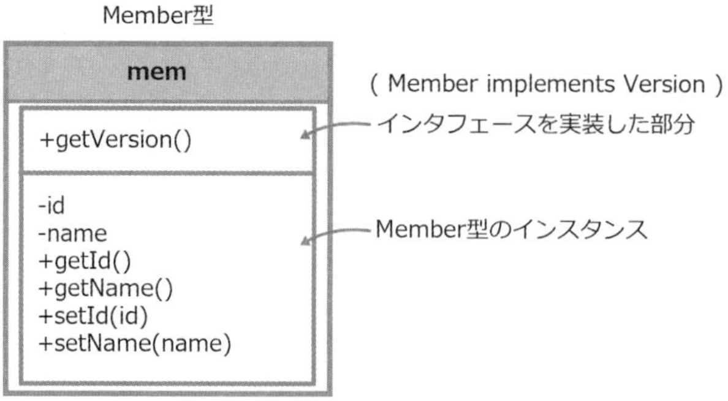

このインスタンスは、Version型でもあるので、次のようにVersion型の変数に代入できます。ただし、Version型変数でアクセスできるのは、Versionインタフェースで定義してあったgetVersionメソッドだけになります。

Version ver = mem; ← 参照はVersion型に自動型変換して代入される

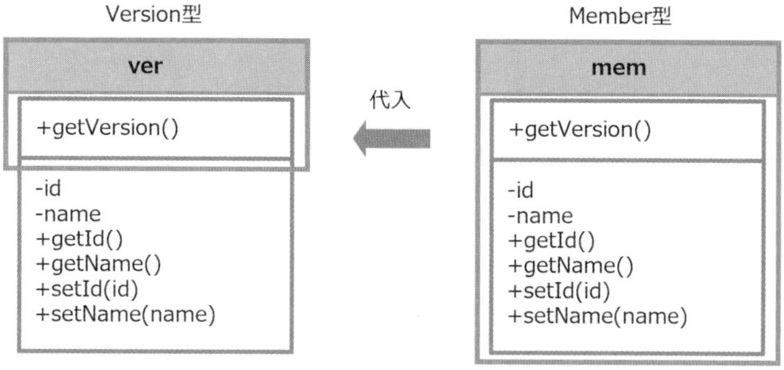

あれっ・・・！
先輩、これってサブクラスからスーパークラスへの代入に似てませんか？

そう、インタフェースがスーパークラスみたいに見える。
だから、インタフェースを使うと、継承のように、ポリモーフィズムが使えるはずだ。

うっ！
ポ、ポリモーフィズム …

いろんなクラスに、同じインタフェースを実装しておくと、どれもインタフェース型として使える。その時、getVersionのようなオーバーライドしたメソッドの働きは、クラス毎に違うはずだ。

同じインタフェースを実装したクラスは、どれも同じインタフェース型として扱うことができます。ただし、クラス毎に、オーバーライドしたメソッドの働きは違うので、同じインタフェース型でも、元にしたクラスが使うと、機能が変わることになります。

これはインタフェースによるポリモーフィズムです。詳しくは、次節でサンプルプログラムを使って確認しましょう。

Q11-2

解答

インタフェース型への変換は重要なトピックです。
大事なところですから、次の2つの問に答えて、理解度を確認してください。

問1　次の中で正しいものはどれですか。

A. クラス型の変数は、クラスが実装しているインタフェース型へ、キャスト演算子を使うと型変換できる
B. クラス型の変数は、クラスが実装しているインタフェース型へ、自動型変換できる
C. クラス型とインタフェース型は異なる型なので型変換できない

問2　次のようなインタフェースAとクラスFooがあります。

```
public interface A {
    void doit();
}
public class Foo implements A {
    public void doit(){}
    public void dothat(){}
    public static void main(String[] args){
        A a = new Foo();
        [                    ]
    }
}
```

青枠の位置に書けるのはどちらですか。

A. a.doit();
B. a.dothat();

11.3 インタフェースによるポリモーフィズム

1.ポリモーフィズム

次は、インタフェースによるポリモーフィズムを試すためのクラスです。FooクラスとBarクラスには継承関係はありませんが、両方ともVersionインタフェースを実装しています。

例題 インタフェースによるポリモーフィズム [Polymorphism]

```
package sample;

class Foo implements Version {
    @Override
    public String getVersion() {
        return "Foo version 1.0";
    }
}

class Bar implements Version {
    @Override
    public String getVersion() {
        return "Bar version 2.5";
    }
}

public class Polymorphism {
    public static void main(String[] args) {

        Version v;

    ❶  v = new Foo();
        System.out.println( v.getVersion() );

    ❷  v = new Bar();
        System.out.println( v.getVersion() );
    }
}
```

```
Foo version 1.0
Bar version 2.5
```

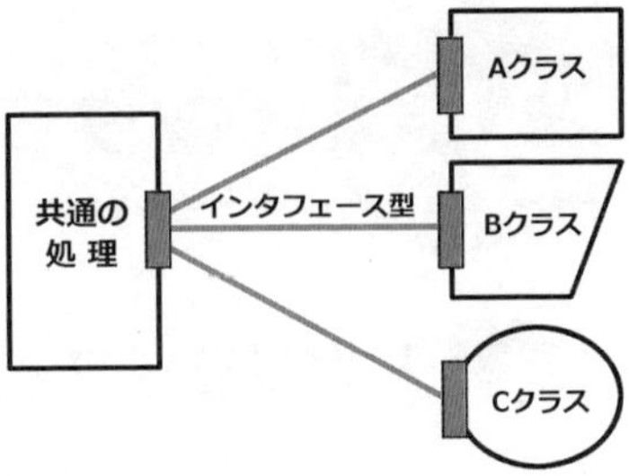

インタフェースを実装したクラスは、どれもインタフェース型として扱うことができます。これがインタフェース＝「異なるものを結びつける時の共用部分」という名前の由来になっています。

❶では、Fooクラスのインスタンスを Version 型の変数vに代入して、getVersion() メソッドが返す文字列を表示しています。

また、❷でも、Barクラスのインスタンスをvに代入してgetVersion() メソッドが返す文字列を表示しています。

どちらも、getVersion() メソッドを実行しますが、インスタンスの「実際の型」が違うので起動するオーバーライドメソッドが違います。そのため、出力される文字列も異なります。

以上がインタフェースによるポリモーフィズムです。

なるほど、Foo型もBar型も、Version型として扱えるわけですね。
でも、違うバージョンを表示するくらいだと、大して役にはたちませんよね。

いや、それは結論の急ぎすぎだ。
これをどんな風に応用できるか、もう少し例を見ておこう。

2.インタフェースの使い方

ポリモーフィズムを利用した、インタフェースの一番多い使い方は、**処理プログラムの差し替え**です。ここでは単純化した例を使って、その方法を解説します。

まず、税金を計算するメソッドは、条件演算子を使って、税率rを、gakuが10未満なら0.01、それ以外は0.02としています。gakuは基準になる何かの金額です。

```
public static double tax (int gaku){
    double r = gaku<10 ? 0.01 : 0.02;   // 税率を決定する
    return r * gaku;                    // 税額を計算する
}
```

青字の部分は、基準となる何かの金額（gaku）から税率を決定する処理ですが、決定方法は、社会情勢等によりしばしば変更になります。

そこで、必要に応じて「この部分のプログラムを差し替える」ことができるようにしたいわけです。それには、税率決定メソッドを持つオブジェクトを、引数として受け取るように変更します。

```
public static double tax(int shotoku, ❶TaxRate t ) {
❷  double r = t.rate(shotoku);         // 税率を決定する
    return r * shotoku;                 // 税額を計算する
}
```

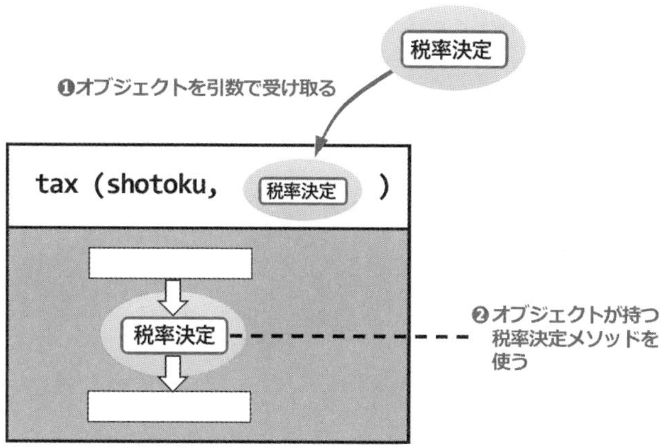

❶のように税率決定メソッドを持つオブジェクトを受け取ると、❷のようにそれを使って税率を決定できます。上はその様子を表す模式図です。

外部から受け取るオブジェクトが税率決定メソッドを持っているので、税制が変わっても受け取るオブジェクトを変えるだけで対応できます。

ただし、汎用的に使えるようにするため、オブジェクトの型（TaxRate）をインタフェース型にしておきます。


```
interface TaxRate {
    double rate(int gaku);
}
```

そして、次のように、TaxRateインタフェースを実装したTax01クラスに、税率を決める処理を実装します。

```
class Tax01 implements TaxRate {
    public double rate(int gaku) {
        return  gaku<100 ? 0.15 : 0.35;
    }
}
```

Tax01クラスのインスタンスは、TaxRate型でもあるので、次のようにtaxメソッドに渡せます。ポリモーフィズムの利用です。

```
double zeigaku = tax(shotoku, new Tax01());
```

税率の決定方法が変わった時は、TaxRateインタフェースを実装したクラス（Tax02、Tax03、･･･）を新たに作成し、差し替えることで、taxメソッドを変更することなく税額計算を変更できます。

では、以上をまとめた例題を示します。実行して動作を確認してください。

例題 インタフェースの使い方 [sample2/Tax]

```
package sample2;
// インタフェース
interface TaxRate {
    double rate(int gaku);
}
// インタフェースの実装クラス
class Tax01 implements TaxRate {
    public double rate(int gaku) {
        return  gaku<100 ? 0.15 : 0.35;
    }
}

public class Tax {
    public static void main(String[] args) {
        int shotoku = 200;
        double zeigaku = tax(shotoku, new Tax01());
        System.out.println("税額=" + zeigaku);
    }

    // 税額計算
❶   public static double tax(int shotoku, TaxRate obj ) {
        double r = obj.rate(shotoku);
        return r * shotoku;
    }
}
```

11

```
税額=70.0
```

な、なるほど！
❶のようにTaxRate型のインスタンスを受け取ることがポイントですね。

その通り。
税率決定メソッドを自分では持たないで、引数のインスタンスが持っているので、決定方法を差し替えることができる。

しかも、❶のTaxRate型はインタフェース型だから、
TaxRateインタフェースを実装したオブジェクトならなんでも受け取れる。

それが、インタフェースによるポリモーフィズムの利用だ。
このやり方は、ラムダ式（19章）を使うと、もっと簡単になる。
19章でもう一度解説するので、それまで覚えておくように。

インタフェースは、主に、メソッド内の処理の一部を差し替えるために使われます。プログラムを直接、差し替えることはできないので、インスタンスの中にメソッドとしていれておいて、それを渡すわけです。

この方法は、匿名クラス（18章）からラムダ式（19章）へと進化して、Java言語のプログラムの書き方を大きく変えることになりました。19章では、この例題をもう一度取り上げて、新しいJava言語の書き方を解説します。

Q11-3

解答

次のErrorCheckクラスは、整数配列の中に、エラーデータが含まれていないかどうかチェックして、エラーデータだけをコンソールに出力します。エラーチェックを行うのは、findError()メソッドです。

```
package exercise;
interface CheckNumber {
     boolean test(int n);
}
class Check01 implements CheckNumber {
    public boolean test(int n) {
        return n<50 || n>100;
    }
}
public class ErrorCheck {
    public static void main(String[] args) {
        int[] numbers = {110,30,50,99,58,21};
        findError(numbers, new Check01());
    }
    public static void findError(int[] numbers, [            ] t) {
        for(int n : numbers) {
            if(t.test(n)) {
                System.out.println(n);
            }
        }
    }
}
```

問1 エラーとする値の範囲は、時々変更する必要があるので、エラー判定をするメソッドをCheckNumberインタフェースとして定義しています。現在は、Check01クラスに実装して、50未満か、100を超えるデータをエラーとするようにしています。
この時、青い四角の枠内には、何と書きますか。

問2 エラーとする値の範囲を、「偶数か、100以上の数」と変更します。新しい実装クラスとして、Check02クラスを作成し、それを使って、mainメソッドを書き換えてください。解答として、Check02クラスとErrorCheckクラスを示してください。

＜ヒント＞偶数＝2で割った余りが0になる数（n%2==0）

11.4 インタフェースの継承

1. インタフェース同士の継承

継承！？
先輩、実装の間違いじゃないですか？

いや、インタフェース同士の継承だ。ただ、継承といっても、スーパーインタフェースのメソッドを全部取り込むだけだ。単純な仕組みなので、クラスと違って、複数のスーパーインタフェースを同時に継承できる。

例題 インタフェース同士の継承 [X]

```
package sample;
interface A {
    void talk();
}
interface B {
    void hello();
}
❶ interface C extends A, B {  // AとBの2つのインタフェースを取り込む
    void bye();
}

class X implements C {        // C を実装すると、A、Bのインタフェースも実装することになる
    @Override
    public void talk() {
        System.out.println("talk");
    }
    @Override
    public void hello() {
        System.out.println("hello");
    }
    @Override
    public void bye() {
        System.out.println("bye");
    }
}
```

クラスと同様に、インタフェース同士でも継承があります。継承すると、スーパーインタフェースのすべての抽象メソッドを取り込みます。同じメソッドが重複していても、1つにまとめられるだけで、クラスのような複雑な仕組みや制約はありません。

単純なので、多重継承、すなわち複数のインタフェースを同時に継承することもできます。

例題では、インタフェースがA、B、Cと3つ定義してあります。

❶で、インタフェースCは、AとBのインタフェースを継承します。C自身も抽象メソッドが1つあるので、継承した分を含めると全部で3つの抽象メソッドを持つことになります。したがって、Cを実装したXクラスは、例のように3つの抽象メソッドをオーバーライドする必要があります。

2. インタフェースはサブクラスに継承される

クラスに実装したインタフェースは、サブクラスにも引き継がれます。つまり、サブクラスは何もしなくても、スーパークラスと同じインタフェースを実装していることになります。

また、機能を変更したい場合、サブクラスでは、スーパークラスで実装したインタフェースのメソッドを、再度、オーバーライドすることができます。

例題 サブクラスはインタフェースを継承する [ExtendsTest]

```
package sample;
class Y extends X {                    // YはXのサブクラス
    @Override
❶   public void hello() {             // helloメソッドをオーバーライドし直す
        System.out.println("こんにちは");
    }
}
public class ExtendsTest {
    public static void main(String[] args) {
        Y y = new Y();
    ❷   y.talk();      // YはXクラスからインタフェースのメソッドを継承している
    ❸   y.hello();
    ❹   y.bye();
    }
}
```

```
talk
こんにちは
bye
```

Yクラスは、前例のXクラスのサブクラスです。次の図に示すように、Xクラスからすべてのインタフェースメソッドを継承しています。また、❶のように、helloメソッドを再度オーバーライドし直しています。

そして、インタフェースのメソッドを継承していることを確認するため、❷❸❹では、Xクラスから継承したすべてのメソッドを実行しています。

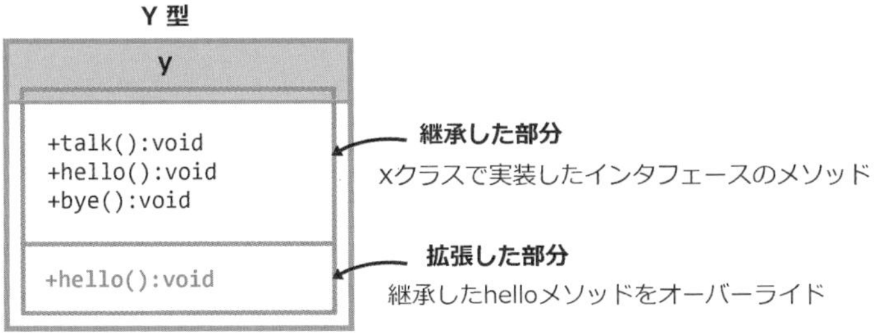

ふーん、なるほど。
先輩、実装したインタフェースは、サブクラスに継承されるってことですね。

スーパークラスで実装されてしまえば、それはクラスメンバになる。
当然、サブクラスに継承されるし、サブクラスでオーバーライドもできる。

Q11-4

解答

インタフェースの継承とクラスの継承を混同しないようにしましょう。
理解を確認するため、次の問に答えてください。

次のインタフェース宣言で正しい書き方はどれですか。

A. public interface A extends B implements C {}
B. public interface A implements B, C {}
C. public interface A extends B, C {}

11

11.5 まとめとテスト

1. まとめ

1. インタフェースの特徴

・抽象クラスと似ているがクラスではない
・インスタンスは作れない

2. インタフェース宣言

```
public interface Version {          // Version インタフェース
    String getVersion();            // public abstract は書かないことになっている
}
```

・キーワード interface を使って宣言する
・interfaceは、publicかパッケージアクセス。privateとprotectedは使えない。
・抽象メソッドは常に public abstract と決まっている。public以外は指定できない。
・抽象メソッドはいくつでも定義できる

3. インタフェース同士の継承

```
public interface A extends B, C { }
```

・インタフェースはextendsキーワードを使って、他のインタフェースを継承できる
・複数のクラスを同時に継承できる

4. クラスへの実装

```
public class Member implements Version {
    …
    @Override
    public String getVersion() {
        return "Memberクラス version 1.0";
    }
}
```

・キーワード implements を使って、クラスに実装する
・実装するクラスは、抽象メソッドを実装する
・実装したメソッドは、常にpublic であることに注意する
・実装したクラスは、クラス型と共に、インタフェース型も持つようになる
・継承と同時に使用でき、また、複数のインタフェースを同時に実装できる

```
public class Bar extends Foo implements Version, Visible { }
```

・実装したインタフェースはサブクラスに継承される

11

5. 封印されたインタフェース

・封印されたインタフェースにすると、実装できるクラスを限定できる

```
public sealed interface A permits B, C {}
```

・実装するクラスでは、クラス宣言にfinal、sealed、non-sealedのどれかを付けてクラス宣言する

```
public non-sealed class B implements A {}
```

・封印されたインタフェースで指定したクラスは、必ず作成し、インタフェースを実装する必要がある。

・インタフェースとクラスは同じパッケージまたはモジュールに置く

6. クラス図での書き方

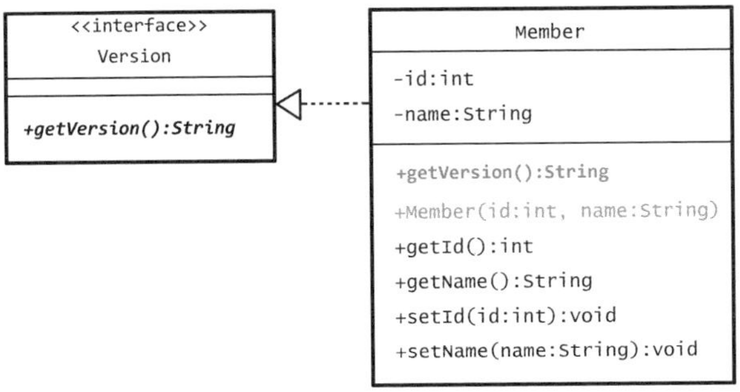

・クラス図では、インタフェース名の欄に<<interface>> を書く

・点線の白矢印を使って実装を表す

・実装したメソッドをメンバの中に追加しておく

7. インタフェースによるポリモーフィズム

・インタフェースを実装したクラスのインスタンスは、クラス型の他に、インタフェース型も持つようになり、どれもインタフェース型として扱える。

（インタフェースのポリモーフィズム）

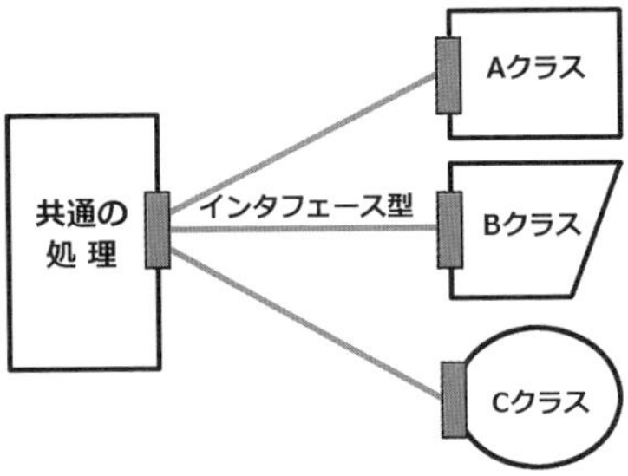

・インタフェース型のメソッドを実行すると、同じメソッドでも、各クラスでの実装内容によって実行結果が異なる。

2.演習問題

解答

インタフェースはこの後の章でも利用する重要な機能です。特に、ラムダ式の登場で、ますますその重要性が高まっています。では、理解度を確認するために、次の問に答えてください。

問1　インタフェースの継承と実装についての問題です。
次のBuilderクラスはEditableインタフェースを実装したクラスです。ただし、Builderクラスのメソッドは書いてある通りで、変更しないものとします。枠内には何と書けばよいですか。

```
interface Writable {
    void write();
}
interface Loadable {
    void load();
}
interface Editable extends [          ]{
    void edit();
}
public class Builder implements Editable {
    void write(){
        System.out.println("writable");
    }
    void edit(){
        System.out.println("editable");
    }
}
```

問2　上のBuilderクラスはこのままではコンパイルエラーになります。
プログラムの間違いは何ですか。

問3　クラス図の読み取りについての問題です。
次のクラス図にしたがって、ReadableインタフェースとBookshopクラスを作成しなさい。exerciseパッケージに作成し、readメソッドは「Readable」と表示するだけにしなさい。

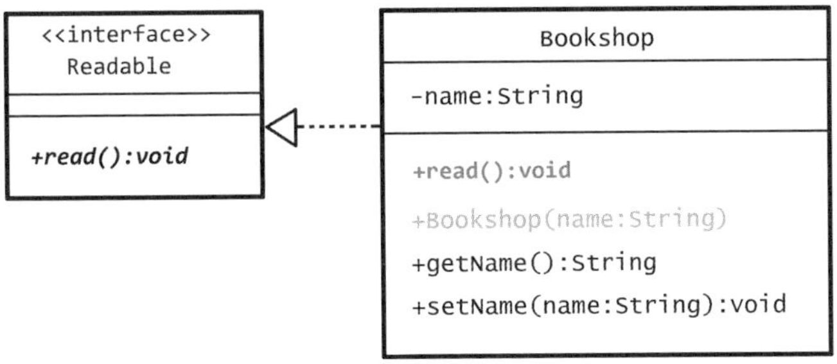

問4　インタフェース型への型変換についての問題です。
次のようなインタフェースStoppableとクラスDealがあります。

```
public interface Stoppable {
    void stop();
}
public class Deal implements Stoppable {
    public void some(){}
    public void any(){}
    public void stop(){}
    public static void main(String[] args){
        Stoppable st = new Deal();
        [          ]
    }
}
```

青枠の位置に書けるのはどれですか。

A. st.some();
B. st.any();
C. st.stop();

11

問5　次のインタフェースが定義されている時、正しい実装クラスの書き方はどれですか。

```
sealed interface A permits B {
    void print();
}
```

(1)

```
public class B implements A {
    public void print() {
        System.out.println("CLASS B");
    }
}
```

(2)

```
final class C implements A {
    public void print() {
        System.out.println("CLASS C");
    }
}
```

(3)

```
non-sealed class B implements A {
    public void print() {
        System.out.println("CLASS B");
    }
}
```

(4)

```
class B implements A {
    public void print() {
        System.out.println("CLASS B");
    }
}
```

Chapter

12 例外処理の基礎

実行中のプログラムが停止して、異常終了することがありますが、それには何らかの対策が必要です。Java言語では、そのようなエラー状態を例外（Exception）といい、try文によって例外処理を作成します。この章では、例外発生の仕組みと、それに対する例外処理の基本的な方法について解説します。

12.1 例外処理の必要性

1.例外とは

先輩、例外処理って、エラーが起こった時の対策でしょ。
「もしもこうだったら、こうする」なんて書いたりするんですね。

いや、if文でできるのは、単純なエラー対策だけだ。
例外処理はそれとは全く違う。
主に、呼び出し先のメソッドでエラーが起こった時に使うものだ。

えっ、普通のエラー対策と何が違うんですかぁ？
（簡単みたいだけどね）

実は、呼び出されたメソッドの中では対策ができないことがある。
どうしようもない時は、例外処理で対処するんだ。

外部から不正なデータを読み込んだり、他のプログラムと競合したり、さまざまな原因で、実行中のプログラムが停止してしまうことがあります。Java言語では、そういう状態を「**例外が発生した**」といいます。

次は、入力した整数の商を計算する例ですが、不正なデータを入力すると例外が発生します。

例題 例外処理のないプログラム [ExceptionSample]

```
package sample;
import jp.kwebs.Input;    // (注)
public class ExceptionSample {
    public static void main(String[] args) {

        int a = Input.getInt( );                          // 整数aを入力
        int b = Input.getInt( );                          // 整数bを入力
        System.out.println(a + "÷" + b + "=" + a/b);    // 割り算の答えを表示する
    }
}
```

※Inputクラスは巻末の補足資料に解説とAPIの一覧表があります

```
[int]>10↵
[int]>5↵
10÷5=2
```

10と5を入力すると、10 ÷ 5 を計算して、きちんと答えが表示されます。しかし、次のように10と0を入力すると 10 ÷ 0 となるので例外が発生します。

```
[int]>10↵
[int]>0↵
Exception in thread "main" java.lang.ArithmeticException: / by zero
    at sample.ExceptionSample.main(ExceptionSample.java:7)
```

実行結果の青字に注目してください。ArithmeticException という例外が発生しています。原因は、0での割り算です。整数を0で割ると理論上無限大になって計算できないからです。

先輩、簡単です。
これなら、if文だけで対策できます！

もちろん、そうだ。
でも普通の対策だけでは、どうにもならないこともある。
少し考えてみよう。

このプログラムは if文を使うだけで簡単に対策ができそうです。しかし、少しだけプログラムを変更すると難しくなります。最初に、その辺りを検討しましょう。

※例題で、変数にdoubleを使うと例外は発生せず、10.0÷0.0=Infinity と表示されます。これは無限大というdouble型が持つ特別な値です。例題は、例外について解説するために、int型を使っています。

12

2.if文による例外対策と限界

次はif文による例外対策です。

きちんと終了できれば、対策としては成功です。そこで、if文で、割る数bを調べて、0の場合はメッセージを表示して終了します。このように、if 文で済む場合は簡単です。

例題 if文での例外対策 [ExceptionSample2]

```
package sample;
import jp.kwebs.Input;
public class ExceptionSample2{
    public static void main(String[] args) {
        int a = Input.getInt( );                                  // 整数aを入力
        int b = Input.getInt( );                                  // 整数bを入力
        if(b!=0) {
            System.out.println(a + "÷" + b + "=" + a/b);
        }else {
            System.out.println("0で割る計算はできません");
        }
    }
}
```

```
[int]>10↵
[int]>0↵
0で割る計算はできません
```

では、割り算を実行する部分を別のメソッドにしてみましょう。

割り算をするメソッドdiv を作成し、それを呼び出して答えを得るように、mainメソッドを書き換えてみます。

例題 対策ができないケース [ExceptionSample3]

```
package sample;
import jp.kwebs.Input;
public class ExceptionSample3 {
    public static void main(String[] args) {
        int a = Input.getInt( );
        int b = Input.getInt( );
❶       int ans = div(a, b);
        System.out.println(a + "÷" + b + "=" + ans);
    }
❷   public static int div(int a, int b) {
        if(b!=0) {
❸           return a/b;                     // 割り算の結果を返す
        }else {
❹           return [        ];              // 何を返せばよいか決められない!
        }
    }
}
```

割り算をするメソッドdivを作ったので、mainメソッドでは、`int ans=div(a, b);`で割り算の答えを求めます（❶）。このようにメソッドに機能を分けるのは、一般のアプリケーションでは、ごく普通のことです。

その結果、❷のdivメソッドはintの値を返すメソッドになっています。

引数bが0でなければ割り算の結果を返しますが（❸）、bが0だった場合は何を返せばいいのでしょう（❹）。

ふーん、割り算の答えを計算できない・・・ということは
先輩、return文で返す値がないです！

しかし、このメソッドはintを返すメソッドだ。
何か、値を返さないといけない。

それはそうですが、・・・
うーん、どうにもなりません！

その通り、ここは自分（divメソッド）では解決できない。
こういう場合は、エラーを通知するために、例外を投げるんだ。

結局、返すべきintの値を決めることができないので、return文で戻ることすらできません。このような時は、呼び出し元のメソッドに、エラーを通知するため、**例外を投げる**という処理をします。そして、通知を受け取った呼び出し元のメソッドで、エラー対策を実行するのです。

このような仕組みを**例外処理**といいます。次節では、例外処理について、解説します。

12.2 例外処理

1.throw文で例外を投げる

メソッドは、解決できない困った状況になった時、「エラー情報を持つオブジェクト」を、呼び出し元のメソッドへ送って、エラー対策を任せることができます。そのオブジェクトを**例外**（Exception）といい、状況に応じた例外クラス（➡ P.275）が、多数、用意されています。

例外を呼び出し元のメソッドに送るには、throw文を使うので、この操作を「**例外を投げる**（throwする）」といいます。次がその書き方です。

```
public static int div(int a, int b) {
    if(b==0) {
        throw new ArithmeticException( ); ◀── 例外を投げる
    }
    returna/b;
}
```

あらかじめ用意されている例外クラスの中から、適切なクラスを選んで、newでインスタンスを作成し、throw文で投げます。上の例は、ArithmeticException（算術演算エラー）を作成して投げています。例外を投げる書き方は、次のような形式で、メッセージを引数に指定することもできます。

例外の投げ方

throw new 例外クラス( )
throw new 例外クラス("任意のエラーメッセージ")

throw文は、一種のリターン文のように働きます。特徴は、メソッドの戻り値型などに関係なく、**例外だけを持ってリターンする**ことです。

先輩、ただ例外を投げるだけでいいんですか。
（後はどうするんだろう・・・）

そう、投げるだけでいい。
キャッチボールと同じで、後は、呼び出し元のメソッドがキャッチする。

え、えっ、その「キャッチする」っていうのは、・・・
(どういうこと?)

それには、try文という仕組みがある。呼び出し元のメソッドは、try文を書き、そのcatchブロックで、例外をキャッチして、エラー対策を実行することになっている。

2.try文で例外処理をする

呼び出すメソッドが例外を投げる可能性がある場合、呼び出し元のメソッドでは、try文を書いて、その中にメソッド呼び出しを書きます。

try文は、tryブロックとcatchブロックからなる次のような構文です。

try文

```
         try {
try        // 例外を投げるかもしれない何かの処理
ブロック    // その他の関連する処理
           //
         }
         catch (例外の型　変数) {
catch      // 例外に対応する処理
ブロック    //
         }
```

前出の例題のmainメソッドをtry文で書き直すと次のようになります。

```
    public static void main(String[] args) {
        int a = Input.getInt();
        int b = Input.getInt();
❶       try {
            int ans = div(a, b);  ← 例外を投げる可能性がある
❷           System.out.println(a + "÷" + b + "=" + ans);
        }
❸       catch( ArithmeticException e ) {
            System.out.println("0で割る計算はできません"); // 例外対策
        }
    }
```

❶のtry{ }はtryブロックです。
例外が発生する可能性のあるメソッド呼び出しをここに書いておくと例外処理が有効になります。

tryブロックには、その他の関連する処理も書いておくことができますが、例外が発生した時は、処理はcatchブロックに飛ぶので、それらの処理は実行されません。例では、❷の出力文がそれです。

❸のcatch( ){ }はcatchブロックです。
エラー対策はここに書きます。発生した例外が( )に指定された例外型だった場合だけ、catchブロックの処理が実行されます。例外が発生しなかった場合や、発生した例外の型が違った場合は、このcatchブロックは実行されません。

divメソッドは、ArithmeticException を投げているので、それを受け取るために( ) にも同じ例外の型を指定します。また、e は投げられた例外を受け取る変数で（変数名は自由)、catchパラメータと呼ばれています。

try文の { } の書き方

try文はtryブロックとcatchブロックの2つからなる構文です。例として示した形ではなく、次のように書く場合もあります。tryブロックの終わりを示す } の位置が例とは違っていますが、どちらを使うかは好みの問題です。

```
try {
    int ans = div(a, b);
    System.out.println(a + "÷" + b + "=" + ans);
}catch( ArithmeticException e ) {
    System.out.println("0で割る計算はできません"); // 例外対策
}
```

先輩、気になるんですが、キャッチパラメータの型に、ArithmeticException じゃないものを書いてたらどうなります？

型が違うとダメだ。
catchブロックは例外をキャッチできない。

え、えっ！
それだと、例外処理はどうなるんですか。

例外の受け手がいない時は、最後には、実行を管理しているJVMが受け取る。
そして、プログラムを強制終了させるんだ。

Q12-1

解答

try文の書き方を覚えましょう。
次の問に答えて、知識を確認してください。

`count()` メソッドは、`NullPointerException` を投げる可能性があります。そこで、try文の中に、`count()` メソッドの呼び出しを書きます。枠内を埋めてください。

```
[①    ]{
    int n = count( );
    System.out.println(n);
}
[②    ]([③                        ] e){
    System.out.println("エラーが発生しました");
}
```

12.3 例外処理の手順と流れ

1.例外処理のあるプログラム

次は前節の例題をtry文で書き換えたプログラムです。青字の部分に注意して、処理の流れを追ってみましょう。

例題 例外処理の流れ [ExceptionSample4]

```
    package sample;
    import jp.kwebs.Input;
    public class ExceptionSample4 {
        public static void main(String[] args) {
            int a = Input.getInt( );
            int b = Input.getInt( );

            try {
❶               int ans = div(a, b);
❷               System.out.println(a + "÷" + b + "=" + ans);
            }
            catch(ArithmeticException e ) {
❸               System.out.println("0で割る計算はできません");
            }
            // try文の次に実行される部分
❹          System.out.println("…end…");
        }

❺      public static int div(int a, int b) {
            if(b==0) {
                throw new ArithmeticException( );        // 例外を投げる！
            }
            return  a/b;
        }
    }
```


mainメソッドにはtry文が書いてあります。それは、❶で呼び出すdivメソッドが例外を投げる可能性があるからです。

では、❺のdivメソッドを見てください。divメソッドは、a、bを引数に受け取って、a÷b の答えを返します。計算の前にbの値が0でないか調べ、もしも0なら、例外ArithmeticExceptionを投げます。

ここで、divメソッドが例外を投げた時の動きを追ってみます。

divメソッドが例外を投げると、後は、青い矢印に沿って処理が進みます。つまり、divメソッドを呼び出した❶に戻り、catchブロックに飛んでいきます。この時、❷のprintln文は実行されないことに注意してください。**try文の中にある後続の処理はすべてスキップされます。**

catchブロックでは、例外型がArithmeticExceptionであれば、値をキャッチパラメータのeに代入して、❸の例外対策を実行します（**例外型が違うと、例外処理を行わないこと**に注意してください）。

例外対策は、この例では、「0で割る計算はできません」というメッセージを表示するだけです（eの中にある情報を利用した例外対策ができますが、それは後で解説します）。

catchブロックの処理が終わると、try文が終了し、処理は通常の流れに戻ります。つまり、例では、❹で「…end…」と表示し、プログラムは正常終了します。

次の実行例は、a=10、b=0 を入力した時のものです。

例外処理のメッセージ「0で割る計算はできません」を表示した後、「…end…」を表示して正常に終了していることがわかります。

実行例1

```
[int]>10↵
[int]>0↵
0で割る計算はできません
…end…
```

例外が起こると、catchブロックに飛んでいく…
例外が発生したよりも下の行は、いつだって実行されないってことですか？

そう、だから、tryブロックの中に、何を書いておくかは重要だ。
例外を投げそうな命令文だけでなく、例外が起こった時、実行できなくなるような命令文も書いておく。

はぁ。
（実行できなくなる？）

例えば、例題の❷だと、例外が発生したせいで、ansの値は空だ。だから、ansを表示するprintln文は実行できないんだ。

divメソッドが例外を投げなかった場合は、このようにはならず、❶、❷を実行してtry文を抜け、最後に❹のprintln文を実行して正常終了します。

次はa=10、b=5と入力した場合の実行例ですが、❷で答え（ans）を 10÷5=2 のように表示すると、続くcatchブロックは全く実行せず、try文を出て、❹で「･･･end･･･」を出力して正常終了していることがわかります。

実行例2

```
[int]>10↵
[int]>5↵
10÷5=2
･･･end･･･
```

Q12-2-1

解答

例外処理の流れを理解することが大切です。
次の2つの問に答えて、理解したかどうか確認してください。

問1　次のプログラムを実行すると「例外発生」と表示されるでしょうか。

```
public static void main(String[] args) {
    try{
        bar( );
    }
    catch(ArithmeticException e){
        System.out.print("例外発生");
    }
}
public static void bar( ) {
    throw new NumberFormatException( );
}
```

＜ヒント＞NumberFormatExceptionも例外の1つです

問2　次のプログラムを実行すると、表示されるのは1)から4)のうちどれですか。

```
public static void main(String[] args) {
    try{
        bar( );
        System.out.print("A");
    }
    catch(ArithmeticException e){
        System.out.print("B");
    }
    System.out.print("C");
```

```
1) DABC
2) DAB
3) DB
4) DBC
```

```
    }
    public static void bar( ) {
        System.out.print("D");
        throw new ArithmeticException( ); // 例外を投げる
    }
```

2.例外の伝播

一般に、メソッド呼び出しは、深い階層になるのが普通です。その場合、例外処理はどのようにすればいいのでしょうか。ここでは、main()→A()→B()→C() のようにメソッドが呼び出されている時、C()が例外を投げたケースについて、考えてみましょう。

次の図は、A()やB()にtry文（例外処理）がなく、main()だけにtry文が書かれていた場合です。図は、C()が投げた例外が、どのように他のメソッドに伝わっていくのかを示しています。

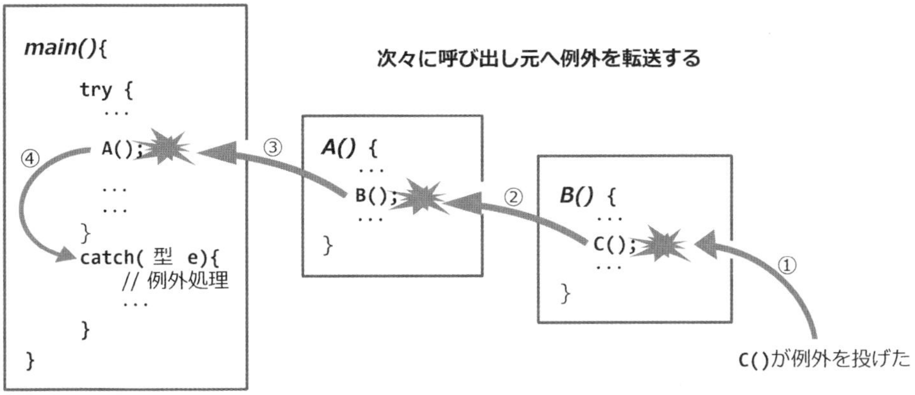

まず、C()が投げた例外は、B()に送られます（①）。しかし、B()にはtry文がないので、B()は残りの処理をただちに中止して、受け取った例外を呼び出し元であるA()へ転送します（②）。

A()にとって、それはB()が例外を投げたのと同じです。しかし、A()にもtry文がないので、A()は残りの処理をただちに中止して、受け取った例外を呼び出し元であるmain()へ転送します（③）。

main()にとって、それはA()が例外を投げたのと同じです。しかし、mainにはtry文があるので、例外をキャッチすることができ（④）、例外処理を実行した後、プログラムは正常終了します。

このように、メソッド呼び出しが連鎖している状態で例外が発生すると、例外は、try文でキャッチされるまで、次々と、呼び出し元へと転送されます。このような例外の受け渡しを例外の伝播といいます。

A( ) や B( ) には例外処理がないっていうことは･･･
先輩、例外処理って、書かない場合があってもいいんですか？

そう、全てのメソッドが書かなくてはいけない、というものでもない。
ただ、例外処理は必要なわけだから、どこかのメソッドには書かなくてはいけない。

ふーん、すると全部mainメソッドに書いておけば安心ですね。
mainだと、どのメソッドが投げた例外でも、処理できるんだし。

それは、マズイだろう。
どんな例外でも、対応する適切なタイミングというものがある。
つまり、適切なメソッドがあるということだ。
適切なメソッドで、適切な例外処理をすることが重要だ。

Q12-2-2

解答

理解できたか、簡単な確認をしましょう。
次のプログラムを実行した時、表示されるのはどれですか。

```
public static void main(String[] args) {
    try {
        foo( );
    }
    catch (ArithmeticException e) {
        System.out.println("main");
    }
}
public static void foo( ) {
    try {
        bar( );
    }
    catch (NumberFormatException e) {
        System.out.println("foo");
    }
}
public static void bar( ) {
    throw new ArithmeticException( );
}
```

A. foo
B. main
C. foomain

12.4 例外の型

1.例外クラス

例外が投げられる原因はたくさんあります。Java言語の標準クラスには、それらに対応するため、非常に多くの例外クラスが定義されています。また、アプリケーション固有の例外が必要な場合は、例外クラスを継承して、新しい例外を作ることもできます。

次は例外クラスの一部を抜粋した継承図です。

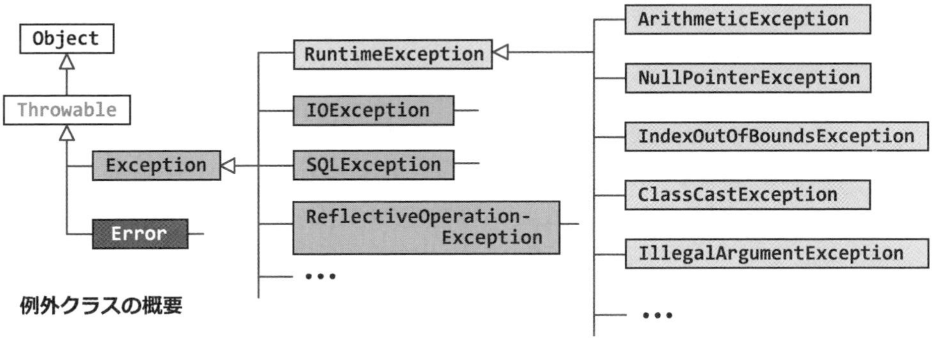

例外クラスの概要

Throwableクラス以下が例外クラスで、Throwableを継承しているExceptionが主な例外のスーパークラスです。Errorも例外クラスの1つですが、システムエラーなどの回復不可能なエラーを表します。

図は、例外クラスを色分けして3つに分類しています。①システムエラー（黒）、②チェック例外（青）、③実行時例外（非チェック例外）（灰色）の3種類です。

先輩、名前が長い上に、やたらたくさんあります！
これを全部覚えるんですか？

もちろん、この図に出てくるものくらいは覚えた方がいい。
ただ、無理に覚えなくても、これから何回も出会うことになるので、普通は自然に覚えてしまう。少し説明しておこう。

2.Errorクラス（システムエラー）

回復不能な致命的エラーです。これらは、メモリー不足やプログラムの不整合などが原因で発生します。めったに出会うことはありませんが、発生した場合は、終了する以外何もできません。システムが例外処理をするので、プログラムでは例外処理はしないことになっています。

3.チェック例外

一般に例外というと、このチェック例外を指します。この例外は、必ずtry文を使って例外処理を行います。コンパイラが例外処理を作成しているかチェックするので、作成しないとコンパイルエラーになります。そのため、チェック例外といいます。標準クラスにあるファイル入出力関係のメソッドは、チェック例外を投げる代表的なメソッドです。

チェック例外を投げるメソッドを利用する時は、必ず、try文の中に書き、catchブロックに例外処理を作成してください。

また、例外処理を作成しない場合は、呼び出し元のメソッドへ例外を転送しなければいけません。転送の方法（例外をかわす）は次章で解説します。

Exceptionクラスとそのサブクラスは、RuntimeExceptionクラスを除いて、すべてチェック例外で、次のようなものがあります（サブクラスは字下げしています）。

```
Exception ·························································· チェック例外のスーパークラス
      IOException ··················································· ファイル入出力処理のメソッドが投げる
            FileNotFoundException ·························· アクセスしようとしたファイルが存在しない
            UnSupportedEncodingException··· 文字を正しくコード変換できない
            ...
      SQLException··················································· データベース（JDBC）処理のメソッドが投げる
            SerialException ································ データのシリアライズ・デシリアライズエラー
            ...
      ReflectionOperationException ··············· リフレクション処理のメソッドが投げる
            ClassNotFoundException ··············· クラス名文字列からクラスを探したが見つからない
            ...
```

※サブクラスは、インデントを付けて表しています。
例えば、Exceptionは、すべてのクラスのスーパークラスです。
また、IOExceptonは、FileNotFoundExceptionなどのスーパークラスです。

12

4.実行時例外（非チェック例外）

主にJVMが投げる例外ですが、標準クラスのメソッドが投げることもあります。プログラムの実行中に、誤りを検知した時に投げられます。

範囲外の配列番号を使ったとか、アクセスした変数がnullになっていたなど、プログラムミスが原因でいつでも、どこででも起こり得る例外なので、**例外処理は必須ではありません**。

実行時例外（非チェック例外）には、次のようなものがあります。

```
RuntimeException ························ 非チェック例外のスーパークラス
    ArithmeticException ·················· 算術演算エラー
    NullPointerException················· アクセスした参照がnullだった
    IndexOutOfBoundsException············ インデックスが範囲外
        ArrayIndexOutOfBoundsException ······ 配列の配列番号が範囲外である
        StringIndexOutOfBoundsException ··· 文字列の中の位置番号が文字列の長さの範囲外
    ClassCastException ··················· オブジェクトの不正なキャストを実行した
    IllegalArgumentException············· 引数に指定できないものを指定している
    NumberFormatException ················ 数値を表す文字列が正しい形式でない
    ...
```

※サブクラスは、インデントを付けて表しています。

Q12-3

解答

例外の種類と代表的な例外クラスは覚えておく必要があります。

次の例外のうち、チェック例外はどれですか。

A. ArithmeticException
B. FileNotFoundException
C. NullPointerException
D. ArrayIndexOutOfBoundsException

12

12.5 まとめとテスト

1.まとめ

1.例外を投げる

・メソッド内でエラー対策ができない時は、例外を投げる。

```
throw  new  例外クラス( )
throw  new  例外クラス("任意のエラーメッセージ")
```

・例外はエラー情報を持つオブジェクトである

2.例外処理

・例外対策のためにtry文を書く（例外処理という）

・try文は次のような形式

try文

```
          try {
             // 例外を投げるかもしれない何かの処理
try          // その他の関連する処理
ブロック     //
          }
          catch (例外の型　変数) {
catch        // 例外に対応する処理
ブロック     //
          }
```

・例外を投げる可能性のある命令文（メソッド呼び出し）をtry文の中に書く

・例外が発生した時、実行できなくなるような命令文もtry文の中に書く

・例外が投げられると、catchブロックへ飛ぶ

・catchブロックでは例外の型が同じ場合のみ、例外処理を行う

12

3.例外の伝播

・あるメソッドが投げた例外は、どこかのメソッドでキャッチされるまで、次々に呼び出し元へ転送される。これを例外の伝播という。

4. 例外の型

- さまざまな例外に対応するため、多くの例外クラスがある
- Throwableクラスがすべての例外クラスのスーパークラスである
- 普通は、Throwableクラスのサブクラスである Exception クラスを例外のスーパークラスとして使う
- 例外は、システムエラー、チェック例外、実行時例外（非チェック例外）に分けられる

種　類	例外作成	対　応
システムエラー	JVMが投げる	何もしない（できない）
チェック例外	メソッドが投げる	try文で例外処理をしなければならない
実行時例外	JVM、メソッドが投げる	例外処理は任意

- チェック例外を投げる可能性のあるメソッドの呼び出しは、必ずtry文の中に書く
- 代表的なチェック例外は、Exception、IOException、SQLExceptionなど
- 代表的な実行時例外は、NullPointerException、ClassCastException、NumberFormatExceptionなど

2. 演習問題

解答

例外処理の基本的な知識を確認しましょう。
次の２つの問に答えてください。

問1　次を実行して表示されるのはどれですか。

```
public static void main(String[] args) {
    try {
        foo( );
        System.out.print("①");
    } catch (ArithmeticException e) {
        System.out.print("②");
    }
    System.out.print("③");

}
public static void foo( ) {
    throw new ArithmeticException( );
}
```

A. ①②③

B. ②③

C. ②

問2　次の文で正しいものはどれですか。

A. 実行時例外については、例外処理が必要である
B. チェック例外は、例外処理をしないのが普通である
C. システムエラーは、プログラムで復旧できる場合がある
D. 非チェック例外RuntimeExceptionのスーパークラスであるExceptionはチェック例外である
E. 実行時例外をチェック例外とも言う

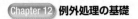

Chapter

13 例外処理の使い方

例外を投げるメソッドの書き方、例外クラスのコンストラクタやメソッドの使い方、そして、カスタム例外の作り方など、例外処理に関する実践的な方法を解説します。なお、リソース付きtry文は、15章で、ファイル入出力と一緒に解説します。

13

13.1 例外の投げ方

1.例外の投げ方

メソッドから例外を投げる方法は、チェック例外を投げるのか、実行時例外（非チェック例外）を投げるのかで違います。実行時例外を投げるのは簡単で、前章でも見たように、throw文で例外を作成して投げるだけです。特別なことは何もありません。

```
public static int div(int a, int b) {
    if(b==0) {
        throw new ArithmeticException();  // 例外を投げる！
    }
    return a/b;
}
```

一方、チェック例外を投げるには、メソッドにthrows宣言が必要です。次の例で、チェック例外の投げ方を確認しましょう。

例題 チェック例外を投げる [ThrowException]

```
package sample;
public class ThrowException {
   public static void main(String[] args) {
       try {
           sub();
       } catch (Exception e) {
           System.out.println("★例外が発生しました");  // 例外処理
       }
   }
❶  public static void sub() throws Exception {
❷      throw new Exception();       // チェック例外を投げる
   }
}
```

```
★例外が発生しました
```

❶のsub() メソッドはチェック例外を投げるメソッドです。
例では、❷のようにExceptionを投げています。

チェック例題を投げる場合は、❶のように、メソッドにthrows宣言を追加して、どんな種類の例外を投げるのかを宣言しなければなりません。このthrows宣言は省略できません。宣言しないとコンパイルエラーになります。

throws宣言の一般形は次のようです。

```
メソッド宣言    throws Exception1, Exception2,・・・
```

メソッドによっては、エラーの状態により、いろいろな例外を投げ分けるものもあります。そのような場合は、投げる可能性のあるすべての例外を、コンマで区切って書き並べます。
throws宣言の例を示します。

```
// 入出力処理に関する例外を投げるメソッド
public int foo() throws IOException {
    …
}
// 入出力とデータベース処理に関する例外を投げるメソッド
public void bar(String s) throws IOException, SQLException {
    …
    if(…) throw new IOException();
    …
    if(…) throw new SQLException();
    …
}
```

うっ、throws ・・・
先輩、throw じゃないんですか？

いや、宣言は throws だ。
間違わないように。

13

Q13-1-1

解答

では、簡単なテストです。
throws宣言が不要なのはどれですか(メソッド本体の記述は省略しています)。

A. public void foo() throws SQLException
B. public void foo() throws IOException
C. public void foo() throws NullPointerException

2.例外のコンストラクタとメソッド

例外オブジェクトは、例外クラスからインスタンスを作って使用しました。例外クラスの構成も、一般のクラスと同じで、コンストラクタやメソッドがあります。

例外クラスは、どれも同じ形式のコンストラクタを持っています。これまでは引数のないコンストラクタを使っていましたが、よく使うコンストラクタとして、エラーメッセージを引数とするコンストラクタがあります。

例えば、Exceptionクラスで例を示すと、次のようです。

コンストラクタ	説　明
Exception()	引数のないコンストラクタ
Exception(**String message**)	例外を説明する文字列を引数にするコンストラクタ

また、例外クラスのメソッドで、よく使われるものは、次の3つです。例外処理の中で使うことができます。

メソッド	説　明
toString()	エラー名とエラーメッセージ文字列を返す
printStackTrace()	エラー内容とスタックトレースを表示する
getMessage()	エラーメッセージ文字列を返す

※printStackTrace()は、メソッド呼び出しとその結果を実行順に表示します。

これらのメソッドは、すべての例外クラスで共通です。
なぜなら、全ての例外クラスのスーパークラスであるThrowableクラスから継承したものだからです。どの例外クラスも、独自のメソッドを定義せず、すべてThrowableクラスから継承しています。

コンストラクタとメソッドの使用例を、次に示します。

次は、エラーメッセージを引数とするコンストラクタで作った例外を投げ、例外処理では例外クラスのメソッドを使って、そのエラーメッセージを表示します。

例題 メッセージ付きの例外を投げる [ExceptionMessage]

```
package sample;
public class ExceptionMessage {
    public static void main(String[] args) {
        try {
            method();
        } catch (Exception e) {
❶           System.out.println(e.getMessage());// 例外メッセージを表示
        }
    }
    public static void method() throws Exception {
❷       throw new Exception("★例外が発生しました");        // メッセージ付き例外を投げる
    }
}
```

```
★例外が発生しました
```

チェック例外のスーパークラスであるExceptionを使う例です。チェック例外を投げたので、メソッドに例外宣言 throws Exception があることに注意してください。これがないとコンパイルエラーになります。

❷で、エラーメッセージを引数に取るコンストラクタを使って例外を作成しています。例外処理の❶では、**getMessage()** メソッドを使って、エラーメッセージを取り出し、表示しています。これからわかるように、例外を投げる時は、エラーメッセージ付きの例外を投げると、原因がわかりやすくなります。

(Exceptionを投げてるけど･･･)
先輩、Exception を投げるのはなぜですか？

特に理由はない。
ここでは適当なものがないので、例外のスーパークラスを使っただけだ。
自分で作ったカスタム例外を投げてもいいんだが･･･

え、えっ！
例外って、自分で作れるんですか？

うん、例外クラスを継承して作る。
簡単だから、次節で作り方を説明しよう。

Q13-1-2

解答

例外クラスのメソッドの働きを知っておくと役に立ちます。
次のようにして例外クラスのメソッドを試してください。

- 例題の例外処理（❶）を、System.out.println(e) に書き変えて実行してみる。
- 例題の例外処理（❶）を、e.printStackTrace() に書き変えて実行してみる。

13.2 カスタム例外

1.カスタム例外クラスの作り方

何かのシステムを作る時、エラー処理を例外を使ってやりたいことがあります。

そのようなケースでは、既存の例外クラスに適当な名前の例外がない場合は、カスタム例外クラス、つまり、自作の例外クラスを作って使います。自作の例外なら、必要に応じた適切な名前にすることができるからです。

カスタム例外を、チェック例外にするなら**Exception**クラスを継承して作成します。また、非チェック例外にする場合は**RuntimeException**を継承して作成します。どちらにしても、やり方は同じなので、ここでは、Exceptionクラスを使って作成してみましょう。

例題 カスタム例外クラス [MyException]

```
package sample;
public class MyException extends Exception {

❶ private static final long serialVersionUID = 28L;  // シリアルバージョンUID

   public MyException(String msg) {                  // 引数のあるコンストラクタ
       super(msg);
   }
   public MyException() {                            // 引数のないコンストラクタ
   }
}
```

例題でわかるように、やり方はとても簡単です。Exceptionクラスを継承して、コンストラクタを作るだけです。引数のあるコンストラクタは、エラーメッセージを引数にするので、引数をスーパークラスのコンストラクタに渡します。

なお、非チェック例外のカスタム例外クラスを作りたいときは、Exceptionクラスではなく、RuntimeExceptionクラスを継承します。

先輩、❶のシリアルバージョンUIDって、何ですか。
28Lなんて値になってますけど・・・

オブジェクトに付けるバージョン番号だ。
値は28Lでなくても、1Lとか100Lなど適当に決めていい。
ただし、変数宣言の **private static final long serialVersionUID** の部分はいつもこのまま使う。

え、何でバージョン番号がいるんですか？
（何に使うんだろう）

離れた場所にあるシステムがエラーを起こして、例外を送信してくることがある。
ネットワーク経由でやり取りする時、手元のシステムと同じバージョンかどうか、チェックするために、JVMが使っている。

15章で、オブジェクトのシリアライズについて解説します。シリアライズとはオブジェクトをネットワーク送信や記憶装置への保存のために、バイトデータに変換することです。シリアライズの逆変換はデシリアライズといいます。

シリアルバージョン番号は、オブジェクトをデシリアライズして復元する時、システムの整合性を保つため、手元のシステムと同じバージョンかどうかのチェックに使われます。

シリアルバージョン番号が必要な理由

オブジェクトのシリアライズ化に対応するクラスは、Serializableインタフェースを実装しなければなりません。ただし、Serializableインタフェースには抽象メソッドはなく、単にシリアライズ化できることを宣言するために使われています。

Serializableを実装すると必然的に、シリアルバージョン番号も必要になります。シリアライズ化とその復元を行う際に、オブジェクトのバージョンをチェックするためのものだからです。そのためJavaコンパイラは、Serializableを実装したクラスが、シリアルバージョン番号を定義しないと警告を出します。

例外クラスでは、スーパークラスであるThrowableがSerializableインタフェースを実装しています。したがって、すべての例外クラスは、シリアルバージョン番号を定義することになっています。定義しなくてもコンパイルエラーにはなりませんが、定義しておいた方が安全です。

2.カスタム例外クラスの使い方

せっかく作ったので、カスタム例外クラスを使ってみましょう。

例題 カスタム例外を使う [CustomException]

```
package sample;
public class CustomException {
    public static void main(String[] args) {
        try {
            method();
        } catch (MyException e) {
            System.out.println(e.getMessage());     // 例外メッセージを表示
        }
    }
❶  public static void method() throws MyException {
        throw new MyException("★例外が発生しました");    // メッセージ付き例外を投げる
    }
}
```

```
★例外が発生しました
```

使い方は、Exceptionクラスとまったく同じです。なお、チェック例外を継承しているので、この例外を投げるメソッドは、❶のようにthrows宣言が必要です。例外の名前を自由に付けられるので、システム固有の例外名にできる、というのが利点です。

Q13-2

解答

問1　実行時例外のRuntimeExceptionを継承したBadColorExceptionという名前の例外クラスを作成してください。

<ヒント>

・RuntimeExceptionクラスを継承してコンストラクタを作成するだけです。

・コンストラクタは、例題と同じようにString型の引数が1つあるものと、引数をもたないものの2つを作成します。

問2　次の要領でBadColorExceptionをテストするプログラム（Ex2）を作成してください。

(1) Ex2クラスには、mainメソッドと、mainメソッドから呼び出すcolor()メソッドを作成する
(2) color()メソッドは、
　・戻り値と引数はない
　・処理は次の1行だけとする

```
throw new BadColorException("★不正な色です");
```

(3) mainメソッドは、
　・try-catch文を作成し、その中でcolor()メソッドを呼び出す
　・例外処理ではBadColorException例外を補足すること
　・例外を補足した時の処理は次のようにする

```
System.out.println(e.getMessage());
```

　ただし、eは、例外のキャッチパラメータ

＜ヒント＞ color()メソッドにthrows宣言は必要でしょうか？

13.3 例外のかわし方と受け方

1.例外をかわす

「例外をかわす」とは、発生した例外を上位の呼び出し元に転送して、例外処理をしないで済ますことです。

例題 例外をかわす [Escape]

```
package sample;
public class Escape {
    public static void main(String[] args){
        try {
            foo();
        }
        catch(Exception e){
            System.out.println("main:★例外が発生しました");
        }
    }
❶   public static void foo() throws Exception {      // 例外をかわす
        bar();
    }
    public static void bar() throws Exception {
        throw new Exception();
    }
}
```

```
main:★例外が発生しました
```

例題は、main ➡ foo() ➡ bar() と呼び出します。bar()は、チェック例外を投げる可能性があるので、本来なら、foo()ではtry文を書いて、その中からbar()を呼び出す必要があります。

```
try {
    bar();
}
catch(Exception e){
    System.out.println("foo:★例外が発生しました");
}
```

しかし、❶のように、メソッド宣言に、**throws Exception**と書くと、**Exception**を投げる、つまり、**Exception**の例外処理はしない、と宣言したことになるのです。

そのため、foo()では、例外処理をせずにbar()を呼び出すことができます。また、発生した例外は上位の呼び出し元(例ではmainメソッド)へ転送されます。

実行例からわかるように、投げられたException例外はmainでキャッチされ、例外処理が行われています。

このような方法で例外処理をしないことを、「例外をかわす」といいます。

チェック例外の場合、例外をかわすためには、メソッドにthrows宣言を書く必要があります。ただし、非チェック例外の場合は、throws宣言を書く必要はありません。

Q13-3-1

解答

例外のかわし方を理解できたか確認しておきます。次の問に答えてください。

次のプログラムの間違いはどこでしょう。

```
public static void foo() {
    try {
        bar();
    }
    catch(IOException e){
        e.printStackTrace();
    }
}
public static void bar(){
    baz();
}
public static void baz() throws IOException {   // IOExceptionはチェック例外です
    throw new Exception();
}
```

2.複数のcatchブロック

例題 複数のcatchブロック [Multicatch1]

```
package sample;
import java.io.FileNotFoundException;
import java.io.IOException;
import jp.kwebs.ExceptionTest;

public class MultiCatch {
    public static void main(String[] args) {

        try {
            ExceptionTest.test(1);
        }
        catch (FileNotFoundException e) {    // ファイルが見つからない
            e.printStackTrace();
        }
        catch (IOException e) {              // 入出力エラー
            e.printStackTrace();
        }
        catch (ClassNotFoundException e) {   // クラスが見つからない
            e.printStackTrace();
        }
    }
}
```

※ExceptionTest.test()メソッドは、引数に指定された値により、違った例外を投げるメソッドです。1ならFileNotFoundException、2ならIOException、それ以外はClassNotFoundExceptionを投げます。ソースコードはch13プロジェクトのsampleパッケージに入っているので参照してください。

1つのメソッドでも、処理の過程で、いろいろな例外を投げ分けるものがあります。入出力関係のメソッドに多いのですが、ExceptionTest.test()メソッドは、そのようなメソッドをシミュレートするためのダミーメソッドです。

入力しようしたファイルがない場合は、FileNotFoundException、実際に読もうとしたら別の原因で読めなかったという場合は、IOException、そして、読み出したデータを処理するクラスファイルが見つからないとClassNotFoundExceptionを投げますが、それをシミュレートするため、引数の値により投げる例外を変えています。

このような場合は、3つのチェック例外のどれかを投げる可能性があるので、例題のように、catchブロックを3つ並べて例外を補足します。

先にサブクラスをキャッチする

catchブロックは、上から順に照合されます。スーパークラスの例外とサブクラスの例外の両方をキャッチするようにしたい時は、先にサブクラスのcatchブロックを書きます。逆にするとコンパイルエラーになるので注意してください。

例題では、FileNotFoundExceptionはIOExceptionのサブクラスなので、先にキャッチブロックを書いています。

スーパークラスを使うとまとめてキャッチできる

細かく例外処理をしなくてもいい場合は、いろいろなサブクラス型の例外を、スーパークラス型の例外とみなして、まとめてキャッチできます。

12章（P.275）に例外クラスの系統図がありますが、例えば、Exception例外は、すべての例外のスーパークラスです。そこで、次の例題のようにException例外をキャッチすると、すべての例外をキャッチできます。

```
try {
    ExceptionTest.test();
}
catch (Exception e) {
    e.printStackTrace();
}
```

なーんだ、それじゃExceptionを使えば簡単だ。
先輩、Exception でキャッチする方が便利ですね！

そういう単純な問題じゃない。
FileNotFoundException ならファイル名を再入力させるとかできるが、他の例外と一緒にしてしまうと、そういう細かな対応ができなくなる。

それって、マズいことですか？
（大したことじゃないみたいだけど）

どんなソフトウェアかによる。
仲間うちで使うツールなどならいいかもしれないが、商品として販売するものはそれじゃダメだ。考えて使い分けるようにすることだ。

Q13-3-2

解答

ここまでの知識の理解度を確認します。
次のcatchブロックの間違いはどこですか。

```
try {
    ...
}
catch (SQLException e) {
    e.printStackTrace();
}
catch (IOException e) {
    e.printStackTrace();
}
catch (FileNotFoundException e) {
    e.printStackTrace();
}
```

3.マルチキャッチ

複数のcatchブロックを使いたくない時は、ひとつにまとめることもできます。それは、マルチキャッチという方法です。

```
try {
    ExceptionTest.test(1);
}
catch (ClassNotFoundException | IOException e) {
    e.printStackTrace();
}
```

OR演算子として|を使って、複数の例外を並べる書き方です。効果としては、Exception でまとめるのと変わりありませんが、マルチキャッチではまとめた例外を見て確認できることが利点です。

なお、マルチキャッチではスーパークラスとサブクラスの例外がある時は、スーパークラスの例外だけしか書けません。この例では、FileNotFoundException もキャッチするのですが、マルチキャッチに書けるのは、スーパークラスの IOException だけです。

```
× catch(ClassNotFoundException | IOException | FileNotFoundException e)

○ catch(ClassNotFoundException | IOException e)
```

13

4.finallyブロック

finallyブロックは、try文に書けるもう1つのブロックです。その機能は、例外が投げられた場合も、あるいは投げられなかった場合でも、try文を抜ける直前に、必ず、finallyブロックを実行する、ということです。

次の例題は、try文にfinallyブロックを追加したものです。

簡単にするために、例外を発生するメソッドを呼び出す代わりに、直接、❶で例外を投げます。これにより、catchブロックの例外処理が実行されます。例外処理を実行した後、finallyブロックが実行されて"finally"と表示されるかどうか、見てください。

例題 Finallyブロック [FinallySample1]

```
package sample;
public class FinallySample1 {
    public static void main(String[] args) {

        try {
            System.out.println("start");            // startと表示
❶           throw new ArithmeticException ();       // 例外を投げる
        }
        catch(ArithmeticException e) {              // 例外処理
            System.out.println("catch");
        }
        finally {                                   // 必ず実行する部分
            System.out.println("finally");
        }

        System.out.println("end");                  // endと表示
    }
}
```

```
start
catch
finally
end
```

実行結果は、start ➡ catch ➡ finally ➡ end と表示されたので、catchブロックが実行された後、finallyブロックを実行していることが分かります。

次は、❶を//でコメントにし、例外が発生しないようにして実行してみましょう。

```
    System.out.println("start");                    // startと表示
❶ // throw new ArithmeticException ();             // 例外を投げる
```

出力は次のようになり、やはり、finallyブロックが実行されています。

```
start
finally
end
```

では、最後に、❶で投げる例外を NullPointerException に変更して実行してみましょう。この変更では、catchブロックの例外型が違うので、例外をキャッチできず、例外処理は実行されません。

```
    System.out.println("start");                 // startと表示
❶ throw new NullPointerException();              // 例外を投げる
```

そのため、実行結果をみるとプログラムは異常終了していますが、それでも finallyブロックは実行されていることがわかります。

```
start
finally
Exception in thread "main" java.lang.NullPointerException
    at sample.FinallySample1.main(FinallySample1.java:9)
```

※JVMによる例外表示はマルチスレッドで実行されるため、実行結果の表示順がこれとは異なる場合があります。何度か再実行すると、同じ実行例になります。

先輩、finallyブロックって、どういう役に立つんですか？
（使い道、あるのかなぁ）

ふーむ、15章で解説するが、「リソース付きtry文」というのが使えるようになったので、finallyの出番は、ほとんどなくなっている。

（なーんだ、そういうことか）
それだったら、忘れてしまってもいいんですよね。

いや、古いコードも残っているので、知っておく必要はある。
リソース付きtry文の解説をする時、もう一度検討することにしよう。

13

Q13-3-3

解答

finallyブロックの働きを理解したか確認してください。
次のプログラムで、sub()がIOExceptionを投げた時の表示はA、B、Cのどれですか。

```
public static void main(String[] args){
    try{
        sub();
    }
    catch(IOException e){
        System.out.println("error");
    }
    finally{
        System.out.print("hello");
    }
    System.out.print("bye");
}
public static void sub() throws IOException {
    throw new IOException();
}
```

A. error
B. errorhello
C. errorhellobye

13.4 オーバーライドと例外処理

オーバーライドでは、原則としてメソッドのアクセス修飾子、戻り値型、名前、引数構成を変えてはいけない、という規則がありました。では、例外についてはどうでしょう。例外の解説の最後に、簡単にまとめておきます。

継承してオーバーライドする時は、チェック例外の投げ方に制限があります。当然throws宣言の書き方も変わるので気をつけてください。ただし、非チェック例外には制限はありません。注意するのは、チェック例外だけです。

オーバーライドメソッドでチェック例外を投げる時の制限

- スーパークラスのメソッドがチェック例外を投げていない時は、
  ① オーバーライドメソッドで新たなチェック例外を投げることはできない
- スーパークラスのメソッドが1つ以上のチェック例外を投げている時は、
  ② 同じ例外か、そのサブクラスなら投げることができる
  ③ 一部の例外だけを投げることができる
  ④ 例外をまったく投げないようにできる

スーパークラスのメソッドがチェック例外を投げないメソッドの時、オーバーライドしたメソッドで新たにチェック例外を投げることはできません（①）。

スーパークラスのメソッドがチェック例外を投げる時は、同じ例外かそのサブクラスだけを投げることができます（②）。また、投げる例外を減らすのは構いません。一部の例外を投げないようにしたり（③）、あるいは、全ての例外を投げないようにできます（④）。

チェック例外を投げる時は、それに応じたthrows宣言が必要です。上記の制限は、同時にthrows 宣言への制限となります。

うーん、ごちゃごちゃしてるなぁ･･･
先輩、覚えられるか心配です！

簡単に覚えるなら、範囲をせまくしたり、数を少なくするのはOK、と覚えよう。
それから、非チェック例外は関係ない。そういうことだ。

13

Q13-4

解答

この節を理解できたか確認してください。
Testクラスの method() をオーバーライドした、Test1 ～ Test3 クラスのうち、正しくないものはA、B、Cのどれですか。

```
class Test {
    public void method() throws IOException {
    }
}
```

A.
```
class Test1 extends Test {
    @Override
    public void method() {
    }
}
```

B.
```
class Test2 extends Test {
    @Override
    public void method() throws FileNotFoundException {
    }
}
```

C.
```
class Test3 extends Test {
    @Override
    public void method() throws SQLException {
    }
}
```

13.5 まとめとテスト

1.まとめ

1.throws宣言

・チェック例外を投げるメソッドは、throws宣言が必要である

```
メソッド宣言    throws Exception1, Exception2,・・・
```

・実行時例外を投げるメソッドはthrows宣言は不要

2.例外クラスの共通のコンストラクタとメソッド

コンストラクタ	説　明
Exception()	引数のないコンストラクタ
Exception(**String message**)	例外を説明する文字列を引数にするコンストラクタ

メソッド	説　明
toString()	エラー名とエラーメッセージ文字列を返す
printStackTrace()	エラー内容とスタックトレースを表示する
getMessage()	エラーメッセージ文字列を返す

3.カスタム例外クラス

・用途にあった名前にできるのが利点

・チェック例外を作成するには、Exceptionクラスを継承して作る

・実行時例外を作成するには、RuntimeExceptionクラスを継承して作る

4.例外をかわす

・あるメソッドで、チェック例外を投げるメソッドを呼び出している時、メソッド宣言にthrows宣言を追加すると、例外処理を書かずに呼び出し元のメソッドに例外処理を任せることができる

5.複数のキャッチブロック

・複数の例外をキャッチするため、複数のキャッチブロックを書ける

6.マルチキャッチ

・複数の例外を1つのcatch文でまとめてキャッチできる
・スーパークラスとサブクラスの例外がある時は、スーパークラスの方だけをキャッチする

```
catch (ClassNotFoundException | IOException e) {
    e.printStackTrace();
}
```

7.その他の構文

・finallyブロックには、どういう場合でも常に実行されるコードを書ける

8. オーバーライドメソッドでチェック例外を投げる時の制限

・スーパークラスのメソッドがチェック例外を投げない時は、
　① オーバーライドメソッドで新たなチェック例外を投げることはできない
・スーパークラスのメソッドが1つ以上のチェック例外を投げる時は、
　② 同じ例外か、そのサブクラスなら投げることができる
　③ 一部の例外だけを投げることができる
　④ 例外を一切投げないようにできる

2.演習問題

解答

この章の理解度を確認しましょう。次の問に答えてください。

問1　例外クラスのメソッドについての問題です。次はExceptionクラスのメソッドについての説明ですが、それぞれ、何というメソッドですか。

A. エラー名とエラーメッセージ文字列を返す…………… ①
B. エラー内容とスタックトレースを表示する…………… ②
C. エラーメッセージ文字列を返す ……………………… ③

問2　カスタム例外クラスの作り方についての問題です。
次は、カスタム例外クラス BadCharException です。枠内に書けるのはどれですか。

```
public class BadCharException extends Exception {
    private static final long serialVersionUID = 28L;
    private char ch;
    public BadCharException(char ch) {
        [          ]
```

```
            this.ch = ch;
        }
        public char getChar(){
            return ch;
        }
    }
```

A. this(ch);
B. super(ch);
C. super("不正な文字" + ch);

<ヒント>
・P.284のExceptionクラスの引数のあるコンストラクタを確認してください。

問3　複数catchブロックの書き方についての問題です。
①〜③には、それぞれ、ア）FileNotFoundException、イ）Exception、ウ）IOException、のどれを書きますか。

```
try {
    ...
}
catch ( ① e) {
}
catch ( ② e) {
}
catch ( ③ e) {
}
```

問4　例外のかわし方についての問題です。
次のプログラムについて、正しいものはA、B、Cのどれですか

```
import java io.IOException;
import java sgl.SQLException;
public class ExceptionSample {
    public static void main(String[] args) {
        try {
            foo();
        }
        catch(SQLException e) {
            System.out.println("例外をキャッチした");
        }
    }
    public static void foo() throws SQLException{
        bar();
    }
    public static void bar() throws IOException {
        throw new  IOException();
    }
```

13

```
}
```

A. 実行すると「例外をキャッチした」と表示して終了する

B. 実行途中でプログラムは異常終了する

C. コンパイルエラーで実行できない

問5 オーバーライドと例外についての問題です。
次のオーバーライドの誤りを指摘してください。ただし、import文は省略しています。
また、メソッドの中身は空ですが、それが原因でコンパイルエラーになることはありません。

```
class Foo{
    public void doit() throws IOException{
    }
}

class Bar extends Foo {
    public void doit() throws Exception {
    }
}
```

Chapter

14 ファイルとディレクトリの操作

ファイルやディレクトリを作ったりする操作に加えて、ファイルのコピーや移動など、従来はファイル入出力操作を工夫して作成していた処理がNIO（NewI/O）ライブラリで簡単にできるようになりました。また、次章で解説するファイル入出力ではNIOを利用するので、これらの操作は入出力アプリケーションの作成に欠かせない必須の知識です。この章では、NIOにより簡単になった、ファイル・ディレクトリ操作を詳しく解説します。

14.1 Pathインタフェースの使い方

1.パスオブジェクトの作成

ファイルシステムはOSによって異なるため、Pathはクラスではなくインタフェースとして定義されています。そして、Pathインタフェースのstaticメソッドであるofメソッドを使うと、Pathを実装したOS固有のインスタンスを取得できます(注)。

```
Path path = Path.of (…);
```

なお、図に示すように、Windowsはドライブ文字（c:）から始まるのに対して、記憶装置を統合して論理ボリュームとして扱うMac、Linuxでは、ルートディレクトリ（ / ）から始まります。本書では、基本的にWindowsでの表記を使います。

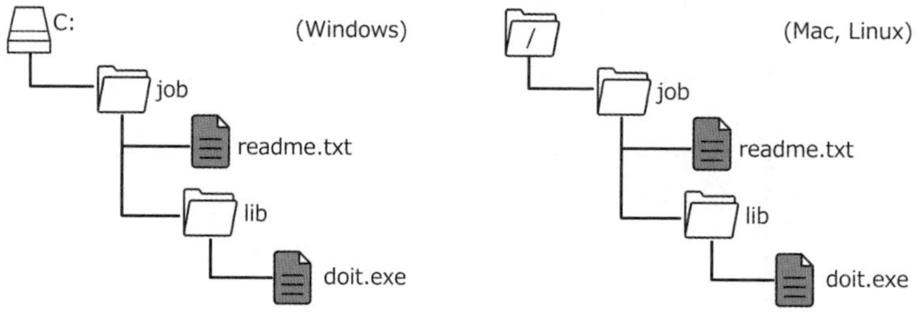

例えば、Windowsでは、「Cドライブのjobディレクトリにあるreadme.txt」というファイルを、c:¥job¥readme.txt のように表記しますが、プログラムでは、これをパス（path）といいます。したがって、図のdoit.exeのパスは c:¥job¥lib¥doit.exe になります。

図中の、readme.txt、doit.exe のパスを表すPathオブジェクトは次のようにして作成します。引数には、パスを表す文字列を指定します。

```
Path p1 = Path.of("c:/job/readme.txt");       // c:¥job¥readme.text
Path p2 = Path.of("c:/job/lib/doit.exe");     // c:¥job¥lib¥doit.exe
```

※Java 11で導入されました。Java 10まで使っていたPathsクラスは、APIドキュメントに「将来非推奨になる可能性がある」と記されているので、Paths.get()メソッドは使わないようにしてください。

先輩、セパレータ（区切り文字）が間違ってます！
/ じゃなくて ¥ です。

確かに、Windowsでは ¥ だが、MacやLinux のセパレータは / だ。
¥ を使うと Windows ではいいが、MacやLinuxと互換性がなくなる。

で、でも、それじゃ 逆に、Windows で動かなくなりませんか。
本当に / でいいんですか。

大丈夫。Windows の場合、Javaのファイル処理のクラスでは、/ は ¥ に、自動変換される。だから、Windowsでも / を使って問題ない。

ファイルセパレータは、OS固有の文字になっているので扱いが面倒ですが、/ なら共通に使えて便利です。なお、次のようにファイルセパレータを書かないで Path インスタンスを作ることもできますが、少し面倒です。どちらを使うかは好みの問題です。

```
Path p1 = Path.of("c:", "job", "readme.txt");           // c:¥job¥readme.txt
Path p2 = Path.of("c:", "job", "lib", "doit.exe");     // c:¥job¥lib¥doit.exe
```

2.絶対パスと相対パス

c:¥job¥readme.txt のように、起点の c ドライブから readme.txt ファイルまで、完全な経路を記述したものを、**絶対パス**といいます。これに対して、1つのディレクトリを起点として記述したものを**相対パス**といいます。この時、起点のディレクトリを**カレントディレクトリ**（現在のディレクトリ）といいます。

例えば、図のjobディレクトリをカレントディレクトリとする時、readme.txtやdoit.exeのパスを、相対パスで作成してみましょう。

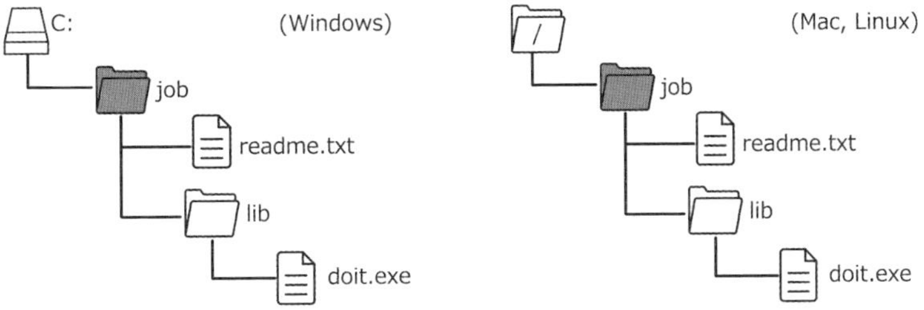

相対パスでは、カレントディレクトリにあるファイルやディレクトリは、名前だけを指定します。例えば、図のreadme.txtは、カレントディレクトリにあるので、readme.txtだけを指定します。

```
Path p1 = Path.of("readme.txt");
```

また、doit.exeは、カレントディレクトリのlibディレクトリの中にあるので、libには/を付けずに、**lib/doit.exe**と表記します。

```
Path p2 = Path.of("lib/doit.exe");
```

相対パスでは、Windows、Mac、Linux共に、全く同じ表現になり、プログラムに互換性があります。絶対パスでは、Windowsがドライブ文字（c:/）から始まるの対して、Mac、Linuxはルートディレクトリ（/）から始まるため、互換性がありません。

そのため、プログラムに書き込む場合は、絶対パスではなく相対バスを使います。また、パスを別のファイルに書いておき、実行時に読み込むような仕組みにすることがあります。

Q14-1-1

解答

カレントディレクトリについて、理解できましたか。理解度を確認しましょう。

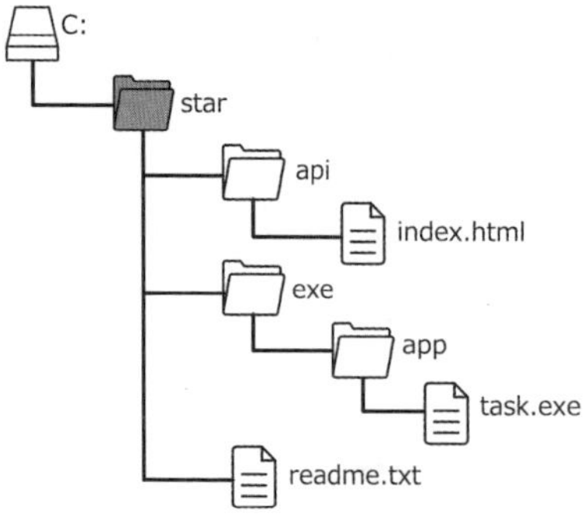

上の図のようなディレクトリ構造の時、次のような相対パスを作りました。
各々の場合で、カレントディレクトリはどこであったか、答えてください。

```
A. Path path = Path.of("app/task.exe");
B. Path path = Path.of("index.html");
C. Path path = Path.of("star/readme.txt");
```

14

カレントディレクトリの決まり方

あるプログラムから見たカレントディレクトリ（現在のディレクトリ）は、そのプログラムを起動した時、アクセスしていたディレクトリです。どんなプログラムでも、記憶装置にアクセスして起動するので、必ずカレントディレクトリが決まりますが、起動時にアクセスしていたディレクトリなので、起動時の状況によって変わります。

例えば、Windowsの場合、デスクトップのアイコンをダブルクリックして起動したプログラムは、デスクトップフォルダがカレントディレクトリになります。これは、デスクトップのアイコンがあるディレクトリで、自分で変更していなければ、普通はCドライブにあります。

Javaプログラムでも、対象のクラスを起動した時、アクセスしていたフォルダがカレントディレクトリになります。Javaプログラムは JDKのjavaコマンド（java.exe）を使って起動するので、正確には、javaコマンドを実行した時、アクセスしていたディレクトリがカレントディレクトリです。

3.Pathインタフェースのメソッド

次は、Pathインタフェースのメソッドを使って、パスの中から一部分だけを取り出すプログラムです。パスの起点や親ディレクトリ、ファイル名部分などを取り出すことができます。

例題　パスの操作　[PathExample1]

```
package sample;
import java.nio.file.Path;
import java.nio.file.Paths;
public class PathExample1 {
    public static void main(String[] args) {
    ❶  Path p = Path.of("D:/docs/note.txt");        // 絶対パスを作る
        System.out.println(p);                      // 絶対パスを表示
    ❷  System.out.println(p.getRoot());            // 絶対パスの起点を得る
    ❸  System.out.println(p.getParent());          // 親ディレクトリを得る
    ❹  System.out.println(p.getFileName());        // ファイル名だけを得る
    }
}
```

14

```
D:¥docs¥note.txt
D:¥ ............................ パスの起点
D:¥docs ........................ 親ディレクトリ（1つ上の階層までのパス）
note.txt ....................... ファイル名（末端の階層のパス）
```

例題は、❶で対象とするパス D:/docs/note.txt を作成していますが、パスが表すディレクトリやファイルは、ファイルシステム上に存在しないものでも構いません。パスを作るだけなら、存在とは無関係に作成できます。

❷の **getRoot()** は、パスの起点を取得しますが、元のパスが絶対パスの時だけ使えます。相対パスの場合は、この値はnullになります。
実行結果ではD:¥と表示されています（コンソールでは、D:/はD:¥と表示されます）。ただし、MacやLinuxでは、ルートディレクトリ（すべてのディレクトリの起点）を表す"/"が返されます。

❸の **getParent()** は、元のパスに対して、1つ上の階層までのパスを取得します。つまり親ディレクトリのパスです。例では、note.txtがある" D:¥docs" ディレクトリが返されます。
❹の **getFileName()** は、パスの末端（右端）の要素を返します。例ではファイル名のnote.txtを取得しています。

次は、相対パスを絶対パスに変換する例です。

例題 パスの変換 [PathExample2]

```
package sample;
import java.nio.file.Path;
import java.nio.file.Paths;
public class PathExample2 {
    public static void main(String[] args) {
    ❶ Path p = Path.of("note.txt");                    // 相対Pathを作る
      System.out.println(p);
    ❷ System.out.println(p.toAbsolutePath());          // 絶対パスに変換
    ❸ Path p2 = Path.of("");                           // 相対カレントディレクトリ
      System.out.println(p2.toAbsolutePath());         // 絶対カレントディレクトリ
    }
}
```

```
note.txt
D:¥workspace¥ch14¥note.txt ………… 絶対パスに変換
D:¥workspace¥ch14 ………………………… カレントディレクトリ
```


カレントディレクトリの絶対パスに、相対パスを連結すると、絶対パスにすることができます。これを行うのが、❷の**toAbsolutePath()**メソッドです。例では、❶で作った相対パス"note.txt" に適用して、D:¥workspace¥ch14¥note.txt という絶対パスを得ています。

したがって、相対パスに "" を指定すると、カレントディレクトリの絶対パスを得ることができます。これはカレントディレクトリがどこかを調べる時に使います。例では、❸でそれを行い、カレントディレクトリが、D:¥workspace¥ch14 であることがわかりました。

うーん、D:¥workspace¥ch14 っていうと･･･
先輩、これはEclipseのワークスペースですか？

ワークスペースの中のch14、つまり14章のプロジェクトフォルダだ。
Eclipseから起動すると、常にプロジェクトのフォルダがカレントディレクトリになる。

え、えっ！
そうなんですか。

Eclipseは、プロジェクトのあるディレクトリ（プロジェクトフォルダ）にアクセス先を切り替えてから、Javaコマンドで対象のJavaプログラムを起動する。そのため、常にプロジェクトフォルダがカレントディレクトリになるんだ。

Eclipseの中から、Javaプログラムを起動した時、プログラムにとってのカレントディレクトリはプロジェクトフォルダ（プロジェクトのあるディレクトリ）になります。
これ以降では、カレントディレクトリにファイルやディレクトリを作成しますが、それらは、プロジェクトフォルダに作成されると、覚えておいてください。

さて、これまで使ってみたPathインタフェースのメソッドをまとめると、次のようです。よく使うメソッドなので覚えておきましょう。

PathインタフェースのAPI

メソッド	機　能
Path getParent()	親ディレクトリのパスを返す
Path getFileName()	ファイル名部分のパスを返す
Path toAbsolutePath()	絶対パスを返す（=カレントディレクトリ+相対パス）
Path getRoot()	絶対パスの起点のパスを返す

4.Pathインタフェースのその他のメソッド

使う頻度は高くなくても、どのようなメソッドがあるか知っておくことは有用です。主なAPIを掲載します。

パスの変換	
normalize()	パスの冗長部分を削除する
toUri()	ブラウザから開くことのできる文字列に変換する
toAbsolutePath()	絶対パスにする（実在するとは限らない）
toRealPath(option...)	実在する冗長部分のない絶対パスにする
toFile()	PathをJava.io.File に変換する
パスの比較	
boolean equals()	2つのパスが等しい時trueを返す
boolean startWith()	パスが指定した文字列から始まる時trueを返す
boolean endWith()	パスが指定した文字列で終わる時trueを返す
int compareTo()	2つのパスを比較し等しい時には0を返す。また辞書順でより前の場合は負の値、後の場合は正の値を返す。

toAbsolutePath( )は実在しないパスからも作成できますが、toRealPath( )は常に実在するパスを作ります。状況に応じて使い分けてください。引数のオプションは、シンボリックリンクの処理方法を指定するもので、Windowsでは省略します。

Q14-1-2

解答

Pathインタフェースの API の使い方を復習します。図を見て、空欄を埋めてください。

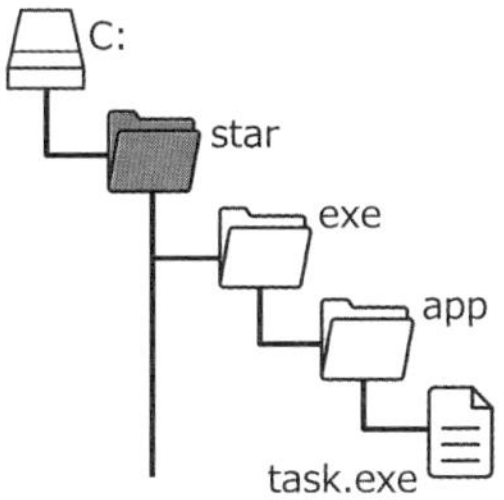

starディレクトリがカレントディレクトリである時、task.exeを表す相対パスp1を作るには

```
Path p1 = Path.of(" ① ");
```

p1からパスのファイル名部分のパスp2を作成するには

```
Path p2 = p1. ② ;
```

p1から親ディレクトリ部分のパスp3を作成するには

```
Path p3 = p1. ③ ;
```

p1を絶対パスに直したパスp4を作成するには

```
Path p4 = p1. ④ ;
```

14.2 Filesクラスの使い方

1.ディレクトリの作成

Filesクラスは、ファイルやディレクトリの、コピー、作成、削除、移動などの操作を行うメソッドを持つユーティリティクラスです。対象のファイルやディレクトリを指定するのに、前節で解説したPathオブジェクトを使います。

注意： Filesクラスのメソッドは、どれもチェック例外のIOExceptionを投げます。そのため、必ずtry文の中で実行し、例外処理を作成しなくてはいけません。

例題 ディレクトリの作成 [CreateExample1]

```
package sample;
import java.io.IOException;
import java.nio.file.Files;
import java.nio.file.Path;
import java.nio.file.Paths;
public class CreateExample1 {
   public static void main(String[] args) {
❶      Path path = Path.of("temp");          // 作成するディレクトリのパス
       try {
❷          Files.createDirectory(path);     // ディレクトリを作成する
        }
        catch (IOException e) {
           e.printStackTrace();
       }
   }
}
```

この最初の例題では、FilesクラスのcreateDirectoryメソッドを使って、新しいディレクトリを作成します。なお、Filesクラスのメソッドは、どれもスタティックメソッド（クラスメソッド）なので、**Flies.**createDirectory()のように使います。

tempという名前のディレクトリを作成しますが、最初に、❶のように、tempディレクトリを表すPathオブジェクトを作成し、それを❷のようにcreateDirectoryメソッドの引数に指定します。

例では、"temp"だけ指定しているので、相対パス指定です。そのため、tempはカレントディレクトリに作成されます。Eclipseの中から実行した場合、プログラムにとってのカレントディレクトリはプロジェクトのあるディレクトリになります。

実行後、パッケージエクスプローラーのプロジェクトをクリックして、[F5] キーをタイプすると、表示がリフレッシュされ、作成したtempディレクトリが表示されます。

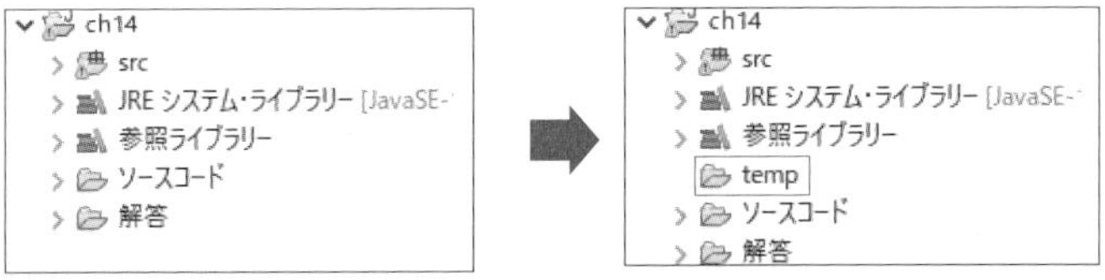

表示のリフレッシュは、プロジェクトを右ボタンでクリックして、[リフレッシュ] を選ぶという方法もあります。

※プロジェクトをクリックして [F5] キーを押す
※ノートPCなど、ファンクションキーの切り替えが必要なタイプのキーボードでは [Fn]+[F5] とする

なお、この例題を2回実行すると、すでにディレクトリがあるため例外が発生します。やり直してみたい時は、tempディレクトリを削除してください。

Eclipseでのディレクトリやファイルの削除の方法

①パッケージエクスプローラーで、ディレクトリやファイルを右クリックする
② [削除] を選ぶ

複数のディレクトリの作成

foo/bar というディレクトリを新規に作成するには、親ディレクトリfooとそのサブディレクトリbarを同時に作成することになります。このような時は、createDirectoriesメソッドを使います。

例題 複数のディレクトリの作成 [CreateExample2]

```
package sample;
import java.nio.file.*;                    // java.nio.file内のすべてをインポートする
public class CreateExample2 {
    public static void main(String[] args) throws Exception { // 例外をかわす
        Path path = Path.of("foo/bar");       // 作成するディレクトリのパス
        Files.createDirectories(path);        // 複数のディレクトリを作る
    }
}
```

先輩、import文の書き方がヘンです！
*が付いています。

それは、java.nio.fileパッケージ に含まれるすべてのクラスをインポートするという意味で、たくさんのimport文がある時、まとめて指定する書き方だ。

うーん、そうですか。
でも、肝心の例外処理もありません！

mainメソッドにthrows文を書いて、例外をかわしている（➡ P.291）からだ。
これで例外処理を書かないですむ。ただし、このようにするのは、例題を短くして、わかりやすくするためだ。普通は使わないように。

この節の例題では、ソースコードを見やすくするため、簡略な書き方をしています。ただ、これらは**例題を簡略に表示するためのもので、一般のプログラムでは、このような書き方はしません**。import文は個別に書くことで、使用したクラスが分かりますし、mainメソッドで例外をかわすと例外処理ができなくなります。

さて、プログラムを実行して、表示をリフレッシュ（プロジェクトをクリックして［F5］キーを押す）すると、図のようにfoo/barディレクトリができていることがわかります。

この例題は、2回目を実行しても例外は発生しません。createDirectoriesメソッドは、すでにディレクトリがある時、同じ名前のディレクトリを作ろうとしても、例外を投げないからです（ただし、ディレクトリと同じ名前のファイルがあると例外を投げます）。

Q14-2-1

解答

ディレクトリ操作について、知識の確認です。
カレントディレクトリにdataディレクトリを作成し、さらに、dataディレクトリの中にdocsディレクトリを作成します。次のプログラムのうち、これらの処理を正しく実行できるのはどれですか。ただし、開始時には、カレントディレクトリには、同名のファイルやディレクトリがないものとします。

A.
```
Path p1 = Path.of("data");
Files.createDirectory(p1);
Path p2 = Path.of("docs");
Files.createDirectory(p2);
```

B.
```
Path p1 = Path.of("data/docs");
Files.createDirectory(p1);
```

C.
```
Path p1 = Path.of("data/docs");
Files.createDirectories(p1);
```

try-catchの自動挿入

try-catch文は、Eclipseで自動生成できます。次の手順です。

① 次の図は、[ソース] → [インポートの編成] と選択してインポート文を挿入した後の状態です。それでもコンパイルエラーが表示されているのは、try文を書いていないからです。実際、確認のため、左端のエラーマークの上にマウスポインタを置いてみると、[処理されない例外の型IOException] という表示がでます。

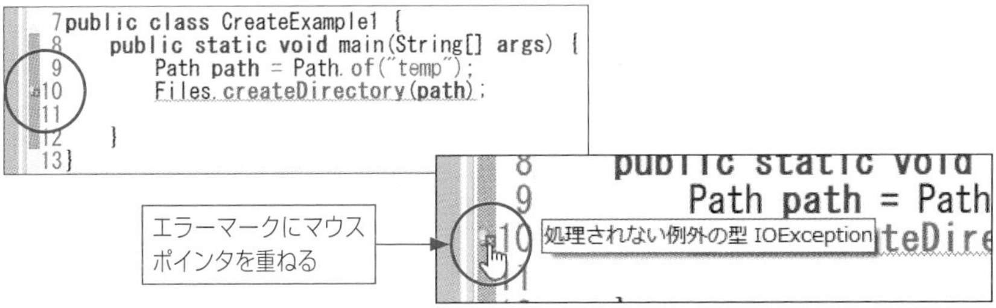

②そこで、エラーマークの上でマウスを1回だけクリックして、ポップアップメニューを表示させます。

選択肢のうち、[try-catchで囲む] をダブルクリックします。

③するとtry文が自動生成され、import文にもIOExceptionのインポートが追加されます。

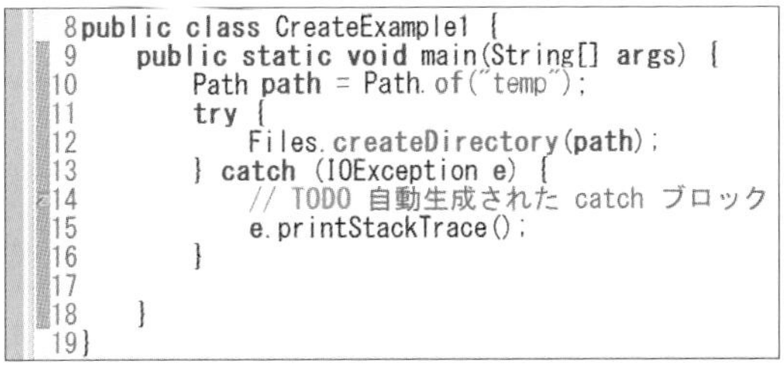

2.ファイルの作成

次は、createFile メソッドを使って、barディレクトリの中に、note.txt というファイルを作成します。新規作成なので、中身が空のファイルが作成されます。作成に指定するパスは、foo/bar/note.txt です。

例題 ファイルの作成 [CreateExample3]

```
package sample;
import java.nio.file.*;
public class CreateExample3{
    public static void main(String[] args)  throws Exception {
        Path path = Path.of("foo/bar/note.txt");          // ファイルのパス
        Files.createFile(path);                           // ファイルを作る
    }
}
```

foo/bar ディレクトリにnote.txtという空のファイルを作成します。ファイルのパスはディレクトリを含めて指定します。実行して表示をリフレッシュすると図のようにnote.txtファイルが表示されます。

この例題を2度実行すると、2回目にはすでに同じファイルがあるので、例外が発生します。

Q14-2-2

解答

ファイル作成には、パスの指定が重要です。図のtanakaがカレントディレクトリである時、docsディレクトリにtemp.txtファイルを作成する正しいプログラムはどれですか。

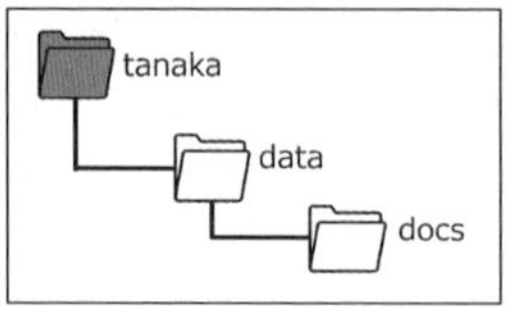

A. `Path p = Path.of("temp.txt");`
   `Files.createFile(path);`

B. `Path p = Path.of("docs/temp.txt");`
   `Files.createFile(path);`

C. `Path p = Path.of("data/docs/temp.txt");`
   `Files.createFile(path);`

D. `Path p = Path.of("tanaka/data/docs/temp.txt");`
   `Files.createFile(path);`

3.ファイルのコピー

例題 ファイルのコピー [CopyExample1]

```
package sample;
import java.nio.file.*;
public class CopyExample1 {
    public static void main(String[] args) throws Exception {
        Path source = Path.of("foo/bar/note.txt");        // コピー元
        Path target = Path.of("temp/note.txt");           // コピー先
        Files.copy(source, target);                       // コピーする
    }
}
```

※パスの変数名は任意の名前を使うことができますが、ここでは、わかりやすいようにsourceとtargetとしています。

先ほど作ったnote.txtファイルを、copyメソッドを使って、tempディレクトリにコピーします。パスの指定では、ディレクトリを含めて指定しなくてはいけません。実行して、表示をリフレッシュすると、コピーされていることが分かります。

このプログラムを2度実行すると、すでに同じファイルがあるので、例外が発生しますが、オプションを指定すれば、既存のファイルを上書きするようにできます。

```
    public static void main(String[] args) throws Exception {
        Path source = Path.of("foo/bar/note.txt");        // コピー元
        Path target = Path.of("temp/note.txt");           // コピー先
        Files.copy(source, target, StandardCopyOption.REPLACE_EXISTING);
    }
```

このオプションは列挙（➡ 24章）の値で、他に属性（最終更新日時、ファイルサイズなど）をコピーするCOPY_ATTRIBUTESオプションもあります。2つのオプションはコンマで区切って同時に指定できます。

copyメソッドのオプション

オプション	意　味
StandardCopyOption.REPLACE_EXISTING	ファイルが存在する場合は既存のファイルを置換する
StandardCopyOption.COPY_ATTRIBUTES	属性を新しいファイルにコピーする

Windowsではファイルの最終更新時間は、コピーオプションを指定しなくてもコピーされます。また、ファイルと同じように、copyメソッドでディレクトリもコピーできますが、残念ながら、コピーされるのはディレクトリだけで、中に含まれるファイルはコピーされません。

うーん、オプションって、やたら長いなぁ。
書き間違いそうだ。

列挙は、名前を1つのデータ型として扱えるようにする仕組みだ。
名前には意味が込められているので、長くなるのは仕方がない。
長くても、意味が伝わることが重要なんだ。

Q14-2-3

解答

ファイルコピーはとても便利な機能です。使い方を覚えておきましょう。

次は、カレントディレクトリが図のtanakaの時、list.txtファイルをrefフォルダにコピーするプログラムです。空欄を埋めてください。

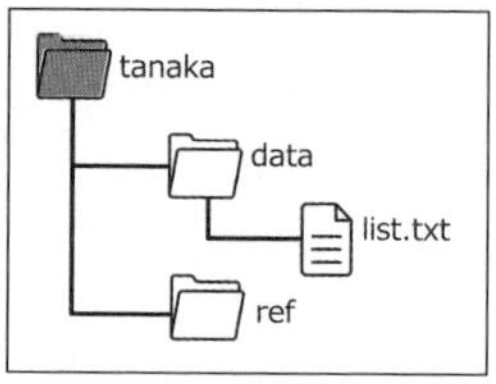


```
Path p1 = Path,of(" ①          ");
Path p2 = Path,of(" ②          ");
Files. ③     (p1, p2);
```

4.ファイル名の変更と移動

名前の変更と他のディレクトリへの移動は、どちらもmoveメソッドで行います。最初の例は名前の変更です。tempディレクトリのnote.txtをmemo.txtに変更します。

例題 ファイル名の変更 [MoveExample1]

```
package sample;
import java.nio.file.*;
public class MoveExample1 {
    public static void main(String[] args) throws Exception  {
        Path source = Path.of("temp/note.txt"); // 元のパス
        Path target = Path.of("temp/memo.txt"); // 変更後のパス
    ❶  Files.move(source, target);             // 名前の変更
    }
}
```

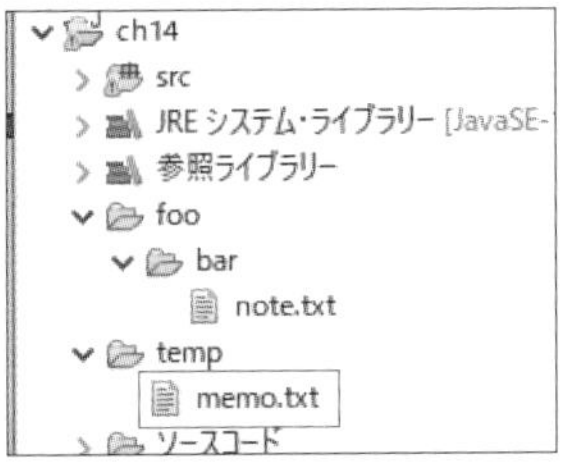

moveメソッドは、❶のように、sourceパスをtargetパスに変更します。変更するファイル名のパスには、ディレクトリも含めることに注意してください。

例題を実行して表示をリフレッシュすると、図のように表示されます。例は、ファイル名の変更ですが、ディレクトリ名も同じように変更できます。

次は、移動です。ファイルを他のディレクトリへ移動します。tempディレクトリのmemo.txtをbarディレクトリへ移動してみましょう。

例題 ファイルの移動 [MoveExample2]

```
package sample;
import java.nio.file.*;
public class MoveExample2 {
    public static void main(String[] args) throws Exception {
        Path source = Path.of("temp/memo.txt");     // 元のパス
        Path target = Path.of("foo/bar/memo.txt"); // 移動先のパス
        Files.move(source, target);                 // 移動
    }
}
```

移動先のパスには、ディレクトリを含めて指定します。例では同じファイル名（memo.txt）にしていますが、ファイル名を変えると、名前を変えて移動できます。

例題を実行し、表示をリフレッシュすると図のように移動したことがわかります。

コピーの場合と同じように、移動先に同じファイルがあった時、上書きするかどうかを、オプションで指定できます。また、移動が完了するまで、他のプログラムからのアクセスを禁止するオプションもあります。2つのオプションはコンマで区切って、同時に指定できます。

moveメソッドのオプション

オプション	意味
StandardCopyOption.REPLACE_EXISTING	ファイルが存在する場合は既存のファイルを置換する
StandardCopyOption.ATOMIC_MOVE	移動が完了するまでアクセスできない

次は、ATOMIC_MOVEを指定した例です。

```
public static void main(String[] args) throws Exception {
    Path source = Path.of("temp/memo.txt");                   // 元のパス
    Path target = Path.of("foo/bar/memo.txt");                // 移動先のパス
    Files.move(source, target, StandardCopyOption.ATOMIC_MOVE); // 移動
}
```

「移動が完了するまでアクセスできない」ってどういう意味ですか？
誰もアクセスしないと思いますけど・・・

いくつものプログラムが、同時に動いていることは珍しくない。そんな他のプログラムが、移動完了前のファイルにアクセスするかもしれない。ATOMIC_MOVEなら、それができなくなるんだ。

Q14-2-4

解答

moveは移動と名前変更の2つ機能があります。どういう場合が移動で、どういう場合が名前変更になるか理解しているなら、次の問いは簡単です。

カレントディレクトリが、図のtanakaの時、次の処理を実行した結果について、正しいものはどれですか。

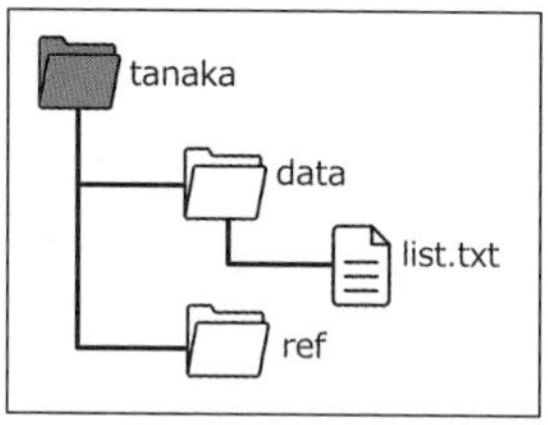


```
Path p1 = Path.of("data/list.txt");
Path p2 = Path.of("table.txt");
Files.move(p1, p2);
```

A. dataフォルダのlist.txtファイルの名前がtable.txtに変わる
B. カレントフォルダにlist.txtができる
C. カレントフォルダにtable.txtができる

5.ファイル削除

最後は、ファイルの削除です。削除は**delete**または**deleteIfExists**メソッドで行います。まず、普通のdeleteメソッドを使って、barディレクトリにあるmemo.txtを削除してみます。

例題　ファイルが存在するか確認して削除する　[DeleteExample1]

```
package sample;
import java.nio.file.*;
public class DeleteExample1 {
    public static void main(String[] args) throws Exception {
        Path target = Path.of("foo/bar/memo.txt"); // 削除対象のパス
    ❶   if(Files.exists(target)) {                 // ファイルがあれば、
            Files.delete(target);                  // 削除する
        }
    }
}
```

例題では、❶でファイルが存在するかどうか、existsメソッド（➡ P.326、FilesクラスのAPI）を使って調べ、存在する場合だけdeleteメソッドを実行します。存在しないファイルに対してdeleteメソッドを実行すると例外が投げられるからです。実行して、表示をリフレッシュするとmemo.txtがなくなっていることがわかります。

この例題では、if文を使って削除しましたが、同じことをやるのがdeleteIfExistsメソッドです。このメソッドを使うと、存在している時だけ削除するのでif文は必要ありません。

例題　ファイルが存在すれば削除する　[DeleteExample2]

```
package sample;
import java.nio.file.*;
public class DeleteExample2 {
    public static void main(String[] args) throws Exception {
        Path target = Path.of("foo/bar/note.txt");// 削除対象のパス
        Files.deleteIfExists(target);// ファイルがあれば削除する
    }
}
```

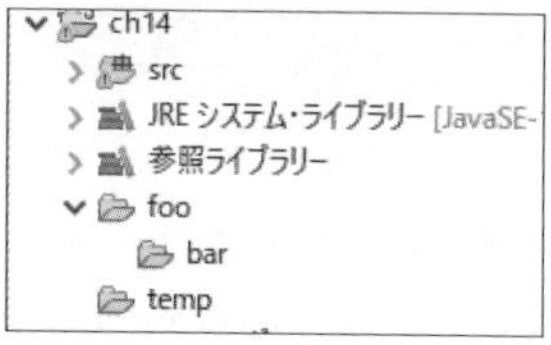

例題は、barディレクトリにある`note.txt`ファイルを削除します。例題を2度実行しても例外が発生しないことを確かめてください。

Q14-2-5

解答

カレントディレクトリがtanakaの時、list.txtファイルを削除するプログラム（Ex14_2_5）を作成してください。削除には、deleteIfExists()メソッドを使います。

なお、try-catch構文を使って、例外処理をしてください。例外処理では、printStackTrace()メソッドを実行します。

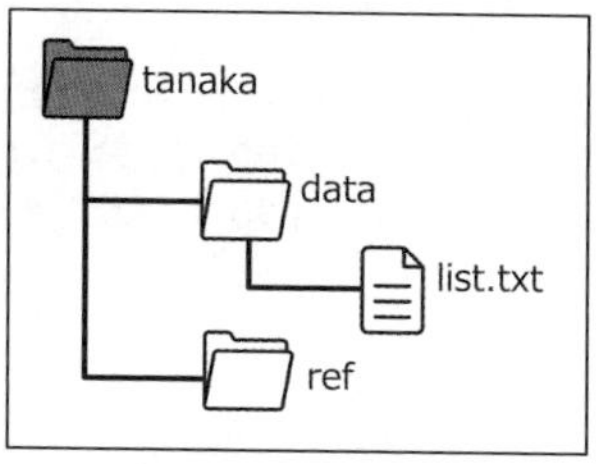

6.ディレクトリの削除

delete、deleteIfExists メソッドで、パスにディレクトリを指定すると、ディレクトリを削除できます。ただ、削除できるのは、ディレクトリ内にファイルが1つもない時だけです。ファイルが残っていると削除できません。

えっ、それじゃ、ファイルが残っている時はどうすればいいですか？
（ファイルをいちいち消すのかなぁ）

以前は、再帰処理で、ファイルを消しながらディレクトリを消していく、というやり方をしたが、今は、もっとスマートな方法がある。

なーんだ、それじゃ、そのスマートな方法ってのを教えて欲しいです。
（再帰処理は面倒そうだしね）

「Fileツリーの操作（P.329）」で説明するが、ラムダ式とストリームの知識が必要になるので、19、20章を読んだ後で見て欲しい。他の方法として、Commons IOのクラスを使う方法がある。これは専用のメソッドがあるのでとても簡単だ。

Commonsは、Apacheソフトウェア財団が管理する大規模なオープンソースのJavaライブラリで、標準のJavaではできない便利なクラスやメソッドが大量にあります。Commons IOはその中で、ファイル入出力を補強するライブラリです。ch14プロジェクトには、Commons IOライブラリが登録してあるので、すぐに使うことができます。

例題 Commons IOによるディレクトリの削除 [DeleteExample3]

```
package sample;

import java.nio.file.Path;
import org.apache.commons.io.FileUtils;

public class DeleteExample3 {
    public static void main(String[] args) throws Exception {

        Path target = Path.of("foo");     // 削除対象のパス
❶       FileUtils.deleteDirectory(❷target.toFile());
    }
}
```

❶の**FileUtils.deleteDirectory()**メソッドは、Commons IOにあるクラスメソッドです。ディレクトリが空でなくても、強制的に削除します。例えば、「対象のディレクトリの中にさらにディレクトリがあり、その中にファイルがある」といった状態でも削除できる強力な削除メソッドです。

FileUtils.deleteDirectory()メソッドの引数には、削除するディレクトリを指定しますが、PathではなくFileという、java.ioパッケージの(古い)クラスを使わなくてはいけません。ただ、Pathインタフェースには、PathをFileに変換するtoFile()メソッドがあるので、❷ではそれを使って変換しています。

この例題を実行するには、図のようなディレクトリとファイルの構成になるようにしておくといいでしょう。すでにnote.txtファイルを消してしまっている場合は、createExample3を実行して、ファイルを作成しておいてください。

※ライブラリのダウンロードとプロジェクトへの登録方法は巻末の補足資料を参照してください。

Q14-2-6

解答

カレントディレクトリが図のようである時、CommonsのFileUtils.deleteDirectory()メソッドを使って、dataディレクトリを削除するプログラム（Ex14_2_6）を作成してください。

なお、try-catch構文を使って、例外処理をしてください。例外処理では、printStackTrace()メソッドを実行します。

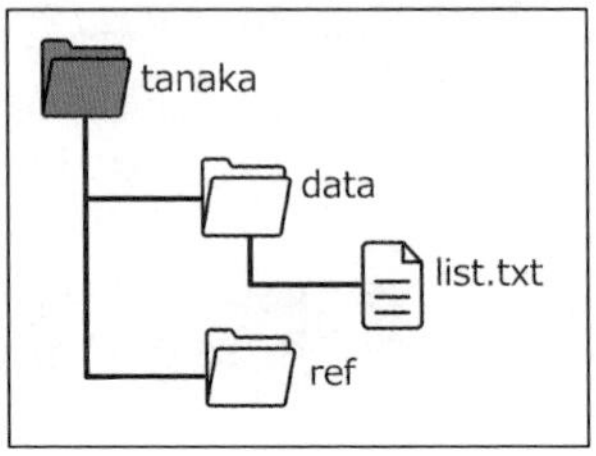

7.Filesクラスのメソッドのまとめ

Filesクラスのメソッドはどれもクラスメソッドです。
これまで解説したものをまとめると、次のようなものがあります。

Filesクラスの API

クラスメソッド	機能
`Path createFile(path)`	空のファイルを作成する
`Path createDirectory(path)`	ディレクトリを作成する
`Path createDirectories(path)`	存在しない親ディレクトリを含めてディレクトリを作成する
`Path copy(source, target, option)`	ファイルをコピーする
`Path move(source, target, option)`	ファイル名を変更する、または他のディレクトリへ移動する
`boolean exists(path)`	ファイルが存在する時trueを返す
`void delete(path)`	ファイルを削除する
`boolean deleteIfExist(path)`	ファイルが存在すれば削除してtrueを返す

表の source、target、path はPathオブジェクトです。また、optionは操作に関係する付加情報です。なお、createFile、createDirectory、createDirectoriesには、作成時に属性を設定するオプションがありますが、省略しています。

その他のクラスメソッド

これ以外にも、Filesクラスには多くのメソッドがあります。それだけファイル操作が多岐に渡るからですが、比較的使う機会の多いAPIを掲載しますので、どんな機能があるのか、見ておいてください。

メソッド名と機能に重点を置いているので、下記の表のAPIは、引数を簡略表示にして、見やすくしました。引数は次のような意味です。

p	Path
b[]	byte[]
list	ListやSetなど［正確にはIterable］
str	String［正確にはCharSequence］
cs	Charset（文字セットの種類を表すオブジェクト）
dp	探索するファイルツリーの深さ（1などの整数）
op...	省略可なオプション（OpenOption、FileVisitOption）

14

- **ファイル入力**

従来、面倒な記述が必要だった基本的な入力処理が、1行で書けます。使う機会の多いメソッドです。ただし、サイズの大きなファイルは15章で解説するI/Oストリームのクラスを使ってください。

ファイル入力のクラスメソッド	
Stream<String> **lines**(p)	ファイルから行単位で読みだすStreamを返す
byte[] **readAllBytes**(p)	ファイル全内容を一度にbyteの配列として読み取る
List<String> **readAllLines**(p) List<String> **readAllLines**(p ,cs)	ファイルの全ての行をStringのListに入れて返す
String **readString**(p) String **readString**(p, cs)	ファイルの全内容を1つの文字列にして返す

```
   // ファイル内容をすべてコンソールに表示する
❶ Files.lines(path).forEach(System.out::println);

   // それぞれ、バイト配列、文字列のリスト、文字列、に全ファイル内容を読み込む
   byte[] b = Files.readAllBytes(path);
❷ List<String> list = Files.readAllLines(path);
   String str = Files.readString(path, Charset.forName("MS932"));
```

これらのメソッドでは、デフォルトの文字コードはUTF-8です。Windowsで文字コードを指定せずに作成したデータは、MS932という文字コードになるので、読み込むには文字セットを指定する必要があります。readStringメソッドの例を参考にしてください。文字セットについては、15章のP.343の「文字セットを指定して読み出す方法」を参照してください。

なお、❶のストリーム処理は20章、❷のListは16章で解説しています。

- **ファイル出力**

比較的サイズの小さなファイルについて、バイト配列、リスト、文字列を1行でファイルに書き込みます。サイズの大きなファイルは15章で解説するI/Oストリームのクラスを使ってください。

なお、これらのメソッドも、デフォルトの文字コードはUTF-8です。他の文字コードで出力する時は、Charsetを指定する必要があります。

ファイル出力のクラスメソッド	
write(p, b[], op...)	バイト配列を一度にファイルに書き込む
write(p,list, op...) **write**(p,list, cs, op...)	listを一度にファイルに書き込む
writeString(p, str, cs, op...) **writeString**(p, str, op...)	strを一度にファイルに書き込む

```
Files.write(path, list);                    // List全体をファイルに出力する
Files.writeString(path, "こんにちは");        // 文字列をファイルに出力する
```

- **入出力ストリームの作成**

面倒な記述が必要だったファイル処理のための入出力ストリームを、簡単に作成できます。使用例は、15章のP.340を見てください。

ファイル出力のクラスメソッド	
newBufferedReader(p) **newBufferedReader**(p, cs)	ファイル用のBufferedReaderを返します
newBufferedWriter(p, op...) **newBufferedWriter**(p, cs, op...)	ファイル用のBufferedWriterを返します
newInputStream(p, op...)	ファイル用のInputStreamを返します
newOutputStream(p, op...)	ファイル用のoutputStreamを返します

- **いろいろな判定**

ファイル操作で必要になる各種の判定処理です。

判定処理のクラスメソッド	
boolean **exists**(p, op...)	パスが存在する時、trueを返す
boolean **notExists**(p, op...)	パスが存在しない時、trueを返す
boolean **isDirectory**(p, op...)	パスがディレクトリの時、trueを返す
boolean **isRegularFile**(p, op...)	パスがファイルの時、trueを返す
boolean **isReadable**(p)	読み込み可能なファイルならtrueを返す
boolean **isWritable**(p)	書き込み可能なファイルならtrueを返す
boolean **isHidden**(p)	隠しファイルならtrueを返す
boolean **isSymbolicLink**(p)	シンボリックリンクならtrueを返す
boolean **isExecutable**(p)	実行可能ファイルならtrueを返す
boolean **isSameFile**(p1, p2)	p1とp2が同じパスならtrueを返す
long **size**(p)	ファイルのバイト単位でのサイズを返す

14

• ファイルツリーの操作

walkメソッドは、ファイルツリーをたどって、全てのファイルやディレクトリを再帰的に取り出すStreamを返します。ストリーム処理ができるので、工夫次第でいろいろなことができる非常に強力な機能です。

パスの操作（抽出、検索、分類、削除などの処理が可能）	
Stream<Path> **walk**(p, op...) Stream<Path> **walk**(p, dp, op...)	パスpを起点に、すべてのファイルツリーを再帰的に参照するPathのStreamを返す。dpに1を指定すると指定したPathの直下だけに限定できる。

次の例はStream処理ですが、19章と20章を読んだ後でもう一度見ると、容易に理解できるはずです。なお、例のように、Flies.walkメソッドは、自動的にファイルをクローズするよう、try-with-resourece文（15章）の形式で使わなければいけません。

```
// ファイルツリーにあるすべてのファイルのリストを得る
Path path = Path.of(~);
List<Path> plist;
try (Stream<Path> walk = Files.walk(path)) {
    plist = walk.filter(Files::isRegularFile)      // ファイルだけ抽出する
                .toList();                         // リストにする
}
```

```
// 再帰的に（空でない）ディレクトリを削除する
Path path = Path.of(~);
try (Stream<Path> walk = Files.walk(path)) {
    walk.sorted(Comparator.reverseOrder())     // ファイルが先に来るようにソート
        .map(Path::toFile) (注)
        .forEach(File::delete);
}
```

(注) Files.delete()はチェック例外を投げるので、もう1つtry-catch文が必要になります。それに対して、File.delete()はチェック例外を投げないのでPath->Fileと変換して使います。

14

Q14-2-7

解答

`Files.writeString()`と`Files.readString()`を使ってみましょう。

次のテキストブロック（➡P.584）を`Files.writeString()`でファイルに書き込みます。次に、それを`Files.readString()`で読み出してコンソールに表示するプログラム（Ex14_2_7）を作成してください。ファイルパスは、カレントディレクトリのsample.txtとします。

```
String text = """
    java.nio.fileパッケージにはファイル入出力に利用するクラスがあります。
    特に、Pathインタフェースと、Filesクラスには有用なメソッドあります。
    Pathインタフェースはjava.ioのFileクラスに代わるものです。
    """;
```

なお、`Files.writeString()`と`Files.readString()`は、try-catch構文を使って、例外処理をしてください。例外では、`e.printStackTrace()`メソッドを実行します。

```
java.nio.fileパッケージにはファイル入出力に利用するクラスがあります。
特に、Pathインタフェースと、Filesクラスには有用なメソッドあります。
Pathインタフェースはjava.ioのFileクラスに代わるものです。
```

14.3 まとめとテスト

1.まとめ

1.Pathとは

・Pathはファイルやディレクトリを表すインタフェースである

・絶対パス＝起点から完全な経路を記述したもの

c:¥job¥docs¥readme.txt➡ Path p = Path.of("c:/job/docs/readme.txt");

・相対パス＝カレントディレクトリを決めて、それを起点に記述したもの

jobを起点とするとdocs/readme.txtは　path p = Path.of("docs/readme.txt");

・プログラムでは、絶対パスよりも相対パスを使う

2.Pathインタフェースのメソッド

パスの生成	Path.of()
パスの分解	getRoot()、getParent()、getFileName()
パスの変換	toFile()、toAbsolutePath()、toRealPath()、toUri()、toNormalize()
パスの比較	equals()、startWith()、endWith()、compareTo()

3.Filesクラスのクラスメソッド

基本操作	createFile()、createDirectory()、copy()、move()、delete() deleteIfExists()
ファイル入力	lines()、readAllBytes()、readAllLines()、readString()
ファイル出力	write()、writeString()
入出力ストリーム作成	newBufferedReader()、newBufferedWriter() newInputStream()、newOutputStream()
判定	exists()、notExists()、isDirectory()、isRegularFile() isReadable()、isWritable()、isHidden()、isSymbolicLink() isExecutable()、isSameFile()、size()
ファイルツリー操作	walk()

4.commonsのファイル削除メソッド

```
FileUtils.deleteDirectory(path.toFile());
```

2.演習問題

解答

この章のまとめとして、パスとファイルの操作を行うプログラムを作りましょう。
パス作成とファイル・フォルダの基本操作についての問題です。
問1と問2をPass1.javaファイルに作成してください。

14章のプロジェクトフォルダ（青色のフォルダ）をカレントディレクトリとします。

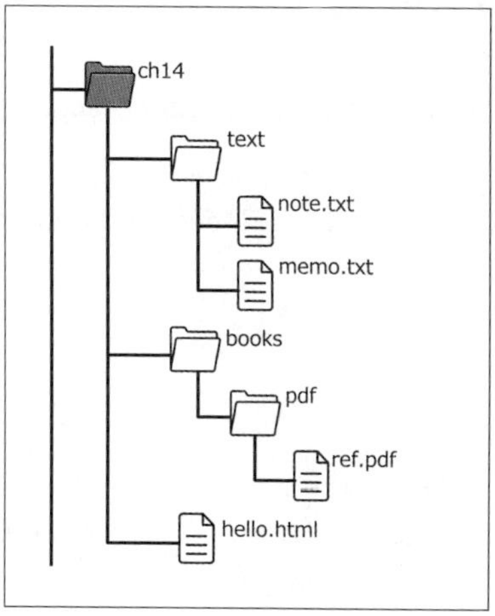

問1　パスについての問題です。
例にならって、次のパスを作成してください。
例）memo.txtを指すパス ➡ `Path p0 = Path.of("text/memo.txt");`
注：問1ではパスを作成するだけで、ファイルやディレクトリは作成しません。

- note.txtを指すパスp1
- booksディレクトリを指すパスp2
- ref.pdfファイルを指すパスp3
- hello.htmlを指すパスp4

問2　基本的なファイル操作についての問題です。
次のファイル処理のプログラムを作成してください。

- P4のパスを使って、hello.htmlを作成する
- カレントディレクトリにhtmlフォルダを作成する
- 作成したhtmlフォルダに、hello.htmlファイルを移動する
- カレントディレクトリを取得して絶対パスに変換した上で、コンソールに表示する

問3　ch14プロジェクトにある`nagasaki_ms932.txt`は、MS932で書かれたファイルです。`Files.readString()`メソッドを使ってString型の変数に読み込み、さらに、`Files.writeString()`メソッドを使ってUTF-8の文字コードで`nagasaki.txt`ファイルに出力するプログラム（Pass3）を作成してください。なお、try-catch構文を使って、例外処理をしてください。

＜ヒント＞

`nagasaki_ms932.txt` は、MS-932で書かれているので、Charsetを指定して読み込む必要があります。`Charset.forName("MS932")`を指定します。344ページのファイル入力のサンプルプログラムを参照してください。なお、UTF-8がデフォルトの文字コードなので、出力にはCharsetの指定は不要です。

tablet
phone
mobile pc
E-ink Reader
etc...
ガジェットで
カバンが重い

Chapter

15 ファイル入出力

データをファイルに保存したり、ファイルから読み取ったりするには、Java.ioパッケージの標準クラスを使います。この中には、たくさんのクラスが定義されていて、どれをどう使うのか、初めて学ぶとなかなか全体像が見えず苦労したものです。しかし、新たにNIO（New I/O）ライブラリ（java.nio.fileパッケージなど）のクラスが使えるようになり、わかりやすく、そして、便利になりました。

この章では、NIOライブラリで提供される機能を最大限に取り込みながら、Javaの新旧の入出力処理を整理して、わかりやすく解説します。この章を学習することにより、ファイル入出力を自在に使いこなせるようになるでしょう。

15.1 I/Oストリームと標準クラス

1.I/Oストリームとは

15

I/O（入出力）ストリームは、入出力を行うオブジェクトです。Javaでは、入力ストリームを使ってファイルからデータを読み込み、出力ストリームを使ってファイルにデータを書き出します。ストリームという名前の由来は、そのオブジェクトを通して1バイトずつ、データが流れて行くことから来ています。

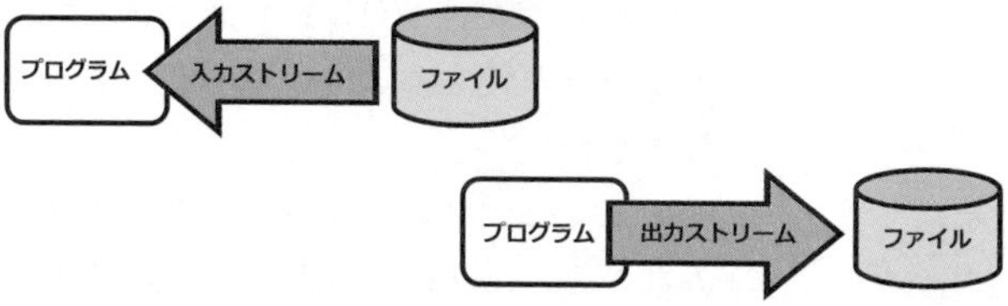

入力元や出力先は、ファイルやネットワークです。さらに、文字列変数（入力元、出力先として）や、キーボード（入力元として）も対象にできます。同じI/Oストリームで、いろいろな相手に入出力できるのが強みです。

2.バイナリストリームとテキストストリーム

I/Oストリームには、入力／出力で分ける他に、バイナリストリームとテキストストリームという種類があります。文字データを扱うのがテキストストリームで、音声や画像などのそれ以外のデータを扱うのがバイナリストリームです。

バイナリストリームは、データに手を加えず、そのままやり取りするストリームです。0/1の並びをそのまま1バイト単位で入出力します。0と1の並び8個（8ビット）が1バイトです。そのためバイトストリームということもあります。

一方、テキストストリームはそれほど単純ではありません。テキストストリームは1バイト単位ではなく、**1文字単位で入出力**するので、バイト列から文字列への変換が必要です。しかも、入出力するデータが、どんな**文字セット**（Charset）を使っているかにより変換の方法が違うので、**適用する文字セットを指定しなくてはいけないこともあります。**

文字セット!?
先輩、適用する文字セットを指定するって、どういうことですか？

コンピュータは文字を文字番号で識別している。その文字と文字番号の対応表が文字セットだ。OS毎に違う文字セットを使っているので、他のOSのデータを扱う場合は、MS932※とかUTF-8などを指定することがある。

えっ、そのMS932とかって、一体･･･
（どこかで聞いた気がするけどなぁ）

MS932はWindowsの標準文字セットの名前だ。
Windowsで作成したデータは、MS932になる。それからLinuxやMacならUTF-8。
だから、WindowsでLinuxのデータを扱う時はUTF-8を指定すればいい。

3.I/Oストリームのクラス

java.ioパッケージに、I/Oストリームのクラスがたくさん用意されています。まず、バイナリかテキストかで2つに分け、さらに入力と出力で2つに分かれるので、全部で4種類です。

バイナリストリームには、InputStreamとOutputStream、テキストストリームにはReaderとWriterというスーパークラスがあります。スーパークラスはどれも抽象クラスで、それぞれがいくつかのサブクラスを持っています。

次がその一覧です。なお、ScannerクラスはI/Oストリームとは種類が違うクラスですが、テキスト入力用のクラスとして使うので、一緒に解説します。

次節からは、青字で示した中心となるクラスについて、使い方を詳しく解説します。

※MS932はwindows-31jと同じです。ただ、伝統的なShift-JISとは同じではなく、一部、拡張されています。

入力・バイナリストリーム　(java.ioパッケージ)

- **InputStream**
  - ByteArrayInputStream
  - **FileInputStream**
  - FilterInputStream
    - **BufferedInputStream**
    - DataInputStream
    - LineNumberInputStream
    - PushbackInputStream
  - **ObjectInputStream**
  - PipedInputStream
  - SequenceInputStream

出力・バイナリストリーム　(java.ioパッケージ)

- **OutputStream**
  - ByteArrayOutputStream
  - **FileOutputStream**
  - FilterOutputStream
    - **BufferedOutputStream**
    - DataOutputStream
    - PrintStream
  - **ObjectOutputStream**
  - PipedOutputStream

入力・テキストストリーム　(java.ioパッケージ)

- **Reader**
  - **BufferedReader**
    - LineNumberReader
  - CharArrayReader
  - FilterReader
    - PushbackReader
  - InputStreamReader
    - FileReader
  - PipedReader
  - StringReader

解析機能付きの入力 (java.utilパッケージ – 入力ストリームではない)

- **Scanner**

出力・テキストストリーム

- **Writer**
  - **BufferedWriter**
  - CharArrayWriter
  - FilterWriter
  - OutputStreamWriter
    - FileWriter
  - PipedWriter
  - StringWriter
  - **PrintWriter**

NIOライブラリ (java.nio.fileパッケージ、java.nio.Charsetパッケージ)

Path	……パスを表す
Files	……BufferedReader、BufferedWriter を生成する
Charset	……文字セットを表す
StandardOpenOption	…… ファイルのオープンオプションを表す

バッファリング機能

BufferedInputStream、BufferedOutputStream、BufferedReader、BufferedWriterのようにBufferedが付くものがあります。Bufferedとは、ファイルから一定量のデータを先読み（または出力）してメモリに溜めておく機能（バッファリング）があることを指します。これにより、毎回、記憶装置にアクセスするよりも、高速に入出力できます。

バッファリング機能を持つ入出力ストリームクラスは、Bufferedが付いています。

Q15-1

解答

まずは関連クラスの名前を覚えましょう。もちろん、解説や表を見て答えて構いません。

問1　クラスを覚えてください。
4種類のI/Oストリームクラスで、スーパークラスはそれぞれ何ですか。

A. 入力・バイナリストリーム　（　　　　　　　　　）
B. 出力・バイナリストリーム　（　　　　　　　　　）
C. 入力・テキストストリーム　（　　　　　　　　　）
D. 出力・テキストストリーム　（　　　　　　　　　）

問2　クラスの種類を確認するための問題です。
次のI/Oストリームクラスを、バイナリストリームとテキストストリームに分けてください。

A. OutputStream
B. Writer
C. PrintWriter
D. ObjectInputStream
E. ObjectOutputStream
F. BufferedOutputStream
G. BufferedReader
H. Reader
I. FileOutputStream
J. BufferedWriter
K. InputStream
L. FileInputStream
M. BufferedInputStream
N. InputStreamReader

バイナリストリーム ________________________________

テキストストリーム ________________________________

15.2 テキスト入力ストリーム

1.BufferedReaderの使い方

テキスト入力ストリームは、ファイルから文字列データを読み込むのに使います。主に利用するのは、BufferedReaderクラスのreadLineメソッドです。

BufferedReader クラス
public String readLine()

1行分（改行コードで1行を判定）を読み込んで返し、ファイルの読み込み位置を次の行へ進める。読み込む行がない時はnullを返す。

次は、BufferedReaderを使った典型的なテキスト入力処理です。

例題 テキスト入力ストリーム [newBufferedReaderExample]

```
package sample;
import java.io.BufferedReader;
import java.io.IOException;
import java.nio.file.Files;
import java.nio.file.Path;
public class NewBufferedReaderExample {
    public static void main(String[] args) throws IOException {

        // PathとFilesを使ってBufferedReaderを作る
      ❶ Path path = Path.of("nagasaki.txt");
      ❷ BufferedReader in = Files.newBufferedReader(path);

        // while文を使ってすべてのデータを読み出し、コンソールに表示する
        String  line;                                   // 行データを入れる変数
      ❸ while((line=in.readLine())!=null) {             // nullでない間、繰り返す
            System.out.println(line);                   // 1行分を表示する
        }
    }
}
```

菱形の凧。サント・モンタニの空に揚つた凧。うらうらと幾つも漂つた凧。
路ばたに商ふ夏蜜柑やバナナ。敷石の日ざしに火照るけはひ。町一ぱいに飛ぶ燕。
丸山の廓の見返り柳。（「長崎」 芥川龍之介 より）

※nagasaki.txtはEclipseのch15プロジェクトに入れてあります。

例題は、nagasaki.txtを1行ずつ読み込んで、コンソールに表示します。処理手順をみてもらうため、例外処理を省略しています（入出力処理の例外処理は次節で解説します）。

❶、❷はBufferedReaderを作る手順です。14章で解説したPathとFilesを使います。FilesクラスのnewBufferedReaderメソッドの引数にパスを指定して、BufferedReaderのインスタンスを取得します。


```
// Pathを指定して、BufferedReader のインスタンスを取得する
Path path = Path.of("nagasaki.txt");
BufferedReader in = Files.newBufferedReader( path );
```

❸のwhile文は、ファイルからデータを読み出す時の典型的なパターンです。

```
String line;                                // 行データを入れる変数
while((line=in.readLine())!=null) {         // nullでない間、1行ずつ読み込む
    System.out.println(line);               // コンソールに表示する
}
```

while文の中で、readLineメソッドで1行分を読み込んで、lineに代入します。すべてのデータを読み出してしまうと、最後にnullが返されるので、while文は、lineがnullでない間、繰り返すという設定にします。

readLine()による入力では、行の終わりを改行コードで判定し、lineには改行コードの直前までのデータが入力されます。例題では、lineはprintlnを使って出力しています。

先輩、BufferedReaderは、普通にnewで作る方が簡単じゃないですか？

```
BufferedReader in = new BufferedReader("nagasaki.txt");
```

残念！　newを使うとそんな簡単には作れない。こうなる。

```
FileReader fr = new FileReader("nagasaki.txt ");
BufferedReader in = new BufferedReader(fr);
```

ふーん、FileReaderを作り、それを使ってBufferedReaderを作るんですか。
なぜ一度にできないんだろう？

本当はFileReaderだけでいいんだが、FileReaderは読み込みが遅い。そこで、バッファリングで速度を上げる機能を持つBufferedReaderに入れてしまうんだ。これを、FileReaderをBufferedReaderでラップする（包む）という。

BufferedReaderは、入力のバッファリング機能（データをバッファに溜め、そこから読み出すことで速度を上げる）を、他の入力ストリームに提供するためのクラスで、具体的な入力機能は持ちません。

逆に、他のテキスト入力ストリームはバッファリング機能がないので、速度を上げるために、BufferedReaderでラップして使うことが推奨されています。また、文字セットの変更機能はInputStreamReaderしか持たないので、必要な時はそれもラップする必要があります。

しかし、それではさすがに手順が煩雑でわかりにくいため、NIOが整備されました。最初からラップしたBufferedReaderを取得できるように、java.nio.fileパッケージのFilesクラスで、**Files.newBufferedReader()**メソッドが提供されたのです。

Files.newBufferedReader()

Files.newBufferedReader()メソッドは、charset（文字セット）とoption（ファイルのオープンオプション）を指定してBufferedReaderを作成できるよう、次の4通りのメソッドがオーバーロードされています。

```
BufferedReader br = Files.newBufferedReader(path);
BufferedReader br = Files.newBufferedReader(path, charset);
BufferedReader br = Files.newBufferedReader(path, option...);
BufferedReader br = Files.newBufferedReader(path, charset, option...);
```

これらの使い方ですが、charsetの意味や指定方法を次項で解説します。また、optionの意味と指定方法は、第4節（P.353）でBufferedWriterと合わせて解説します。

Q15-2-1

解答

BufferedReaderは一番よく使う入力処理です。基本的な使い方を覚えましょう。
次は、カレントディレクトリのmemo.txtファイルの内容を読み出して、コンソールに出力する処理ですが、空欄には何が入りますか。

```
Path path = Path.of("memo.txt");
BufferedReader in = ①                ;
String  line;
while((line= ②      )!=null) {
    System.out.println(line);
}
```


2.文字セットを指定して読み出す方法

文字セットについては、MS932やUTF-8などがあり、書き出しや読み込み時に、それを指定する場合があることを、この章の冒頭で説明しました。テキストストリームでは、文字セットが何か、そして文字セットを変更する必要があるかどうかを常に考えておくことが必要です。

java.ioパッケージのクラスでは、文字セットを "MS932" のように、文字列で指定しますが、NIOでは文字セットを表すオブジェクト（Charset型のオブジェクト）で指定します。

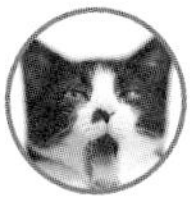

Charset型！？
先輩、これってCharクラスの親戚みたいなものですか？

Charsetは「文字セット」という意味だ。コンピュータでは文字を番号で区別するが、どの文字を何番にするかを決めた体系が文字セットだ。UTF-8とかMS932とかいろいろある。

「文字セット」･･･
あっ、337ページで言ってたヤツですね。

そう、UTF-8という文字セットを使うのが普通なので、違う文字セットで作成されたデータの場合は、どの文字セットかを指定して読み出す必要がある。Charset型のオブジェクトを使って指定することになっている。

newBufferedReader()のような、Filesクラスのメソッドでは、UTF-8が既定の文字セットです。しかし、Windowsのメモ帳やOfficeソフトで作成したデータは、MS932になるので、それらを読み書きする時は、MS932を指定する必要があります。

なお、サポートウェブからダウンロードしたEclipseは、文字セットをUTF-8に設定してあるので、作成したデータ・プログラムはUTF-8になります。

次のように、**Charset.forName()**メソッドを使うと、文字セットを指定するためのオブジェクト（Charset型）を取得できます。メソッドの戻り値はCharset型です。

Charset Charset.forName("文字セット名") --- （戻り値型）	引数に指定した文字セットのインスタンスを返す

これで取得した文字セットを指定して、BufferedReaderのインスタンスを作成します。次の例題は、MS932の文字セットで作成されたデータを読み込むので、文字セットをMS932と指定してBufferedReaderを作成します。

例題 文字セットを指定して読み込む [NewBufferedReaderWithCharset]

```
package sample;
import java.io.BufferedReader;
import java.io.IOException;
import java.nio.charset.Charset;
import java.nio.file.Files;
import java.nio.file.Path;
public class NewBufferedReaderWithCharset {
    public static void main(String[] args) throws IOException {

        // PathとFilesを使ってBufferedReaderを作る
        Path path = Path.of("nagasaki_ms932.txt"); // MS932で作成
      ❶ BufferedReader in
            = Files.newBufferedReader(path, Charset.forName("MS932"));

        // while文を使ってすべてのデータを読み出し、コンソールに表示する
        String  line;                                   // 行データを入れる変数
        while((line=in.readLine())!=null) {             // nullでない間、繰り返す
          System.out.println(line);                     // 1行分を表示する
        }
    }
}
```

```
菱形の凧。サント・モンタニの空に揚つた凧。うらうらと幾つも漂つた凧。
路ばたに商ふ夏蜜柑やバナナ。敷石の日ざしに火照るけはひ。町一ぱいに飛ぶ燕。
丸山の廓の見返り柳。（「長崎」 芥川龍之介 より）
```

※nagasaki_ms932.txtはサポートウェブからダウンロードできます。巻末のURL一覧を参照してください。

前の例題で使ったデータファイルは、UTF-8という文字セットで作成されたテキストデータでしたが、ここで使う`nagasaki_ms932.txt`は、MS932の文字セットで作られたテキストデータファイルです。

そこで、前項の例題と同じく、❶でBufferedReaderを作成していますが、文字セットの指定を追加しています。前例との違いは、わずかに、この指定だけです。

```
BufferedReader in = Files.newBufferedReader(path, Charset.forName("MS932"));
```


これ以外の処理は、前項の例題とまったく同じです。実行結果を見ると正しく読み込まれたことがわかります。

あれっ、先輩、Windowsの標準文字セットはMS932って言いましたよね？
だったら、わざわざ、文字セットを指定しなくてもいいのでは …

Windowsは確かにMS932だ。
しかし、Eclipseの中では、標準文字セットをUTF-8に変えてあるはずだ。

えっ、Eclipseの中だけUTF-8？
その設定って、おかしいんじゃないですか。

UTF-8は全世界共通の文字セットだから、ソフトウェア開発ではUTF-8 を使うのが常識になっている。MS932はWindowsの方言であることを忘れないように。

プログラミングやウェブ開発など、ソフトウェア開発では**UTF-8で作成すること**が推奨されています。UTF-8は**ユニコード**という規格に基づいています。ユニコードは、全世界の言語の文字と文字番号を1つにまとめた文字セットなので、世界中で同じ文字セットを使えるからです。

Eclipseでも設定により、文字セットがUTF-8にしてあるのが普通ですから、MS932で作成されたデータを読み込むと例外が投げられます。

試しに、❶で文字セットの指定を削除して実行してみてください。
`MalformedInputException`という例外が発生するはずです。この例外は、文字セットの指定が間違っているときに投げられる例外です。UTF-8を期待していたら、MS932だったので例外が投げられた、というわけです。

Q15-2-2

解答

文字セットの指定は重要です。指定の仕方を復習しておきましょう。
次はMS932で作成されたtoshishun_ms932.txtのすべての内容をコンソールに表示するプログラムです。ファイルは文字セットを指定して読み込みます。空欄を埋めてください。

```
public static void main(String[] args) throws IOException {
    Path path = Path.of("toshishun_ms932.txt");
    BufferedReader in = [ ① ];
    String  line;
    while([ ② ] != null) {
        System.out.println(line);
    }
}
```

Stream（ストリーム）によるファイル処理

Stream（20章）を使ってもファイル入力処理が行えます。

Streamはデータの集まりから、1つずつ順にデータを取り出して、データの流れを作ります。それがStreamという名前の由来ですが、元になるデータの集まりとしては、配列やList（16章）の他に、テキストファイルも扱うことができます。

ここでは、Files.lines() メソッドでテキストファイルからStreamを作って、例題と同じ処理をする例を紹介します。出力には、forEachメソッドを使っています。
※package文、import文は省略しています。

```
public class FileStreamExample {
    public static void main(String[] args) throws IOException{
        Path path = Path.of("nagasaki_ms932.txt");
        Stream<String> st
            = Files.lines(path, Charset.forName("MS932"));
        st.forEach(System.out::println);
    }
}
```

今は意味が分からなくても大丈夫です。20章まで終わった時、このプログラムを思い出してください。その時は、手に取るように理解できるはずです。

15.3 リソース付きtry文

1.例外処理

これまでの例題は例外処理を省いていました。ここでは、いよいよ例外処理の方法を解説します。I/Oストリームの例外処理は、リソース付きtry文を使います。

まず、普通のtry文でファイル入力の例外処理を書くと、次のようになります。青字のfinallyブロックに注意してください。

```
BufferedReader in = null;
try{
    in = Files.newBufferedReader(path); // 例外を投げる可能性がある
    …
}
catch(IOException e){                   // 例外処理
    e.printStackTrace();
}
finally{
    if(in != null){
        try {      // close()はIOExceptionを投げるので、try文が必要
            in.close();
        } catch (IOException e) {
            e.printStackTrace();
        }
    }
}
```

I/Oストリームの特徴は、処理が終わった時、作業用のメモリなどを開放する**終了処理**が必要なことです。そのために、**close()** メソッドが用意してあります。例外発生の有無にかかわらず、必ず実行しなければならないので、finallyブロックの中に書きます。

しかし、finallyブロックの記述は面倒なだけでなく、あまりにも冗長でした。そこで、リソース付きtry文がjava7(2011年) から導入されました。新しい書き方では、もはやclose()を書く必要はありません。それは、次のように簡単です。

```
try(BufferedReader in = Files.newBufferedReader(path);){  // ( )内で作成する
    …
}
catch(IOException e){       // 例外処理
    e.printStackTrace();    // 例外の内容と例外発生までの呼び出し経路を表示する
}
```

( ) の付いたtryブロックは、ARM (Automatic Resource Management) ブロックといい、( )内に書いたI/Oストリームは、何があっても、終了時に自動的にclose() されます。これにより、close() を実行していたfinallyブロックも不要になりました。

プログラムでアクセスするデータを、一般にリソース (resource) といいます。リソース付きtry文の名前の由来は、**リソースにアクセスするためのオブジェクトを( )の中に書く**ことから来ています。

15

以上から、BufferedReaderの例外処理は、リソース付きtry文を使って、次のように書くことができます。

例題 リソース付きtry文 [NewBufferedReaderWithTry]

```
package sample;
import java.io.*;
import java.nio.file.*;
public class newBufferedReaderWithTry {
    public static void main(String[] args) {

        Path path = Path.of("nagasaki.txt");

        // リソース付きtry文
        try(BufferedReader in = Files.newBufferedReader(path);) {
            String line;
            while((line = in.readLine()) != null) {
                System.out.println(line);
            }
        } catch (IOException e) {
            e.printStackTrace(); // 例外の内容と例外発生までの呼び出し経路を表示する
        }
    }
}
```

菱形の凧。サント・モンタニの空に揚つた凧。うらうらと幾つも漂つた凧。
路ばたに商ふ夏蜜柑やバナナ。敷石の日ざしに火照るけはひ。町一ぱいに飛ぶ燕。
丸山の廓の見返り柳。(「長崎」 芥川龍之介 より)

Q15-3

解答

リソース付きトライ文の書き方に慣れましょう。
次はBufferedReaderを使って、カレントディレクトリにあるmemo.txtファイルを読み込み、コンソールに表示する処理です。空欄を埋めてください。

```
Path path = Path.of("memo.txt");
try( ①                                              ){
    String line;
    while((line=in.readLine())!= ②    ){
        System.out.println(line);
    }
}catch( ③            e){
    e.printStackTrace();
}
```

Stream（ストリーム）によるファイル処理2

Streamを使う場合でも、リソース付きtry文で例外処理をします。次がそのプログラムです。Streamの作成処理を( )の中に書くだけで、後は同じです。

```
public class FileStreamExample2 {
    public static void main(String[] args) {

        Path path = Path.of("nagasaki_ms932.txt");
        try(Stream<String> st
              = Files.lines(path, Charset.forName("MS932"));){
            st.forEach(System.out::println);
        } catch (IOException e) {
            e.printStackTrace();
        }
    }
}
```

15.4 テキスト出力ストリーム

1.PrintWriterの使い方

テキストの出力は**PrintWriter**を使うのが定番です。System.out.~ と同じ println、print、printf のメソッドを使って出力できるからです。メソッドの使い方は同じです。文字列だけでなく、intやdoubleも出力できますが、出力した結果はすべて文字列になります。

よく使うコンストラクタは次の2つです。

PrintWriterクラスのコンストラクタ

```
public PrintWriter(String path)   --- ファイルのパスを指定する
public PrintWriter(String path,
             String charsetName)  --- ファイルのパスと文字セットを指定する
```

※ java.ioのクラスでは、ファイルパスと文字セットはどちらも**文字列**で指定することに注意してください。

次は、PrintWriterを使って、データを出力する例です。解説は次のページを見てください。

例題 PrintWriterの使い方 [PrintWriterExample]

```
package sample;
import java.io.*;
public class PrintWriterExample {
    public static void main(String[] args) {

      ❶ try(PrintWriter out = new PrintWriter("data.txt");){
            out.print(100);         // 番号
            out.print("¥t");        // 区切り文字
            out.print("田中宏");    // 氏名
            out.print("¥t");        // 区切り文字
            out.println(60.5);      // 体重
        }
        catch(IOException e) {
            e.printStackTrace();
        }
    }
}
```

例題は、次の表のデータをファイルに出力しています。

番号 (number)	氏名 (name)	体重 (weight)
100	田中宏	60.5

`PrintWriter`も例外を投げるので、❶のようにリソース付きtry文の中で、インスタンスを作ります。出力先はコンストラクタに指定している`data.txt`ファイルです。

例題では、番号、氏名、体重を1行分の出力として扱えるように、最後の体重だけを**`println`**メソッドで出力し、それ以外は改行しない**`print`**メソッドで出力しています。

区切り文字とか言って、¥tを出力してるけど・・・
先輩、区切り文字って、必要ですか？

種類の違うデータを３つ出力している。
そのまま出力すると、どこがデータの切れ目か、わからなくなるからだ。
切れ目を示す文字を区切り文字といって、タブ（¥t）や空白などを使う。

データ項目の間には、タブ（¥t）を出力していますが、これは項目の区切りを示すためです。区切りは、¥tや半角スペースが一般的ですが、コンマ（ , ）など、データに含まれない文字なら何でも構いません。

実行後、表示をリフレッシュすると、図のように`data.txt`ファイルができていることがわかります。`data.txt`をダブルクリックすると、エディタで開いて中身を確認できます。

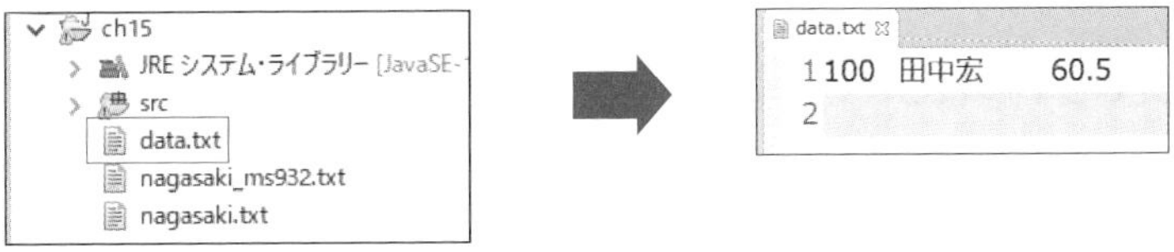

`PrintWriter`で出力したデータは、すべて文字列になります。`data.txt`を、Eclipseのエディタで見ると、それを確認できます。なお、Eclipseでは2件のデータが作成されたように見えますが、これはエディタの見かけだけで、実際は1件です。

また、もしも、MS932の文字セットで出力したい場合は、❶を次のように変更します。

```
try(PrintWriter out = new PrintWriter("data.txt", "MS932");)
```

NIO(java.nio.file)のクラスでは、パスと文字セットをPathとCharsetで指定しますが、java.ioのクラスは文字列で指定します。間違いやすいので注意してください。

Q15-4-1

解答

PrintWriterの基本操作の確認です。次は、PrintWriterを使って、表のデータをorder.txtに出力するプログラムです。空欄を埋めて完成してください。

型番:String	受注日:String	個数:int
ICBK61	2020-07-11	5

```
import java.io.IOException;
import java.io.PrintWriter;
public class CreateOrder {
    public static void main(String[] args) {

        try( ①          out = new ②                         ;) {
            out.print( ③          );
            out.print("¥t");
            out.print( ④          );
            out.print("¥t");
            out.println( ⑤          );
        } catch (IOException e) {
            e.printStackTrace();
        }
    }
}
```

2.BufferedWriterで追記する

PrintWriterでほとんどの出力は間に合うのですが、同じファイルに出力すると前の内容がすべて上書きされます。追記するためには、書き込みを追記モードに変更する必要があります。しかし、追記のできるPrintWriterを作るには、java.ioのクラスでは、3つの出力ストリームを組み合わせて作成しなくてはならないのでとても面倒です※。

その点、BufferedWriterは、NIOのFilesとPathを使って作成でき、option(ファイルのオープンオプション)とCharset(文字セット)も簡単に指定できます。Charsetの指定方法は343ページで解説したのと同じなので、ここでは、optionの使い方を説明します。簡単に追記モードにすることができます。

まず、BufferedWriterは、次の4通りの作成方法があります。

※jp.kwebsパッケージのWrapper クラスには、newBufferedWriter 相当のnewPrintWriter メソッドがあります。詳細はソースコードを参照してください。

```
BufferedWriter bw = Files.newBufferedWriter(path);
BufferedWriter bw = Files.newBufferedWriter(path, charset);
BufferedWriter bw = Files.newBufferedWriter(path, option...);
BufferedWriter bw = Files.newBufferedWriter(path, charset, option...);
```

optionは列挙定数（24章）という値で、次のようなものがあります。複数のオプションを指定するには、コンマで区切って指定します。

オープンオプション	意　味
StandardOpenOption.APPEND	既存のファイルの末尾に続けて書き込む（追記モード）
StandardOpenOption.CREATE	既存のファイルがなければ新規に作成する
StandardOpenOption.CREATE_NEW	常に新規に作成する。既存ファイルがあると失敗する
StandardOpenOption.DELETE_ON_CLOSE	ファイルを閉じると同時にファイルを削除する
StandardOpenOption.READ	読み取り用に開く
StandardOpenOption.TRUNCATE_EXISTING	既存のファイルがあれば内容を消して上書きする
StandardOpenOption.WRITE	書き込み用に開く

デフォルトでは、WRITEに加えて、CREATEとTRUNCATE_EXISTINGの2つが有効になっています。ではoptionを指定して、追記モードで出力する方法を試してみましょう。

例題　追記モードでの書き込み　[NewBufferedWriterExample]

```
package sample;
import java.io.*;
import java.nio.file.*;

public class NewBufferedWriterExample {
    public static void main(String[] args) {
        Path path = Path.of("data.txt");
    ❶ try(BufferedWriter out = Files.newBufferedWriter(path,
                    StandardOpenOption.CREATE,       // 存在しなければ作成する
                    StandardOpenOption.APPEND);){   // 追記モード
            // 追記処理
        ❷ out.write(110+"¥t");              // "¥t"を連結してintをStringにする
        ❸ out.write("佐藤一郎"+"¥t");
        ❹ out.write(73.2+"¥n");             // "¥n"を連結してdoubleをStringにする
        }
        catch (IOException e) {
            e.printStackTrace();
        }
    }
}
```

❶が、BufferedWriterを作成する処理です。例外を投げるので、リソース付きtry文を使います。作成処理では、pathの他に、追記モードにするためのオプションを指定しています。WRITE は常に有効なので、CREATEとAPPENDを指定します。

うーん、CREATEとAPPEND・・・
先輩、READとか付けたら、入力にも使えるってことですか？

READは無理だ。BufferedWriterは出力ストリームなんだから。
TRUNCATE_EXISTINGやCREATE_NEW もAPPENDと矛盾するからダメだ。

な、なるほど。
それじゃ、CREATEをやめて、APPENDだけではどうでしょう。

それだと、追記はできるが、既存ファイルがないと書けなくなる。
CREATEがあると、ファイルがない場合は新規作成する。
どちらがいいかは、用途に応じて決めることだ。

BufferedWriterの出力メソッドは、抽象クラスWriterから継承したwriteメソッドです。主なものは、次の3つですが、文字列を出力するタイプのwriteメソッドだけで十分です。

BufferedWriterクラスの主なメソッド	
write(String str)	文字列を出力する
write(int ch)	1文字を出力する（int の変数に入れて出力）
write(char[] buf)	文字配列を出力する

❷、❸、❹で、writeメソッドを使ってデータを出力します。

前項の例題（P.350）で出力したのと同じファイルに出力しています。¥nは改行文字なので、❹では73.2を出力して改行することに注意してください。このように出力すれば、PrintWriterとまったく同じ出力を行うことができます。

プログラム実行後、表示をリフレッシュして、data.txtをダブルクリックし、エディタで見てください。前回の出力の後に、今回分が追記されていることがわかります。

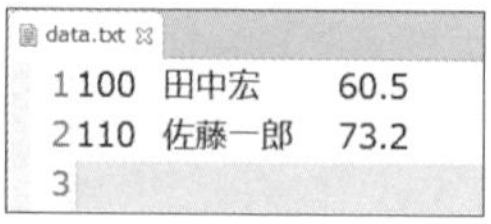

❷、❸、❹からのwrite文の書き方がビミョーだなぁ。
先輩、いちいち末尾に "¥t" とか "¥n" を足すのって、意味あるんですか？

¥t と ¥n は区切り文字として必要だ。
それに、110 と 73.2 は intとdoubleだからそのままでは文字列として出力できない。
¥t や ¥n を＋で連結して文字列に変えているわけだ。

Q15-4-2

解答

追記処理の仕方を復習します。次は、BufferedWriterを使って、Q15-4-1で作ったorder.txtファイルに、次のデータを追記するプログラムです。空欄を埋めて完成してください。

型番:String	受注日:String	個数:int
ICBK62	2020-09-02	12

※受注日は、LocalDate型ではなく、String型にします

```
package exercise;
import java.io.*;
import java.nio.file.*;
public class AppendOrder {
    public static void main(String[] args) {

        Path path = Path.of("order.txt");
        try(BufferedWriter out
            = Files.[①          ](path,
                                  [②                    ],
                                  [③                    ]   );) {
            out.[④  ] ("ICBK62" + "¥t");
            out.[⑤  ] ("2020-09-02" + "¥t");
            out.[⑥  ] (12 + "¥n");
        }
        catch (IOException e) {
            e.printStackTrace();
        }
    }
}
```

3.Scanner --- データを解析して入力する方法

うーん、例題のPrintWriterExampleで出力したdata.txtファイルを見ると、
番号、氏名、体重で１件のデータになってるけど･･･
先輩、番号、氏名、体重を別々に取り出すこともできますよね？

BufferedReaderで１行分ずつ読み込むのでは、それは無理だ。
番号はint、氏名はString、体重はdouble のように、分けることができない。

えーっ！
わざわざ区切り文字とか入れたのに、結局、使えないってことですか？

大丈夫、そのためにScannerクラスがある。
データが文字列のままでいい時はBufferedReaderを使うが、中身を解析して、
分けなくてはいけない時はScannerを使うんだ。

例題　Scannerによる入力　[ScannerExample]

```
package sample;
import java.io.IOException;
import java.nio.file.Path;
import java.util.Scanner;

public class ScannerExample {
    public static void main(String[] args) {
        Path path = Path.of("data.txt");                 // ファイルのパス
  ❶    try(Scanner in = new Scanner(path);) {           // Scannerを生成する

            while(in.hasNext()) {                        // 残りがある間繰り返す
  ❷            int number = in.nextInt();               // intの値にして取り出す
  ❸            String name = in.next();                 // Stringのまま取り出す
  ❹            double weight = in.nextDouble();         // doubleの値にして取り出す

                // 編集してコンソールに表示する
                System.out.println(number + "¥t" + name + "¥t" + weight);
            }
        }
        catch (IOException e) {
            e.printStackTrace();
        }
    }
}
```

```
100	田中宏	60.5
110	佐藤一郎	73.2
```

※Eclipseのタブ幅の設定値が8なので、表示が乱れています。

ファイルデータをそのまま読み込むのではなく、番号、氏名、体重のように、中身を解析して分けて取り出す必要がある時は、**Scanner**クラスを使います。

Scannerもパスを使って生成します。ただし、IOExceptionを投げる可能性があり、またclose()処理も必要なので、**❶のようにリソース付きtry文の中でインスタンスを作**ります。なお、この時、必要ならば、文字セットを指定することもできます。

Scannerクラスの主なコンストラクタ	
Scanner(Path path)	ファイルを入力元として生成する
Scanner(Path path, String charsetName)	同上、ただし文字セットを指定する

Scannerクラスは、入力した文字列の分解や変換を行うことができるクラスです。文字列データを分割し、指定した型のデータに変換して取り出すことができます。

前項で、PrintWriterやBufferedWriterで出力したdata.txtファイルには、2件のデータがあります。そこで、その各々から、各項目を取り出して表示してみるのがこの例題です。

```
data.txt
1 100  田中宏    60.5
2 110  佐藤一郎  73.2
3
```

点線枠で示した部分は、ファイルから順番にデータを取り出す処理です。

繰り返しの制御はwhile文の中に、**hasNext()**メソッドを書くだけです。hasNext()は、取り出せるデータが残っていればtrueを返すので、while文の繰り返し条件として使います。

```
while(in.hasNext()) {
    ...
}
```

この書き方は典型的なパターンで、いつもこのように書きます。これで、データがある間、繰り返すという指定になります。

❷、❸、❹が、解析しながら1行分のデータを取り出している部分です。

```
int number = in.nextInt();             // intの値にして取り出す
String name = in.next();               // Stringのまま取り出す
double weight = in.nextDouble();       // doubleの値にして取り出す
```

この入力処理では、タブや空白などの区切り文字がある所で文字列を自動的に分割します。そして、**next()** なら文字列のまま取り出し、**nextInt()** ならint型に、**nextDouble()** ならdouble型に変換して取り出します。この時、¥tや¥nなどの区切り文字は捨てられ、データの中には入りません。

> next～()は、全てのプリミティブ型に対応するメソッドが用意されています。例えばchar型なら、nextChar()、byte型ならnextByte()、という具合です。型名の最初の1文字を大文字にすることに注意してください。

scannerは全角空白文字を区切り文字とみなす

scannerは、¥t、¥n、半角空白の他に、全角の空白も区切り文字とみなします。したがって、入力する項目の中に、"田中　宏"のような全角空白を含む項目があると、"田中"と"宏"に切られてしまいます。1つの項目として入力したいデータには、半角はもとより、全角の空白文字を含めないよう、十分注意してください。なお、scannerの区切り文字を変更すればこのような事態を避けられます。その方法は、23章（P.615）で解説します。

例題では、1件のデータに当たる、番号、氏名、体重を、❷、❸、❹で読み込み、コンソールに出力します。この処理を1回分の処理として、取り出せるデータがなくなるまで、繰り返しています。

Scannerクラスのメソッドをまとめると次のようです。

Scannerクラスの主なメソッド	
boolean hasNext()	まだ、取り出せるデータがある時trueを返す
String next()	次のデータを文字列のまま返す
nextInt()、nextDouble()など	次のデータをintやdoubleにして返す
Scanner useDelimiter(String pattern)	区切り文字を変更する（解説は23章 P.615）
close()	スキャナーを閉じる

Q15-4-3

解答

Scannerの操作を復習しましょう。次は、Q15-4-2で作成したorder.txtを読み込んで、実行例のように表示するプログラムです。空欄を埋めて完成してください。入力にはScannerを使います。
なお、ファイルには、次の2件のデータが入っています。

型番:String	受注日:String	個数:int
ICBK61	2020-07-11	5
ICBK62	2020-09-02	12

```
package exercise;
import java.io.IOException;
import java.nio.file.Path;
import java.util.Scanner;
public class ScanOrder {
    public static void main(String[] args) {
        Path path = Path.of("order.txt");
        try(Scanner in = [①               ];) {
            while(in.[②        ]) {
                String code = in.[③      ];
                String date = in.[④      ];
                int quantity = in. [⑤      ];
                System.out.println(code + "/" + date + "/" + quantity);
            }
        } catch (IOException e) {
            e.printStackTrace();
        }
    }
}
```

```
ICBK61/2020-07-11/5
ICBK62/2020-09-02/12
```

15.5 オブジェクトの入出力

1.ObjectOutputStreamとObjectInputStream

15

バイナリストリームの例として、オブジェクトをファイルに保存したり、ファイルから読み出したりするObjectOutputStreamとObjectInputStreamについて解説します。

この2つのストリームは、オブジェクトを操作する機能は持っていますが、ファイルに入出力する機能やバッファを使って高速に入出力する機能はありません。そのため、他のバイナリストリームをラップ（wrap）して作成します。残念ながら、NIOのFilesクラスにも、ラップしたストリームを取得するメソッドはないので※、この作業は自前で行います。

例えば、ObjectOutputStreamなら、次のように3段階で作成します。ObjectInputStreamもOutがInに変わるだけで同様です。

```
FileOutputStream fs = new FileOutputStream( path );           // ファイル出力機能
BufferedOutputStream  bo = new BufferedOutputStream( fs ); // バッファリング機能
ObjectOutputStream out = new ObjectOutputStream ( bo );      // すべてをラップする
```

「ラップする」という場合、これを次のように短縮した形で書くのが普通です。

```
ObjectOutputStream  out =
    new ObjectOutputStream(
      new BufferedOutputStream(new FileOutputStream(path)));
```

また、ObjectOutputStreamとObjectInputStreamクラスのメソッドは次の通りです。

表は入力と出力を対にして示しています。これらは、オブジェクトとすべてのプリミティブ型、そして文字列をバイナリ形式のまま入出力するメソッドです。

入出力の種類	ObjectOutputStream	ObjectInputStream
オブジェクト	writeObject(obj)	readObject()
プリミティブ型	writeInt(n), writeDouble(x),…	readInt(), readDouble(),…
文字列	writeUTF(str)	readUTF()

※jp.kwebsパッケージのWrapper クラスには、ラップしたストリームを返すメソッドがあります。 詳細はソースコードを参照してください。

2.オブジェクトとデータの入出力

次は、日付オブジェクト、intの値、文字列を入出力する例です。例外処理があるので複雑そうに見えますが、実際にはどれも平易な処理です。I/Oストリームをラップして作る処理と、メソッドの使い方に注目してください。

例題 オブジェクトとデータの入出力 [OStreamExample]

これまではパスはPathインタフェースを使いましたが、ここで使うObjectOutputStream など、java.ioパッケージのクラスはPathインタフェースを使えません。その代わり、パスを文字列でそのまま書いて指定します。

```
package sample;
import java.io.*;
import java.time.LocalDate;

public class OStreamExample {
    public static void main(String[] args) {
        String path = "ostream.dat";   // ファイルのパス

        // ファイルに出力
❶       try(ObjectOutputStream out = new ObjectOutputStream(
                new BufferedOutputStream(new FileOutputStream(path)));){

❷           out.writeInt(12345);                        // intを出力
❸           out.writeUTF("文字列abc");                   // 文字列を出力
❹           out.writeObject(LocalDate.now());           // 日付オブジェクトを出力

        } catch (IOException e) {
            e.printStackTrace();
        }

        // ファイルから入力
❺       try(ObjectInputStream in = new ObjectInputStream(
                new BufferedInputStream(new FileInputStream(path)));){

❻           int number = in.readInt();                          // intを入力
❼           String str = in.readUTF();                          // 文字列を入力
❽           LocalDate date = (LocalDate)in.readObject();// 日付オブジェクトを入力

            // 確認のための出力
❾           System.out.println(number + "¥t" + str + "¥t" + date);

❿       } catch (IOException | ClassNotFoundException e) {// 例外のマルチキャッチ
            e.printStackTrace();
        }
    }
}
```

```
12345 文字列abc 2018-01-01
```

❶からはファイルへの出力処理で、❺は同じファイルを入力する処理です。また、ファイルのパスは文字列を使います。それは、ObjectOutputStreamなど、ここで使うクラスは、java.nioではなく、java.ioパッケージのクラスだからです。java.ioパッケージのクラスは古いタイプなので、Pathインタフェースに対応していません。

```
String path = "ostream.dat"; // オブジェクトを出力するファイルのパス
```

❶のリソース付きtry文でObjectOutputStreamを作成しますが、説明したように、BufferedOutputStreamとFileOutputStreamをラップして作成します。

```
try(ObjectOutputStream out =new ObjectOutputStream(
        new BufferedOutputStream(new FileOutputStream(path)));){
    ……
}
```

❷、❸、❹はデータ出力です。writeInt、writeUTF、writeObjectでファイルへ出力します。文字列の出力は**writeString**ではなく、**writeUTF**であることに注意してください。

```
out.writeInt(12345);                    // intを出力
out.writeUTF("文字列abc");               // 文字列を出力
out.writeObject(LocalDate.now());       // 日付オブジェクトを出力
```

❺からはファイル入力です。リソース付きtry文の中でObjectInputStreamを作成します。

```
try(ObjectInputStream in = new ObjectInputStream(
        new BufferedInputStream(new FileInputStream(path)));){
    ……
}
```

そして、❻、❼、❽がデータ入力を行っている部分です。出力したメソッドに対応する入力メソッドを使い、出力したのと同じ順序で入力しなければいけません。

```
int number = in.readInt();                          // intを入力
String str = in.readUTF();                          // 文字列を入力
LocalDate date = (LocalDate)in.readObject();        // 日付オブジェクトを入力
```

また、readObject()メソッドの戻り値は、Object型です。❽のように本来の型にダウンキャストして取り出す必要があります。

❾で、入力したデータを表示していますが、正しく入力されたことが分かります。

```
System.out.println(number + "¥t" + str + "¥t" + date);
```

```
12345    文字列abc    2018-01-01
```

なお❿では、例外のマルチキャッチ(➡ P.295)を使って、キャストしようとしたクラスがない時の例外(ClassNotFoundException)を余計にキャッチしています。

```
catch (IOException | ClassNotFoundException e) {   // 例外のマルチキャッチ
    e.printStackTrace();
}
```

先輩、Scannerを使っても入力できますよね。
Scannerクラスにはnext Int()なんかもあったし。

それは無理だ。
ObjectOutputStreamはバイナリストリームだから、データはバイナリのまま出力されている。テキストだけを読み込むScannerでは読めない。

ObjectOutputStreamとObjectInputStreamは、バイトデータをそのまま入出力するバイナリストリームです。例えば、整数12345は、文字の"12345"ではなく、"00･･･11000000111001"という32ビット値が4バイトのバイト列(int型)で出力されます。日付オブジェクトも"2018-01-01"のような文字列ではなく、バイナリ形式で出力されます。

これらのことは、Windowsのメモ帳で、ostream.datを開いてみると、確認できます。

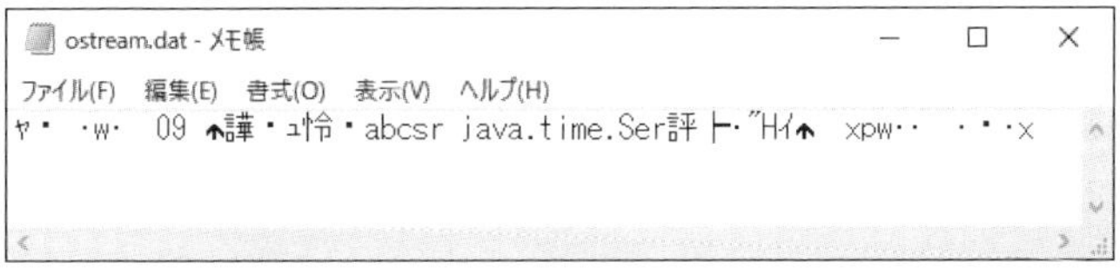

バイトを無理やり文字に変換するので、バイト値と文字番号が等しい英字の部分はたまたま表示されていますが、大半は文字に変換できず文字化けの状態になっています。

15

Q15-5-1

解答

オブジェクトの出力操作と入力操作を復習します。

問1　ObjectOutputStreamの作り方として正しいのはどれですか。

A.
```
try(ObjectOutputStream out = new ObjectOutputStream (
                             new FileOutputStream (
                             new BufferedOutputStream(path)));){
```

B.
```
try(BufferedOutputStream out = new BufferedOutputStream (
                               new ObjectOutputStream (
                               new FileOutputStream(path)));){
```

C.
```
try(ObjectOutputStream out = new ObjectOutputStream(
                             new BufferedOutputStream(
                             new FileOutputStream(path)));){
```

問2　ObjectOutputStreamで次のように出力した時、後で、ObjectInputStream を使ってそれらのデータを読み込むためには、どうしますか、空欄を埋めてください。

出力

```
LocalDate birthday = LocalDate.of(1990, 1,1);
out.writeInt(3345);
out.writeUTF("Superman");
out.writeObject(birthday);
out.writeDouble(12.5);
```

↓

入力

```
int number           = in.[ ① ];
String name          = in.[ ② ];
LocalDate birthday   = (LocalDate)in.[ ③ ];
double value         = in.[ ④ ];
```

3. シリアライズとデシリアライズ

LocalDateをファイルに保存できるのはわかったけど･･･
先輩、自分で作ったクラスのインスタンスもファイルに保存できるんですか？

もちろんできるが、条件が１つある。
それはSerializableインタフェースを実装することだ。

な、な、何ですかそれ！
面倒そうだなぁ、メソッドとかオーバーライドするんですか？

いや、Serializableインタフェースに抽象メソッドはない。
クラス宣言に、implements Serializable と書くだけでいい。
単なるマークにすぎないので、こういうのをマーカーインタフェースという。

Javaの標準クラスで、何かの値や値の入れ物として使うクラスは、すべてSerializableインタフェースが実装されています。自作のクラスも、**Serializable**を実装すると、インスタンスをファイルに保存できるようになります。

例題 シリアライズできるオブジェクト [MyObject]

```
public class MyObject implements Serializable {
❶ private static final long serialVersionUID = 10L;       // バージョン番号

   private static int counter;      // 保存されない（インスタンスに含まれてない）
   private double value;            // プリミティブ型は保存される
   private LocalDate date;          // Selializableを実装しているので保存される
   private YourObject  obj;         // Selializableを実装していれば保存される
❷ private transient Foo flag;      // 保存されない（保存の対象からはずされる）
    ...
```

※serialVersionUIDについてはP.288を参照してください。

クラスのメンバのうち、staticの付いたフィールド変数は、インスタンスに含まれないので保存されません。また、フィールド変数にtransient修飾子を付けると、保存の対象から外すことができます。

LocalDateとYourObjectはプリミティブ型ではなく、オブジェクト（参照型）です。メンバにオブジェクトが含まれている時は、そのオブジェクトもSerializableを実装していなければいけません。そうでないと、保存時にNotSerializableExceptionという例外が投げられて、保存に失敗します。したがって、Serializableを実装していないクラスのインスタンスをフィールド変数に持っている時は、❷のように、transientを指定して保存から除外するようにします。

LocalDateやYourObjectのように、クラスのメンバにオブジェクトが含まれているとき、それらも一緒に保存されます。このようにオブジェクト本体だけでなく、関連したオブジェクトまで含めて1つのバイナリデータに変換することをシリアライズ（直列化）といいます。

逆に、バイナリデータからオブジェクト本体や関連するオブジェクトまで、元の形に復元することをデシリアライズ（直列化復元）といいます。なお、transient修飾子をつけたフィールドはデシリアライズ時に、既定値（null、0、false）に初期化されます。

ところで、❶の **private static final long serialVersionUID** は、Serializableを実装した時に、いつも、この通りに宣言して作成します。値は任意です。これは、デシリアライズしたインスタンスと、システムにあるクラスとで、同じバージョンかどうかをJVMがチェックするのに使われます。

Q15-5-2

解答

オブジェクトをファイルに保存する時、シリアライズについての知識は必須です。ここで、シリアライズについて知識を確認しておきましょう。

クラスFooのインスタンスをオブジェクトとしてファイルに保存し、後で入力して復元する時、デシリアライズによって、値が0またはnullになってしまうメンバはA～Eのどれですか。

```
class Foo implements Serializable {
    private static final long serialVersionUID = 10L;       // A
    private final String name = "田中";                      // B
    private String division;                                 // C
    private transient int count;                             // D
    private final double PI = Math.PI;                       // E

    public Foo(String division) {
        this.division = division;
    }
}
```

15.6 まとめとテスト

1.まとめ

1. I/Oストリームとは

・入力ストリームと出力ストリームがある
・I/Oストリームは、さらにバイナリストリームとテキストストリームに分けられる
・バイナリストリームは、0/1の並びをそのまま1バイト単位で入出力する
・テキストストリームは、1文字単位で入出力し、適用する文字セットを指定することがある

2. I/Oストリームの主なクラス

```
バイナリストリーム
   InputStream
      FileInputStream
      ObjectInputStream
      BufferedInputStream
   OutputStream
      FileOutputStream
      ObjectOutputStream
      BufferedOutputStream

テキストストリーム
   Reader
      BufferedReader
   Writer
      BufferedWriter
      PrintWriter

ユーティリティクラス
   Scanner
```

3. BufferedReaderによるテキスト入力

```
BufferedReader br = Files.newBufferedReader(path); // BufferedReaderの作成
String  line;                                      // 行データを入れる変数
while((line=in.readLine())!=null) {                // nullでない間、繰り返す
    System.out.println(line);                      // 1行分を表示する
}
```

4. Scannerの使い方

```
Scanner in = new Scanner(path);              // Scannerの作成
while(in.hasNext()) {                        // 残りがある間繰り返す
    int number = in.nextInt();               // intの値にして取り出す
    ...
}
```

- Scannerは、文字列を区切り文字の位置で分割し、指定した型に変換して入力する
- 文字セットを指定して作成するコンストラクタもある
- 主なメソッドは次の通り
  - boolean hasNext() …… まだ、取り出せるデータがある時trueを返す
  - String next() …… 次のデータを文字列のまま返す
  - nextInt()、nextDouble()など …… 次のデータをintやdoubleにして返す
  - Scanner useDelimiter(String pattern) …… 区切り文字を変更する
  - close() …… スキャナーを閉じる

5. PrintWriterの使い方

```
PrintWriter out = new PrintWriter(path);           // PrintWriterの作成
out.println("message" + 100);                              . .
//
```

- System.out.～と同じprintln、print、printf のメソッドを使って出力できる
- 複数の項目を出力する時は、間に**区切り文字**（空白や¥t、¥n）を挟んで出力する

6. BufferedWriterによるテキスト出力

- BufferedWriterは、次の4つの方法で生成できる

```
BufferedWriter bw = Files.newBufferedWriter(path);
BufferedWriter bw = Files.newBufferedWriter(path, charset);
BufferedWriter bw = Files.newBufferedWriter(path, option...);
BufferedWriter bw =
        Files.newBufferedWriter(path, charset, option...);
```

- 追記モードで開くにはoptionを指定する

```
try(BufferedWriter out = Files.newBufferedWriter(path,
          StandardOpenOption.CREATE,        // 存在しなければ作成する
          StandardOpenOption.APPEND;){      // 追記モード
```

- 主な出力メソッドは、write(String s) である

7. オブジェクトの入出力

- **ObjectOutputStream**と**ObjectInputStream**は、オブジェクトやプリミティブデータを入出力できるバイナリストリーム
- 他のバイナリストリームをラップして作成する

```
ObjectOutputStream  out =
  new ObjectOutputStream(new BufferedOutputStream(
                           new FileOutputStream(path)));
ObjectInputStream  out =
  new ObjectInputStream(new BufferedInputStream(
                          new FileInputStream(path)));
```

- 主なメソッドは次の通り

ObjectOutputStream ……… writeObject(obj), writeInt(n), writeUTF(s) など
ObjectInputStream ………… readObject(), readInt(), readUTF()など

- readObjectはObject型を返すので、本来の型にダウンキャストする
- オブジェクト本体と関連したオブジェクトまで含めて1つのバイナリデータに変換することをシリアライズ（直列化）といい、それを元のオブジェクトに復元することをデシリアライズ（直列化復元）という

- Serializableインタフェースを実装したクラスだけが、シリアライズできる
- オブジェクトのメンバがある場合、それもSerializableインタフェースを実装していることが必要
- staticメンバ、transient修飾子を付けたメンバは保存されない

8. リソース付きtry文

- リソース付きtry文は、終了時に、常にclose()処理を自動実行するtry文
- リソースにアクセスするためのストリームの作成はtry()の()内に書く
- 例えば、次のような形になり、finallyブロックやclosc()メソッドは書かなくていい

```
try(BufferedReader in = Files.newBufferedReader(path);) {
    ...
}
catch(IOException e){
    ...
}
```

2.演習問題

解答

ファイル入出力は、実際にプログラムを書けることが重要です。これまで学習したクラスを使って、プログラムを書けるかどうか、確認してください。

15

問1 BufferedReaderを使って、openjdk.txtファイルを読み込み、そのままコンソールに表示するプログラムを作成してください。openjdk.txtはサポートウェブからダウンロードできます。

問2 PrintWriterを使って、次の表のデータを mydata.txt ファイルに出力するプログラムを作成してください。

番号(int)	氏名(String)	成績(double)
3001	山田隆二	70.2

問3 BufferedWriterを使って、問2で作ったmydata.txtファイルに、次のデータを追記するプログラムを作成してください。

番号(int)	氏名(String)	成績(double)
3002	鈴木一郎	82.6

問4 Scannerを使って、問題3で出力したmydata.txtファイルから各項目を入力し、実行例のように表示するプログラムを作成してください。

```
|3001|          |山田隆二|          |70.2|
|3002|          |鈴木一郎|          |82.6|
```

問5 ObjectOutputStream を使って、次のデータをbooks.datファイルに出力するプログラムを作成してください。

ISBN(long)	題名(String)	刊行日(LocalDate)
1234567890123	プログラマのための健康法	2020.1.15

問6 ObjectInputStream を使って、books.datからオブジェクトとデータを入力し、実行例のように表示するプログラムを作成してください。

```
1234567890123    プログラマのための健康法    2020-01-15
```

Chapter

16 コレクションフレームワークとリスト

プログラムの中で、データの集まりをどんな形で管理するかはとても重要な問題です。これをデータ構造といい、適切なデータ構造を選択することで、処理のロジックを簡潔で効率のよいものにできます。データ構造としては、配列が有名ですが、Javaではそれ以外に、リスト、セット、マップを利用できます。それらはコレクションフレームワークと呼ばれる一群のインタフェースやクラスとして提供されています。この章では、最初にコレクションフレームワークの全体像を明らかにし、次に、最も利用する機会の多いリスト構造について詳しく解説します。リストは、ストリーム処理で多用され、多くはラムダ式で操作します。Java言語で最も重要なデータ構造と考えられています。

16.1 コレクションフレームワーク

1.コレクションフレームワークの構成

データをまとめて格納する仕組みとして配列がありますが、Java言語では、配列よりもList、Set、Mapをよく使います。これらは、オブジェクトを格納するためのデータ構造で、図に示すように、多数のインタフェースやクラスで構成され、コレクションフレームワークと呼ばれています。

例えば、配列はサイズが固定長ですが、Listは格納する要素数が自動的に拡大するのでいくつの要素を入れるか気にする必要がありません。Setは、同じオブジェクトを重複して格納しないので、重複を排除できます。そして、Mapはオブジェクトをキーで検索して取り出せます。

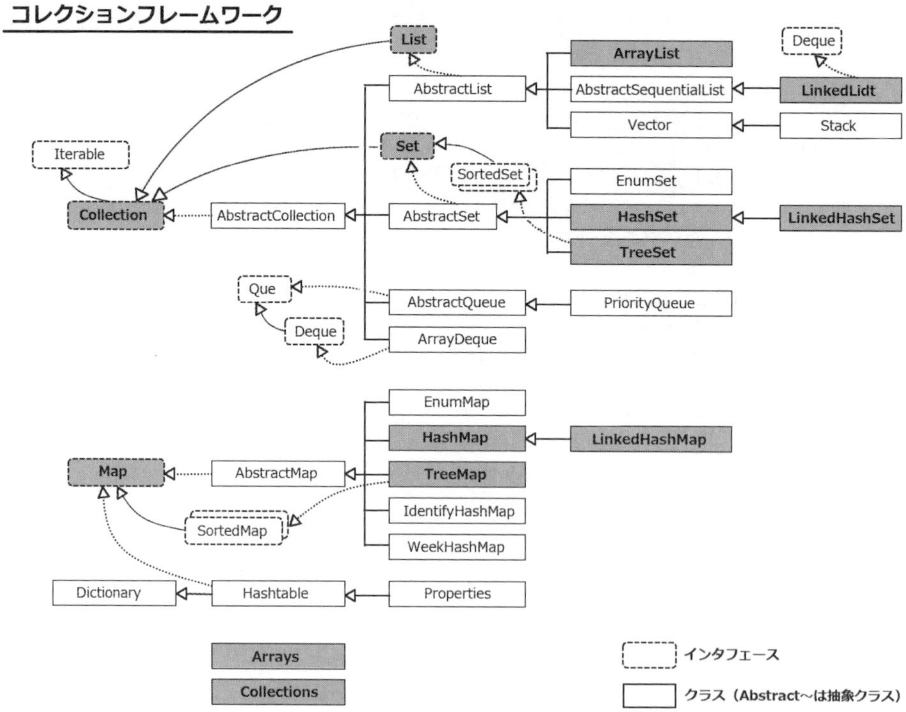

前ページの図は、コレクションフレームワークを構成するインタフェースとクラスの継承図です。中核をなすインタフェースやクラスは青く塗ってありますが、中でもArrayListクラス、HashSetクラス、そして、HashMapクラスが最もよく利用する代表的なクラスです。

また、これらの利用を支援するためにArraysクラスとCollectionsクラスがあります。

うーん・・・（インタフェースやクラスが多すぎるよ）
先輩、これを全部覚えるんですか？

この図はリファレンス（参照用の資料）だ。
一通り理解した後で、インタフェースやスーパークラスを調べるのに使うものだ。

（そ、そうだったのかぁ）
えーっと、今は何を見ておけばいいでしょう？

まず、青く塗った部分を見る。これから説明するインタフェースやクラスだ。
そして、点線で囲ったList、Set、Mapがどの位置にあるか見ておく。
この3つが、この章の中心になっている。

コレクションフレームワークは、インタフェースの優れた使用例でもあります。中心になるList、Set、Mapというスーパーインタフェースには、必要なメソッドのほとんどが定義されています。

どのクラスを利用する場合でも、これらスーパーインタフェースに**定義された**メソッドを使うだけで十分なことがほとんどです。

2.各クラスの特徴

利用する主なクラスは、次の8つです。最初にそれらの特徴を見ておきましょう。

なお、使われているHash、Linked、Treeという接頭辞は、それぞれ特定の機能を表しています。Hashは（ハッシュアルゴリズムによる）**検索機能**、Linkedは（リストアルゴリズムによる）**入力順序の保存機能**、Treeはソート機能(並べ替え機能)です。

List
- ArrayList ………… サイズが自動的に拡張する配列。配列のように、同じ要素を重複して格納でき、格納した順序で取り出せる（並び順が保存される）。
- LinkedList ………… 上記に加えて、要素の挿入や削除の効率がよい

Set
- HashSet ………… 同じ要素を重複して格納できない。要素の並び順は不定。
- LinkedHashSet ………… 重複不可で、格納した順番で取り出せる
- TreeSet ………… 重複不可で、ソートした状態で取り出せる

Map
- HashMap ………… キーと値をペアで格納し、キーで検索できる。要素の並び順は不定。
- LinkedHashMap ………… 検索でき、かつ格納した順番で取り出せる
- TreeMap ………… 検索でき、かつキーでソートした状態で取り出せる

総称型による定義

コレクションフレームワークのクラスは、どんなオブジェクトでも格納できなければいけません。そのため、格納するオブジェクトの型を使用時に決定できるよう、総称型で定義されています（総称型は、この後の18章で、もう一度詳しく解説します）。総称型では、<E> のように宣言された型を、インスタンス生成時に <String> のように指定することで、具体的な型に置き換えることができます。

例えば、代表的なクラスを示すと、そのクラス宣言は次のようです。

```
public class ArrayList<E> ～…… E型のオブジェクトを格納する
public class HashSet<E> ～……  E型のオブジェクトを格納する
public class HashMap<K, V> ～… K型のキーとV型のオブジェクトを格納する
```

したがって、少し面倒ですが、インスタンスを作る時は < > 内のE、K、Vを具体的な型に置きかえます。例えば、String型のオブジェクトを格納する場合は次のようにします。

```
ArrayList<String> list = new ArrayList<>();         //String型のオブジェクトを格納する
HashSet<String> set = new HashSet<>();              //String型のオブジェクトを格納する
HashMap<Integer, String> map = new HashMap<>();     //キーはInteger、値はStringとする
```

左辺にArrayList<String>のように書くので、右辺は <> だけでよいことになっています。総称型は、変数宣言だけの時でも、クラス名（型名）には必ず <型> を付けねばなりません。

```
ArrayList<String> list;
```

おやっ、<>で型指定をしてないのにエラーにならない！？

```
ArrayList list = new ArrayList();
```

それは、古いJavaとの互換性のためだ。
実際には、Object型を指定したのと同じ意味になる。

```
ArrayList<Object> list = new ArrayList<>();
```

なーんだ、そうだったんだ。
でも、<Object> って、マズイんですか？

<Object>だと、あらゆる型のオブジェクトを格納できる万能ArrayListになる。しかし、取り出して使う時に、元の型にダウンキャストしなくてはいけない。それは面倒な上に危険だ。

総称型は、Java5（2004年）から使えるようになった機能なので、それ以前のソースコードと互換性を取るために、コレクションフレームワークでは、総称型を使わなくても、コンパイルエラーになりません。

しかし、非総称型（raw型という）は使うべきではありません。いちいちダウンキャストするのが面倒だという事情もありますが、何型のオブジェクトが格納されているのか、事前にチェックできないので、実行時エラーを誘発する可能性があるからです。総称型はそれを改善するために導入された機能なのです。

Q16-1-1

解答

List、Set、Mapの違いや総称型の指定方法は理解できましたか。ここで確認しておきましょう。

問1.　( )内には、List、Set、Map のどれを入れますか。

A.(　　　)には同じものが重複して含まれない
B.(　　　)はキーで検索できる
C.(　　　)は同じ要素を重複して格納でき、格納した順序で取り出せる

問2.　次の総称型の変数宣言で、正しい使い方はどれですか。

A. HashSet set<String>;
B. HashSet set;
C. <String>HashSet set;
D. HashSet<String> set;

3. 格納するオブジェクトの要件

List、Set、Mapに格納するオブジェクトは、**equals()** メソッドと **hashCode()** メソッドをオーバーライドしなくてはいけません。同じオブジェクトかどうかの判定にequals()メソッドとhashCode()メソッドが使われるからです。

なお、recordでは、これらのメソッドは自動生成されているので、オーバーライドする必要はありません。

オーバーライド・・・？？？
先輩、equals()とhashCode()って、一体何でしたっけ？

どちらもObjectクラスから継承しているメソッドだ（➡ P.156）。
オブジェクトが同じかどうかはequals()で判断するが、同じオブジェクトならhashCode()の値も同じでないといけない、という決まりがある。

え、えっ！
なんだか難しそうな話だなぁ。

大丈夫、オーバーライドはEclipseで自動生成する。
それには、フィールド変数の中で、他のオブジェクトとは必ず違う値になるもの、つまり、それによってオブジェクトを特定できる変数を見つけるだけでいい。

例えば、会員番号とか製品番号などは、オブジェクトを特定する固有の値です。それが同じなら、同じオブジェクトと言えます。そういうフィールド変数を**キー項目**といいます。クラスのフィールド変数を見て、キー項目を見つければ、後はEclipseで自動生成できます。

7章でも使ったMemberクラスで、自動生成を試してみましょう。Memberクラスは次のようです。見ると、id（番号）はその人だけの値ですから、これがキー項目になります。

```
package sample;
public class Member {                          // 会員を表すクラス
    private int id;                            // 番号 ← キー項目！
    private String name;                       // 氏名
    // コンストラクタ、ゲッター・セッター・toStringメソッドは記載を省略
```

equals() とhashCode() の自動生成手順

① 自動生成するメソッドを挿入する位置にカーソルを置く。

② メニューで、[ソース] ➡ [hashCode() およびequals() の生成] を選択する。

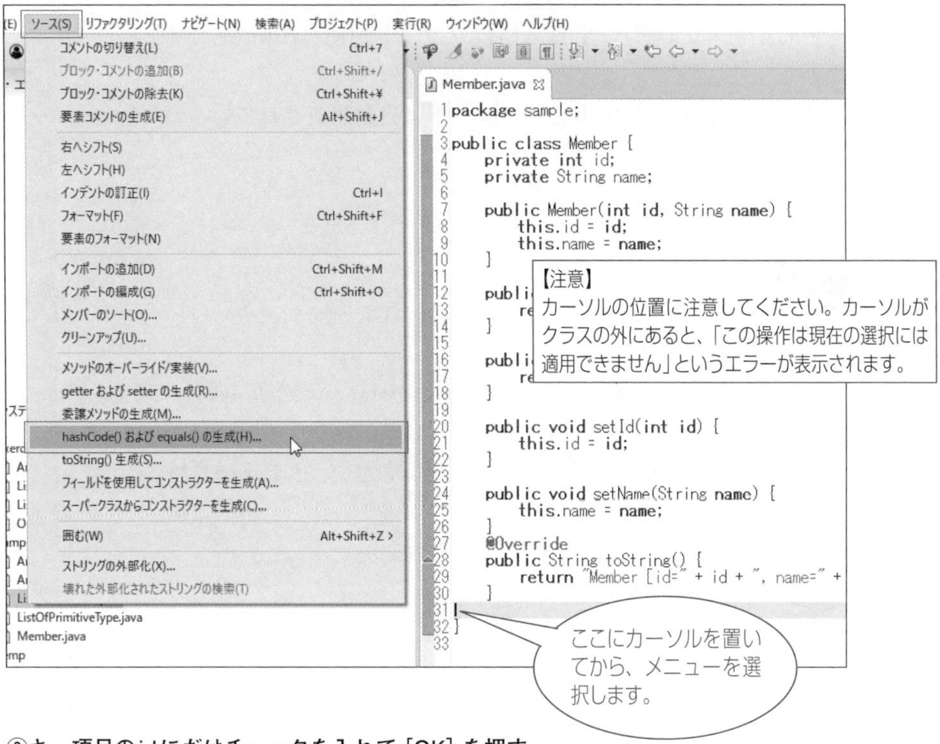

③キー項目のidにだけチェックを入れて [OK] を押す。

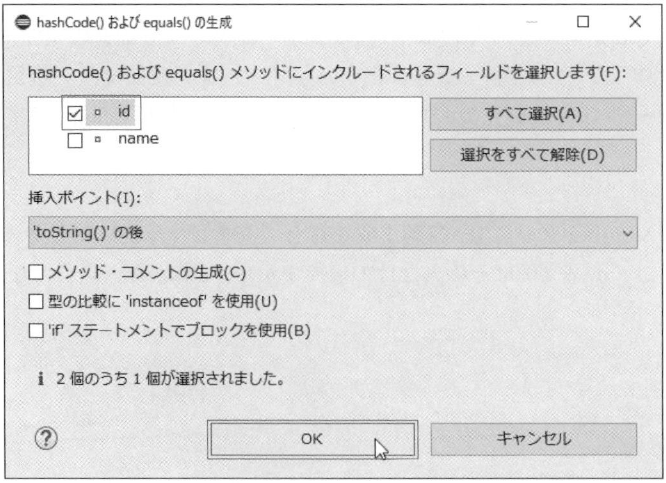

④次のようなhashCode()とequals()が、元のソースコードに挿入されます。

```
@Override
public int hashCode() {
    final int prime = 31;                    // 素数
    int result = 1;
    result = prime * result + id;            // ハッシュ値
    return result;
}

@Override
public boolean equals(Object obj) {
    if(this == obj)                          // objがこのオブジェクト自身と同じ参照なら
        return true;                         // trueを返す
    if(obj == null)                          // objがnullならfalseを返す
        return false;
    if(getClass() != obj.getClass())         // クラスが同じでなければfalseを返す
        return false;
    Member other = (Member) obj;             // Memberクラスにダウンキャストする
    if(id != other.id)                       // idが同じでなければfalseを返す
        return false;
    return true;                             // 上記以外はtrueを返す
}
```

※Memberクラスでは、ハッシュ値はidと同じで構いません。素数の倍数を足しているのは、自動生成が、一般的な手順を機械的に適用しているせいです。間違いではないのでこのまま使って構いません。

コレクションフレームワークで使用するクラスでは、この手順でhashCode()とequals()を必ず作成しておくようにしてください。

Q16-1-2

解答

キー項目を見つける練習をしましょう。次のフィールド変数で、キー項目はどれですか。
キー項目は2つ以上のフィールド変数からなる場合もあります。

```
A. Bookクラス
    private String title          // 題名
    private String author         // 著者
    private int price;            // 価格
    private long isbn;            // ISBNコード

B. 部門クラス
    private String bu;            // 部コード
    private String ka;            // 課コード
    private String name;          // 部門名称
```

16

16.2 リストの使い方

1.ArrayList

ArrayListは、**全体のサイズが自動的に拡大する配列**です。初期の要素数は10個が既定値ですが、要素を追加すると自動的に拡大します。そのため、**動的配列**（Dynamic array）とも言われます。文字列を格納するArrayListの簡単な使用例を見てみましょう。

例題 ArrayList [ArrayListExample]

```
package sample;
import java.util.ArrayList;
import java.util.List;

public class ArrayListExample {
   public static void main(String[] args) {
     ❶ List<String> list = new ArrayList<>();      // ArrayListを作成
        list.add("おはよう");                        // リストに追加
        list.add("こんにちは");                      // リストに追加
        list.add("こんばんは");                      // リストに追加
        for(String ls : list) {                     // 要素を1つずつ表示
            System.out.println(ls);
        }
    }
}
```

```
おはよう
こんにちは
こんばんは
```

（あれっ、❶が間違ってるよ）
先輩、変数の型がArrayListじゃなくList型になってます！

ArrayListやLinkedListは、Listインタフェースを実装しているので、List型変数に代入できる。こうしておけば、ArrayListからLinkedListなど、他の型への変更が簡単になる。将来の変更を容易にするための書き方だ。

ふーん、将来の変更・・・
でも、List型にしてしまうと、List型のメソッドだけしか使えませんよ。

Listインタフェースのメソッドは、一般的な使い方なら十分な機能がある。
ほとんどの場合、それだけで十分なはずだ。

❶は、文字列を格納するArrayListの作成ですが、左辺の変数はArrayListではなく、より一般的なList型にしておくのが普通です。こうしておくと、将来、使用するクラスの変更が簡単になるからです。


```
List <String>list = new ArrayList<>(); // 左辺はList型にする
```

varを使う

Java 10(2018年)から、ローカル変数にvarキーワードが使えるようになったので、次のように宣言することもできます。

```
var list = ArrayList<String>();
```

varは特定の型名ではなく、「文脈から推論される型」を表すキーワードです。例の場合は、varはArrayList<String>型を表します。

varは、変数の初期化を行う代入文で、何型か明らかに推定できる場合にだけ、実際の型名の代わりに使うことができます。**ローカル変数型推論**といって、型の推定はコンパイラが行います。

varを使うと、コードがスッキリします。ただ、総称型の場合は、右辺は <> ではなく、<String>のように、型を明記しなくてはいけません。ローカル変数の型推論ができるようにするためです。

```
var list = ArrayList<String>(); ---- ○
var list = ArrayList<>(); ---------- ×   ArrayList<Object>と同じ意味になる
```

List<String> list とvar list どっちがいいんだろう？
varの方が短いけど・・・

最近は、varを使う人が増えてきたようだ。
ローカル変数だけに限定されているし、varを使っても困ることはない。

なお、varは、var a = 10 ; のように、プリミティブ型の代わりに使うものではありません。冗長な記述を避けるためのキーワードですから、**長い名前のクラス型や複雑な総称型の代わりにだけ使います**。

オブジェクトを追加する

Listにオブジェクトを追加するにはaddメソッドを使います。
例題は、3つの文字列を追加しています。

```
list.add("おはよう");                    // 文字列を追加する
list.add("こんにちは");
list.add("こんばんは");
```

addメソッドは、リストの末尾に新しい要素を追加していくので、リストは、次のような内容になります。

要素番号	**0**	**1**	**2**
内　容	**"おはよう"**	**"こんにちは"**	**"こんばんは"**

リストの内容を表示する

一番、基本的な表示方法は、**拡張for文**ですべての要素を順に取り出して表示する方法です。これは、配列要素を表示したのと同じ方法です。

```
for(String ls : list) {    // 拡張for文: listから要素を順に取り出してlsに代入する
    System.out.println(ls);
}
```

また、ほとんど使いませんが、普通のfor文を使って次のように書くこともできます。

```
for(int i=0; i<list.size(); i++){          // 要素の数はsize()で取得する
    System.out.println(list.get(i));       // i番目の要素をget(i)で取り出す
}
```

size() はリストの要素数を返すメソッドです。また、**get(i)** はリストのi番目の要素を返すメソッドで、要素番号を整数で指定します。どちらも配列の操作とよく似ています。リストで使えるメソッドは3節（P.390）に一覧表があります。

ただ、最近ではforEach()メソッドとラムダ式（メソッド参照）を使う方法がよく使われます。詳しくは19章で解説しますが、listのすべての要素を出力するには、次のようにします。とても短く書けるのが特徴です。

```
list.forEach(System.out::println);
```

な、な、何ですか？
見たこともない変な書き方だ･･･

いや、それは慣れの問題だ。
19章を読んだら、もうこの書き方以外はしたくなくなるかもしれないなぁ。

Q16-2-1

解答

Listの基本的な使い方を覚えましょう。
次は2020-03-11と2020-02-02の2つの日付オブジェクトを、リストに登録する処理です。空欄には何と書きますか。

```
package exercise;
import java.time.LocalDate;
import java.util.ArrayList;
public class ListOfDatesExample {
    public static void main(String[] args) {
        var list = new [①          ];
        list.[②   ](LocalDate.of(2020, 03, 11));
        list.[③   ](LocalDate.of(2020, 02, 02));
        for(LocalDate date : list) {
            System.out.println(date);
        }
    }
}
```

```
2020-03-11
2020-02-02
```

2.一般的なオブジェクトのリスト

もちろん、作成したクラスやレコードのインスタンスも、リストに入れることができます。ここでは、レコードを使います。

```
record Student(int id, String name){}
```

レコードは、equals、hashcode、toStringメソッドが最初から自動生成されているので、リストで使うのに最適です。

※equalsとhashcodeは、全てのフィールドを使ってコードを生成します。つまり、idだけでなくnameも同じでないと等しいことにはなりません。それが不都合な場合は、378ページの方法で自動生成して、equalsとhashcodeをオーバーライドします。

次の例題は、表のデータから3件のインスタンスを作成して、リストに追加します。

番号	氏名
101	田中宏
102	鈴木一郎
103	木村太郎

例題 Studentのリスト [StudentList]

```
package sample;
import java.util.ArrayList;

❶ record Student(int id, String name) {}          // Studentレコード

public class StudentList {
    public static void main(String[] args) {

      ❷ var list = new ArrayList<Student>();

      ❸ list.add(new Student(101, "田中宏"));
      ❹ list.add(new Student(102, "鈴木一郎"));
      ❺ list.add(new Student(103, "木村太郎"));

        for(Student s : list) {
            System.out.println(s);
        }
    }
}
```

```
Student[id=101, name=田中宏]
Student[id=102, name=鈴木一郎]
Student[id=103, name=木村太郎]
```

❶のように、クラスと同じファイル内にレコードを宣言すると手軽に扱えます。publicなクラスと同じファイルに定義しているので、publicにはできません（➡P.164）が、簡単な利用には十分です。

❷でStudent型のArrayListを作成し、❸ ❹ ❺で、Studentインスタンスをリストに追加しています。newで生成したインスタンスを、addメソッドの引数に指定するだけです。

なお、addメソッドの引数の中でインスタンスを作るのは、ごく普通のやり方ですが、次のようにしても構いません。

```
var s1 = new Student(101, "田中宏");
list.add(s1);
```

Q16-2-2

解答

オブジェクトの追加方法を復習しておきましょう。次は、Order型の2件のインスタンスをリストに追加する処理です。空欄には何と書きますか。

```
var o1   = new Order("A-202", 3, LocalDate.of(2025, 3, 1));
var o2   = new Order("A-203", 5, LocalDate.of(2025, 3, 4));
var list = new [ ①          ];

list.add([ ② ]);
list.add([ ③ ]);

for(([ ④ ] o : list){
    System.out.println(o);
}
```

3. ラッパークラス型のリスト

intやdoubleなど、プリミティブ型の値は、オブジェクトではないのでリストに追加することはできません。そこで、標準クラスには、intならInteger型、doubleならDouble型というように、値をオブジェクト化するためのクラスがあります。

プリミティブ型	ラッパークラス
char	**Character**
byte	**Byte**
short	**Short**
int	**Integer**
long	**Long**
float	**Float**
double	**Double**
boolean	**Boolean**

この2つだけ、名前が違うので注意

プリミティブ型の値を包み込むオブジェクトという意味で、これらのクラスを、ラッパークラスといいます。プリミティブ型の値は、対応するラッパークラス型のインスタンスにしてリストに登録します。

例題 ラッパークラス型のリスト [WrapperType]

```
package sample;
import java.util.ArrayList;
public class WrapperType {
    public static void main(String[] args) {

      ❶ var list = new ArrayList<Integer>();          // Integer型のリスト
      ❷ list.add(120);                                // 数値をリストに追加する
        list.add(130);
        list.add(140);

      ❸ for(int n : list) {                           // リストから取り出して表示する
            System.out.print(n + "¥t");
        }
    }
}
```

```
120    130    140
```

int型の値を入れるリストなので、❶のようにInteger型のリストとして作成します。リストに入れることができるのは、オブジェクトだけなので、必ずInteger型のリストとして作成しなくてはいけません。

先輩、intの値をそのままリストに入れてませんか・・・
Integer型に直さなくていいんですか？
（でもInteger型で120って、どう書くんだろう）

うん、本当ならadd(120)じゃなくて、add(new Integer(120))とする。
それから、❸も、本来は、for(Integer n : list)と書くところだ。

それじゃ、これは間違いですね。
（書き直さなくちゃ）

いや、昔はそうだったが、今は、intとIntegerの変換は自動化されているのでそのままでいい。他のプリミティブ型も同じだ。Javaシステムが自動的に変換してくれる。

本来なら、❷では、Integer型の値を指定しなくてはいけないので、`list.add(120)`ではなく、`list.add(new Integer(120))`と書くところです。しかし、オートボクシング（Autoboxing）機能により、プリミティブ型からラッパー型へ自動的に変換されるので、120と書いて構いません。

また、❸でも、`for(int n : list)`ではなく、`for(Integer n : list)`とすべきところですが、ラッパー型からプリミティブ型へ自動的に変換されるので、そのままで構いません。これをオートアンボクシング（Autounboxing）機能といいます。

要するにラッパー型とプリミティブ型は自動的な変換機構が働くので、いつもプリミティブ型を使ってよい、ということです。もちろん、int型だけでなく、すべてのプリミティブ型で同じです。

Q16-2-3

解答

プリミティブ型の値をリストに入れる時、ラッパークラスの名前を知っていないと、リストを作成できません。ラッパークラスの名前は覚えましたか。
次は文字（char型）をリストに登録する処理です。間違いはどこでしょう。

```
var list = new ArrayList<Char>();
list.add('A');
list.add('B');
for(Char c : list){
    System.out.println(c);
}
```

4.LinkedList

ArrayListは要素をメモリ上の連続した領域にならべた単純な配列ですが、**LinkedList**では、1つの要素は、次の要素の参照（メモリー上の位置）と格納するデータから構成されます。各要素は物理的に連続した位置にある必要はなく、次の要素の参照をたどることによって、ひとつながりに連結されるので、これをリスト構造といいます。

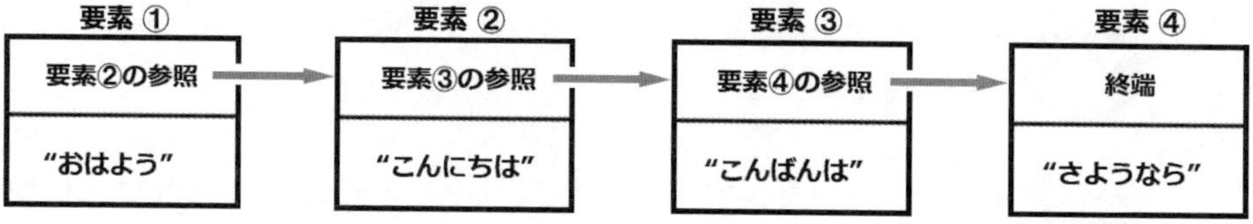

ArrayListでは要素の挿入や削除は、データのかたまりを移動して挿入場所を作ったり、逆に詰めたりするので、大量の移動が発生して効率の悪い操作になりますが、LinkedListは参照の値を書き変えるだけでよいので高速です。

したがって、要素を参照するのが主な使い方ならArrayListを使い、挿入や削除が多い時はLinkedListを使うのがセオリーです。LinkedListには、リスト構造らしい固有のメソッドもありますが、基本的な使い方はArrayListと同じです。固有のメソッドを使うのでない限り、LinkedListは、挿入・削除の速いListと考えて使えばいいでしょう。

16.3 リストのAPI

1.ArrayListのコンストラクタ

表に示す3つのコンストラクタがありますが、ほとんどの場合、これまで使った引数なしのコンストラクタを使います。

コンストラクタ	機　能
ArrayList()	初期容量が10の空のリストを構築する
ArrayList(c)	他のコレクションをシャロー・コピー（参照のコピー）して構築する
ArrayList(n)	初期容量nで空のリストを構築する

2つ目のコンストラクタは、他のListなどのインスタンスを引数にして、新しいArrayListを生成します。「コレクション」という時は、ListやSetのインスタンスのことですから、他のSetのインスタンスからもArrayListを作れるということです。

ただし、ListやSetの要素の参照をコピーして新しいArrayListの要素にするだけですから、新規にオブジェクトができるわけではありません。オブジェクト本体は共有されていますので、読み出して参照するだけの場合に使います。内容を変更する場合は使いません。

3つ目のコンストラクタは、要素数を指定して作成します。不足すると自動的に拡張しますが、最大の要素数が予測できる時は、あらかじめ指定しておくと、拡張処理のオーバーヘッドを軽減できます。

2.Listインタフェースのメソッド

リストはオブジェクトを要素として格納できる配列です。使い方も配列と大差ありません。多くの場合は、Listインタフェースに定義されているメソッドを使うだけで十分です。

次の表は、Listインタフェースのすべてのメソッドをまとめたリファレンスです。

表記は意味をつかみやすいように簡略化しています（詳細はJavaAPIドキュメント※で確認できます）。よく使うメソッドは、要素を追加・削除する**add(e)**、**remove(i)**、i番目の要素の取り出し・設定を行う**get(i)**、**set(i, e)**、件数をカウントする**size()**などです。

※巻末資料のURLを参照してください。

Java8 (2014年) から使えるようになったStream (ストリーム) とラムダ式を使うと、コンパクトな書き方で、すべての要素を検査したり、加工したり、出力したりできます。20、21章で解説しますが、これらに関係するメソッドは青字にしています。

うーん、ずいぶん数が多いなぁ。
先輩、これを全部おぼえるんですか？

いや、その必要はない。
ざっと、どんなことができるのか見ておくだけでいいだろう。
ただ、ここに一覧表があったことは覚えておいて、後で必要な時に見るといい。

16

Listインタフェースのメソッド

戻り値型	メソッド	機　能
boolean	add(e)	リストの最後に要素eを追加する
void	add(i, e)	リスト内のi番目に要素eを挿入する
boolean	addAll(c)	コレクションcをリストの最後に追加する
boolean	addAll(i, c)	コレクションcをリストの指定した位置に挿入する
void	clear()	すべての要素を削除する
boolean	contains(obj)	objがリストに含まれている時、trueを返す
boolean	containsAll(c)	リストがコレクションcの全要素を含むならtrue
static List<E>	copyOf(c)	コレクションcの不変リストを返す
void	forEach(action)	各要素に対してactionを実行する
E	get(i)	i番目の要素を返す
int	indexOf(obj)	objが検出された最初の位置を返す。なければ－1
boolean	isEmpty()	リストが空の時、trueを返す
Iterator<E>	iterator()	イテレータを返す
int	lastIndexOf(obj)	objが検出された最後の位置を返す。なければ －1
ListIterator<E>	listIterator()	リスト・イテレータを返す
ListIterator<E>	listIterator(i)	i番目からのリスト・イテレータを返す
static List<E>	of(e...)	要素の変更が不可能なリストを返す
default Stream<E>	parallelStream()	リストから並列ストリームを作って返す
E	remove(i)	i番目の要素を削除する
boolean	remove(obj)	最初に発見したobjをリストから削除する
boolean	removeAll(c)	コレクションcにある全要素をリストから削除する
boolean	removeIf(filter)	filterを満たす要素をすべて削除する
void	replaceAll(operator)	各要素をoperatorを適用した結果に置換する
boolean	retainAll(c)	コレクションcと同じ要素だけを残して後は削除
E	set(i, e)	i番目の要素をeで置き換える
int	size()	リスト内にある要素の数を返す
void	sort(comparator)	comparatorを使ってリストをソートする
Spliterator<E>	spliterator()	Spliteratorを作成して返す
default Stream<E>	stream()	リストからStreamを作って返す

続き

戻り値型	メソッド	機　能
List<E>	subList(from, to)	fromからto（これを含まない）までのListを返す
Object[]	toArray()	リストを配列にして返す
<T> T[]	toArray(array)	リストを配列にして返す

・eはリストの要素です。e...は0個以上の要素をコンマで区切って並べたものです（可変長引数）
・cはコレクション型、objはObject型、arrayは配列型の値を表します。また、i、from、toはint型の値です
・action、filter、operator、comparatorは関数型インタフェースで、ラムダ式で指定します
・メソッドのうち、booleanを返すものは、操作が成功した場合trueを返し、そうでなければfalseを返します
・E、Tは総称型です

16

Q16-3-1

解答

リストのメソッドを使う練習をしてください。
次はリストに対する操作のプログラムです。枠内にはメソッド呼び出しが入ります。コメント文と実行結果、それと前ページの一覧表を見て、①～⑦の枠内を埋めてください。

```
public static void main(String[] args) {
    // "おはよう","こんにちは","こんばんは"を要素に持つリストを作る
    var list = new [①        ];
    list.add("おはよう");
    list.add("こんにちは");
    list.add("こんばんは");
    // 3件目に"Hello"を追加する（3件目は要素番号では2）
    list.[②          ];
    // 先頭の要素（要素番号は0）を取得して表示する
    System.out.println(list.[③            ]);
    // "Hello"がリストに含まれる場合はtrue、含まれない場合はfalseと表示する
    System.out.println(list.[④            ]);
    // 1件目の要素を"bye"に変更する
    list.[⑤               ];
    // 繰り返し回数は要素数を設定
    for(int i=0; i< list.[⑥    ]; i++) {           // リストの内容を表示
        // 第i番目の要素を出力する
        System.out.println(list.[⑦    ]);
    }
}
```

```
おはよう
true
bye
こんにちは
Hello
こんばんは
```

3.配列からリストを作る

例題 配列からリストを作る [ArrayToList]

```
package sample;
import java.util.Arrays;
import java.util.List;

public class ArrayToList {
    public static void main(String[] args) {

        String[] array = {"apple", "banana", "cherry"};

      ❶ var list1 = Arrays.asList(array);
      ❷ var list2 = List.of(array);

      ❸ array[0] = "pineapple";

        printList(list1);
        printList(list2);
    }
    // リストを出力する
    static void printList(List<String> list) {
        for(String str : list) {
            System.out.printf("%10s", str);
        }
        System.out.println();
    }
}
```

```
pineapple    banana    cherry
    apple    banana    cherry
```

配列から簡単にリストを作る方法が2つあります。Arrays.asList()メソッドを使う方法と、List.of()メソッドを使う方法です。

例題では、文字列の配列arrayを使って、❶ ❷で、リストを作成しています。両方ともList型のインスタンスが返されます。

❶のlist1は、配列から作成したリストですが、新しくリストオブジェクトが作成されるわけではなく、配列arrayと同じオブジェクトをアクセスします。したがって、要素の変更はできますが、追加や削除など、配列にできない操作はできません。

❷のlist2は、配列をコピーして**不変リスト**を作成します。新しく要素を作成するので、配列とは別のオブジェクトになります。実際、❸で配列の先頭要素を"pineapple"に変更して、リストの内容を出力してみると、list2の方は内容が変わっていないことがわかります。

ただし、list2は不変リストですから、要素の変更は一切できません。もちろん、追加や削除、並び替えもできません。

配列要素を並べてリストを作成する

Arrays.asList()とList.of()の引数は、**可変長引数**（任意の数の引数の並び）として定義されています。そのため、引数は、配列要素の並びとして書くことができます。普通は、こちらの使い方をすることが多いでしょう。

```
var list1 = Arrays.asList("apple","banana","cherry");
var list2 = List.of("apple","banana","cherry");
```

なお、Arrays.asList()では、要素にnullを指定できますが、List.of()メソッドでは指定できません。指定すると、実行時例外が発生します。

うーん、Arrays.asList()とList.of()・・・
先輩、どっちを使う方がいいですか？

それは、不変リストができるList.of()の方がいいだろう。
元の配列と独立しているし、要素を変更できないので安全だ。

List.of()メソッドは、後から（2017年、Java 9）使えるようになったメソッドです。

Arrays.asList()の代替といってもいいと思います。より簡潔に書ける上、安全ですから、リストの要素の値を変更する必要がなければ、List.of()メソッドを使う方がいいでしょう。

4.既存のリストから不変リストを作る

既存のリストをコピーして、新たに内容の変更できないリストを作ることができます。コピーなので、既存のリストを変更しても影響を受けません。

例題 コピーして不変リストを作る [CopyOfExample]

```
package sample;
import java.util.ArrayList;
import java.util.List;
public class CopyOfExample {
    public static void main(String[] args) {

❶       var list = new ArrayList<String>();
        list.add("田中");
        list.add("佐藤");
        list.add("木村");
        print(list);

❷       var list2 = List.copyOf(list); // コピーして不変リストを作成

❸       list.remove(0);
        print(list);
        print(list2);
    }
    // リストを表示する
    static void print(List<String> list) {
        for(String s : list) {
            System.out.print(s+" ");
        }
        System.out.println();
    }
}
```

```
田中 佐藤 木村
佐藤 木村        ←list
田中 佐藤 木村   ←list2
```

❶で3件の名前を含むリストを作成し、内容をコンソールに表示します。❷では、それをコピーして、不変リストilistを作成します。ilistは、内容を変更、追加、削除できません。

コピーなので、元のリスト（list）を変更しても影響を受けません。❸でlistの先頭要素を削除した後、listとlist2の内容を表示していますが、実行結果から、list2の方は内容が変わっていないことがわかります。

Q16-3-2

解答

Arrays.asList(~)とList.of(~)の違いを確認します。

問1. 次のようにリストを作成した時、実行してもエラーにならないメソッドはどれですか（複数）。

```
var cities = Arrays.asList("札幌","仙台","東京", "大阪", "福岡");
```

A. cities.remove("仙台");
B. cities.set(1, "広島");
C. cities.add("鹿児島");
D. cities.isEmpty();
E. cities.clear();
F. Collections.sort(cities);

問2. 次のようにリストを作成した時、実行してもエラーにならないメソッドはどれですか。

```
var cities = List.of("札幌","仙台","東京", "大阪", "福岡");
```

A. cities.remove("仙台");
B. cities.set(1, "広島");
C. cities.add("鹿児島");
D. cities.isEmpty();
E. cities.clear();
F. Collections.sort(cities)

5. リストを並び替える（sortメソッド）

Listにはsort()メソッドがあるので、要素を並び替えることができます。

```
public void sort(Comparator c)
```

ただ、そのためには、引数にComparator型のオブジェクト（コンパレータ）を指定して、並び替えの方法を指定していなくてはいけません。

Comparator

コンパレータは、並べ替えの方法を指定するために必要ですが、簡単に作成できます。例えば、Studentレコードをidの順番に並べ変えるのであれば、次のようにします。

```
Comparator.comparing(Student::id)
```

また、名前順に並べ替えるのであれば、次のようです。

```
Comparator.comparing(Student::name)
```

Comparator.comparing() メソッドは、コンパレータを返すメソッドです。引数に、並び替えのキー項目を指定します。指定方法が変わっていますが、これはメソッド参照（➡P.469）という書き方です。

例えば、Student::id は、Student レコードのゲッターである id() を意味します。これにより、comparing() メソッドに、id の値をキーにして並べ替えるコンパレータを返すように指示しています。

並び替えの実行

では、sort() メソッドを実行してみましょう。

例題 リストの並び替え [sample2/ListSorting]

```
package sample2;
import java.util.ArrayList;
import java.util.Comparator;

record Student(int id, String name){}

public class ListSorting {
    public static void main(String[] args) {

        var list = new ArrayList<Student>();

        list.add(new Student(103, "たなか"));
        list.add(new Student(101, "きむら"));
        list.add(new Student(102, "いのうえ"));

      ❶ list.sort(Comparator.comparing(Student::id));
      ❷ //list.sort(Comparator.comparing(Student::name));

        for(Student s : list) {
            System.out.println(s);
        }
    }
}
```

❶idの順で並べ替えた場合

```
Student[id=101, name=きむら]
Student[id=102, name=いのうえ]
Student[id=103, name=たなか]
```

❷nameの順で並べ替えた場合

```
Student[id=102, name=いのうえ]
Student[id=101, name=きむら]
Student[id=103, name=たなか]
```

❶はidで並び替えます。また、❷は名前で並び替えます。名前は、漢字ではアイウエオ順にならないことがあるので、ひらがなにしています。コメントを外して、実行してみてください。

なお、並べ替えの順序を逆にしたいときは、末尾に**reversed()**メソッドを付けます。

```
list.sort(Comparator.comparing(Student::id).reversed());
list.sort(Comparator.comparing(Student::name).reversed());
```

プログラムを修正して、実行してみてください。

Q16-3-3

解答

次は、都道府県名、人口、人口増減率からなるPopulationレコードです。

```
record Population(String prefecture, int population, double rate) {}
```

PopulationListクラスに、次の処理を作成してください。

①Populationレコードを作成する（クラスと同じファイル内でよい）

②表のデータから5件のPopulation型のインスタンスを作成し、リストに登録する

都道府県名	人口	人口増減率
北海道	5,250	6.8
東京都	13,921	7.1
大阪府	8,809	0.4
福岡県	5,104	0.7
沖縄県	1,453	3.9

③リストを人口をキーにして並べ替え、結果を次のように表示する

```
Population[prefecture= 沖縄県 , population=1453, rate=3.9]
Population[prefecture= 福岡県 , population=5104, rate=0.7]
Population[prefecture= 北海道 , population=5250, rate=6.8]
Population[prefecture= 大阪府 , population=8809, rate=0.4]
Population[prefecture= 東京都 , population=13921, rate=7.1]
```

16.4 まとめとテスト

1.まとめ

1.コレクションフレームワーク

・リスト（List）、セット（Set）、マップ（Map）という3つのデータ構造を提供する標準ライブラリ

List …… サイズが自動的に拡大する配列
Set …… 集合を表し、同じオブジェクトは1つしか格納できない
Map … キーと値のペアを格納しておいて、キーでオブジェクトを検索できる

2.総称型を使う

・どんなオブジェクトでも格納できるよう、インタフェースやクラスは総称型になっている

```
public class ArrayList<E> ～ …  E型のオブジェクトを格納する
public class HashSet<E> ～………  E型のオブジェクトを格納する
public class HashMap<K, V> ～…  K型のキーとV型のオブジェクトを格納する
```

3.リストに格納するオブジェクトの要件

・格納するオブジェクトは、**equals()** メソッドと **hashCode()** メソッドをオーバーライドして、適切に再定義しなくてはいけないが、Eclipseでは、オーバーライドを自動生成できる

4.Listの使い方

・作成

```
List<String> list = new ArrayList<>();     ……  String型のリスト
List<Member> list = new ArrayList<>();     ……  Member型のリスト
List<Integer> list = new ArrayList<>();    ……  Integer型のリスト
```

あるいは、varを使って

```
var list = new ArrayList<String>();    ……………  String型のリスト
var list = new ArrayList<Member>();    ……………  Member型のリスト
var list = new ArrayList<Intger>();    ……………  Integer型のリスト
```

・要素の追加・取り出し

```
list.add(new Member(111, "田中"));  ………………  addで要素を追加する
Member m = list.get(2);  ……………………………………  get(i)で要素を取り出す
```

・要素の参照

```
for(String str : list){
    System.out.println(str);
}
```

5. ラッパークラス

・プリミティブ型の値は、ラッパークラス型に変換してリストに入れる
（Character、Byte、Short、Integer、Long、Double、Float、Boolean）

・自動的に変換されるので、ラッパークラス型の代わりにプリミティブ型の値や変数を使ってよい（オートボクシング、オートアンボクシング）

6.List系のクラス

・用途によって使い分ける（基本的な使い方は同じ）

ArrayList …………要素を参照するだけで、挿入・削除が少ない場合

LinkedList …………挿入・削除が多い場合

7. リストインタフェースのAPI

・コンストラクタ（P.389に一覧表）
多くの場合、引数なしのコンストラクタを使うが、全体の要素数が予測できる場合は、要素数を指定するコンストラクタを使うと、サイズ拡張処理を回避できる。

・主なメソッド（P.390に一覧表）

add(e) ………………要素eをリストに追加する

get(i) ………………i番目の要素をリストから取り出す

remove(i) …………i番目の要素をリストから削除する

size() ………………要素数を返す

isEmpty() …………要素が1つもない時trueを返す

List.of(e...) ……要素をコンマ区切りで列記するか配列で与えると、不変リストを作成して返す

8. 配列からリストを作る

・配列を引数にして作成

```
Arrays.asList(array);
List.of(array);
```

・配列要素を並べて作成

```
Arrays.asList("apple", "banana", "cherry");
List.of("apple", "banana", "cherry");
```

・List.of()は不変リストを作成できる

9. 既存のリストをコピーして不変リストを作る

・**List.copyOf()**は、既存のリストやセットをコピーして不変リストを作る

10. リストのソート（sortメソッド）

・sortメソッドを使うとリストの内容を並べ替えることができる

・並べ替えの方法はComparator型のオブジェクトで指定する

```
list.sort(Comparator.comparing(Student::id));
```

・reversed()メソッドを追加すると、逆順に並べ替えることができる

```
list.sort(Comparator.comparing(Student::id).reversed());
```

2. 演習問題

解答

問1　代表的なコレクションフレームワークのクラスの特徴についての問題です。
次は3つのインタフェースとそれぞれの実装クラスについての説明です。( )内に実装クラスの名前を書いてください。

List

（①　　　　　　　）サイズが自動的に拡張する配列

（②　　　　　　　）上記に加えて、要素の挿入や削除の効率がよい

Set

（③　　　　　　　）同じ要素を重複して格納できない

（④　　　　　　　）重複不可で、格納した順番で取り出せる

（⑤　　　　　　　）重複不可で、ソートした状態で取り出せる

Map

（⑥　　　　　　　）キーと値のペアを格納し、キーで検索できる

（⑦　　　　　　　）検索でき、格納した順番で取り出せる

（⑧　　　　　　　）検索でき、キーでソートした状態で取り出せる

問2　Listの作成方法についての問題です。枠内を埋めてください。

A. 日付オブジェクトのリストを作成する

```
var list =                          ;
```

B. doubleの値のリストを作成する

```
var list =                          ;
```

C. Product型のオブジェクトのリストを作成する

```
var list =                          ;
```

D. "月曜日"、"火曜日"、"水曜日"を要素に持つ不変リストを作成する

```
var list =                          ;
```

E. Arrays.asList()を使って、"月曜日"、"火曜日"、"水曜日"を要素に持つリストを作成する

```
var list =                          ;
```

F. 既存のリストarrayをコピーして不変リストを作成する

```
var list =                          ;
```

問3　Listの実践的な使い方ができるか確認します。Listの使い方についての問題です。リストに入れるオブジェクトを作成し、リストに登録して並び替えます。

次のようなレンタル駐車場の管理台帳があります。

駐車場所の番号 (pnumber : int)	開始日 (date : LocalDate)	ナンバー (number : String)
102	2025年7月8日	Y-111-222
205	2025年10月1日	Z-111-222
101	2022年3月12日	X-111-222

16

この管理台帳を表すレコードは次のようです。

```
record Parking (int pnumber, LocalDate date, String number){}
```

管理台帳にある3件のデータを、表の順序でリストに登録し、それを番号（pnumber）の順に並び替えてコンソールに出力するプログラムを作成してください。

```
Parking[pnumber=101, date=2022-03-12, number=X-111-222]
Parking[pnumber=102, date=2025-07-08, number=Y-111-222]
Parking[pnumber=205, date=2025-10-01, number=Z-111-222]
```

＜ヒント＞

・日付は、LocalDate.of() メソッドで作成します

```
2020-03-12 ➡ LocalData.of(2020,3,12);
```

Chapter

17 SetとMap

ユーザー名のように同じものが1つしかないことが意味を持つデータの集まりがあります。そのような重複を許さないデータの集まりを管理するのがセット（Set）です。また、データに固有のキーを付けて保管しておき、必要な時は、キーを指定して瞬時にデータにアクセスできるようにしたいことがあります。それを可能にするのがマップ（Map）です。セットとマップには、本来の機能に加えて、登録順序を記憶しておいたり、ソートした状態で並べ替えたりする機能を持つバージョンがあります。この章では、それらの特徴や使い方を詳しく解説します。

17.1 Setの使い方

1.Set系クラスの特徴

Setは集合、すなわち何らかの集まりを意味する総称型のインタフェースです。集まりには同じ要素は含まれません。また、集めただけなので、順序や大小関係もありません。Setを実装したクラスのうち、HashSetが、そのような集合を表すクラスです。これに、順序を扱える機能を追加したLinkedHashSet、大小関係を扱える機能を追加したTreeSetがあります。どれも総称型のクラスです。

Set

HashSet ……………… 同じ要素を重複して格納できない基本的な集合
LinkedHashSet……… 重複不可で、格納した順番で取り出せる
TreeSet ……………… 重複不可で、ソートした状態で取り出せる

次に、ユーザー名（重複不可）を登録する例を通じて、これらの違いを確認します。

2.HashSetクラス

例題 ユーザー名の登録 [HashSetExample]

```
package sample;
import java.util.Set;
import java.util.HashSet;
public class HashSetExample {
    public static void main(String[] args) {
      ❶ var ids = new HashSet<String>();      // 文字列のHashSetを作成
        ids.add("アンパンマン");              // ユーザー名を追加する
        ids.add("スーパーマン");
        ids.add("バットマン");  ←
        ids.add("スパイダーマン");   重複したユーザー名の登録
        ids.add("バットマン");  ←

        for(String id : ids) {
            System.out.println(id);
        }
    }
}
```

```
スーパーマン
バットマン ←――― バットマンは1つだけ登録されている
スパイダーマン
アンパンマン
```

インスタンスの作成と、要素の追加はList系と同じです。❶で、引数のないコンストラクタでHashSetのインスタンスを作成し、addメソッドを使ってユーザー名を追加しています。

ユーザー名の登録のうち、バットマンは2回登録していますが、2回目の登録は無効になります。実際、HashSetの内容を出力してみると、1つだけしか表示されません。HashSetは同じ要素は1つしか登録できないのです。

ところで、先輩、出力された順番が、バラバラです！
（なぜこうなるんだろう）

それは、要素の内部的な配置を決めるアルゴリズムのせいだ。
追加したのと同じ順番で出力したい時は、LinkedHashSetを使うしかない。

3.LinkedHashSetクラス

LinkedHashSetは、追加した順序を覚えているSetです。先ほどと同じ処理を実行して、それを確かめましょう。

例題 登録順に出力する [LinkedHashSetExample]

```
package sample;
import java.util.Set;
import java.util.LinkedHashSet;
public class LinkedHashSetExample {
    public static void main(String[] args) {

        var ids = new LinkedHashSet<String>();
        ids.add("アンパンマン");
        ids.add("スーパーマン");
        ids.add("バットマン");
        ids.add("スパイダーマン");
        ids.add("バットマン");

        for(String id : ids) {
           System.out.println(id);
        }
    }
}
```

HashSetから LinkedHashSetに 変更

重複したユーザー名の登録

```
アンパンマン
スーパーマン
バットマン
スパイダーマン
```

追加したのと同じ順序で出力されている

LinkedHashSetもインスタンスの作り方は同じです。また、addによる登録内容も全く同じにしてあります。出力結果を見ると、重複がないのも**HashSet**と同じですが、違うのは登録したのと同じ順序で出力していることです。このように、登録順を覚えているのが**LinkedHashSet**の特徴です。

入力したのと同じ順序かぁ ･･･
名前順とかにならないのかなぁ？

名前順にしたければ、TreeSetクラスを使うといい。
TreeSetは要素を並び替えてくれるSetだ。

4.TreeSetクラス

TreeSetは、登録した要素を自然な順序で並び替えて保管するSetです。ソート（並び替え）の機能を内蔵しているので、文字列の場合は辞書順に並ぶことになります。早速試してみましょう。

例題　ソートして出力する　[TreeSetExample]

```
package sample;
import java.util.TreeSet;
import java.util.Set;
public class TreeSetExample {
    public static void main(String[] args) {

        var ids = new TreeSet<String>();    ← LinkedHashSetからTreeSetに変更
        ids.add("アンパンマン");
        ids.add("スーパーマン");
        ids.add("バットマン");              ← 重複したユーザー名の登録
        ids.add("スパイダーマン");
        ids.add("バットマン");              ←

        for(String id : ids) {
            System.out.println(id);
        }
    }
}
```

```
アンパンマン
スパイダーマン
スーパーマン
バットマン
```
名前順にソートして出力されている

TreeSetでも、同じユーザー名を重複して登録することはできません。ただし、名前順に並び替えた状態で出力されています。このソート機能がTreeSetの特徴です。

このように、ソートできるためには、登録するオブジェクトがComparableインタフェースを実装しているか、または、コンストラクタで並べ替えの方法を指定する必要があります。StringクラスはComparableインタフェースを実装しているので大丈夫です。

先輩、自作のクラスも同じですか？
Comparableを実装すれば、いいんですよね。

その通り。
試しに16章で使ったStudentレコードに実装して、
レコードをTreeSetに登録してみよう。

Comparableインタフェースとは

Comparableインタフェースは、基本的なインタフェースの1つで、どんなオブジェクトにでも適用できるように、**総称型**で定義されています。


```
public interface Comparable<T>
    int compareTo(T otherObject);     // 自分とotherObjectを比較する
}
```

定義されいるメソッドは、オブジェクトの大小関係を調べるための**compareTo()**メソッドだけです。

オブジェクトはいろいろな項目からなるので、compareTo()メソッドでは、「どの項目を使って、どのように比較するか」を定義します。

総称型なので、実装する時に＜Ｔ＞を具体的な型に置き換えます。

例えば、Studentクラスで実装する場合、比較するのはStudent型のオブジェクトですから、TをStudentに変えて、次のように宣言します。

```
public class Student implements Comparable<Student> {…}
```

これにより、compareTo()の定義も次のように引数がStudent型になります。

```
int compareTo(Student otherObject);
```

また、compareTo()メソッドのAPIによると、戻り値は次のように決まっています。

・自オブジェクト＝＝otherObject──►0
・自オブジェクト＞otherObject──►任意の正の整数
・自オブジェクト＜otherObject──►任意の負の整数

Studentレコードへの実装

TreeSetでは、ComparableインタフェースのcompareTo()メソッドを使って、オブジェクトを比較し、並び替えを行います。

そこで、16章で使ったStudentレコードに、Comparableインタフェースを実装して、番号順に並び替えられるようにしてみましょう。

レコードもクラスと同じようにインタフェースを実装できます。次のような形式です。

```
record Student(int id, String name) implements Comparable<Student> {
    /// ここにインタフェースのメソッドをオーバーライドする ///
}
```

そして、compareTo()メソッドをオーバーライドして実装します。ここでは、番号順に並べ変えたいので、オブジェクト同士のidを比較することにします。

次のように、メソッドのオーバーライドはわずか1行で済みます。

```
record Student(int id, String name) implements Comparable<Student> {
    @Override
    public int compareTo(Student otherObject) {
            return Integer.compare(this.id, otherObject.id);
    }
}
```

整数同士を比較して、0、正、負の値を返すには、**Integer.compare()**メソッドが便利です。引数に、比較したい値をセットするだけで、大小関係により、0、正、負のどれかが返されます。

17

StudentレコードをTreeSetに登録する

以上から、Studentレコードを**TreeSet**に登録するプログラムは次のようになります。

例題 StudentレコードのTreeSet [StudentTreeSetExample]

```
package sample;
import java.util.TreeSet;

❶ record Student(int id, String name) implements Comparable<Student> {
      @Override
      public int compareTo(Student other) {
          return Integer.compare(this.id, other.id);
      }
  }

public class StudentTreeSetExample {
    public static void main(String[] args) {

      ❷ var students = new TreeSet<Student>();

      ❸ students.add(new Student(130,"田中宏"));
        students.add(new Student(100,"井上幸三"));
        students.add(new Student(120,"佐藤次郎"));

        for(Student  s: students) {
            System.out.println(s);
        }
    }
}
```

```
Student[id=100, name=井上幸三]
Student[id=120, name=佐藤次郎]
Student[id=130, name=田中宏]
```

❶がStudentレコードの定義です。Comparableインタフェースを実装しています。

❷でStudentを入れるTreeSetを作り、❸から3件のレコードを登録します。登録結果を出力していますが、idの順に並べ替えられていることがわかります。

Q17-1

解答

3種類のSetの違いと使い方を確認します。

問1　次の説明は、①HashSet、②LinkedHashSet、③TreeSetのどれについてですか。

A. 要素を入力した順やソートした状態では出力できない

B. コンストラクタで並べ替えの方法を指定せずに作成した時、登録するインスタンスはComparableインタフェースを実装していなければいけない

C. 要素を追加した順序どおり出力できる

問2　次は整数をHashSetに追加して、最後にすべての要素を表示する処理です。空欄には何を入れますか。

```
var numbers = new [①          ]
numbers.add(250);
numbers.add(410);
numbers.add(75);
numbers.add(135);
numbers.add(201);
for([②     ] n : numbers){
    System.out.println(n);
}
```

```
135
201
250
410
75
```

17.2 Set系のAPI

主なコンストラクタを表に示します。多くの場合、引数のないコンストラクタを使います。

HashSetクラス　(LinkedHashSetクラスもクラス名が変わるだけで同じ)

コンストラクタ	機　能
`HashSet()`	初期容量16、ロードファクタ（負荷率）0.75で空のSetを作成する
`HashSet( n )`	初期容量n、ロードファクタ0.75で空のSetを作成する
`HashSet( n, f )`	初期容量n、ロードファクタfで空のSetを作成する
`HashSet( c )`	コレクションc からSetを作成する

初期容量は、要素を格納するハッシュテーブルの容量で、ロードファクタ0.75なら、全体の75%が使われた時、自動的に容量が2倍に拡大します。要素数があらかじめ推定できるなら、2番目のコンストラクタを使うといいでしょう。ロードファクタは0.75が最適とされているので、普通は指定する必要はありません。

4番目は、他のListやSetから、新しいSetを作成します。ListからSetを作成すると、重複した要素をすべて取り去ることができます。

TreeSetクラス

コンストラクタ	機　能
`TreeSet()`	空のTreeSetを作成する
`TreeSet( comp )`	並べ替えの方法をcompで受け取ってTreeSetを作成する
`TreeSet( c )`	コレクションcからTreeSetを作成する

1番目のコンストラクタは、Comparableインタフェースを実装した要素を格納する空の**`TreeSet`**を作成します。

2番目のコンストラクタは、並べ替えの方法を指示するコンパレーター compを指定して**`TreeSet`**を作成します。コンパレーターは、`Comparator.comparing()`メソッドを使って指定できます。

3番目は他のListやSetから**`TreeSet`**を作成しますが、要素はComparableインタフェースを実装していなければいけません。そうでない場合は、例外が投げられます。

次はセットインタフェースのメソッドをすべてまとめた表です。表記は意味をつかみやすいように簡略化しています（詳細はJavaAPIドキュメント※で確認できます）。

※巻末資料のURL一覧を参照してください。

なお、青字のメソッドは、Stream（ストリーム）とラムダ式を使うものですから、19、20章の解説を読んだ後で、Java APIを見て詳細を確認してください。

Setインタフェースのメソッド

戻り値型	メソッド	機　能
boolean	add(e)	要素eをセットに追加する
boolean	addAll(c)	コレクションcの全要素を追加する
void	clear()	全要素を削除する
boolean	contains(obj)	objがセットに含まれていればtrueを返す
boolean	containsAll(c)	セットがコレクションcの全要素を含むならtrue
static Set<E>	copyOf(c)	コレクションcの不変セットを返す
void	forEach(action)	各要素に対してactionを実行する
boolean	isEmpty()	Setが空の時trueを返す
Iterator<E>	iterator()	イテレータを返す
static Set<E>	of(e...)	要素の変更が不可能なセットを返す
default Stream<E>	parallelStream()	セットから並列ストリームを作って返す
boolean	remove(obj)	objをセットから削除する
boolean	removeAll(c)	コレクションcにある全要素をセットから削除する
boolean	removeIf(filter)	filterを満たす要素をすべて削除する
boolean	retainAll(c)	コレクションcと同じ要素だけを残して後は削除
int	size()	セット内にある要素の数を返す
Spliterator<E>	spliterator()	Spliteratorを作成して返す
default Stream<E>	stream()	セットからStreamを作って返す
Object[]	toArray()	セットを配列にして返す
<T> T[]	toArray(T[] a)	セットを配列にして返す

・eはリストの要素です。e...は0個以上の要素をコンマで区切って並べたものです
・cはコレクション型、objはObject型、arrayは配列型の値を表します
・action、filterは関数型インタフェースで、ラムダ式で指定します
・E、Tは総称型です

数が少なくていいけど･･･
Listのように、要素を1つずつ取り出すメソッドはないのかなぁ。

Setは同じ要素が重複しない集合を作るために使うものだ。要素番号で取り出すような用途には使わない。そういう用途にも使いたければ、作成したSetをListのコンストラクタの引数にして新しいListを作ればいい。

えーっ、SetからListを作るなんて･･･
先輩、そんなことできるんですか？

List系クラスのAPIを見るといい。(➡ P.389)
他のコレクション(ListとSet)からListを作るコンストラクタがある。

Q17-2-1

解答

Setのメソッドを使ってみましょう。次はHashSetでの操作のプログラムです。コメント文と実行結果、それと前ページの一覧表を見て、①〜⑥の枠内を埋めてください。

```
public static void main(String[] args) {
    // 文字列のセットを作る
    var set = [①          ];
    // "やまだ"、"たなか"、"いけだ"、"やまだ" をセットに追加する
    set.[②   ]("やまだ");
    set.[③   ]("たなか");
    set.[④   ]("いけだ");
    set.[⑤   ]("やまだ");
    // 何件の要素があるか表示する
    System.out.println(set.[⑥     ]);
    // セットは空でないかどうか表示する
    System.out.println(set.[⑦       ]);
    // "いけだ"をセットから削除する
    set.[⑧             ];
    // セットの要素をすべて表示する
    for([⑨     ] s : set) {
        System.out.println(s);
    }
}
```

```
3
false
やまだ
たなか
```

不変Setの作成

Set.of()メソッドを使うと、配列から、内容を変更できない不変Setを作成できます。また、Set.ofCopy()メソッドを使うと、既存のSetやListから、不変Setを作成できます。

例題 不変Setの作成 [ImmutableSet]

```
package sample;
import java.util.ArrayList;
import java.util.Set;
public class ImmutableSet {
    public static void main(String[] args) {

        // 要素をコンマで区切って並べる
        var set = Set.of("田中", "鈴木", "木村");

        // 配列から作成する
        String[] names = {"田中", "鈴木", "木村"};
        var set2 = Set.of(names);

        // 既存のSetやListから不変セットを作成する
        var list = new ArrayList<String>();
        list.add("田中");
        list.add("佐藤");
        list.add("木村");

        var set3 = Set.copyOf(list);
    }
}
```

不変Setなので、追加、削除など、Setの変更になるメソッドは実行できません。また、List.copyOf()と同じように、Set.copyOf()で作成した不変Setは、元のListやSetの内容が変更されても影響を受けません。

Q17-2-2

解答

不変Setは理解しましたか？では、次のプログラムの間違いは何でしょう。

※Setで使えるメソッドは、APIの表を参照してください

```
public static void main(String[] args) {
    var set = Set.of("田中", "鈴木", "木村");
    System.out.println(set.contains("田中"));
    System.out.println(set.size());
    set.remove("鈴木");
}
```

17.3 Mapの使い方

1.Map系クラスの特徴

Mapは、キーと値のペアを1つのエントリとして登録しておくと、キーで検索して値を取り出すことができます。ハッシュアルゴリズムにより高速な検索が可能です。

一般的な用途にはHashMapクラスを使いますが、Mapから全てのエントリを1つずつ取り出すような使い方では、取り出し順序は登録した順序にはなりません。登録順に取り出せるようにするにはLinkedHashMapクラスを使います。また、取り出し順が自然な順序でソートされているようにしたい時は、TreeMapを使います。

Map

HashMap …………… キーと値のペアを格納し、キーで値を検索できる
LinkedHashMap…… 検索でき、かつ格納した順番で取り出せる
TreeMap …………… 検索でき、かつキーでソートした状態で取り出せる

2.HashMapクラス

例題 番号と氏名のペアを登録する [HashMapExample]

```
package sample;
import java.util.HashMap;
import java.util.Map;
public class HashMapExample {
    public static void main(String[] args) {

        // キーはInteger、値はStringのマップを作成
❶       var map = new HashMap<Integer, String>();
❷       map.put(115, "田中");  // エントリを登録する
        map.put(108, "佐藤");
        map.put(105, "山下");

❸       System.out.println(map.get(108));  // 108で検索
    }
}
```

```
佐藤
```

Map系のクラスはキーと値のペアを格納するので、どんなオブジェクトにでも適用できるように、総称型で、Map<K, V> のように定義されています。

例題は、キーが整数、値が文字列なので、❶のように、キーの型をInteger、値の型をStringと宣言します。

```
var map = new HashMap<Integer, String>();
```

❷では、put() メソッドを使って、キーと値のペアをマップに登録しています。
put(キー、値) という形式です。

❸は、キーを指定して値を取り出す方法を示しています。get() メソッドの引数にキーを指定すると、キーに関連付けられている値を得ることができます。実行結果から、キーに108を指定して、"佐藤"を取得したことがわかります。

未登録キーの検索と重複エントリーの登録

キーで検索できるなんて便利だなぁ。
でも、先輩、エントリにないキーで検索するとどうなります？

それは、nullが返される。それを避けたいなら、getじゃなくてgetOrDefaultメソッドを使う。例えば次は、nullだったら既定値として空文字列を返す。

```
String name = map.getOrDefault(200, "");
```

なるほど。それじゃ、あと1つ。
すでに登録してあるのと同じキーのエントリを、putしたらどうなりますか？

後で登録した方が、前のエントリを書き換えることになる。
つまり、上書きだ。

では、未登録キーの検索とキーの重複登録について、例題で確認しましょう。

例題 未登録キーの検索と重複エントリ [MapOperation]

```
package sample;
import java.util.HashMap;
import java.util.Map;
public class MapOperation {
    public static void main(String[] args) {
        var map = new HashMap<Integer, String>();
        map.put(115, "田中");
        map.put(120, "木村");
        map.put(108, "佐藤");
      ❶ map.put(115, "佐々木");    // 重複キーのエントリを登録

      ❷ System.out.println(map.get(115));                   // 重複キーのエントリ
      ❸ System.out.println(map.get(200));                   // 無効なエントリ
      ❹ System.out.println(map.getOrDefault(200,"***"));    // nullを回避
    }
}
```

```
佐々木
null
***
```

❶で、キー115のデータとして"佐々木"を重複登録しています。これにより、同じ115というキーで登録されていた"田中"は、"佐々木"に上書きされます。❷による出力結果を見ると、やはり"佐々木"と表示されています。

❸は、未登録の200というキーで検索する例です。Mapに登録されていないのでnullが返されます。実行結果でもnullと表示されています。

これに対して❹のように`getOrDefault()`メソッドを使って検索すると、nullだった場合は既定値に指定した値を返します。既定値として指定する値の型は、Mapを作成する時に指定した型と同じでなければいけません。例は、`HashMap<Integr, String>`でしたから、String型の値になります。

例では、既定値に"***"を指定したので、❹の出力は3つの * です。

Q17-3-1

解答

Mapはキーと値があるので、作成方法がListやSetとは違います。
ここまでの知識を確認しましょう。

問1. 本のISBNコード(long)と、書名(String)を登録するHashMapの作成で正しいものはどれですか。

```
A. var map = new HashMap<long, String>();
B. var map = new Map<Long, String>();
C. var map = new HashMap<Long, String>();
```

問2. 次のコードの誤りは何ですか。

```
var map = new HashMap<String, Integer>();
map.add("A100", 100);
map.add("A110", 120);
map.add("A120", 210);
int price = map.get("A110");
```


3.すべてのエントリを取り出す

次は、マップからすべてのエントリを1つずつ取り出す方法を見てみましょう。いくつか方法がありますが、ここでは拡張for文を使う方法を示します。

例題 すべてのエントリを順に取得する [Map_EntryExample]

```
package sample;
import java.util.HashMap;
import java.util.Map;
public class Map_EntryExample {
    public static void main(String[] args) {
        // マップを作成
        var map = new HashMap<Integer, String>();
        map.put(115, "田中");
        map.put(120, "木村");
        map.put(108, "佐藤");

        // すべてのエントリを取得して表示する
❶       for(Map.Entry<Integer, String> entry : map.entrySet()) {
❷           System.out.println(entry.getKey() + " = " + entry.getValue());
        }
    }
}
```

```
115 = 田中
120 = 木村
108 = 佐藤
```

❶の拡張for文が、マップからすべてのエントリを取り出す方法です。

```
for(Map.Entry<Integer, String> entry : map.entrySet()) {
```

entrySet()メソッドは、マップのすべてのエントリを集めたSetを返します。ただし、各エントリは、キーと値をセットにして格納したMap.Entry型のインスタンスです（Map.Entry型はこの後で解説）。したがって、この拡張for文は、Setから順にMap.Entry型のインスタンスを取り出すfor文ということになります。

Map.Entry型には、キーを取り出す**getKey()**メソッドと、値を取り出す**getValue()**メソッドがあります。❷はそれを使って、キーと値を取り出し、表示しています。


```
System.out.println(entry.getKey() + " = " + entry.getValue());
```

実は、この方法よりも、forEachメソッドとラムダ式を使う方法が簡単です。forEachによる方法は21章で解説します。

Map.Entry型

先輩、Map.Entry型って、途中に"."が入ってます。
型名に"."を使ってもいいんですか？

"."が付くのは、Mapインタフェースの中で定義しているからだ。これは特殊なケースだ。
しかし、そうすることで、MapとEntryが深く関係していることを明確にする効果がある。

Mapインタフェースの中で定義・・・？
（どういう意味？）

Entryもインタフェースで、Mapインタフェースの中で次のように定義してある。そのため、常に**Map.Entry**という形で使わなくてはいけない。
ただ、名前が特殊になるだけで、機能は普通のインタフェースと変わりない。

```
public interface Map<K,V> {
        …
        Set<Map.Entry<K, V>> entrySet();          // 抽象メソッド
        …
        interface Entry<K,V> {                    // 内部インタフェース
            K getKey();          // キーを返す
            V getValue();        // 値を返す
            …
        }
        …
```

Map.Entryは、Mapとの関係を示すために、Mapインタフェースの中で宣言されています。インタフェースの中で定義するので、**内部インタフェース**（inner interface）といいます。機能的に普通のインタフェースと変わりませんが、インタフェースをグループ化して維持しやすくすると共に、Mapと関連していることを強く表現できる利点があります。

Map.Entryインタフェースは、Mapと同様に総称型のインタフェースで、<K, V>の型を明示して、Map.Entry**<Integer, String>**のように使います。メソッドは、キーを取得する**getKey()**、値を取得する**getValue()**などが宣言されています。

Q17-3-2

解答

次は、HashMapにエントリを追加して、最後にすべてのエントリを表示する処理です。空欄には何と書きますか。

```
// マップを作成
var map = [①              ] ;
map.put ("Sagittarius", "いて座");
map.put ("Capricorn", "やぎ座");
map.put ("Aquarius", "みずがめ座");

// すべてのエントリを取得して表示する
for([②                    ]entry : map.[③        ]) {
    System.out.println(entry.[④      ] + "¥t" + entry.[⑤        ]);
}
```

```
Capricorn      やぎ座
Sagittarius    いて座
Aquarius       みずがめ座
```

4.LinkedHashMapとTreeMap

すべてのエントリを取り出す時、Mapに追加した順序で取り出せるようにするにはLinkedHashMapクラスを使います。また、自然な順序でソートされているようにしたい時は、TreeMapクラスを使います。

最初は、LinkedHashMapの使用例です。

出力結果のキーの値を見ると、マップに登録した順で出力されていることがわかります。

例題 出力順序を変える [LinkedHashMapExample]

17

```
package sample;
import java.util.LinkedHashMap;
import java.util.Map;
public class LinkedHashMapExample {
    public static void main(String[] args) {
        var map = new LinkedHashMap<Integer, String>();
        map.put( 115, "田中");
        map.put( 120, "木村");
        map.put( 108, "佐藤");

        // 全エントリを表示
        for(Map.Entry<Integer, String> entry : map.entrySet()) {
            System.out.println(entry.getKey() + " - " + entry.getValue());
        }
    }
}
```

```
115 - 田中
120 - 木村
108 - 佐藤
```

追加したのと同じ順序で出力されている

次は、TreeMapです。

出力結果のキーの値を見ると、キーの昇順にソートして出力されていることがわかります。

例題 出力順序を変える [TreeMapExample]

```
package sample;
import java.util.Map;
import java.util.TreeMap;
public class TreeMapExample {
    public static void main(String[] args) {
        var map = new TreeMap<Integer, String>();
        map.put(115, "田中");
        map.put(120, "木村");
        map.put(108, "佐藤");

        // 全エントリを表示
        for(Map.Entry<Integer, String> entry : map.entrySet()) {
            System.out.println(entry.getKey() + " - " + entry.getValue());
        }
    }
}
```

```
108 - 佐藤
115 - 田中
120 - 木村
```

番号順にソートして出力されている

なお、コンストラクタで並び替えの方法を指定せずに作成した場合、TreeSetのキーは、Comparableインタフェースを実装している必要がありますが、String型やプリミティブ型のラッパークラス型は、どれもComparableインタフェースを実装しています。

Q17-3-3

解答

Mapの特徴は理解しましたか。問に答えて確認しましょう。
次のようにMapにエントリーを登録して全要素を出力します。A、B、C の出力は、それぞれ、HashMap、LinkedHashMap、TreeMapのどれを使った時のものですか。

```
map.put("B25", 230);
map.put("A10", 300);
map.put("A31", 200);
map.put("B13", 350);
map.put("A41", 150);

for(Map.Entry<Integer, String> entry : map.entrySet()) {
    System.out.println(entry.getKey() + " - " + entry.getValue());
}
```


A.

```
A10 - 300
A31 - 200
A41 - 150
B13 - 350
B25 - 230
```

B.

```
A10 - 300
B13 - 350
B25 - 230
A41 - 150
A31 - 200
```

C.

```
B25 - 230
A10 - 300
A31 - 200
B13 - 350
A41 - 150
```

17.4 Map系のAPI

主なコンストラクタを表に示します。多くの場合、引数のないコンストラクタを使います。

HashMapクラス　(LinkedHashMapクラスもクラス名が変わるだけで同じ)

コンストラクタ	機　能
HashMap()	初期容量16、ロードファクタ(負荷率)0.75で空のMapを作成する
HashMap(n)	初期容量n、ロードファクタ0.75で空のMapを作成する
HashMap(n, f)	初期容量n、ロードファクタfで空のMapを作成する
HashMap(m)	マップ m からMapを作成する

初期容量は、要素を格納するハッシュテーブルの容量で、ロードファクタ0.75なら、全体の75%が使われた時、自動的に容量が2倍に拡大します。要素数があらかじめ推定できるなら、2番目のコンストラクタを使うといいでしょう。ロードファクタは0.75が最適とされているので、普通は、指定する必要はありません。

4番目は、他のMapから、新しいMapを作成します。

TreeMapクラス

コンストラクタ	機　能
TreeMap()	空のTreeMapを作成する
TreeMap(comp)	並べ替えの方法をcompで受け取ってTreeMapを作成する
TreeMap(m)	マップmからTreeMapを作成する

1番目のコンストラクタは、Comparableインタフェースを実装した要素を格納する空のTreeMapを作成します。2番目のコンストラクタは、並べ替えの方法を指示するComparatorインタフェースcompを受け取ってTreeMapを作成します。Comparatorの指定方法は、ラムダ式を扱う19章で解説します。

3番目は他のMapからTreeMapを作成しますが、要素はComparableインタフェースを実装していなければいけません。そうでない場合は、例外が投げられます。

次はMapインタフェースのメソッドをすべてまとめた表です。表記は意味をつかみやすいように簡略化しています(詳細はJavaAPIドキュメントで確認できます)。

青字のメソッドはラムダ式を使うものですから、19、20章の解説を読んだ後で、Java APIを見て詳細を確認してください。また、forEachメソッドはストリームを扱う20章で解説します。

Mapインタフェースのメソッド

戻り値型	メソッド	機　能
void	clear()	全てのエントリを削除する
default V	compute(key, func)	keyが指す値を設定する
default V	computeIfAbsent(key, func)	keyが指す値がないかnullなら値を設定する
default V	computeIfPresent(key, func)	keyが指す値がありnullでないなら値を設定
boolean	containsKey(key)	キーとしてkeyが含まれている時trueを返す
boolean	containsValue(value)	値としてvalueが含まれている時trueを返す
static Map<K,V>	copyOf(m)	マップmの不変マップを返す
static Map.Entry<k,v>	entry(key, value)	不変のエントリを作成して返す
Set<Map.Entry<K,V>>	entrySet()	含まれる全エントリのSetを返す
default void	forEach(action)	各エントリに対してactionを実行する
V	get(key)	keyが指す値を返す
default V	getOrDefault(key, value)	keyが指す値、なければvalueを返す
boolean	isEmpty()	マップが空の場合trueを返す
Set<K>	keySet()	マップに含まれるすべてのkeyを返す
default V	merge(key, value, func)	Mapをマージする
static Map	of(k1,v1,k2,v2,…k10,v10)	不変Mapを作成する
static Map	ofEntries(entry...)	不変Mapを作成する
V	put(key, value)	keyとvalueを登録する
void	putAll(map)	mapからすべてのエントリをコピーする
default V	putIfAbsent(key, value)	keyが指す値がない時、valueをマップする
V	remove(key)	keyが指すエントリを削除する
default boolean	remove(key, value)	keyが指す値がvalueの時、エントリを削除
default boolean	replace(key, oldVal, newVal)	keyがoldValを指す時、newValに置換する
default V	replace(key, value)	keyが指す値がある時、valueに置換する
default void	replaceAll(func)	全てのエントリをfuncを使って置換する
int	size()	エントリの数を返す
Collection<V>	values()	マップに含まれるすべての値を返す

・key、k1〜k10はキーを表すオブジェクトです
・value、v1〜v10、OldVal、newValは値を表すオブジェクトです
・entry...は0個以上のエントリをコンマで区切って並べたものです
・actionは関数型インタフェースで、ラムダ式で指定します
・K、Vは総称型です

うーん、いろいろあるなぁ。
とりあえず覚えておくのは・・・

put、get、remove を覚えておけば、大体のことはできる。
後は、どんなものがあったか全体を見ておいて、必要な時にこの表を見るといい。これはリファレンス用の表だ。

不変Mapの作成

クラスメソッドの**Map.of()**、**Map.ofEntries()**、**Map.copyOf()**を使うと、内容の変更できない不変Mapを作成できます。

例題 不変Mapの作成 [ImmutableMap]

```
package sample;
import java.util.HashMap;
import java.util.Map;

public class ImmutableMap {
    public static void main(String[] args) {

        // キーと値を交互に並べて作成（最大10組まで）
      ❶ var map1 = Map.of( 1, "A", 2, "B", 3, "C");

        // Map.Entry型の要素を並べて作成（制限なし、配列でも可）
      ❷ var map2 = Map.ofEntries(Map.entry(1, "aa"),
                                Map.entry(2, "bb"),
                                Map.entry(3, "cc"));

        // 既存のMapをコピーして作る
        var map = new HashMap<Integer, String>();
        map.put(100, "田中");
        map.put(110, "木村");

      ❸ var map3 = Map.copyOf(map);
    }
}
```

不変マップは、一度作成したら、追加、削除、更新のできないMapです。また、キー値としてnullは指定できません。

❶の**Map.of()**メソッドは、キーと値を交互に、最大10個まで指定して不変マップを作成できます。エントリを（キー、値）とすると、例題では、(1, "A")、(2, "B")、(3, "C")の3つのエントリからなる不変マップです。

❷の**Map.ofEntries()**メソッドは、キーと値のペアからなるエントリを指定して、不変マップを作成します。エントリは、**Map.entry()**メソッドに、キーと値を指定して作成します。指定するエントリの数に制限はありません。entryメソッドはMapクラスのスタティックメソッドです。

❸の**Map.copyOf()**メソッドは、既存のMapをコピーして、不変リストを作成します。

不変マップを作成した後で、元にした既存のマップを変更しても、不変マップは影響をうけません。

Q17-4

解答

不変マップに対する説明や操作で、正しくないものはどれですか。

A. Map（の参照）を他のメソッドに渡しても、内容を変更されないので安心である
B. まだ登録されてないエントリであれば、putメソッドで登録できる
C. すべてのエントリをコンソールに出力できる

17

17.5 まとめとテスト

1.まとめ

1.Setインタフェース

・何らかの集まりを意味する総称型のインタフェース

・同じ要素は1つしか含まれない

2.Set系のクラスの作成

var set = new **HashSet**<型>(); …………… 基本的なSetの実装クラス

var set = new **LinkedHashSet**<型>();…… 登録順で取り出せる

var set = new **TreeSet**<型>(); …………… ソートした状態で取り出せる

3.Set系クラスの使い方

・addメソッドでSetに追加する

```
var set = new HashSet<String>();
set.add("AAA");
set.add("BBB");
set.add("CCC");
```

・for文ですべての要素にアクセスできる

```
for(String s : set){
    System.out.println(s);
}
```

4.不変セットの作成

・Set.of()、Set.copyOf()メソッドで作成できる

・内容の変更ができない

・要素にnullを含めることはできない

・重複した要素は含められない

5.Set系クラスのAPI

・コンストラクタ（P.412に一覧表）
　多くの場合、引数なしのコンストラクタを使う。
・主なメソッド（P.413に一覧表）

add(e) ………………… 要素eをリストに追加する
size() ………………… 要素数を返す
isEmpty() ………… 要素が1つもない時trueを返す
Set.of(e...) …… 要素をコンマ区切りで列記するか配列で与えると、不変リストを作成して返す
Set.copyOf(c) …… 既存のリストやセットから不変セットを作成する

6.Mapインタフェース

・キーと値のペアを1つのエントリとして登録する総称型のインタフェース
・同じキーを持つエントリは1つしか含まれない（重複して登録すると上書きになる）
・キーで検索して値を取り出せる

7.Map系のクラスの作成

```
var map = new HashMap<キーの型, 値の型>();        …………… 基本的なMapの実装クラス
var map = new LinkedHashMap<キーの型, 値の型>();  …… キーの登録順で取り出せる
var map = new TreeMap<キーの型, 値の型>();        …………… キーでソートした状態で取り出せる
```

8.Map系クラスの使い方

・putメソッドでマップに登録する

```
var map = new HashMap<Integer, String>();
map.put(100,"AAA");
map.put(110,"BBB");
map.put(120,"CCC");
```

・getまたはgetOrDefaultメソッドで要素を取り出す

```
System.out.println(map.get(100));
System.out.println(map.getOrDefault(200, "未登録"));
```

・for文ですべてのエントリにアクセスできる

```
for(Map.Entry<Integer, String> e : map.entrySet()){
    System.out.println(e.getKey() + " - " + e.getValue());
}
```

9.不変マップの作成

・Map.of()、Map.ofEntries()、Map.copyOf() で作成できる
・内容の変更ができない
・要素にnullを含めることはできない

10.Map系クラスのAPI

・コンストラクタ（P.425に一覧表）

多くの場合、引数なしのコンストラクタを使う。HashMap、LinkedHashMapでは、要素数が推測できる場合は、初期容量を指定するコンストラクタを使うと、サイズの自動拡張処理を回避できる。

・主なメソッド（P.426に一覧表）

put(key, value)	keyとvalueを登録する
get(key)	keyが指す値を返す
getOrDefault(key, value)	keyが指す値、なければvalueを返す
remove(key)	keyが指すエントリを削除する
size()	エントリの数を返す
entrySet()	含まれるすべてのエントリのSetを返す
Map.of(k1,v1,k2,v2,…k10,v10)	不変マップを作成する
Map.ofEntries(entry...)	不変マップを作成する
Map.entry(key, value)	不変マップの要素に使う不変のエントリを作成して返す

2.演習問題

解答

問1　Setの機能に関する問題です。次のプログラムを実行した時、表示されるのはどれですか。

```
var set = new TreeSet<Integer>();
set.add(100);
set.add(80);
set.add(100);
set.add(110);
sct.add(70);
for(int n : set){
    System.out.print(n + " ");
}
```

A. 100 80 100 110 70
B. 100 80 110 70

C. 80 100 110 70
D. 80 100 70 110
E. 70 80 100 110

問2　不変セットの作成で、実行時例外にならないものはどれですか。

```
A. var set = Set.of("","","","","");
B. var set = Set.of("A","C","F","A","B");
C. var set = Set.of("S","B","C",null,"A");
D. var set = Set.of("SS","SSS","SSSS","S","");
```

問3　次の表のデータをHashMapに登録し、実行例のように表示するプログラムを作成してください。

キー (String)	値 (String)
cherry	チェリー
apple	リンゴ
pear	ナシ
banana	バナナ
grape	ブドウ

```
banana          - バナナ
cherry          - チェリー
apple           - リンゴ
pear            - ナシ
grape           - ブドウ
```

問4　問3で作成したプログラムの末尾に、次の処理を追加してください。

・getメソッドを使って、"banana"でマップを検索し、取得した値を実行例のように表示する
・getOrDefaultメソッドを使って、"pineapple"で検索し、該当がなければ"フルーツ"と表示する

```
banana : バナナ
pineapple : フルーツ
```

問5　次の表のデータからMap.Of()メソッドを使って、不変マップを作成し、実行例のように表示してください。

キー (String)	値 (LocalDate)
建国記念の日	2025年2月11日
昭和の日	2025年4月29日
憲法記念日	2025年5月3日
みどりの日	2025年5月4日
こどもの日	2025年5月5日

```
憲法記念日	2025-05-03
昭和の日	2025-04-29
建国記念の日	2025-02-11
こどもの日	2025-05-05
みどりの日	2025-05-04
```

17

うーん‥
getfish…
get_fish…
gtfh …
プログラムより
時間がかかる
変数名決め

Chapter

18 総称型とインタフェースの応用

この章は、総称型やインタフェース、その他の特殊なクラスについてまとめて解説します。総称型は16章で簡単に解説しましたが、ここでは作成方法などを含めてさらに詳しく解説しています。また、近年、インタフェースの機能が拡張されているので整理しています。いろいろなAPIでなんとなく使っていたメソッドの意味がわかるようになるでしょう。

18.1 総称型

1.基本的な総称型の作成

次は、簡単な総称型のクラスFooです。Foo<T> とクラス宣言して、クラスの中で、必要と思う部分の型にTと指定しておくだけです。

例題 簡単な総称型クラス [Foo.java]

```
package sample;
public class Foo<T> {                  // クラス宣言に<T>を付ける
    private T obj;                     // フィールド変数の型
    public Foo(T obj) {                // コンストラクタの引数の型
        this.obj = obj;
    }
    public T getObj() {                // ゲッターの戻り値の型
        return obj;
    }
    public void setObj(T obj) {        // セッターの引数の型
        this.obj = obj;
    }
}
```

このFoo<T>クラスで、インスタンスを作る時にFoo<String>と指定すると、プログラムの中のTはすべてStringに置き換えられ、クラス定義は下のように変わります。

```
Foo foo =  new Foo<String>
```

↓

```
public class Foo<String> {
    private String obj;        // フィールド変数の型
    public Foo(String obj) {  // コンストラクタの引数型
        this.obj = obj;
    }
    public String getObj() {  // ゲッターの戻り値型
        return obj;
    }
    public void setObj(String obj) {  // セッターの引数型
        this.obj = obj;
    }
}
```

Tの部分は参照型であればどんな型にでも置き換えることができます。つまり、自由に型を置き換えることができるので、**総称型**というわけです。

残念ながら、intやdoubleなどのプリミティブ型は使えません。使えるのは参照型だけです。

クラス宣言に<T>を付けて、変数なんかをT型にしておくのか・・・。
先輩、TはXとかPでもいいんですか？

文法的には、何を使ってもいいが、一応、慣例となっているものがある。
次の表を見てくれ。Tを始め、Eなどが使われる。
最近は、戻り値型にR（Return）を使うことも多いようだ。

型パラメータに使う英字は、慣例では次のようになっています。

型パラメータ	意　味	
T	Type	型
E	Element	要素
K	Key	キー
R	Return	戻り値
N	Number	数
S、U、V	複数の型を使う時、2つ目以降の型として使用	

2. 総称型のインタフェース

総称型のインタフェースもよく使われます。次は2つの型パラメータ <T, R> を持つBarインタフェースです。

例題　総称型のインタフェース　[Bar.java]

```
package sample;

interface Bar<T,R> {// 総称型インタフェース
    R get(T obj);
}
```

インタフェースは、クラスに実装する時に、適用する具体的な型を指定します。

次のように<String, Integer>と指定すると、インタフェースの定義が、TはStringに、RはIntegerにすべて置き換えられます。

```
class MyBar  implements Bar<String, Integer>
```

```
interface Bar<String, Integer> {
    Integer get(String obj);
}
```

実装するクラスでは、Integer get(String obj); をオーバーライドします。

2つの型パラメータ …
TとRをどの型にしたか、間違いそうだ。

オーバーライドするには、Eclipseの自動生成機能が便利だ。
240ページの方法をもう一度確認して、やってみるといい。

インタフェースの実装には、やはり、Eclipseのソースコード自動生成を使って、骨格を作ってしまう方が安全です。次のようにメソッド宣言だけを手書きして、後は240ページの手順で、コードを自動生成してください。

```
class MyBar implements Bar<String, Integer> { // 具体的な型を指定する

}
```

3. 境界ワイルドカード型

ここでは、総称型のクラスの作り方ではなく、使い方について解説します。

総称型のメソッドを使う時、APIのドキュメントに、<T>などではなく、**<? extends T>** とか、**<? super T>** と書かれているのを目にすることがあります。これらは境界ワイルドカード型といい、型の範囲を **<T>** だけよりも広くするために使われます。

具体的には、次のような意味です。

境界ワイルドカード型	意 味
<? extends T>	T型またはそのサブタイプ
<? super T>	T型またはそのスーパータイプ

※ <?> だけ書くとすべての型という意味になります。

どういう風に使うのか、例をあげてみましょう。
次の例では、Parent ← Childの継承関係があるものとします。

<? extends T>の例

不変リストを作成するList.copyOf()メソッドは、あるリストをコピーして、新たな不変リストを作成します。

この時、新たに作るリストがArrayList<**Parent**>であるとすれば、コピー元のリストはArrayList<**Child**>でもよさそうです。それは、Child型はParent型を包含しているので、必要な部分だけを抜き出すことができるからです。

そのためcopyOf()メソッドの引数は、copyOf(Collection**<? extends T>** list)と定義されています（CollectionはListのスーパーインタフェースなのでListと読み替えることができます）。T型の不変リストを、「T型かそのサブクラス型のリスト」からコピーで作成できる、という意味です。
次の例題は、それを確かめています。

18

例題 サブクラス型への拡張 [Sample1]

```
import java.util.ArrayList;
import java.util.List;
class Parent {
}
class Child extends Parent {
}
public class Sample1 {
    public static void main(String[] args) {
        var c_list = new ArrayList<Child>();
        c_list.add(new Child());
        c_list.add(new Child());

      ❶ List<Parent> p_list = List.copyOf(c_list);
    }
}
```

❶では、Parent型の不変リストを、Child型のリストから作成しています。

<? super T>の例

Listインタフェースには、リストをソート（並び替え）するためのメソッドとしてsort()メソッドがあります。引数は、オブジェクトのどの項目をキーにして並び替えるか指定するComparator型のインスタンスです。

この時、List<Child> 型のリストを並び替えるのに、並び替えのキーとして、Parentクラスのフィールドを指定しても問題なさそうです。というのも、Childクラスは、Parentクラスのフィールドを必ず持っているからです。

そのため、sort()メソッドの引数は、sort(Comparator**<? super E>** c)と定義されています。サブクラスのリストをソートするために、スーパークラスのフィールドを使うComparatorを指定してもよい、という意味です。

次の例題はそれを確かめています。

18

例題　スーパークラス型への拡張　[sample2/Sample2]

```
import java.util.ArrayList;
import java.util.Comparator;
class Parent {
    private double key=Math.random();
    public double key() {
        return key;
    }
}
class Child extends Parent {
}
public class Sample2 {
    public static void main(String[] args) {
        var c_list = new ArrayList<Child>();
        c_list.add(new Child());
        c_list.add(new Child());

      ❶ c_list.sort(Comparator.comparing(Parent::key));
    }
}
```

❶では、Child型のリストを並び替えるため、Parentクラスのフィールドを指定しています。

4.結論

先輩、だいたい、わかりました！
（わかったような気がする）

うん、拡張ワイルドカード型を持つメソッドを自分で作らなくてはいけない、なんてことはほとんどないだろうから、安心していい。

でも、使い方もビミョーに難しいです。
（使えるかなぁ）

大丈夫、例のような使い方は、あまり必要なものではない。
それでも、使う機会があったら、この例を見直すと参考になるだろう。

実際、意味は理解しておいた方がいいでしょう。しかし、拡張ワイルドカード型が使われているAPIを使う場合でも、多くの場合は、<? extends T>➡<T>のように単純に読み替えて使うことがほとんどです。

Q18-1

解答

総称型インタフェースを実装する練習です。
A、B はインタフェースとその実装クラスが下段に書かれています。枠内に型を埋めてください。

A.
```
public interface Function<T, R>{
    R apply(T t);
}
public class MyFunction implements Function <String, Integer>
{
    public [ ① ] apply( [ ② ] a){
        ...
    }
}
```

B.
```
public interface BiFunction<T, U, R> {
    R apply(T t, U u);
}
public class MyBiFunction implements BiFunction <Integer, Member, String > {
    public [ ③ ] apply( [ ④ ] a, [ ⑤ ] b){
        ...
    }

}
```

18.2 インタフェース文法の拡張

Java言語のダイナミックな前進にともない、インタフェースに重要な新機能が追加されました。それが、デフォルトメソッドとスタティックメソッドです（また、インタフェースの中でprivateメソッドとprivate staticメソッドも使えるようになりました）。

ここでは、使う機会の多いデフォルトメソッドとスタティックメソッドについて解説します。

1.デフォルトメソッド

デフォルトメソッドとは、インタフェースに最初から実装されているメソッドのことです。そもそも、インタフェースは抽象メソッドを宣言するだけだったのですが、そこに具象メソッド（処理を定義した普通のメソッド）を書けるようになったのです。

えっ、今「具象メソッド」って言いました？
それって、インタフェースの定義に反してませんか。

だから定義が変わったんだ。
例えば、Listインタフェースのsortメソッド、あれはデフォルトメソッドだ。
Listインタフェースの中に、具象メソッドとして中身まで書いてある。

えーっ、本当ですか？
インタフェースなのに・・・

実は、sortメソッドはJava8（2014年）でListに追加された。
だから、そのままだと、Listを実装するすべてのクラスが、新たにsortメソッドをオーバーライドしないとエラーになってしまうという、大変な問題があったんだ。

デフォルトメソッドは、後からインタフェースにメソッドを追加した時、そのインタフェースを利用していたクラスがエラーにならないよう、あらかじめ、インタフェース内に既定の実装を用意しておくというものです。

こうしておくと、既存のクラスは追加されたメソッドの中身をオーバーライドする必要はありません。自動的にデフォルトメソッドが使われるからです。また、必要なら、独自にオーバーライドもできるので、一石二鳥というわけです。

次は、Java APIドキュメント（メソッドの要約）の一部ですが、デフォルトメソッドには、defaultという修飾子が付いています。また、APIをよく見ると、sort だけでなく、他にもデフォルトメソッドがあることがわかります。

```
default void sort(Comparator<? super E> c)
```

int	size() このリスト内にある要素の数を返します。
default void	sort(Comparator<? super E> c) 指定されたComparatorが示す順序に従って、このリストをソートします。
default Spliterator<E>	spliterator() このリスト内の要素に対するSpliteratorを作成します。
List<E>	subList(int fromIndex, int toIndex) このリストの、指定されたfromIndex（これを含む）からtoIndex（これを含まない）までの部分のビューを返します。

Java APIドキュメント Listインタフェース（抜粋）

デフォルトメソッドを自分で作ることはほとんどありません。利用者の立場から、デフォルトメソッドというものがあり、必要に応じて使うことができる、という事実を理解しておけば十分です。

最後に、1つだけ。

デフォルトメソッドは、インスタンスメソッドです。つまり、使うにはインタフェースを実装したクラスのインスタンスが必要です。そのインスタンスを使って利用します。

例えば、Listのsort()メソッドは、作成したインスタンスを使って実行していました。

```
var list = new ArrayList<Student>();
list.sort(…);
```

2.スタティックメソッド

インタフェースはスタティックメソッドも持つことができます。スタティックメソッドは、文字通り、staticの付いた具象メソッドです。

普通のstaticメソッドを作るのと同じ形式で、インタフェースの中に書きます。総称型のメソッドも作成できます。使い方も、一般のクラスのstatic メソッドと同じです。

［インタフェース名］.［メソッド名］の形式で使います。

えっ、今度は「スタティックメソッド」ですか？
ますます、インタフェースらしくないなぁ。

だから、「定義が変わった」と言ってるだろ。
これまで、java.utilパッケージのCollectionsで提供されていたユーティリティメソッドを、これからはインタフェースの中に書けるってことだ。

でも、Collectionsクラスで提供してもいいじゃないですか？
スタティックメソッドにどんな意味が ･･･

それは、なんでもCollectionsクラスに集めると、メソッドの数が増えて、わかりにくくなってしまうからだ。インタフェースに持たせると、所在がすぐにわかるし、意味も理解しやすくなる（と思う。Java界での意見はいろいろあるようだが･･･）。

スタティックメソッドにより、これまでCollectionsクラスなど、他のユーティリティクラスで提供するしかなかったユーティリティメソッドを、本来のインタフェースの中に集めて提供できるようになりました。

インタフェースに関するユーティリティメソッドが増えています。それらは、主にラムダ式を書く時に利用されます。

なお、インタフェースのスタティックメソッドには次の制限があります。

① インタフェースを実装したクラスでも、メソッド名単体では使えない
　常に、［インタフェース名］.［メソッド名］の形で使う
② インタフェースの実装クラスでも、オーバーライドはできない

Listのsort()メソッドの引数として解説したComparator (➡P.395) は、実はインタフェースです。そして、Comparator.comparing(…) メソッドは、Comparatorインタフェースのstaticメソッドです。

Comparatorインタフェースには、次のように多数のstaticメソッドとdefaultメソッドが定義されています。なお、これらの使用例は、20章を参照してください (➡P.496)。

staticメソッド

comparing(f)	fで取得したキーで比較するコンパレータを返す
comparing(f, c)	fで取得したキーをcで比較するコンパレータを返す
comparingDouble(f)	fで取得したdoubleの値で比較するコンパレータを返す
comparingInt(f)	fで取得したintの値で比較するコンパレータを返す
comparingLong(f)	fで取得したlongの値で比較するコンパレータを返す
reverseOrder()	自然な順序の逆順に並べるコンパレータを返す
naturalOrder()	自然な順序に並べるコンパレータを返す
naturalFirst(c)	nullをnull以外よりも小さいとみなすように修正されたcを返す
naturalLast(c)	nullをnull以外よりも大きいとみなすように修正われたcを返す

※f …… キー値を得る式 (ラムダ式、メソッド参照)
　c …… コンパレータ

defaultメソッド

reversed()	逆順にするコンパレータを返す
thenComparing(c)	cで比較するコンパレータを返す
thenComparing(f)	fで取得したキーで比較するコンパレータを返す
thenComparing(f, c)	fで取得したキーをcで比較するコンパレータを返す
thenComparingDouble(f)	fで取得したdoubleの値で比較するコンパレータを返す
thenComparingInt(f)	fで取得したintの値で比較するコンパレータを返す
thenComparintLong(f)	fで取得したlongの値で比較するコンパレータを返す

※Comparator.comparing(Student::id).thenComparing(Student::name) のように使います

スタティックメソッドも、作るより使うことの方が圧倒的に多いはずです。特に、コレクションフレームワークに関するインタフェースには、たくさんのスタティックメソッドが定義されています。

Q18-2

解答

デフォルトメソッドとスタティックメソッドの使い方を確認します。
次のようなインタフェース MyIntf がある時、枠内には何と書きますか。

```
interface MyIntf{
    default void test(){                                   // デフォルトメソッド
        System.out.println("test");
    }
    static void check(){                                   // スタティックメソッド
        System.out.println("check");
    }
}

class Foo implements MyIntf{ }

public class Ex18_2 {
    public static void main(String[] args) {
        Foo foo = new Foo();
        [①      ].test();
        [②      ].check();
    }
}
```

18.3 匿名クラス

1.匿名クラス

インタフェースは作成しただけでは使えません。それを実装したクラスを作り、そのインスタンスを作って初めて、機能を利用できるようになります。しかし、インタフェースだけから、すぐにインスタンスを作り出す方法があります。

それが**匿名クラス**（式）です。次の例をよく、観察してください。

※現在はラムダ式（19章）が使えるので、匿名クラスは使いません。

インタフェース

```
interface Predicate {
    boolean test(int n);
}
```

匿名クラス（式）

```
Predicate p = new Predicate(){
                  public boolean test(int n){
                      return n>1000;
                  }
              };
```

うわー、匿名クラスは変な書き方ですね、どういう意味ですか？
new が付いてるのに、その後はクラス定義みたいだ・・・

うん、"new Predicate()" の部分が理解するカギだ。
これは、「**Predicate型のインスタンスを作る**」という意味だ。

えっ、そうなんですか・・・
でも、Predicateはインタフェースだから、newは使えませんよね。

だから「Pledicata型の」というのは、「Predicateを実装したクラスの」という意味だ。そして、後に続く部分がクラスの定義にあたる。ただ、クラス名を付けられないので、「匿名（無形）クラス」というわけだ。

上段は、Predicateというインタフェースです。`test()`という抽象メソッドが1つだけ定義してあります。

下段は、代入文の右辺が匿名クラス（式）です。
青字のnew Predicate()は、
「Predicate型のインスタンスを作る」
という意味です。

newを適用するにはクラス定義が必要になりますが、それを`{}`の間に書きます。ただ、これは、インタフェースのオーバーライドだけで、肝心のクラス宣言がありません。クラスの中身だけでクラス宣言がないので、無名（匿名）のクラスというわけです。

結局、匿名クラスは、インタフェースを実装した無名のクラスを即席で定義し、そのインスタンスを作るという「式」なのです。

匿名クラスの一般形は、次のようです。

```
new インタフェース名 () {
    メソッドのオーバーライド
}
```

匿名クラスはインスタンスを作る式なので、式を変数に代入したり、あるいは、他のメソッドの引数にすることができます。

例題 匿名クラス [AnonimousExample.java]

```
package sample;

❶ interface Predicate {
      boolean test(int n);
  }
  public class AnonimousExample {
      public static void main(String[]args) {
          Predicate p = new Predicate() {               ❷
                            public boolean test(int n) {
                                return n>1000;
                            }
                        };

          System.out.println( ❸ p.test(2000) );
      }
  }
```

```
true
```


❶はPredicateインタフェースの定義です。クラスと同じファイルに置くと、publicを付けられないので、パッケージアクセスになりますが、ここでは問題ありません。

枠で囲った❷が、匿名クラス（式）です。Predicateインタフェースを実装した無名のクラスを定義して、インスタンスを作成します。作成したインスタンスは、Predicate型の変数pに代入しています。

❸は、pのtest()メソッドを使ってみた例です。trueと表示され、確かに、Predicate型のインスタンスが作られていることを確認できます。

【補足】 あまり使いませんが、匿名で**サブクラス**のインスタンスを作ることもできます。

```
// Aのサブクラスのインスタンスを作って、スーパークラスであるA型の変数に代入する処理
A obj = new A(100, "batman") {
              public void doit(){
              ...
          }
      };
```

ただし、これも、new A() はAクラスのインスタンスを作るのではなく、**Aクラスのサブクラス**を作る、という意味になります。コンストラクタへ渡す実引数は、A() の () に指定します。

18.4 ネストクラス

特殊なクラスについて、簡単に紹介しておきます。
（参考として解説するだけですから、後で暇な時に読むことにしても構いません）

次の図では、どちらもクラスAの中に、クラスBが書かれていて、このようなクラスをネストクラスといいます。匿名クラスも分類上はネストクラスの1つです。

図のクラスのうち、static が付かないネストクラスを**内部クラス**といい、付く方を**静的ネストクラス**といいます。

内部クラス

```
class A {
    …
    …
    class B {
        …
    }
}
```

静的ネストクラス

```
class A {
    …
    …
    static class B {
        …
    }
}
```

2つのクラスの違いですが、内部クラスは、privateメンバを含めて、本体クラス（Aクラス）のすべてのメンバにアクセスできますが、staticの付いた静的ネストクラスはstaticメンバだけにアクセスでき、インスタンスメンバにはアクセスできません。

このようなネストクラスを作る理由は、1つの場所でしか使われない小さなクラスなので、本体クラスの中に埋め込むことにより、ソースコードを1か所にまとめ、メンテナンスを容易にしようという考えからです。また、他のクラスに対して詳細を隠蔽することができ、カプセル化の効果も増大します。
内部クラスと静的ネストクラスは、どちらもクラスAのメンバになるので、**メンバクラス**とも呼ばれます。また、クラスAのような外側の本体クラスを、**外部クラス**、または**トップレベルクラス**といいます。

内部クラスは使われることは少ないのですが、静的ネストクラスは使う状況があるかもしれません。ただ、自分で作るというより、書籍や資料のコードを読む時に、たまに目にする程度です。したがって、こういう書き方もあるということを知っておけば十分でしょう。

先輩、静的ネストクラスはstaticが付いてますね。
すると、new で作らなくても、最初からインスタンスがあるってことですか？

いや、それは違う。
このstaticは、「内部クラスではない」ことを示すだけだ。
だから、インスタンスは new で作らないといけない。

staticが付いていても、それは内部クラスではないことを意味するだけで、インスタンスが最初から存在している意味ではありません。次のように、**静的ネストクラスも内部クラスと同様に、new でインスタンスを作成して利用します。**

```
public class A {
    public void method() {
        B b = new B();      // インスタンス作成
        b.doit();           // Bのdoitメソッドを使う
    }
    static class B {
        void doit() {              ← 静的ネストクラス
            // 何かの処理を実行する
        }
    }
}
```

これ以外に、メソッド中に定義する**ローカルクラス**もありますが、匿名クラスがあるので、ほとんど使われません。本書では説明を省略します。

18.5 まとめとテスト

1.まとめ

1.総称型

・<T>のような型パラメータにより宣言する型を総称型という

・クラス宣言、インタフェース宣言に型パラメータを付けて総称型として作成できる

・総称型のインタフェースの実装でも、Eclipseでソースコードの骨格を自動生成できる

・境界ワイルドカード型を指定したメソッドがある

<? extends T>	T型またはそのサブタイプ
<? super T>	T型またはそのスーパータイプ
<?>	全ての型にマッチする

2.インタフェース文法の拡張

・デフォルトメソッドは、実装を含むメソッドで、クラスのインスタンスメソッドのように使える（例 `sort()` など）

・デフォルトメソッドは、抽象メソッドの既定の実装を用意しておくために使われる

・スタティックメソッドも実装を含むメソッドで、クラスのスタティックメソッドのように使える（例 `Comparator.comparing()`、`List.of()`、`Set.Of()`、`Map.Of()` など）

・スタティックメソッドは、ユーティリティメソッドとして使われる

・privateメソッドとprivate staticメソッドも使えるようになった

3.匿名クラス

・匿名クラスとは、インタフェースを実装した無名のクラスを即席で定義し、そのインスタンスを作る式である

・匿名クラスは次の形式で定義する

```
new インタフェース名 () {

    メソッドのオーバーライド

}
```

・匿名クラスはインスタンスを作成する式なので、変数に代入したり、そのままメソッドの引数にすることができる

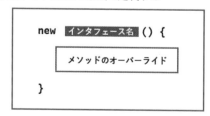

4.ネストクラス

・クラスの中に書いたクラスをネストクラスという
・staticが付かないものを内部クラスといい、付くものを静的ネストクラスという
・内部クラスは、本体クラスのすべてのメンバにアクセスできる
・静的ネストクラスは、本体クラスのstaticメンバにしかアクセスできない
・ネストクラスは、ソースコードの統合やクラスの隠蔽のために使われる

2.演習問題

解答

問1　次のBoxクラスを、IntegerをTに置き換えた総称型のクラスに書き直してください。また、ExecBoxクラスをそれに合わせて書き換えてください。

```
class Box {
    Integer[] n;
    public Box(Integer[] n){
        this.n = n;
    }
    public Integer get(int i){
        if(i>=n.length || i<0) return null;
        return n[i];
    }
}

public class ExecBox {
    public static void main(String[] args){
        Integer[] dt = {1, 2, 3, 4, 5};
        Box box = new Box(dt);
        System.out.println(box.get(0));
    }
}
```

18

あと1行はけっこう大変
イラッ
あと1行追加して

Chapter

19 ラムダ式

Java 8で導入されたラムダ式は、Java言語の書き方を大きく変えました。Java言語の長い歴史の中でも、最もインパクトの大きかったトピックです。この章ではラムダ式の考え方から、現実的な書き方まで、わかりやすく解説します。
なお、この章を読むには、11章（インタフェース）を先に読んでおく必要があります。

19.1 ラムダ式とは

メソッドの中の一部の処理を、自由に差し替えることができればとても便利です。11章では、税金計算メソッドの例を説明し、インタフェースを使えば、その中の税率決定処理だけを自由に差し替えることができる、と説明しました。

それは、税率決定メソッドをインタフェースとして定義しておいて、それを実装したオブジェクトを、税金計算を行うtaxメソッドに引数として渡す方法です（下図を参照）。

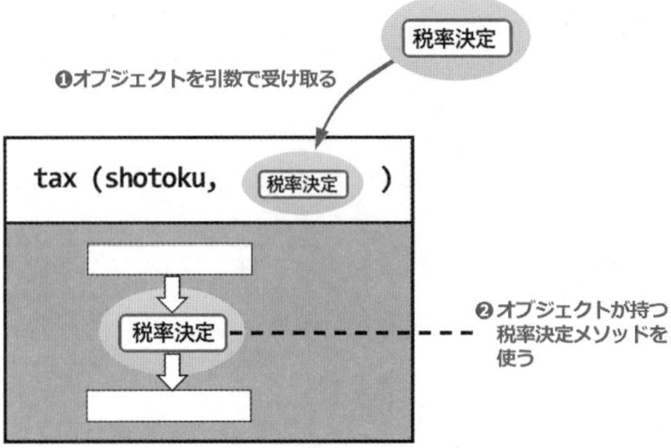

税率の決定には、オブジェクトが持っているメソッドを使います。ですから、税率決定の方法を変えたい時は、インタフェースを実装した別のオブジェクトを作って、taxメソッドに渡すだけです。

一方、taxメソッドでは、引数の型をインタフェース型にしているので、そのインタフェースを実装していれば、どんなオブジェクトでも受け取ることができます。

以上が、処理の差し替えのあらすじです（詳細は11章を参照してください）。

ただ、この方法は、毎回、インタフェースを実装したクラスを作らなければいけません。小さな変更のたびに、クラスを作るのはなかなか面倒です。

そこで、この手間をなくして、処理の差し替えをもっと手軽にできるようにしたのが、ラムダ式なのです。

1.ラムダ式の書き方

ラムダ式は、[インタフェースの実装] と [インスタンスの生成] を同時に行う「式」です。とてもコンパクトに書けるようになっています。ここでは、11章で使ったTaxRateインタフェースを使って、ラムダ式の書き方を説明します。

ラムダ式の形

税率を決定して返す機能を担うTaxRateインタフェースは次のようでした。

```
interface TaxRate {
    double rate(int shotoku);         // 税率を決定して返す
}
```

double rate(int shotoku); という抽象メソッドが定義されていますが、具体的な処理内容がないので、ラムダ式はその内容を作成する必要があります。つまり実装を定義するわけです。

メソッド名はインタフェースから推論されるので、定義には書きません。しかし、処理を記述するためにメソッドの引数を使うので、「どの変数が引数なのか」は、わかるようにしておく必要があります。

そこで、ラムダ式は、次のような形式で書くことになっています。引数と処理内容の定義を -> で結んだ形で、これがラムダ式の基本形です。

ラムダ式：　引数 -> 式（抽象メソッドの処理内容）

引数を決める

TaxRateインタフェースの抽象メソッドを見ると、shotokuという引数が1つだけあることがわかります。これをラムダ式の中で、どういう名前で使うかは自由に決めてよいので、簡単にするために、ここではaという名前にします。

そこで、ラムダ式の引数は次のようです。

```
a -> 式（抽象メソッドの実装の定義）
```

19

引数の型は書きません。インタフェースの定義から、コンパイラが型を推論してくれるので書く必要がないのです。ただ、プログラマは何型なのか理解している必要があります。ここではint型ですね。

抽象メソッドの処理内容を書く

次は、抽象メソッドrateの実装を書きます。11章では、Tax01クラスにTaxRateインタフェースを実装し、次のようにしていました。

```
class Tax01 implements TaxRate {
    public double rate(int shotoku) {
        return  shotoku<100 ? 0.15 : 0.35;
    }
}
```

青字の部分が実装内容で、条件演算子を使って、「引数shotokuが100未満なら0.15、そうでなければ0.35を返す」という内容です。ここでも同じにしましょう。ただ、引数名はaを使っているので、shotokuはaに変えます。


```
a -> a<100 ? 0.15 : 0.35
```

式の値が戻り値になる規則なので、returnは不要です。そもそも、ラムダ式は、「式」なのでreturnを付けてリターン文にはできない、という事情があります。

これでラムダ式が完成しました。簡単でしたね。

うーん、ちょっと待ってください。
引数がなかったり、逆に、いくつもある時はどうすればいいですか？

括弧を使って、
`() -> 式` とか `(a, b) -> 式` のように書く。

な、なるほど、( )を使うのか。
それじゃ、処理の定義が複雑で、一行で書けない時はどうします？

そんな時は、全体を **{ }** で囲んで、ブロックにする。
後で説明するが、式の部分にはどんな複雑な内容でも書ける。

2.ラムダ式を使う

ラムダ式の書き方がわかったので、プログラムの中で使ってみましょう。

11章の税金計算では、Tax01クラスにTaxRateインタフェースを実装しています。そこで、そのインスタンスをTaxメソッドの引数にしていました。

```
double zeigaku = tax(shotoku, new Tax01()); // 税額を得る
```

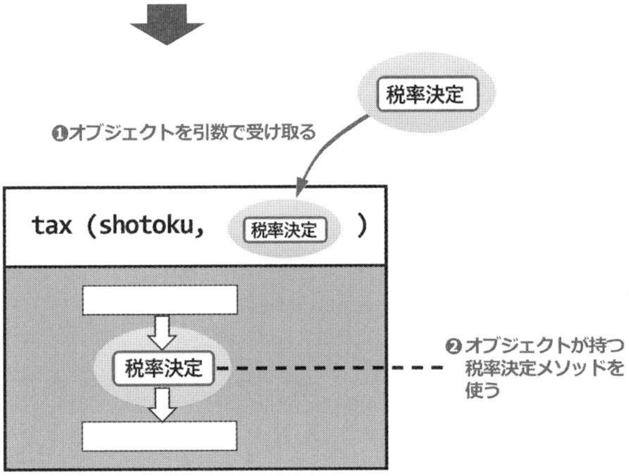

「a -> a<100 ? 0.15 : 0.35」というラムダ式は、TaxRate型のインスタンスを生成する式なので、new Tax01() と置き換えることができます。

次のようになります。

```
double zeigaku = tax(shotoku, a -> a<100 ? 0.15 : 0.35);  // 税額を得る
```

ふーん、これだけでインスタンスを作って渡せるのですね。
ずいぶんコンパクトだなぁ。

ラムダ式は、抽象メソッドの内容の定義とインスタンスの生成を同時に行う生成式だ。同じことを匿名クラス（➡18章）でもできるがラムダ式の方がうんと簡単に書ける。

結局、11章の税金計算の例題（P.250）は、ラムダ式で書き換えると次のようになります。

例題　ラムダ式の使い方　[Tax]

```
   package sample1;

❶ interface TaxRate {
       double rate(int gaku);
   }
   public class Tax {
       public static void main(String[] args) {

           int shotoku = 200;
❷          double zeigaku = tax(shotoku, a -> a<100 ? 0.15 : 0.35);
           System.out.println("税額=" + zeigaku);

       }
       // 税額計算
❸      public static double tax(int shotoku, TaxRate obj ) {
           double r = obj.rate(shotoku);
           return r * shotoku;
       }
   }
```

```
税額=70.0
```

❶は税率を決定するTaxRateインタフェースです。そして、❷は、ラムダ式を使って、TaxRateインタフェースを実装したオブジェクトを定義・生成して渡しています。

❸のtaxメソッドの引数objは、TaxRate型であることに注意してください。コンパイラは、❷と❸の対応から、インタフェースを特定し、抽象メソッド名、引数の型と個数、戻り値型などを推論します。

Q19-1

解答

次のインタフェースから、インスタンスを定義・生成するラムダ式を書いてください。

問1

```
interface Function {
    int apply(String str);
}
```

・実装する処理の内容は、引数文字列strの長さを返すことです。
・Function型のインスタンスを定義・生成するので、解答欄は代入文の形にしています。

```
Function f = [          ]
```

問2

```
interface Predicate {
    boolean test(String color);
}
```

・実装する処理の内容は、引数colorが "blue" ならtrueを返し、それ以外ならfalseを返すことです。
・Predicate型のインスタンスを定義・生成するので、解答欄は代入文の形にしています。

```
Predicate p  = [          ]
```

19.2 ラムダ式の詳細

1.関数型インタフェース

ラムダ式は、[インタフェースの実装の定義]と[インスタンスの生成]を同時に行うことが大きな特長です。

書き方は、メソッドの引数とメソッドの実装の定義を -> で結ぶ形式です。

ラムダ式：　引数 -> 式（抽象メソッドの処理内容）

ラムダ式では一つの抽象メソッドしか定義できないので、ラムダ式を適用できるインタフェースは、「抽象メソッドを1つしかもたない」という条件があります。そして、このようなインタフェースを、**関数型インタフェース**と呼んでいます。

2.ラムダ式の文法

ラムダ式の書き方は簡単です。ここでは、書き方の要点をまとめて解説します。

(1)引数の書き方

・引数が1つなら、()を省略できます。2つ以上の場合は、()が必要です。

```
s -> s.length()
(a, b) -> a+b
```

・引数に型は不要ですが、付ける場合は()が必要です。

```
(String s) -> s.length()
```

型を付けるとコンパイラによる型推論が働きません。付けない方がよいでしょう。

・引数がないときは、()だけを書きます。

```
() -> "END"
```

(2) 戻り値とラムダ式の値

・本体である式の値がラムダ式の戻り値です

```
a -> a<2000
() -> new Book()
```

ラムダ式では、本体である式の値が、そのまま、returnで返す値とみなされます。
つまり、例では、a<2000やnew Book()は、戻り値とみなされます。メソッドではreturn a<2000;とか、return new Book();と書きますが、ラムダ式ではreturnは不要です。

・戻り値のないラムダ式もあります。

```
str -> System.out.println(str)
```

インタフェースの抽象メソッドが、戻り値を持たない場合、ラムダ式でも値を返しません。この例では、println()の呼び出しを書いています。末尾にセミコロンがないので、これは式ですが、戻り値はありません。

(3) ブロック

・本体に、単純な式ではなく、文を書きたい場合はブロックにします。ブロック全体は1つの式とみなされます。

```
book -> {
    System.out.println(book.title());
    System.out.println(book.price());
    return  book.author();
}
```

この例のラムダ式は、Book型のオブジェクトbookを引数に受け取り、そのタイトルと価格を表示し、最後に著者名を戻り値として返します。
ブロックで戻り値がある時は、最後の文はreturn文にする必要があります。

・文は1つでもブロックにします。

```
a -> { return a<2000; }
```

文、つまり、セミコロンで終わる式を書いた場合、それは文になり、1つであってもブロックにする必要があります。値を返す場合は、returnを付けます。

(4)ローカル変数の使用

・同じメソッド内のfinalなローカル変数をラムダ式の中で使うことができます

```
final int n = 1000;
TaxRate<Integer> obj = gaku -> gaku<n ? 0.15 : 0.35;
```

・同じメソッド内の実質的にfinalなローカル変数をラムダ式の中で使うことができます

```
int m = 1000;
TaxRate<Integer> obj = gaku -> gaku<m ? 0.15 : 0.35;
```

実質的にfinalな変数とは、「初期化後、一切値を変更しない変数」です。上の例でいうと、mの値は1000で初期化した後、変更しないという前提です。もしも、mをラムダ式の前後や、ラムダ式の中で変更すると「実質的にfinal」にはなりません。

Q19-2-1

解答

ラムダ式の書き方が理解できたか確認します。
A ～ Fの中で、どれが間違っているラムダ式か答えてください。

ただし、次のレコードが定義してあるものとします。

```
record Book(int code, String title){}
record Student(int id, String name){}
```

※iはInteger、strとmsgはString、bookはBook型です

A. `i -> i + 10`
B. `str -> return str.length();`
C. `book -> book.title()`
D. `() -> 360`
E. `() -> new Student(100, "田中宏")`
F. `msg -> System.out.println(msg)`

3.標準の関数型インタフェース

ラムダ式で生成できるインスタンスは、インタフェース型のオブジェクトです。よく使うタイプの関数型インタフェースは標準クラスの中に定義してあります。

いろいろな型で利用できるよう、総称型で定義してあるのが特徴です。

関数型インタフェース一覧表　　　　　　(java.util.functionパッケージにある)

関数型インタフェース <オブジェクトの型>	関数記述子 （メソッドの実装方法）	同種の関数型インタフェース <int long double 型>
Predicate<T>	T -> boolean	IntPredicate, LongPredicate, DoublePredicate
Consumer<T>	T -> void	IntConsumer, LongConsumer, DoubleConsumer
Function<T, R>	T -> R	IntFunction<R>, LongFunction<R>, DoubleFunction<R>, ToIntFunction<T>, ToLongFunction<T>, ToDoubleFunction<T>, IntToDoubleFunction,IntToLongFunction, LongToDoubleFunction, LongToIntFunction, DoubleToLongFunction, DoubleToIntFunction
Supplier<T>	() -> T	BooleanSupplier, IntSupplier, LongSupplier, DoubleSupplier
UnaryOperator<T>	T -> T	IntUnaryOperator, LongUnaryOperator, DoubleUnaryOperator
BinaryOperator<T>	(T, T) -> T	IntBinaryOperator, LongBinaryOperator, DoubleBinaryOperator
BiPredicate<T, U>	(T, U) -> boolean	
BiConsumer<T, U>	(T, U) -> void	ObjIntConsumer<T>, ObjLongConsumer<T>, ObjDoubleConsumer<T>
BiFunction<T, U, R>	(T, U) -> R	ToIntBiFunction<T, U>, ToLongBiFunction<T, U>, ToDoubleBiFunction<T, U>

たくさんあって、イミがよくわからないなぁ。
これを覚えないといけませんか？

全部は必要はないが、左端の上から５個くらいは覚えておくといい。
20章のストリーム処理で使われる基本的な関数型インタフェースだ。
大事なので、この後で、機能や使い方をまとめて解説しよう。

19

表の見方

表の左端がインタフェース名で、主要なものは、Predicate、Consumer、Function、Supplier、UnaryOperatorの5種類です（詳細は以下で説明）。

関数記述子というのは、インタフェースの抽象メソッドについての情報で、引数型と戻り値型を示しています。メソッドは1つしかないので、**関数記述子が分かっていれば**、メソッド宣言を知らなくてもラムダ式を書けます。

例えば、T->booleanなら、T型の引数を1つ取り、戻り値型はbooleanです。引数と戻り値型がわかるので、後は実装内容を決めれば、ラムダ式を書くことができるわけです。

また、右端は、総称型の引数や戻り値の一部をプリミティブ型に置き換えたもので(注)、機能は変わりません。ここでは、名前を確認しておく程度でいいでしょう。

主要な関数型インタフェース

Predicate<T> --- 何かの条件を判定する処理を実行します：**T -> boolean**

T型のオブジェクトを受け取り、範囲や大小関係などを調べて、trueかfalseを返します。

ラムダ式の本体は、関係式になります。例えば、引数aが2000より大きいかどうかを判定するのであれば、次のように書きます。

```
(例) Predicate<Integer> p = a -> a>2000
```

Consumer<T> --- 引数を使って値を返さない処理を実行します：**T -> void**

T型のオブジェクトを受け取って内容を表示したり、記録したりしますが、値を返しません。

ラムダ式の本体は値を返さない式です。例えば、受け取った引数をコンソールに表示するだけであれば、次のように書きます。

(注) メソッド名ですが、若干の例外はあるものの、引数をプリミティブ型にしたものは、**Int**Function<R>のようにInt、Long、Doubleなどの文字を加えた名前になります。また、戻り値型をプリミティブ型に変えたものは、**ToInt**Funtion<T>のように、ToInt、ToDouble、ToLongが付加されます。両方とも変えたものは、合成して、**IntToDouble**Functionのようになります。

```
(例) Consumer<String> c =  a -> System.out.println(a)
```

Function<T, R> --- T型の引数を受け取りR型の値を返します　:**T -> R**

T型のオブジェクトを受け取って、何かの演算や操作を行った結果をR型のオブジェクトとして返します。

ラムダ式の本体は、引数と異なる型の値を返す式です。例えば、文字列（String）を受け取って、その長さ（Integer）を返すのであれば、次のように書きます。

```
(例) Function<String, Integer> f =  s -> s.length()
```

Supplier<T> --- 引数なしで、何かのオブジェクトを返します： **() -> T**

メソッドの中で作成したオブジェクトを返します。

ラムダ式の本体は、オブジェクトを返す式です。例えば、Book型のオブジェクトを返すのであれば、次のように書きます。

```
(例) Supplier<Book> s =  () -> new Book()
```

UnaryOperator<T> --- T型の引数を受け取りT型の値を返します　:**T -> T**

T型のオブジェクトを受け取って、何かの演算や操作を行った結果をT型のオブジェクトとして返します。

ラムダ式の本体は、引数と同じ型の値を返す式です。例えば、Doubleの値を受け取ってその平方根を返すのであれば、次のように書きます。

```
(例) UnaryOperator<Double> u =  x -> Math.sqrt(x)
```

残りのBi～というインタフェースは、引数の数が1つから2つに増えただけのものです。機能は同じです。

Q19-2-2

解答

次のラムダ式は、標準クラスの関数型インタフェースのうち、どれを使っていますか？
Function<Double、Integer>のように実際の型を含めて解答してください。

＜ヒント＞
引数と戻り値の有無を確認し、どの関数記述子に合致するか考えてください。本体が何かの値になる場合、それが戻り値です。

※ただし、次のレコードが定義してあるものとします。

```
record Book(int code, String title, int price){}
record Student(int id, String name){}
```

(1) book-> book.price()<100
(2) date -> System.out.println(date)
(3) student -> student.name()
(4) () -> new Book(100, "田中宏", 1000)
(5) str -> str.toUpperCase()

※bookはBook型、dateはLocalDate型、studentはStudent型、strはString型です。

19.3 メソッド参照とコンストラクタ参照

1.クラスメソッド参照

ラムダ式で、ひとつのstaticメソッドを呼び出すだけのものがあります。
例えば、次のようなものです。

```
x -> Math.sqrt(x)
```

これは、左辺の引数をすべてメソッドの引数に使うことが分かっているので、それならメソッド名だけ書いておけばいいのではないか、というのがメソッド参照の考え方です。つまり、引数は省いて、Math.sqrtだけ書けばいいのではないか、ということです。

また、次のように引数が1つでなく、2つ以上ある時も、ラムダ式の引数と、メソッドの引数は、同じ順番で並べる、ということにしておけば問題ありません。

```
(a, b) -> Math.pow(a, b)
```

そこで、::を使って、次のように書くことにして、メソッド参照と呼んでいます。

```
     x  -> Math.sqrt(x)────▶ Math::sqrt
  (a, b) -> Math.pow(a, b)────▶ Math::pow
```

引数と->を省略してしまうので、少し不安な気がしますが、メソッド参照はラムダ式の省略形にすぎません。不安な場合は、ラムダ式に直してみるといいでしょう。

staticメソッドのメソッド参照の書き方は次のようです。簡潔に書けるのが利点です。

```
[メソッドを定義したクラス]::[メソッド名]
```

ふーん、とうとう、引数まで書かないことにするんですか。
先輩、すごい省略ですね。

この書き換えは「ひとつのメソッドを呼び出すだけのラムダ式」に限る。
いつでも使えるわけじゃないが、短く書けるのがいいところだ。

Q19-3-1

解答

メソッド参照を書いてみましょう。
次のクラスメソッドを使うラムダ式をメソッド参照に書き換えてください。

```
(1) str -> Double.parseDouble(str)
(2) (x, y) -> Math.max(x, y)
(3) number -> Integer.toBinarySring(number)
```


2.インスタンスメソッド参照

(1) ラムダ式の引数の場合

ラムダ式を書いていると、引数のオブジェクトが持っているメソッドを使いたくなります。そのメソッドは、クラスメソッドではなく、インスタンスメソッドです。

次は、String型のstrが引数になっている時、length()メソッドを使う例です。

```
str -> str.lenght() ───→ Sting::length
```

メソッド参照では引数を省略するので、引数の変数は、メソッド参照に書けません。そこで、str::lengthではなく、String::length のように、**クラス名を付けます。**

[メソッドを定義したクラス]::[メソッド名]

(2) ラムダ式の外部で定義された変数の場合

例えば、ラムダ式の外部で定義されたローカル変数compがある時、そのインスタンスメソッドであるcomp.compare()をメソッド参照に指定するには、次のようにします。

```
a -> comp.compare(a) ───→ comp::compare
```

ラムダ式の外で作成されたローカル変数やクラス変数などを使う場合は、その変数名を使って書くことができます。変数にはオブジェクトが入っているので、定義としては次のようになります。

[オブジェクト変数]：：[メソッド名]

このタイプには非常によく使うものがあります。それは、System.out.**println()** メソッドです。println()は、外部で定義された変数outのインスタンスメソッドです。outは、Systemクラスの中で（つまり、ラムダ式の外で）、クラス変数として定義されています。

実際の型は、PrintStream型で、println()の他に、print()やprintf()メソッドなどがあります。

したがって、メソッド参照では次のように書きます。

```
a -> System.out.println(a) ————▶ System.out::println
```

System.outが、外部で定義された変数になるので、System.out:: と書くわけです。

次に、使用例を示します。

例題 printlnのメソッド参照での利用 [Sample2]

```
package sample;
import java.util.ArrayList;
// Studentレコードの定義
record Student(int id, String name) {}

public class Sample2 {
    public static void main(String[] args) {

        var list = new ArrayList<Student>();
        list.add(new Student(101, "田中宏"));
        list.add(new Student(102, "鈴木一郎"));
        list.add(new Student(103, "木村太郎"));

❶      //list.forEach(student -> System.out.println(student));
❷      list.forEach(System.out::println);
    }
}
```

```
Student[id=101, name=田中宏]
Student[id=102, name=鈴木一郎]
Student[id=103, name=木村太郎]
```

これは、Studentレコードを格納するリストの全要素を、forEach()メソッドで出力する例題です。forEach()は、リストのすべての要素に、引数のラムダ式で指定された操作を適用します。for文よりも簡潔に記述できます。

forEach()の引数はConsumerインタフェース型（➡P.466）です。したがって、リストの要素を受け取って何か処理をおこない、値を返さないようなラムダ式を書きます。例題は、println()で要素をコンソールに出力しています。

❶はラムダ式で、❷はメソッド参照で出力しています。

3.コンストラクタ参照

(id, title) -> new Book(id, title)のように書くと、Book型のインスタンスを作成して返すことができます。しかし、メソッドの場合と同様に、左辺の引数をすべてコンストラクタの引数として使うことが分かっているのなら、コンストラクタの名前だけ書いておいてもいいわけです。

この考え方から、コンストラクタ参照も利用できます。

```
クラス名::new
```

次のように使います。

```
         () -> new Book()           ──────▶ Book::new
       (id) -> new Book(id)         ──────▶ Book::new
(id, title) -> new Book(id, title)  ──────▶ Book::new
```

えっ、どれもBook::newになってしまう！
これじゃ、区別がつかなくて困らないのかなぁ・・・

メソッド参照と同じで、引数を書かないからそうなるのは当然だ。
それぞれ関数型インタフェースで引数が設定されているので問題はない。

見た目は同じコンストラクタ参照でも、受け取る関数型インタフェースが違うので、適切にインスタンスが生成されます。例えば、次は、Bookインスタンスを生成する場合の関数型インタフェースの例です。

```
Book::new ──▶ () -> new Book() ──────▶ Supplier<Book>
Book::new ──▶ (a) -> new Book(a) ─────▶ Function<Integer,Book>
Book::new ──▶ (a,b) -> new Book(a, b) ──▶ BiFunction<Integer,String,Book>
```

ただし、引数が3つ以上になると対応する標準の関数型インタフェースがありません。使い勝手が悪いので、コンストラクタ参照を使うのは、引数のないSupplierインタフェースの場合がほとんどです。

総称型で定義されているコンストラクタもあります。インスタンスを生成する際に型を指定しますが、コンストラクタ参照でも次のように型を指定します。

```
() -> new Arraylist<String>() ──────▶ ArrayList<String>::new
```


Q19-3-2

解答

次のラムダ式をメソッド参照、コンストラクタ参照に書き換えてください。

ただし、次のレコードが定義してあるものとします。

```
record Book(int code, String title, int price){}
record Student(int id, String name){}
```

A. `book -> book.title()`
B. `(str, i) -> str.charAt(i)`
C. `String msg = "Hello";` と宣言してあるとします。
`str-> msg.equals(str)`
D. `(id, name) -> new Student(id, name)`
E. `()-> new ArrayList<String>()`

※iはint型、bookはBook型、studentはStudent型、dateはLocalDate型、strはString型です。

19.4 まとめとテスト

1.まとめ

1.ラムダ式

> ラムダ式は
> [インタフェースの実装]と[インスタンスの生成]を同時に行う「式」である

2.関数型インタフェース

- 抽象メソッドを1つしかもたないインタフェースを関数型インタフェースという
- defaultメソッドやstaticメソッドは、具象メソッドなのでいくつあってもよい

3.ラムダ式の書き方

- ラムダ式は次の形式で書く

> 引数 -> 式（抽象メソッドの実装の定義）

- 引数には型は不要だが、`(String a)`のように()を付ければ書ける（推奨しない）
- 引数がなければ、()だけを書く
- 戻り値を持つ場合、本体の値が戻り値とみなされるので、returnは書かない
- 本体に複数行の処理を書くにはブロックにする
- ラムダ式には、同じメソッド内でアクセスできるフィールド変数やローカル変数を使用できるが、ローカル変数はfinalか実質的にfinalでなければいけない

4.標準の関数型インタフェース

- よく使うタイプの関数型インタフェースは、`java.util.function`パッケージに用意されている
- `Predicate`、`Consumer`、`Function`、`Supplier`、`UnaryOperator`などがある
- 総称型のインタフェースなので、いろいろな型で利用できる

5.メソッド参照とコンストラクタ参照

- ラムダ式で1つのメソッドを呼び出すだけのものはメソッド参照で書ける
- ラムダ式でインスタンスを生成して返すだけのものはコンストラクタ参照で書ける
- どちらも、ラムダ式の引数をすべてメソッドやコンストラクタの引数に充てるので、引

数を省略した形になる
(例) System.out::println、Book::new

2.演習問題

解答

問1 次は、インタフェース型の変数にラムダ式 (=インタフェース型のオブジェクト) を代入する代入文です。指示に適合するラムダ式を書いてください。
ただし、次のレコードが定義されているものとします。

```
record Book(int code, String title, int price){}
record Student(int id, String name){
    // 引数のないコンストラクタをオーバーロード
    public Student(){
        this(100, "田中宏");
    }
}
```

<ヒント>
引数は何か、処理内容は何かを考えて、引数 -> 処理内容 の形でラムダ式にします。

(1) 引数なしでStudentオブジェクトを作って返す(コンストラクタ参照は使わない)
Supplier<Student> s = ______________________________;

(2) 引数の文字列strがnullでないかテストする
Predicate<String> p = ______________________________;

(3) 引数のStudent型のインスタンスから名前を抜き出して表示する
Consumer<Student> m = ______________________________;

(4) 引数のBook型のインスタンスから、価格を取り出して返す
Function<Book, Integer> t = ______________________________;

問2 次は、インタフェース型の変数にラムダ式 (=インタフェース型のオブジェクト) を代入する式です。ラムダ式を見て、どの関数型インタフェースが使われているか、選択肢から番号で答えてください。

ただし、次のレコードが定義されているものとします。

```
record Book(int code, String title, int price){}
record Student(int id, String name){}
```

また、bookはBook型、studentはStudent型、strはString型、xはdouble型、iはint型とします。doubleをDouble、intをIntegerとみなして構いません。

(1) book -> System.out.println(book.title());
(2) () -> "100";
(3) book -> book.price()>2000;
(4) student -> student.name().length();
(5) x -> Math.pow(x, 5);
(6) (str, i) -> System.out.println(str.charAt(i));

選択肢
①Predicate<Book>
②Function<Student,Integer>
③Function<Double>
④Consumer<String>
⑤Supplier<String>
⑥BiConsumer<String, Integer>
⑦Consumer<Book>
⑧Function<Student>
⑨UnaryOperator<Double>

19

問3 関数型インタフェースはどれですか？

(1)
```
interface A {
    default void print(){
        System.out.println("bye");
    }
    static int value(int a){
        return a*10;
    }
}
```
(2)
```
interface B {
    void print();
    private static int value(int a){
        return a*10;
    }
    void input();
}
```
(3)
```
interface C {
    void print(String str);
    static int value(int a){
        return a*10;
    }
}
```

問4 次のラムダ式のうち、メソッド参照、コンストラクタ参照に書き換えられるものはどれですか？ 書き換えられるものだけを書き換えてください。
ただし、次のレコードが定義されているものとします。

```
record Book(int code, String title, int price){}
```

(1) (a, b)->System.out.println(a+b)
(2) メソッド内で、ローカル変数 final String str = "abc"; が宣言されている時、
s -> str.equas(s)
(3) book -> book.price()
(4) book -> System.out.println(book.title())
(5) () -> Math.random()

※a、bはint型、sはString型、bookはBook型です

ただいま〜
おかえりなさい
帰ってきてくれて
うれしいです
スマートスピーカへの
あいさつは欠かさない

Chapter

20 ストリーム処理入門

ストリーム処理は、データの集まりを操作する新しい方法です。これまではループしかありませんでしたが、それをメソッドからメソッドへの転送に置き換え、途中のメソッドで抽出や変換など、さまざまな処理を適用します。本章では、ストリーム処理とはどういうものかを明らかにした後、ストリームの中間操作を中心に解説します。

20.1 ストリーム処理の概要

1.ストリーム処理とは

ストリーム処理は、配列やリストなど、データの集まりを処理するための、新しい方法です。

例えば、リスト（List）のすべての要素に対して特定の処理を行うには、これまでは、拡張for文を使いました。繰り返しのループで、リストから1つずつデータを取り出し、処理を適用します。

```
for(Book book : list){
    // いろいろな処理
}
```

これに対して、ストリーム処理では、最初にリストから、stream() メソッドを使って、Streamオブジェクトを作成します。

```
list.stream()
```


Streamオブジェクトは、リストの要素を先頭から最後まで、順に1つずつ取り出し、何もせずにそのまま後続のメソッドに転送します。

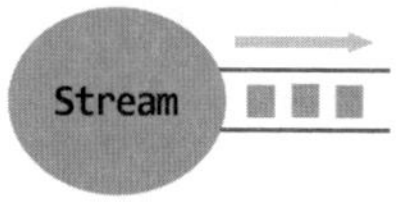

後続のメソッドをA() メソッドとすると、プログラムでは、次のように書きます。

```
List.stream().A()
```

A() メソッドは、転送されて来たリストの要素に、何かの処理を適用した後、それを後続のB() メソッドに転送します。B() メソッドも受け取った要素に何かの処理を適用したら、それを後続のC() メソッドに転送します。

このようなメソッドの連鎖は必要なだけ追加できます。
これは、プログラムでは次のようにドットで連結したメソッドチェーンになります。

```
List.stream().A().B().C().…
```

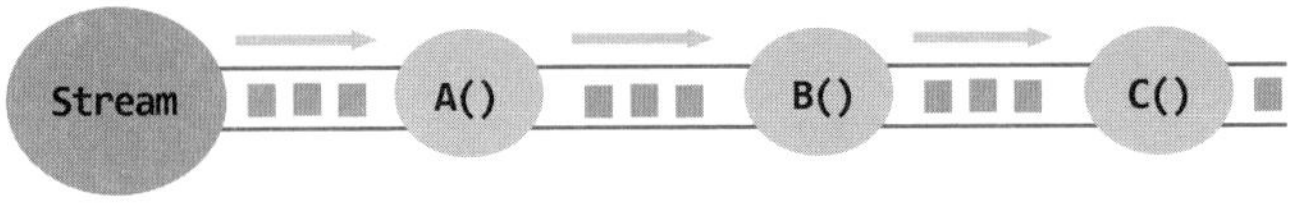

こうして、Listの各要素は、A()→B()→C()→… と転送される中で、並び替え、変換、集約などの操作が次々に適用されます。転送により、要素がパイプラインの中を流れていくように見えるので、このパイプラインをストリームと呼びます。

そして、最終的な出力を行うZ()メソッドが実行されると、ストリームは終了します。

```
List.stream().A().B().C().….Z();
```

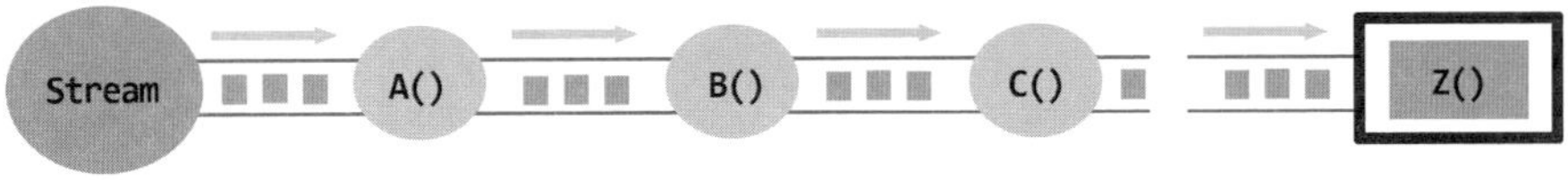

このようにストリーム処理では、リストの要素が次々にストリームを流れていき、いろいろな処理が適用され、最終的に何か意味のある結果が出力されるわけです。

先輩、そのA()とかB()とかいうメソッドは、
自分で作っておくのですか？

いや、Streamクラスにいくつも定義してあるので、それを使うだけだ。
例えば、並べ替えのsorted()とか、変換を行うmap()とかいろいろある。

ふーん、何だか便利そうですね。
それで、そのmap()っていうのは、どんな変換をしてくれるんですか？

それは自分で指定しなくちゃいけない。
map()メソッドの引数にラムダ式を書いて指定することになっている。

Streamクラスには、ストリームの中で使えるメソッドがいくつも用意されています。変換を行う`map()`、フィルタリングを行う`filter()`、並び替えを行う`sorted()`など、様々な用途に向けたメソッドがあります。

ただ、それらのメソッドは、処理の大枠が決まっているだけなので、具体的に、どんな変換を行うかとか、どんな条件でフィルタリングをするかなどは、メソッドの引数にラムダ式を書いて指定します。

19章で解説したように、ラムダ式は、メソッドの処理の一部を差し替えるために使います。ですから、ストリーム処理で、引数にラムダ式を書くのは、処理をカスタマイズするためです。

2. 簡単なストリーム処理

果物のリストを使って簡単なストリーム処理を実行してみましょう。

例題 簡単なストリーム処理 [Sample1]

```
package sample;
import java.util.List;
public class Sample1 {
    public static void main(String[] args) {
        var fruits = List.of("banana", "peach", "apple", "strawberry");
❶           fruits.stream()
❷                   .sorted()
❸                   .forEach(System.out::println);
    }
}
```

```
apple
banana
peach
strawberry
```

わーっ、`sorted()`とか便利ですね。
これだけで並べ替えてくれるんだ。

これはほんの一例だ。メソッドチェーンで書けるので、
並べ替えだけでなくいろいろな処理を追加できる。

ストリーム処理では、メソッドチェーンを❶ ❷ ❸のように改行して、1行に1つの処理になるように記述します。コードが見やすくなり、内容も理解しやすくなります。

❶は、リストからストリームを作る処理です。Listインタフェースのstream( )メソッドを使います。

❷のsorted( )メソッドは、受け取った要素を並び替える処理です。文字列のリストは辞書順に並び替えられます。一般のオブジェクトのリストの場合は、引数に並び替えのキーにするフィールドを指定できます（➡P.496）。

❸のforEach( )メソッドは、受け取った要素にラムダ式で指定したアクションを適用します。例では要素をコンソールに出力するように指定しています。

`fruit->System.out.println(fruit)` というラムダ式を、メソッド参照で記述しています。

`forEach()` メソッドは、後続のメソッドに要素を転送しないので、ここでストリーム処理が終了します。これを**終端操作**といいます。ストリームには必ず終端操作が必要です。終端操作がなければストリーム処理を終了できないからです。

一方、❷の `sorted()` メソッドのように、処理を実行した後、要素を次のメソッドに転送するものを**中間操作**といいます。中間操作はメソッドチェーンでいくつでも連結できます。中間操作が1つもない終端操作だけのストリーム処理も作成できます。

20

3.いろいろなソースからのストリーム生成

ストリームの元（ソースという）になるのは、データの集まりです。一番使われるのはリスト（List）ですが、それだけではありません。主なものだけでも、次のようにいろいろなソースがあります。もちろん、これは全体の一部です。

API	補足
Collectionインタフェース `Stream<T> stream()`	List、Setからストリームを作成
Arraysクラス `Stream<T>  Arrays.stream(T[] a)`	配列からストリームを作成する

Filesクラス
`Stream<String>  Files.lines(path)`
`Stream<Path>    Files.walk(path, op)`
	ファイルから行のストリームを作成
	ファイルツリーから名前のストリームを作成

BufferedReaderクラス `Stream<String> lines()`	BufferedReaderから行のストリームを作成

Stringクラス
`IntStream chars()`
`Stream<String> lines()`
	文字列から文字のストリームを作成
	文字列から行のストリームを作成

Listだけじゃないわけですね。
ファイルとか、文字列なんかもストリームで読める・・・

「データの集まり」とみなせるものは、大体ストリームになる。
これ以外にもあるし、これからも増えそうだ。

これらのストリームの詳細は、それぞれの関連する章で解説していますが、ここでも簡単に説明しておきます。

Listからストリームを作るstream( )メソッドは、**コレクションフレームワーク**全体で使えるので、例えばSetからもストリームを作れます。

```
var set = Set.Of( … );
set.stream().……
```

配列もデータの集まりですから、必要ならストリームを作れます。Arrays.stream( )メソッドを使うと、オブジェクトの配列や、プリミティブ型（int、double、Longだけが対象）の配列から、ストリームを作成できます。


```
double[] array = { … };
Arrays.stream(array).……
```

ファイルもテキストファイルであれば、行データの集まりですから、ストリームにできます。Files.lines( )メソッドにファイルのPathを指定すると、ファイルから1行分ずつ取り出して転送するストリームができます。

```
var path = Path.of( … );
Files.lines(path).……
```

また、データではありませんが、Files.walk( )メソッドを使うと、ファイル名やディレクトリ名を、ファイルシステムから再帰的に検索して返すストリームを作成できます。使用例は、15章（P.329）を参照してください。

それから、本書の範囲外なので表にはありませんが、**データベース**検索の結果もストリームで取得できます。次はJPA(注)でテーブル（例はAuthorテーブル）を検索し、Authorオブジェクトを1件ずつ取り出して転送するストリームです。

(注) Java persistence API: 関係データベースをオブジェクトのデータベースとして操作できるフレームワーク。JPAの詳細は「わかりやすいJakarta EE」（秀和システム）を参照してください。

```
@PersistenceContext EntityManager em;
em.createQuery("SELECT a FROM Author a", Author.class)
    .getResultStream().…
```

Streamインタフェースのストリーム生成メソッド

Streamインタフェースには、直接的にストリームを生成するstaticメソッドがあります。例えば次は、1から5までのInteger型のストリームを生成します。

```
Stream<Integer> s = Stream.of(1,2,3,4,5);
```

Streamインタフェースには、他にも次のようなstaticメソッドが定義されています。

ストリームを生成するファクトリメソッド

メソッド	機　能
Stream.concat(s1, s2)	ストリームs1とs2を連結したストリームを生成する
Stream.empty()	空のストリームを生成する
Stream.generate(f)	関数fにより繰り返し要素を生成し、無限ストリームを作成する
Stream.iterate(s,f)	初期値sに関数fを繰り返し適用して無限ストリームを生成する
Stream.of(a)	aだけを要素とするストリームを生成する
Stream.of(a,b,…)	a,b,…を要素とするストリームを生成する
Stream.ofNullable(a)	of(a)と同じ。ただし、aがnullなら空のストリームを生成する

以上のように、現在ではいろいろなソースからストリームを作成できるようになっていますが、ストリームを作った後の操作（中間操作や終端操作）は共通しています。そこで、以下では、ストリームのソースに、Listを使って解説します。

20.2 中間操作の概要

1. 中間操作メソッドの概要

この節では、主に中間操作について解説します。最初に、中間操作を行うメソッド全体を見ておきましょう。次の表は、すべての中間操作メソッドを、リファレンスとしてまとめたものです。

中間操作メソッド

メソッド	機　能
distinct()	重複する要素を削除する
dropWhile()	条件に合致している間は要素を破棄し、残りをストリームに転送する
filter()	条件に合致する要素だけをストリーム転送する(フィルタリング)
flatMap()	要素がリストや配列のとき、バラバラにして1つのストリームに平坦化する
limit()	先頭からn個の要素だけしかストリームに転送しない
map()	要素を別の型や値に変換する
mapMulti()	1つの要素を多数の要素に変換する1対多変換を行う
peek()	デバッグ用。要素に何かのアクションを適用する。要素は変更されない
skip()	n個スキップする
sorted()	並べ替えを行う
takeWhile()	条件に合致している間は要素を転送し、残りは破棄する

ふん、ふん、これは便利そうだ。
プログラムを書かずに、これだけできるんですね！

プログラムというか、ラムダ式は書かなくちゃいけない。
機能は決まっているが、どういう動作にするかはラムダ式で指定する。

この後、個別に例を示して各メソッドの解説をしますが、ここでは、簡単に概要を説明しておきます。

distinct( )

等しい要素が重複しないように排除します。引数には何も指定しません。

dropWhile( )

条件をラムダ式で指定します。最初に条件に合致する要素に遭遇するまで、要素を破棄し続けますが、遭遇すると、それを含めて残り全てをストリームに転送します。

filter( )

条件をラムダ式で指定します。条件に合致する要素だけをストリームに転送し、それ以外は破棄します。

flatMap( )

要素の1つ1つがリストや配列である場合、各要素を1つのストリームに変換して転送します。この結果、ストリームは普通のフラットなストリームに変換されます。

limit( )

件数をlongの値で指定します。何もせずに要素をストリームに転送しますが、指定した件数を超えると、それ以上は転送せず破棄します。つまりストリームで転送される件数を制限します。

map( )

要素にラムダ式で指定した何かの演算を適用し、その結果をストリームに転送します。つまり、要素の型や値を変換してストリームに転送します。

mapMulti( )

1つの要素を多数の要素に変換します。変換方法を自由に指定できます。`flatMap()`の様にストリームの平坦化にも使用できます。

peek( )

デバッグのために、要素に何かのアクションを適用します。主に途中で要素を出力して確認するために使います。要素は元のまま後続のストリームに転送されます。

skip( )

件数をlongの値で指定します。先頭から指定した件数の要素を破棄します。

sorted( )

並び替えのキーを指定して要素を並び替えます。Stringやラッパークラス型のように、要素がComparableインタフェースを実装している時は、引数を指定しなくても自然な順序で並び替えます。

takeWhile( )

条件をラムダ式で指定します。条件に合致する要素に遭遇するまではストリームに転送し続けますが、遭遇すると、その要素を含めて、以降の要素をすべて破棄します。

プリミティブ型のストリームについて

先輩、ちょっと気になるのですが、
ストリームでは、オブジェクトしか扱えないのですか?

いや、プリミティブ型のストリームも使えるようになっている。
IntStream、DoubleStream、LongStreamがある。

ストリーム処理で転送される要素はオブジェクトです。int、double、longの値はそのままではストリーム処理できないので、ラッパークラス型に変換されます。

ただ、ラッパークラス型の場合は、ストリーム処理の過程で、プリミティブ型との自動型変換が頻発し効率が悪くなるので、プリミティブ型のまま転送できるIntStream、DoubleStream、LongStreamがあります。

以下は、プリミティブ型のストリームの生成、変換に関するリファレンスです。覚える必要はありませんが、先に進む前に、目を通しておいてください。まず、ストリームには、次の4種類があります。

ストリーム型

ストリーム型	機　能
`Stream`	オブジェクトを転送するストリーム
`IntStream`	intの値を転送するストリーム
`DoubleStream`	doubleの値を転送するストリーム
`LongStream`	longの値を転送するストリーム

P.485に示したストリーム生成メソッドは、プリミティブ型のストリームでも使えますが、プリミティブ型だけで使えるストリーム生成メソッドとして、次の2つがあります。

プリミティブ型のストリームを生成するファクトリメソッド

メソッド	機　能
`XXXStream.range(a, b)`	aからb-1までの値のストリームを生成する
`XXXStream.rangeClosed(a, b)`	aからbまでの値のストリームを生成する

※XXXは、Int、Long、Doubleを意味します。

ストリームを使いやすくするため、ストリーム処理の途中で、結果をプリミティブ型のストリームに転送できる中間操作メソッドも定義されています。

プリミティブ型への変換

メソッド	機　能
map**ToInt**() flatMap**ToInt**() mapMulti**ToInt**()	To～が付かないメソッドと同じ機能 ただし、IntStreamに変換する
map**ToLong**() flatMap**ToLong**() mapMulti**ToLong**()	To～が付かないメソッドと同じ機能 ただし、LongStreamに変換する
map**ToDouble**() flatMap**ToDouble**() mapMulti**Todouble**()	To～が付かないメソッドと同じ機能 ただし、DoubleStreamに変換する

また、プリミティブ型のストリームだけで使える中間操作として、次のような変換メソッドがあります。

プリミティブ型の変換メソッド

メソッド	機　能
boxed()	プリミティブ型からラッパークラス型のストリームに変換する
mapToObj()	任意のオブジェクト型のストリームに変換する
asLongStream() asDoubleStream()	intStreamとLongStreamだけで使える型変換メソッド

20

2.例題で使用するPCレコードのリストについて

以下では、中間操作について、例を示しながら解説しますが、ここで、例題で使用するリストについて説明しておきます。

・例題で使う共通のリストデータは、パソコンを表すPCレコード（製品名、型番、価格、メーカー）のリストです。PCレコードは次のように定義しています。

```
record PC(String name, String type, int price, String maker){}
```

・PCレコードには、PCのリストを返すstaticメソッドとして、getList()メソッドが作成してあります。例題では、次のようにしてリストを取得します。

```
var list = PC.getList();     // List<PC>型
```

リストには、次のデータをこの順番で登録しています。

製品名	タイプ	価格	メーカー
DELO-200	DESKTOP	50,000	DELO
HQ-110A	DESKTOP	68,000	HQ
PanaMini	TABLET	62,000	Panan
SeakBook	LAPTOP	98,000	HQ
Panalet	LAPTOP	75,000	Panan
HQ-Star	DESKTOP	60,000	HQ
LatteAir	LAPTOP	85,000	Latte
Nectop	LAPTOP	79,000	Nect
DELOPad	TABLET	48,000	DELO
DELO-100	DESKTOP	48,000	DELO
ARIBAN	TABLET	12,000	Ariban

・PCレコードは、製品名をキーとするComparableインタフェースを実装しています。
※Comparableインタフェースとその実装方法については17章（P.408）を参照してください。

20.3 いろいろな中間操作

1.抽出 (filter)

最初の例題は、PCのリストから、メーカーが「Panan」のものだけを抽出して、コンソールに出力します。filter( )メソッドを使います。

例題 メーカー PananのPCだけを取り出す [FilterExample]

```
package sample;
import java.util.List;

public class FilterExample {
    public static void main(String[] args) {

❶       var list = PC.getList();     // List<PC>型

❷       list.stream()
❸           .filter(pc -> "Panan".equals(pc.maker()))
❹           .forEach(System.out::println);
    }
}
```

```
PC [ name=Panalet, type=LAPTOP, price=75000, maker=Panan ]
PC [ name=PanaMini, type=TABLET, price=62000, maker=Panan ]
```

例題は、❶でPCのリストを取得し、❷でそれをストリームにします。

❸のfilter()は、引数（ラムダ式）で条件を指定して、それに合致するものだけを、後続のメソッドに転送します。例題では、ラムダ式は次のように書かれています。

```
pc -> "Panan".equals(pc.maker())
```

引数に指定しているpcは、ストリームで転送される要素ですから、リストの要素であるPC型のオブジェクトです。

そこで、pcを使って、「メーカー名はPananである」という関係式を書いたのがこのラムダ式です（pc.maker()は、メーカー名を返すゲッターです）。この条件に合致するものだけが、後続のforEach()メソッドに転送されることになります。

❹のforEach()には、System.out::printlnと書かれています。これはメソッド参照ですが、ラムダ式では、pc -> System.out.println(pc) です。これにより、転送されて来た要素が次々にコンソールに出力され、ストリーム処理が終了します。

次の図は、ストリームの要素がfilter()で抽出され、forEach()で出力されたことを示しています。

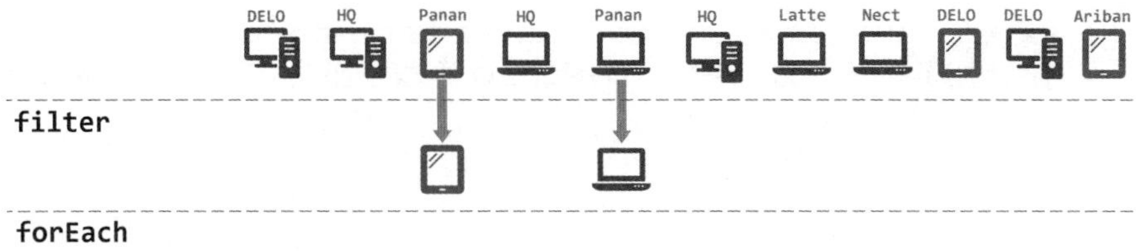

ここで、関数型インタフェースを1つ覚えましょう。filter()の引数は、Predicateインタフェースです（総称型なので、正確にはPredicate<T>型）。

P.466の関数型インタフェースの説明を見ると、関数記述子はT->booleanで、「T型のオブジェクトを受け取り、範囲や大小関係などを調べて、trueかfalseを返します」と書かれています。

例題　結果を新しいリストにする　[FilterExample2]

```
package sample;
import java.util.List;

public class FilterExample2 {
    public static void main(String[] args) {

        var list = PC.getList();     // List<PC>型
  ❶     List<PC> maker_panan = list.stream()
                .filter(pc -> "Panan".equals(pc.maker()))
  ❷             .toList();
    }
}
```

コンソールに出力するのではなく、終端操作で新しいリストを作成するには、toList()メソッドを使います。終端操作ですが、これ以降の例題で使いますので、ここで紹介しておきます。

toList()は、要素を格納したListを作成します。ただし、これは要素の追加・削除などができない不変リストになります。可変リストにしたい場合は別の方法があります（➡P.530）。

さて、例題は、❷でtoList()を使って結果をリストに出力したので、❶のように変数に代入する代入文にします。

❶で変数の型をList<PC>型と書いていますが、コンパイラが右辺のストリーム処理の結果から型推論をするので、varと書いておくこともできます。ただ、この部分は、型を明確にする目的で今後もvarを使いません。

2.変換（map）

map()はラムダ式で指定した処理を各要素に適用して、別の型や値に変換するメソッドです。

例題 メーカー名だけのリストにする [MapExample]

```
package sample;
import java.util.List;

public class MapExample {
    public static void main(String[] args) {

        var list = PC.getList();     // List<PC>型
❶       list<String> makers = list.stream()
❷                             .map(PC::maker)
❸                             .toList();

❹       makers.forEach(name->System.out.print(name + " "));

    }
}
```

```
DELO HQ Panan HQ Panan HQ Latte Nect DELO DELO Ariban
```

map()は、引数のラムダ式が返す値をストリームに出力するメソッドです。入力した値とは異なる型の値を返すことになっています。

例題は、❶により、PCオブジェクトのストリームを生成し、❷でmap()を適用しています。map()の引数はPC::maker です。ゲッターを実行するだけの場合は、このようにメソッド参照を使うのが普通です。

ちなみに、ラムダ式で書くとpc->pc.maker()ですから、ゲッター maker()によりパソコンのメーカー名（String型）を返す処理です。

このため、PCオブジェクトのストリームは、Stringのストリームに変わります。❸のtoList()で、リストを生成していますが、それはString型のリストです。リストを受け取る変数listも、❶のようにString型になっています。

このようにmap()は、ストリームの要素を別の型に変換するメソッドで、使用頻度の高いメソッドです。

❹は、リストmakersの内容をコンソールに出力します。ここで使っているforEach()メソッドは、Streamのメソッドではなく、Listインタフェースのメソッドです。機能は、リストのすべての要素にラムダ式で指定したアクションを適用することです。

例題では、コンソールへ横並びに出力するようにしています。

3. 重複の除去（distinct）

distinct()には、引数はありません。distinct()はストリームから重複した要素を取り除きます。

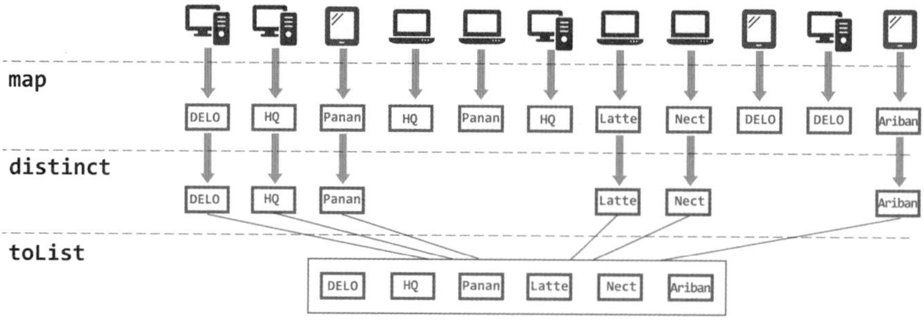

例題 重複した要素を取り除く [DistinctExample]

```
package sample;
import java.util.List;

public class DistinctExample {
    public static void main(String[] args) {

        var list = PC.getList();
        List<String> makers = list.stream()
                        .map(PC::maker)
                    ❶   .distinct()
                        .toList();

        makers.forEach(name->System.out.print(name + " "));
    }
}
```

```
DELO HQ Panan Latte Nect Ariban
```

先ほどの例（P.493）では、map()によりメーカー名のリストを得ることができましたが、同じメーカー名が重複しています。そこで、❶のように、map()の後にdistinct()を追加して、重複したメーカー名を取り除いています。

出力を見ると、同じメーカー名が無いことがわかります。

4.並び替え（sorted）

sorted()は、オブジェクトを、指定したキーで並び替えます。キーとして使うのは、オブジェクトのフィールドです。

例題 要素をソート（並べ替え）する [SortedExample]

```
package sample;
import java.util.List;
import java.util.Comparator;

public class SortedExample {
    public static void main(String[] args) {

        var list = PC.getList();
        List<PC> sortedList = list.stream()
                    ❶   .sorted(Comparator.comparing(PC::price))
                        .toList();

        sortedList.forEach(System.out::println);
    }
}
```

```
PC [ name=ARIBAN, type=TABLET, price=12000, maker=Ariban ]
PC [ name=DELOPad, type=TABLET, price=48000, maker=DELO ]
PC [ name=DELO-100, type=DESKTOP, price=48000, maker=DELO ]
PC [ name=DELO-200, type=DESKTOP, price=50000, maker=DELO ]
PC [ name=HQ-Star, type=DESKTOP, price=60000, maker=HQ ]
PC [ name=PanaMini, type=TABLET, price=62000, maker=Panan ]
PC [ name=HQ-110A, type=DESKTOP, price=68000, maker=HQ ]
PC [ name=Panalet, type=LAPTOP, price=75000, maker=Panan ]
PC [ name=Nectop, type=LAPTOP, price=79000, maker=Nect ]
PC [ name=LatteAir, type=LAPTOP, price=85000, maker=Latte ]
PC [ name=SeakBook, type=LAPTOP, price=98000, maker=HQ ]
```

sorted()の引数は、**コンパレータ**です。コンパレータは並び替えのための比較メソッドを提供します。しかし、16章でも解説したように、Comparator.comparing()メソッドを使うと、比較のキー項目を指定するだけで、簡単にコンパレータを生成できます。

オブジェクトのフィールドの中で、並べ替えのキーに指定したい項目のゲッターを、このメソッドの引数に指定するだけです。例題は、❶で、PCオブジェクトの価格フィールドを指定しています。

```
sorted( Comparator.comparing(PC::price) )
```

メソッド参照のPC::priceは、pc->pc.price()ですから、価格のゲッターです。実行結果を見ると、価格の昇順に並んでいることがわかります。

> 指定したキーで、逆順に並べたいときは、末尾にreversed()を付けます。
> ❶を次のように書きます。
> `.sorted(Comparator.comparing(PC::price).reversed())`

先輩、list.stream().**sorted()**.toList() って書いても動きます！なぜだか、製品名の名前順に並んでしまいますけど。

引数に何も指定しないと、「自然な順序」で並び替える、と指示したことになる。
オブジェクトの場合は、Comparableインタフェースを実装して、自然な順序を定義していないと正しく動作しない。

えーっ、そうなんですか。
･･･ 調べたら、PCクラスは、Comparableインタフェースを実装してるみたいです。

```
public class PC implements Comparable<PC> {
```

そういうことだ。
ついでに言っておくと、StringやIntegerなどのラッパークラスもComparableを実装しているので、それらのストリームでも sorted() が使えるだろう。

自然な順序で並べる時は、引数なしで sorted() と指定します。オブジェクトがComparableインタフェースを実装している必要がありますが、実装方法は、17章で解説しました。

5.処理のスキップと上限（skip 、limit）

skip(n)は、先頭からn個の要素をストリームに転送せず、n+1個目から転送します。また、limit(n)は、ストリームにn個の要素を転送すると、残りは転送しません。ストリームへの転送をn個までに制限します。

例題 3個スキップし、3個だけストリームに流す [Skip_limitExample]

```
package sample;
import java.util.List;
import static java.util.Comparator.*;

public class Skip_limitExample {
    public static void main(String[] args) {

        var list = PC.getList();
        List<PC> limitedPCs = list.stream()
                             .sorted(comparing(PC::price))
                             .skip(3)
                             .limit(3)
                             .toList();

        limitedPCs.forEach(System.out::println);
    }
}
```

```
PC [ name=DELO-200, type=DESKTOP, price=50000, maker=DELO ]
PC [ name=HQ-Star, type=DESKTOP, price=60000, maker=HQ ]
PC [ name=PanaMini, type=TABLET, price=62000, maker=Panan ]
```

例題では、3個スキップし、続く3個だけをリストに出力します。実行結果とP.496の実行結果を見て、確認してください。

なお、引数nは、intではなく、大きな数を指定できるようにlong型になっています。

6.平坦化（flatMap）

flatmapはmapの仲間ですが、それぞれの変換の結果が単一の値ではなく、配列やリストになってしまう時に使います。ここでは、簡単な例で考えてみましょう。

組織の部署を表すDepartmentレコードが次のように定義されています。

```
public record Department (String name,String manager, List<String> employees) {}
```

レコードは、部署名（name）、管理者（manager）、課員のリスト（employees）から成ります。課員のリストは、List<String>型です。

また、Departmentレコードには、部署のリストを返すgetList()メソッドが定義されています。リストには、総務、経理、営業の３つの部署のデータが含まれます。

```
public static List<Department> getList() {
    var list = List.of (
        new Department("総務","田中宏",   List.of("佐藤渉","平山花子","斎藤雄一")),
        new Department("経理","鈴木恵子", List.of("向井修","山崎洋子","平木真理")),
        new Department("営業","木村薫",   List.of("真田真澄","増山次郎","戸田絵里"))
    );
    return list;
}
```

例題では、Department.getList() で、このリストを取得してストリーム処理を実行します。

```
var departments = Department.getList();
departments.stream().…
```

ストリーム処理で行いたいのは、departmentsに入っている３つの部署のデータから課員の名前を抜き出して、すべての課員の名前からなる新しいリストを作ることです。どうすればそれができるでしょうか？

うーん、map()を使うとどうですか？
要素から、ゲッターで「課員のリスト（employees）」を抜き出せます。

```
departments.stream().map(Department::employees).toList();
```

残念、課員の「名前」をストリームに転送したいのに、それだと
「名前のリスト」が１つの要素としてストリームに転送されてしまう。

最初に思いつくのは、次の図のように、mapを使ってemployeesを取り出すことですが、これはうまくいきません。employeesはListオブジェクトだからです。

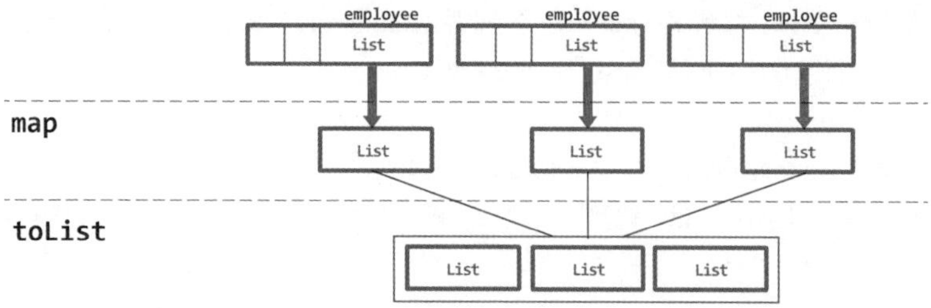

mapでemployees（課員名のリスト）を取り出してストリームに転送すると、図に示すように、「Listを要素に持つ」リストしか得ることができません。

社員の名前（文字列）のリストを得るためには、要素のListそれぞれを、バラバラにしてStringのストリームに変換しなければいけません。その変換を行うのがflatMapです。

例題 リストを取り出して平坦化する [FlatmapExample]

```
package sample;
import java.util.List;

public class FlatmapExample {
    public static void main(String[] args) {

        var dlist = Department.getList();     // 部署のリスト

        List<String> employees = dlist.stream()
❶               .map(Department::employees)
❷               .flatMap(List::stream)
❸               .toList();

        employees.forEach(e -> System.out.print(e + " "));
    }
}
```

```
佐藤渉 平山花子 斎藤雄一 向井修 山崎洋子 平木真理 真田真澄 増山次郎 戸田絵里
```

❶のmap()は、Departmentから「課員名のリスト」であるemployeesを取り出して返します。しかし、そのままでは、「リスト」を要素とするストリームになっているので、❷のflatMap()で、さらに、「リスト」からストリームを生成して返します。

List::stream()は、list->list.stream()と同じです。つまり、受け取ったリストからストリームを生成して返します。flatMap()は、Listのようなストリーム生成可能なオブジェクトを受け取って、それからストリームを生成して返すメソッドです。

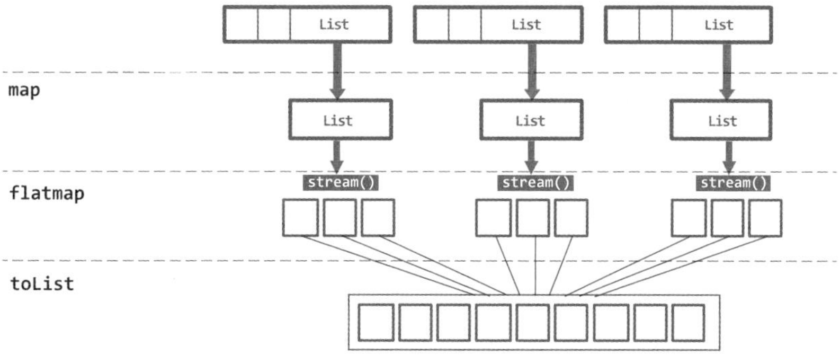

flatMapにより出力される部分ストリームは、どれもStringのストリームなので、全体が1つのStringのストリームになります。つまり、文字列のストリームに平坦化されるわけです。そのため、❸のtoList()によって、全てをまとめてStringのListにすることができます。

7.1 対多変換（mapMulti）

mapMulti()は、1つの要素を多数の要素に変換するメソッドです。変換方法は、自由に定義できます。仕組みは単純で、mapMultiが持っているバッファに、自分で決めた方式で変換したオブジェクトをどんどん詰め込むだけです。最終的に、それがフラットなストリームとして出力されます。

まず、使い方がわかるように、単純な例を示します。

［MapMultiExample1］

```
List<Integer> list = List.of(1,2,3,4,5);

list.stream()
❶   .mapMulti( (n, buffer) -> {
❷       buffer.accept(n);
        buffer.accept(n);
        buffer.accept(n);
    })
❸   .forEach(System.out::print);
```

1～5の要素を持つリストからストリームを作成し、❶でmapMulti()を適用します。ラムダ式の引数が(n, buffer)となっていますが、nはリストの要素で、bufferはmapMulti()が提供するバッファです。

❷のラムダ式の本体で、buffer.accept()メソッドを使って、1対多の変換を実行します。例題では単純な変換として、リストの値を3回バッファに書き込んでいます。

バッファの内容が、そのまま、フラットなストリームとして出力されます。そのため❸のようにforEach()で要素を出力すると、元のリストの要素が3つずつ出力されます。

```
111222333444555
```

flatMap()での処理をmapMulti()で置き換えることができます。mapMulti()を使うと多数のストリームを作成するオーバーヘッドがないので効率的です。では、flatMap()の例題と同じ処理を、mapMuti()でやってみましょう。

例題 mapMulti()による平坦化 [MapMultiExample]

```
package sample;
public class MapMultiExample {
    public static void main(String[] args) {

    ❶   var list = Department.getList();

        list.stream()
    ❷       .<String>mapMulti( (dep, buffer)->{
                for(String name : dep.employees()) {    // リストから氏名を取り出す
                    buffer.accept(name);                 // バッファに追加する
                }
            })
    ❸       .forEach(n->System.out.print(n+" "));
    }

}
```

❶で部署のリストを取得して、ストリームを作成し、❷のようにmapMulti()を適用します。引数depは、ストリームの要素、つまり、1件の部署レコードです。

なお、ストリームの要素が一般的なオブジェクトの場合、変換後のストリームの型をmapMulti()に指定する必要があります。そのため、❷では、<String>mapMultiと指定しています。

ラムダ式本体は、拡張for文を使うのでブロックにしています。青枠の拡張for文では、社員名のリスト（dep.employees()）から、社員名（name）を取り出してバッファに登録します。

拡張for文が終了すると、バッファの内容がストリームに転送されるので、ストリームは、名前文字列のストリームになります。

最後に、❸のforEach()で出力すると、課員の名前のリストが表示されます。

```
佐藤渉　平山花子　斎藤雄一　向井修　山崎洋子　平木真理　真田真澄　増山次郎　戸田絵里
```

先輩、この書き方、ゴチャゴチャしてますね。
これ以外、どうしようもないですか？

もっとコンパクトに書けるが、わかりやすいかどうかだ。
ちょっと書いてみよう。

❸の拡張for文は、forEach()に置き換えることができます。

[MapMultiExample2]

```
list.stream()
    .<String>mapMulti( (dep, buffer)->{
            dep.employees().forEach(name->buffer.accept(name));
    })
    .forEach(n->System.out.print(n+"  "));
```

すると、文が1つになるので、ブロックにしなくてもよくなります。また、forEach()の内容もメソッド参照が使えるので、さらにコンパクトにできます。

[MapMultiExample3]

```
list.stream()
    .<String>mapMulti( (dep, buffer)->
            dep.employees().forEach(buffer::accept) )
    .forEach(n->System.out.print(n+"  "));
```

先輩、なんだかナゾナゾみたいなプログラムですね。
(わかりにくくないかなぁ)

確かに、初めて見ると考え込んでしまうかもしれない。
短く書けるとスッキリするが、わかりやすさも大事だ。

8.切り捨てと切り取り（dropWhile、takeWhile）

どちらもラムダ式で条件（関係式）を指定します。**dropWhile()**は、最初に条件に合致する要素に遭遇するまで、要素を破棄し続けますが、遭遇すると、それを含めて残り全てをストリームに転送します。

逆に、**takeWhile()**は、条件に合致する要素に遭遇するまではストリームに転送し続けますが、遭遇すると、その要素を含めて、以降の要素をすべて破棄します

dropWhile（切り捨て）

例題 条件がtrueの間、破棄する [DropWhileExample]

```
package sample;
import java.util.List;
public class DropWhileExample {
    public static void main(String[] args) {

    ❶   var list = List.of(9,6,5,5,2,1,8,5,4,9);
        list.stream()
    ❷       .dropWhile(n->n>=5)
            .forEach(n->System.out.print(n+" "));
    }
}
```

```
2 1 8 5 4 9
```

要素がInteger型のリストを作成し、ストリームを作成してdropWhile()を適用します。dropWhile()の引数はPredicate<T>型ですから、❷のように要素（n）を引数にして、nを使った関係式（条件になる式）を書きます。

例題では、ラムダ式で指定した関係式はn>=5です。これで、n>=5の間は要素を破棄し続けると指定したことになります。

❶のように、要素の途中には5が2つ含まれていますが、n>=5により、9、6、5、5まで破棄され、残りの要素（2、1、8、5、4、9）はすべてストリームに転送されます。

takeWhile（切り取り）

例題　条件がtrueの間、ストリームに転送する ［TakeWhileExample］

```
package sample;
import java.util.List;
public class TakeWhileExample {
public static void main(String[] args) {

    var list = List.of(9,6,5,5,2,1,8,5,4,9);

    list.stream()
❶       .takeWhile(n->n>=5)
        .forEach(n->System.out.print(n+" "));
}
}
```

```
9 6 5 5
```

takeWhile()も引数はPredicate<T>型で、使い方はdropWhile()と同じです。しかし、機能は逆で、関係式がtrueの間、要素をストリームへ転送し、残りを破棄します。

例題では、❶のように、n>=5が条件ですから、9、6、5、5までは続けてストリームに転送されますが、残りは破棄されます。

9.デバッグ処理（peek）

ストリーム処理の途中で、うまく実行されているかどうか様子を見たい時などに、peek()を実行します。peek()の引数は、Consumer<T>型です。

つまり、どんな処理を実行しても、その結果が後続のストリームに転送されることはありません。後続のストリームには、元の要素がそのまま転送されます。

例題 処理の様子を見る [PeekExample]

```
package sample;
import java.util.List;
public class PeekExample {
public static void main(String[] args) {

    var list = PC.getList();
    List<Integer> prices = list.stream()
❶       .map(PC::price)
❷       .peek(price->System.out.printf("%6d", price))
❸       .distinct()
        .toList();

    System.out.println();
❹   prices.forEach(p->System.out.printf("%6d", p));
}
}
```

```
50000 68000 62000 98000 75000 60000 85000 79000 48000 48000 12000
50000 68000 62000 98000 75000 60000 85000 79000 48000 12000
```

❶でPCのリストから価格だけを取り出し、❷のpeek()でコンソールに出力します。その後、❸のdistinct()を実行して重複を取り除いています。

❷のpeek()は、重複を取り除く前の価格のリストを表示して、❹による最終結果の出力と比較できるようにしています。

20.4 まとめとテスト

1.まとめ

1.ストリーム処理の概要

・ストリームはデータの集まりをループではなく、メソッド間の転送で操作する方法である

・ストリーム生成、中間操作、終端操作がある

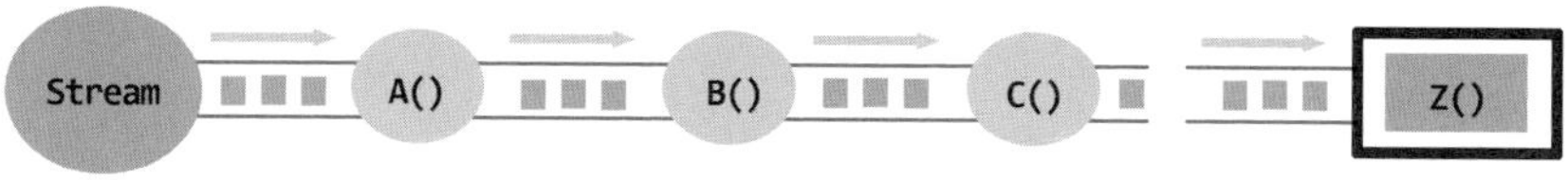

・オブジェクトを転送するストリームだけでなく、プリミティブ型の値を転送するストリームもある

2.ストリームの種類

・ストリームは、オブジェクトのストリームの他にプリミティブ型の値のストリームがある

ストリームの種類	Stream、IntStream、LongStream、DoubleStream
ストリームを生成するファクトリメソッド	concat()、empty()、generate()、iterate()、of()、ofNullable()、range()、rangeClosed()
ストリーム間の変換メソッド	mapToInt()、mapToLong()、mapToDouble() flatMapToInt()、flatMapToLong()、flatMapToDouble() boxed()、mapToObj()、asLongStream()、asDoubleStream()

3.いろいろな中間操作

・中間操作は、ストリームの要素を受け取って処理し、後続のストリームに転送する

・次のような中間操作メソッドがある

抽出(フィルタリング)	filter()
変換	map()
重複の除去	distinct()
並び替え	sorted()
スキップと制限	skip()、limit()
平坦化	flatMap()
1対多変換	mapMulti()
切り捨てと切り取り	dropWhile()、takeWhile()
デバッグ処理	peek()

2.演習問題

解答

少しボリュームのある演習を用意しました。この演習を通じて、中間操作の組み合わせ方や使い方をマスターしましょう。
演習用に使うのは、次のような本を表すレコードです。

※ソースコードはexerciseパッケージにあります

```
public record Book(
    int number,                           // 番号
    String title,                         // 書名
    String genre,                         // 分野
    String author,                        // 著者名
    int price,                            // 価格
    boolean stock)                        // 在庫の有無
implements Comparable<Book>               // 番号順での並び替え
{…}
```


Bookレコードには、次のようなテスト用のインスタンスを入れたListを返すgetListメソッドがあります。練習では、これを使ってListを取得することにします。

```
public static List<Book> getList(){
    var list = List.of(
        new Book(1010,"情報倫理","OTHER","小川洋子",1250,true),
        new Book(1020,"テンプル騎士団","HISTORY","水野昭二",1600,true),
        new Book(1030,"材料工学","SCIENCE","田中宏",3000,true),
        new Book(1040,"スポーツ統計","SCIENCE","新森明子",2100,true),
        new Book(1050,"太平記縁起","NOVEL","佐藤秀夫",1500,true),
        new Book(1060,"データ分析","SCIENCE","千田正樹",1800,true),
        new Book(1070,"社会保障政策","OTHER","浦中恵子",2200,false),
        new Book(1080,"社会経済史","HISTORY","木村花子",2200,true),
```

```
            new Book(1090,"イスラム建国史","HISTORY","吉村敬",1800,true),
            new Book(1100,"鋳物の化学","SCIENCE","田中宏",3200,true),
            new Book(1110,"健康科学のはなし","SCIENCE","角田圭吾",1200,true),
            new Book(1120,"世界の鉱山","OTHER","田中宏",2300,true),
            new Book(1130,"日本史","HISTORY","木村花子",2000,true),
            new Book(1140,"正覚寺","NOVEL","田中一郎",1000,false),
            new Book(1150,"粉末冶金科学","SCIENCE","田中宏",2800,false)    );
        return list;
    }
```

もしも、プログラムを書いてみるなら、mainメソッドの最初で、`List<Book> list= Book.getList();`と書いてから始めてください。なお、Bookレコードは、サポートウェブからダウンロードしたプロジェクトの"ソースコード"フォルダに含まれています。

では、以下の問の枠内にあてはまるラムダ式を考えてください。

問1　在庫のない本だけを表示する

```
list.stream()
    [                    ]
    .forEach(System.out::println);
```

```
Book [ number=1070,title=社会保障政策,genre=OTHER,author=浦中恵子,price=2200,stock=false ]
Book [ number=1140,title=正覚寺,genre=NOVEL,author=田中一郎,price=1000,stock=false ]
Book [ number=1150,title=粉末冶金科学,genre=SCIENCE,author=田中宏,price=2800,stock=false ]
```

問2　NOVEL分野の本の、タイトルだけを抜き出して表示する

```
list.stream()
    [                    ]
    .forEach(System.out::println);
```

```
太平記縁起
正覚寺
```

問3　田中宏の本だけを抜き出し、価格でソートして表示する

```
list.stream()
    [                    ]
    .forEach(System.out::println);
```

```
Book [ number=1120,title=世界の鉱山,genre=OTHER,author=田中宏,price=2300,stock=true ]
Book [ number=1150,title=粉末冶金科学,genre=SCIENCE,author=田中宏,price=2800,stock=false ]
Book [ number=1030,title=材料工学,genre=SCIENCE,author=田中宏,price=3000,stock=true ]
Book [ number=1100,title=鋳物の化学,genre=SCIENCE,author=田中宏,price=3200,stock=true ]
```

問4　すべての書籍を価格でソートし、価格の安い方から3、4、5番目の本だけを表示する

```
list.stream()
    [                    ]
    .forEach(System.out::println);
```

```
Book [ number=1010,title=情報倫理,genre=OTHER,author=小川洋子,price=1250,stock=true ]
Book [ number=1050,title=太平記縁起,genre=NOVEL,author=佐藤秀夫,price=1500,stock=true ]
Book [ number=1020,title=テンプル騎士団,genre=HISTORY,author=水野昭二,price=1600,stock=true ]
```

問5　ジャンルだけを抜き出し、重複を削除して、自然な順序でソートして表示する

```
list.stream()
    [                    ]
    .forEach(System.out::println);
```

```
HISTORY
NOVEL
OTHER
SCIENCE
```

20

Chapter

21 ストリーム処理の応用

本章では、応用としてストリーム処理の終端操作について解説します。終端操作は、さまざまな変換や集計・分類といった応用的な機能を提供しているので、使いこなしのキーになる知識です。また、ストリーム処理と関係の深いOptionalクラスについてもこの章で解説します。

21.1 基本的な終端操作

1. 終端操作メソッドの概要

まず、どんな終端操作があるか、全体を見ておきましょう。以下は、終端操作の一覧表です。

終端操作

メソッド	機能
allMatch()	すべての要素が条件にマッチするか調べる
anyMatch()	どれかの要素が条件にマッチするか調べる
average()	プリミティブ型のストリームの平均値を返す
collect()	ストリームの要素を1つ以上の要素の集まりにリダクション(注)する 普通は、引数にCollectorsクラスのstaticメソッドを利用する
count()	要素の個数を返す
findAny()	ストリームに要素があれば任意の要素を返す
findFirst()	ストリームに要素があれば先頭の要素を返す
forEach()	すべての要素に何かのアクションを適用する
max()	すべての要素（オブジェクトを含む）で最大の要素を返す
min()	すべての要素（オブジェクトを含む）で最小の要素を返す
noneMatch()	どの要素も条件にマッチしないかどうか調べる
reduce()	リダクションする（要素を累積操作により1つの値にする）
sum()	プリミティブ型のストリームの合計を返す
toList()	不変リストにする（nullを許容する）

このうち、collect()メソッドは、条件や操作を指定して要素をリダクションし、結果をリストやマップ、結合した文字列などにして取り出します。ただし、複雑な指定をしなくてもよいように、引数として指定できるstaticメソッドが用意されています。

collect()メソッドの引数として指定できるのは、Collectorsクラスに定義されている次のようなstaticメソッドです。特に、グループに分類したマップを返すGroupintBy()は結果の再加工（2次操作）もできて、とても役に立つメソッドです。

（注）何らかの演算を適用してリストやマップなどに変換することをいいます。

うわーっ、こんなにいろんな操作があるなんて・・・
とても覚えられる気がしません！

覚える必要はない、これはリファレンスだ。
何かしたいときに、この表を見て、使いたい機能があれば、
この後に書いてある例題を見て理解する、という使い方でいい。

Collectorsクラスのstaticメソッド

メソッド	機　能
averageXXX()	要素をプリミティブ型の値に変換し、その平均値を返す
collectingAndThen()	この表の他のメソッドを実行し、さらに仕上げの2次操作を実行する
counting()	要素数をlong型で返す
filtering()	要素をフィルタリングし、その結果に他のメソッドを適用する
flatMapping()	要素を平坦化し、その結果に他のメソッドを適用する
groupingBy()	指定したキーで要素を分類する。キーごとに対応する要素のリストを作成し、(キー、リスト)のMapを返す。値であるリストに対して、2次操作を適用できる
groupingByConcurrent()	並行処理で最適化してgroupingBy()を実行する
joinning()	文字列を要素とするストリームを1つの文字列に連結する。区切り文字、接頭時、接尾辞を付加できる
mapping()	要素を変換し、その結果に他のメソッドを適用する
maxBy()	指定したComparatorを使って最大のオブジェクトを返す
minBy()	指定したComparatorを使って最小のオブジェクトを返す
partitioningBy()	指定した条件がtrueかfalseかで2つのリストに分け、(boolean値、リスト)のMapを返す。値であるリストに対して、2次操作を適用できる
reducing()	GroupingBy()などの2次操作としてリダクションを実行する
summarizingXXX()	要素をプリミティブ型の値に変換し、その基本統計量を返す
summingXXX()	要素をプリミティブ型の値に変換し、その合計値を返す
teeing()	ストリームを2回操作して2つの結果を取得し、それを1つにまとめる
toArray()	要素を配列にして返す
toCollection()	指定したタイプのコレクションにして返す
toConcurrentMap()	並行処理で最適化してtoMap()を実行する
toList()	リストにして返す
toMap()	マップにして返す
toSet()	セットにして返す
toUnmodifiableList()	不変リストにして返す
toUnmodifiableMap()	不変マップにして返す
toUnmodifiableSet()	不変セットにして返す

※XXXはInt、Double、Longのどれかに読み替えてください。

2.条件にマッチするか調べる（～ Match）

anyMatch、noneMatch、allMatchは、どれも、引数のラムダ式で示す条件を満たす要素があるかどうか調べ、結果をtrueかfalseで返します。終端処理ですから、trueかfalseの値を返すと、そこでストリームは終了します。

anyMatchは1つでも該当する場合、noneMatchはまったく該当しない場合、そしてallMatchはすべてが該当する場合にtrueを返します。

例題 条件にマッチするかどうか調べる [MatchExample]

```
package sample;
import java.util.List;
public class MatchExample {
    public static void main(String[] args) {

        List<PC> pcList = PC.getList();

        if(pcList.stream().anyMatch(pc->"ARIBAN".equals(pc.name()))) {
            System.out.println("ARIBANと言う名前のパソコンはあります");
        }else {
            System.out.println("ARIBANと言う名前のパソコンはありません");
        }
    }
}
```

```
ARIBANと言う名前のパソコンはあります
```


例題は、anyMatch()の例です。
anyMatch()の引数は、Predicate<T>型なので、T->boolean となるようにラムダ式を書きます。つまり、ストリームからT型の要素を受け取って、boolean型の値を返すように書くわけです。例題は、次のように書いています。

```
    pc -> "ARIBAN".equals(pc.name())
```

pcがストリームから受け取る要素で、"ARIBAN".equals(pc.name())は、pcの名前がARIBANに等しいという関係式です。

次に示すように、noneMatch()、allMatch()も使い方は同じです。

```
// 名前がARIBANというパソコンが１つもないかどうか調べる
if(pcList.stream().noneMatch(pc->"ARIBAN".equals(pc.name()))) {
    ...
// どれもARIBANという名前かどうか調べる
if(pcList.stream().allMatch(pc->"ARIBAN".equals(pc.name()))) {
    ...
```

3.存在するかどうか調べて結果を受け取る（find ～）

Pananというメーカーのパソコンを取り出して、表示するだけなのに …先輩、何も表示されません！

```
pcList.stream()
    .filter(pc->"Panann".equals(pc.getMaker()))
    .forEach(pc->System.out::println);
```

Pananじゃなくて、Panannになっている。
該当がないから、表示されないだけだ。

filterメソッドで特定の条件を満たす要素を抽出しても、意図せず、結果が0件になるということがあります。このような時、filterに**findAny**、または**findFirst**を合わせて使うと、ストリームに要素があるかどうかチェックできます。

findAnyは要素が存在すれば、任意の１件を、findFirstは存在すれば、最初の１件を返しますが、どちらもOptional型の値を返すので、存在しない時の対応が簡単です。
次の例で、使い方を見ましょう。

例題 ストリームに要素があるか調べる [FindExample]

```
package sample;
import java.util.List;
import java.util.Optional;
public class FindExample {
    public static void main(String[] args) {

        List<PC> pcList = PC.getList();

❶      Optional<String> anyPc = pcList.stream()
❷                  .filter(pc->"Panann".equals(pc.maker()))
❸                  .map(PC::maker)
❹                  .findAny();
```

```
      ❺  System.out.println(anyPc.orElseGet(()->"存在しない"));
      }
  }
```

```
存在しない
```

例題は、PCのリストから、❷でメーカー名が"Panann"であるものだけをフィルタリングし、❸でメーカー名のストリームに変換します。最後に、❹で要素があれば任意の1つを返します。メーカー名ですから値はString型です。

ただ、❶を見ると、返す値はString型ではなく、Optional<String>型になっています。これは、findAny()が、戻り値をOptional型のオブジェクトを返すからです。

> Optional<T>型
> ・オブジェクトの入れ物（コンテナ）として使われる型
> ・任意の型のオブジェクトを格納できる総称型
> ・コンテナが空の場合は、取り出しの代替処理を実行するメソッドを持つ

findAny()の結果は、この例のように「ない」ことがあります。結果をOptional型の変数に入れて返すことにより、受け取る側では「ない」時には代替処理を実行できます。

❺では、orElseGet()を使って、要素があればその値を返し、なければ"存在しない"という文字列を返すようにしています。orElseGet()は、値がない時は、ラムダ式で値を作成して返すメソッドです。

このラムダ式は、引数なしで、ストリームの要素と同じ型の値を返すように書きます。例はString型のストリームなので、String型の値を返しています。これは、関数型インタフェースで言うと、Supplier型です。P.467の説明を参照してください。

先輩、値があるかどうかは、
普通だと、if文で判定しますよね。

Optional型にしておけば、値がない場合は、orElseGet()のように、
代替処理を実行できる。
つまり、Optional型を使うと、if文を書かなくてもよくなるわけだ。

Optionalについて

従来、戻り値などがない場合はnullを返していましたが、Optional型の値を返すことにより、値がない時には、適切な代替処理を実行するようにできます。Optional型は5節で解説しますので、当面は、Optional型から値を取り出す簡易な方法だけを覚えておいてください。

値の取り出しメソッド

メソッド	機　能
`get`	値を取り出す。空なら例外を発生する
`orElseGet`(ラムダ式)	空でなければ値を返し、そうでなければ引数のラムダ式で値を生成して返す ラムダ式は、()->Tの形。つまり、引数はなく、T型の値を返す。

また、Optional型はオブジェクトしか格納できないので、プリミティブ型の値を格納するためのOptionalもあります。

クラス	機　能
`OptionalInt`	intの値を格納するOptional
`OptionalLong`	longの値を格納するOptional
`OptionalDouble`	doubleの値を格納するOptional

これらのクラス型の変数から値を取り出すには、get()の代わりにgetAsInt()、getAsLong()、getAsDoubleを使います（➡P.547）。また、プリミティブ型でもorElseGet()を使えます。その場合、ラムダ式では、プリミティブ型の値を返すようにします。

21

4.ひとつの値に畳み込む（reduce）

reduceは、次の図のように、ストリームを１つの値に畳み込んで返す汎用メソッドです。

最初は、ストリームの先頭の2つの値に対して演算（op）を適用します。次は、その演算結果と3番目の値に対して演算を適用します。これ以降、演算結果をその次の値と演算していくことにより、最終的に1つの値に畳み込みます。

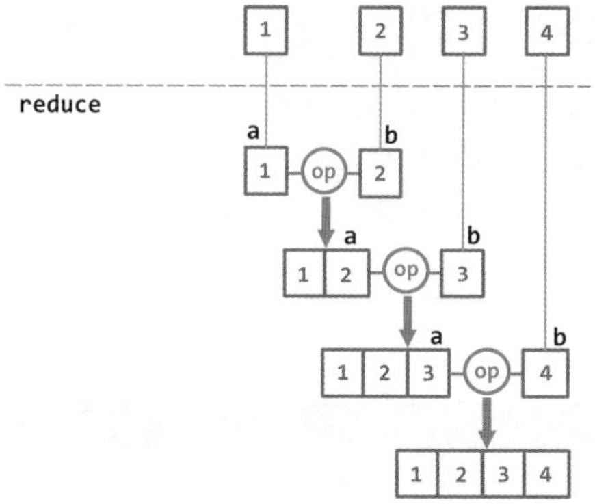

reduceの演算に対応するのは、(T, T) -> T となるBinaryOperatorインタフェースです。つまり、T型の2つの値を受け取って、T型の値を返します。演算の内容は、ストリームの値に応じて、ラムダ式で指定します。

例えば、数値なら合計や最大、最小などを求めることができますし、文字列なら連結できます。適用可能なそれ以外のどんな演算でも構いません。

次の例題は、PC(パソコンの機種)のストリームから、機種名を取り出し、reduceでそれをすべて連結した文字列にします。

例題 合計を取る [ReduceExample]

```
package sample;
import java.util.List;
import java.util.Optional;

public class ReduceExample {
    public static void main(String[] args) {

        List<PC> list = PC.getList();

        Optional<String> names = list.stream()
                    .map(PC::name)                        // 機種名を取り出す
                    .reduce((a,b) -> a + ", " + b);       // 文字列連結

        System.out.println(names.get());
    }
}
```

```
DELO-200, HQ-110A, PanaMini, SeakBook, Panalet, HQ-Star, LatteAir, Nectop, DELOPad, DELO-100, ARIBAN
```

PC::name は、pc -> pc.name() の意味だから、機種名だなぁ。
すると、この (a, b) っていうのは、・・・

演算の開始時は、aは、ストリームの先頭の値で、bが２番目の値だ。
それ以降では、aは演算の中間結果の値で、bがストリームから取り出した次の値だ。

なるほど・・・
でも、結果のnamesがOptional型になっています！
先輩、これはどういうことですか？

reduceを実行しても、ストリームが空なら値はない。
値がない場合に備えて、reduceの結果はいつもOptional型になっている。

reduceの結果はOptional型になります。Optional以外の型で結果を受け取りたい時は、初期値を指定してreduceを実行しなくてはいけません。次のように、ラムダ式で、初期値を指定することができます。

```
reduce("", (a,b) -> a + ", " + b);
```

初期値（空文字）

このように初期値を指定すると、結果はOptional型ではなく、String型になります。

```
String names = list.stream()
                   .map(PC::name)                       // 機種名を取りだす
                   .reduce("", (a,b) -> a + ", " + b);    // 文字列連結
```


なお、reduceを使わなくても、文字列の連結はcollectメソッドでもできます。また、合計、最大最小などは、あらかじめ専用のメソッドが用意されているのでそれを使う方が簡単です。次は、それらを紹介しましょう。

5.基本的な集計（count、sum、average、max、min）

reduceの代わりに、基本的な演算を実行して、ストリームを集計するメソッドが用意されていますが、解説の前に、プリミティブ型の値の扱いについて補足しておきます。

プリミティブ型のストリーム

プリミティブ型のストリームは、of、rangeといったメソッドで直接作成することもできますが、普通のストリームから、mapToIntなどのメソッドで項目を抜き出すことにより、プリミティブ型のストリームにすることが多いでしょう。

Integerなどラッパークラス型のまま使うより、効率よく計算ができるからです。

次は、プリミティブ型のストリームの作成例です。

プリミティブ型のストリームの作成

プリミティブ型のストリーム	作成例
IntStream	IntStream is = IntStream.of(10,15,3);　// 10,15,3 IntStream is = IntStream.range(1, 100); // 1から100まで IntStream is = PC.getList().stream().mapToInt(PC::price);
LongStream	
DoubleStream	※ LongStream, DoubleStreamについてもof、rangeの他、mapToLong、mapToDoubleを使って作成できます

ストリームからプリミティブ型のメンバを抜き出して、プリミティブ型のストリームを作成するメソッドとして、mapToInt、mapToLong、mapToDouble がしばしば使われます。これらのメソッドの使い方は、次の例題を見て下さい。

21

集計の終端操作

次は、終端操作として使う集計メソッドの使用例です。PCのリストについて、件数、および価格の合計、平均、最大値、最小値を求めます。

例題 基本的な集計をする [CalculateExample]

```
package sample;
import static java.util.Comparator.comparing;
import java.util.List;
import java.util.Optional;
import java.util.OptionalDouble;
public class CalculateExample {
    public static void main(String[] args) {
        List<PC> list = PC.getList();

        // 件数
        long count = list.stream().count();
        // 合計
        int sum=list.stream()
                        .mapToInt(PC::price)        // IntStreamになる
                        .sum();
        // 平均
        OptionalDouble ave=list.stream()
                        .mapToInt(PC::price)        // IntStreamになる
                        .average();
        // 最大
        OptionalInt max=list.stream()
                        .mapToInt(PC::price)        // IntStreamになる
                        .max();
        // 最小
        OptionalInt min=list.stream()
                        .mapToInt(PC::price)        // IntStreamになる
                        .min();

        System.out.println("件　数="+ count);
        System.out.println("合　計="+ sum);
        System.out.println("平　均="+ ave.getAsDouble());
        System.out.println("最大値="+ max.getAsInt());
        System.out.println("最小値="+ min.getAsInt());
    }
}
```

```
件　数=11
合　計=685000
平　均=62272.72727272727
最大値=98000
最小値=12000
```

21

countは、ストリームにあるデータの件数を取得します。

価格（price）の合計、平均、最大値、最小値を求めるには、プリミティブ型のストリームに変換してからsum、average、max、minの各メソッドを適用します。例題では、mapToIntでIntStreamに変換しています。

先輩、プリミティブ型のストリームに変換するのは必ずですか？
（そのままでも計算できそうだけどなぁ）

sum( )、average( )、max( )、min( )はプリミティブ型しか受け付けない。
だから、必ず変換しなくてはいけない。

mapToXXXメソッドは、次の3つです。取り出すフィールドの型に応じて使い分けてください。

プリミティブ型またはラッパークラス型のストリームに変換するメソッド

メソッド	機能
mapToInt(ラムダ式)	ストリームの要素からintの値を取り出してIntStreamを作る
mapToLong(ラムダ式)	ストリームの要素からlongの値を取り出してLongStreamを作る
mapToDouble(ラムダ式)	ストリームの要素からdoubleの値を取り出してDoubleStreamを作る

sum以外のメソッドの戻り値は、ストリームが空だった場合は計算できないので、Optionalのプリミティブ版である**OptionalDouble**型と**OptionalInt**型になります。

なお、int型のストリームでも、平均はdouble型になります。そのため、OptionalDouble型で受け取る必要があります。

必ず値があると分かっている場合は、値の取り出しには、get()メソッドではなく、**getAsDouble()**、**getAsInt()**メソッドを使います。

6.最大、最小のオブジェクトを得る（max、min）

最小、最大の値ではなくそれを持つオブジェクトを取得するには、sortedメソッドでストリームを並べ替えて、findFirstメソッドで先頭の1件を取り出せば可能です。

```
Optional<PC> min = list.stream()
                       .sorted(comparing(PC::getPrice))
                       .findFirst();
```

しかし、max、minにはこれと同じことを行うバージョンがあります。次のように、コンパレータを引数に取るmax、minです。なお、戻り値はOptional<PC>型になります。

例題　価格が最高／最低のPCを得る　[MaxMinExample]

```
package sample;
import java.util.Comparator;
import java.util.Optional;

public class MaxMinExample {
    public static void main(String[] args) {

        var pc = PC.getList();

        Optional<PC> min = pc.stream()
❶               .min(Comparator.comparing(PC::price));

        Optional<PC> max = pc.stream()
❷               .max(Comparator.comparing(PC::price));

        System.out.println("最安値=" + min.get());
        System.out.println("最高値=" + max.get());
    }
}
```

```
最安値=PC[name=ARIBAN, type=TABLET, price=12000, maker=Ariban]
最高値=PC[name=SeakBook, type=LAPTOP, price=98000, maker=HQ]
```

Comparator.comparing()は、引数にフィールドのゲッターを指定すると、そのフィールドを対象にするコンパレーターを返すメソッドです。そこで、❶❷のように、max()、min()に、priceを対象にするコンパレーターを指定しています。

21

Q21-1

解答

基本的な終端操作の解説が終わりました。終端操作についての問題をまとめて解いてみましょう。今回も508ページで説明したBookレコードのListを使って、終端操作を行います。次の問の枠内にあてはまるラムダ式を書いてください。[ ]に使用する操作が書いてあるので、関係する例題を参照しながら考えるといいでしょう。

問1　木村花子の本があるかどうか調べる [anyMatch]

```
boolean result = list.stream()
                    [                    ]
System.out.println(result);
```

```
true
```

問2　木村花子の本を抽出し、最初に見つけた1冊を表示する [findFirst]

```
Optional<Book> anyBook = list.stream()
        [                    ]
System.out.println(anyBook.get());
```

```
Book[number=1080, title=社会経済史, genre=HISTORY, author=木村花子,
price=2200, stock=true]
```

問3　本の著者名を抜き出し、重複を削除して、1つの文字列に連結し、表示する [reduce]

```
String authors = list.stream()
            [                    ]
System.out.println(authors);
```

```
小川洋子 水野昭二 田中宏 新森明子 佐藤秀夫 千田正樹 浦中恵子 木村花子 吉村敬 角田圭吾 田中一郎
```

問4　本の価格について、平均を求める [average]

```
OptionalDouble ave = list.stream()
                        [                    ]
System.out.println(ave.getAsDouble());
```

```
1996.6666666666667
```

問5　一番価格の高い本の著者を表示する [max]

```
Optional<Book> book = list.stream()
                        [                    ]
System.out.println(book.get().getAuthor());
```

```
田中宏
```

21

21.2 collectによる終端操作

先輩、終端処理ってまだあるんですか。
（覚えきれなくなりそうだ･･･）

これまでの終端処理はストリームを１つの値にまとめるものだ。
しかし、ここで解説するcollectメソッドによる終端処理は、Collectorsクラスのメソッドを利用して、ストリームをList、set、Mapに変換する。応用としては重要な処理だ。

えっ、collectメソッドとCollectorsクラスのメソッド？
（ややこしいなぁ）

collectメソッドは、P.513で一覧表を示したCollectorsクラスのstaticメソッドと一緒に使います。

```
list.stream(). … .collect(Collectors.toList());
list.stream(). … .collect(Collectors.toSet());
list.stream(). … .collect(Collectors.groupingBy(~));
list.stream(). … .collect(Collectors.partitioningBy(~));
```

ただし、collectメソッドの引数として書く時は、スタティックインポートにより、Collectorsというクラス名を省略した方がわかりやすくなります。以下の解説ではスタティックインポートにより、記述を簡単にしています。


```
import static java.util.Stream.Collectors.*; // Collectorsクラスの全てのメソッド

list.stream(). … .collect(toList());
list.stream(). … .collect(toSet());
list.stream(). … .collect(groupingBy(~));
list.stream(). … .collect(partitioningBy(~));
```

参考

collect	Streamクラスのメソッド
Collector	インタフェースで、collectメソッドの引数の型
Collectors	collectメソッドの引数として使えるインスタンスを返すユーティリティクラス

1.分類（groupingBy、partitioningBy）

グループ化する（ groupingBy ）

groupingBy メソッドは、ストリームの要素を、何かの基準でグループ分けします。

例えば、490ページに掲載したパソコンの機種のリストなら、そのタイプ属性によって、DESKTOP、LAPTOP、TABLETの3つにグループ分けできます。groupingByは、タイプ毎にListを作って、すべてのパソコンを振り分けます。

そして、（タイプ，PCのリスト）のmapを作って返します。

例題　パソコンをタイプで分ける　[GroupingExample]

```
   package sample;
   import java.util.List;
   import java.util.Map;
❶ import static java.util.stream.Collectors.*; // スタティックインポート

   public class GroupingExample {
       public static void main(String[] args) {

           List<PC> list = PC.getList();
                       // タイプ別のリストからなるマップを作る
           Map<String, List<PC>> typeGroup = list.stream()
                                          ❷ .collect(groupingBy(PC::type));

           // MapのforEachメソッドで出力する
❸          typeGroup.forEach((k,v)->System.out.println(k + " = " +v));
       }
   }
```

分類の基準：タイプ

キー：タイプ　値：PCのリスト

```
LAPTOP=[PC [ name=SeakBook, type=LAPTOP, price=98000, maker=HQ ], PC [ name=Panalet, type=LAP…,
DESKTOP=[PC [ name=DELO-200, type=DESKTOP, price=50000, maker=DELO ], PC [ name=HQ-110A,……
TABLET=[PC [ name=PanaMini, type=TABLET, price=62000, maker=Panan ], PC [ name=DELOPad,……
```

※出力結果は表示幅が足らないので、末端を削除しています

例題では❶のようにCollectorsクラスすべてのstaticメソッドを一括して、スタティックインポートしています。

❷がgroupingByの指定ですが、groupingByの引数は、「分類基準となる値」の取得メソッドです。例では、パソコンのタイプを返すゲッターを、メソッド参照で PC::type と指定しています。

```
collect(groupingBy(PC::type))
```

そして、戻り値は、グループ分けした結果のMapです。
キーは、タイプ、値は、同じタイプに属するパソコンのListです。

```
Map<String, List<PC>> typeGroup
```

先輩、Mapの中身を表示するのは、どうします？
17章みたいに、for文を使いますか。

ラムダ式が使えるのなら、forは使わない。
実は、Map自身がforEachメソッドを持つようになったので、それを使う。

MapのforEachメソッド？
（キーと値があるのに、どうやって出力するんだろう）

MapのforEachに書くラムダ式は、(K, V)-> void という形式だ。
つまり、KとVを受け取って、戻り値はない。
Kがキー、Vは値を表すので、これをそのまま出力すればいい。

結果を出力している❸のforEachメソッドは、Mapインタフェースのデフォルトメソッドです。引数のラムダ式は、BiConsumer型で、関数記述子は (K, V) -> void になります。このK、Vは、Map要素のキーと値ですから、これをそのまま出力するのが一番簡単な出力です。

```
typeGroup.forEach((k,v)->System.out.println(k + " = " +v));
```

グループ化した結果をさらに操作する

前例では、戻り値のMapの、値の部分はPCのリストだったので、出力の量が多くてわかりにくくなっています。分類結果は、PCのリストではなく、PCの機種名のリストでもよかったのではないでしょうか。

実は、分類結果のリストをさらに加工して、パソコンの機種名のリストにすることができます。それには、groupingByの第2引数として、**2次操作**を追加します。

2次操作は、分類結果に対する操作を指定するもので、Mapの値であるリストが操作の対象です。操作には、mapping、joinning、countingなどのメソッド（➡P.513の表）を使うことができます。

ここでは、PCのリストをPCの機種名（=String）のリストに変換したいので、mapping( )メソッドを使います。

例題 分類結果のリストに対する2次操作 [GroupingExample2]

```
package sample;
import static java.util.stream.Collectors.*;
import java.util.List;
import java.util.Map;
public class GroupingExample2 {
    public static void main(String[] args) {

        List<PC> list = PC.getList();

        Map<String, List<String>> typeGroup =              2次操作
            list.stream()
            .collect( groupingBy( PC::type, mapping(PC::name, toList()) ));

        typeGroup.forEach((k,v)->System.out.println(k + " = " + v));
    }
}
```

```
LAPTOP=[SeakBook, Panalet, LatteAir, Nectop]
DESKTOP=[DELO-200, HQ-110A, HQ-Star, DELO-100]
TABLET=[PanaMini, DELOPad, ARIBAN]
```

mappingは、**map操作とそれに対する終端操作を合わせて行うメソッド**です。引数にmap操作のラムダ式と、任意の終端操作を指定します。

この例では、map操作で機種名だけを抜き出す PC::name を実行し、終端操作では、結果をリストにまとめる toList() を実行します。これにより、groupingByが返すMap

の値は、機種名のListになります。

出力結果を見ると、リストが機種名のリストになっていることを確認できます。

なお、2次操作としては、summingIntやcounting、joiningなど他のメソッドも使うことができます（章末演習問題の問6ではsummingを使っています）。

2つに分ける（partitioningBy）

partitioningByは、条件に合致するかどうかで2つのグループに分割する操作です。

引数にラムダ式で条件を指定するだけで、分割した結果をMapにして返します。Mapのキーは Boolean 型で、true と false になります。

例題 パソコンを２つのグループに分ける　[PartitioningExample]

```
package sample;
import static java.util.stream.Collectors.*;
import java.util.List;
import java.util.Map;

public class PartitioningExample {
    public static void main(String[] args) {

        List<PC> list = PC.getList();
        Map<Boolean, List<String>> typeGroup =
                list.stream()
                    .collect(partitioningBy(
                            pc->pc.price()>60000,
                            mapping(PC::name,toList())));

        typeGroup.forEach((k,v)->System.out.println(k + " = " +v));
    }
}
```

（分割の基準：pc->pc.price()>60000）

```
false=[DELO-200, HQ-Star, DELOPad, DELO-100, ARIBAN]
true=[HQ-110A, PanaMini, SeakBook, Panalet, LatteAir, Nectop]
```

例では、価格が60000円以上という条件をラムダ式で指定しています。

これだけでも2つのグループに分けたMapを返しますが、GroupingByと同様に、第2引数にMapに対する2次操作を指定できるので、前例と同じく、機種名だけのリストにする操作を追加しています。もちろん、2次操作は省略しても構いません。

2.変換 (toList、toSet、toMap、toCollection、toUnmodifiableXXX)

※toUnmodifiableXXXのXXXは、List、Set、Mapが入ります

リストに変換する (toList、toUnmodifiableList)

Collectors.toList()は、ストリームをArrayListへ変換します。生成したリストには、値の追加・削除など、変更の操作ができます。

一方、Collectors.toUnmodifiableList()は、不変リストへの変換なので、そのような変更はできません。また、nullの要素があってはいけません。

例題 可変リストと不変リストの生成 [ToListExample]

```
package sample;
import java.util.List;
import static java.util.stream.Collectors.*;

public class ToListExample {

    public static void main(String[] args) {

        var list = PC.getList();

        // 可変リスト
        List<String> mutable = list.stream()
                .map(PC::type)
        ❶       .collect(toList());

        // 不変リスト
        List<String> immutable = list.stream()
                .map(PC::type)
        ❷       .collect(toUnmodifiableList());
    }
}
```

PCのリストから「タイプ」のフィールドを抜き出して、リストを作成する処理です。❶は可変リストを作成し、❷は不変リストを作成します。

ところで、これまでしばしば使用したStreamインタフェースのtoList()もあります。

```
    List<String> list = list.stream().map(PC::type).toList();
```

これで作成されるリストも、不変リストです。ただし、null要素を許容します。

要素の追加・削除ができないことを覚えておいてください。Collectorsのメソッドでも、原則として不変リストのtoUnmodifiableList()を使うようにしておくと、安全です。

Setに変換する（toSet）

Collectors.toSet()は、ストリームをSetに変換します。Setに変換することにより、重複した要素は削除されます。

例題 パソコンの種類のSetを作る [ToSetExample]

```
package sample;
import java.util.List;
import java.util.Set;
import static java.util.stream.Collectors.*;

public class ToSetExample {
    public static void main(String[] args) {

        List<PC> list = PC.getList();
        Set<String> types = list.stream()
                                .map(PC::type)
                                .collect(toSet());

        types.forEach(System.out::println);
    }
}
```

```
LAPTOP
DESKTOP
TABLET
```

パソコンの機種のリストから、map操作によりタイプ名だけを抜き出します。当然、重複するタイプ名がありますが、distinct()を実行しなくても、setに変換することで、重複をなくすことができます。

また、Collectors.toSet()の代わりに**Collectors.toUnmodifiableSet()**を使うと、不変セットになります。

Mapに変換する（toMap）

例題　パソコン名をキーとするPC価格のMapを作る　[ToMapExample]

```
package sample;
import static java.util.stream.Collectors.*;
import java.util.*;

public class ToMapExample {
    public static void main(String[] args) {

        List<PC> list = PC.getList();
        Map<String, Integer> pcMap = list.stream()

                                .collect(toMap(PC::name, PC::price));

        pcMap.forEach((k,v)->System.out.println(k + " = " +v));

    }
}
```

（キー：機種名 → PC::name、値：価格 → PC::price）

```
PanaMini = 62000
Nectop = 79000
Panalet = 75000
LatteAir = 85000
DELO-100 = 48000
DELO-200 = 50000
SeakBook = 98000
DELOPad = 48000
ARIBAN = 12000
HQ-Star = 60000
HQ-110A = 68000
```

Collectors.toMap()は、引数にキー値を得るラムダ式と値を得るラムダ式を指定します。この操作は重複キーがないことを前提としているので、同じキーを持つ値があると、例外を発生します。重複キーがある場合は、groupingBy() で作成するといいでしょう。

また、Collectors.toMap()の代わりに、**Collectors.toUnmodifiableMap()**を使うと不変Mapになります。

任意のリストやセットに変換する（toCollection）

toSet()やtoList()では、どのタイプのSetやListになるのかは指定できません。しかし、Collectors.toCollectionを使うと、TreeSetやLinkedListなど、好きなタイプに変換できます。どれも可変なセットやリストになります。

例題 TreeSetに変換する [ToCollectionExample]

```
package sample;
import java.util.TreeSet;
import static java.util.stream.Collectors.*;

public class ToCollectionExample {
    public static void main(String[] args) {

        var list = PC.getList();

        TreeSet<String> set = list.stream()
                .map(PC::maker)
                .distinct()
❶               .peek(e->System.out.printf("%10s",e))
❷               .collect(toCollection(TreeSet::new));

        System.out.println();
❸       set.forEach(e->System.out.printf("%10s",e));
    }
}
```

```
      DELO        HQ     Panan     Latte      Nect    ARIBAN
    ARIBAN      DELO        HQ     Latte      Nect     Panan
```


Collectors.toCollection()は、引数でどのタイプのコレクションにするか指定します。引数はsuplier<T>型なので、()->new TreeSet() のように変換先のコレクションを生成します。例題では、これをコンストラクタ参照で短く書いています。

ストリームの要素は、すべて生成したコレクションの要素になります。

例題は、PCのリストからメーカー名を抜き出し、重複を削除して❶でコンソールに出力しています。これは、最終的な結果と比較するためです。

❷でTreeSetに変換しているので、要素は自然な順序にソーティングされた状態になります。❸で結果を表示してみると、確かに辞書順に並んでいることがわかります。

3.文字列連結 (joining)

文字列を連結する (joining)

Collectors.joining() は、文字列のストリームを1つの文字列に連結します。

例題 全社員の名前を表示する [JoiningExample]

```
package sample;
import java.util.List;
import static java.util.stream.Collectors.*;

public class JoiningExample {
    public static void main(String[] args) {

        List<Department> list = Department.getList();

        String employees = list.stream()
                .map(Department::employees)
                .flatMap(List::stream)
                .collect(joining(", "));

        System.out.println(employees);
    }
}
```

連結の区切り文字

```
佐藤渉, 平山花子, 斎藤雄一, 向井修, 山崎洋子, 平木真理, 真田真澄, 増山次郎, 戸田絵里
```


例は、499ページで使用した部署(Department)のリストを使います。部署ごとに、従業員名のリストを持っているので、mapを使って名前リストのストリームを作成し、さらにflatMapを使って、名前文字列のストリームに平坦化しています。

最後に、collect(**joining(", ")**) を使って、1つの文字列に連結します。

joiningの引数に指定するのは、**連結の区切り文字**です。例では、" ," (空白とコンマ) を指定して見やすくなるようにしていますが、不要な場合は省略できます。

4.計算（counting、summingXXX、averagingXXX、maxBy、minBy、summarizingXXX）

※XXXには、Int、Long、Doubleが入ります

件数、合計、平均、最大と最小

例題 件数、合計、平均、最大と最小 [CalculatingExample]

```
package sample;
import static java.util.stream.Collectors.*;
import java.util.Comparator;
import java.util.List;
import java.util.Optional;

public class CalculatingExample {
    public static void main(String[] args) {

        List<BOOK> list = Book.getList(); // P.508を参照
        // 件数
        long count = list.stream().collect(counting());
        // 合計
        int sum = list.stream()
            .collect(summingInt(Book::price));
        // 平均
        double ave = list.stream()
            .collect(averagingInt(Book::price));
        // 最大値
        Optional<Book> max = list.stream()
            .collect(maxBy(Comparator.comparing(Book::price)));
        // 最小値
        Optional<Book> min = list.stream()
            .collect(minBy(Comparator.comparing(Book::price)));

        System.out.println("件 数=" + count);
        System.out.println("合 計=" + sum);
        System.out.println("平 均=" + ave);
        System.out.println("最高値=" + max.get());
        System.out.println("最安値=" + min.get());
    }
}
```

集計する項目を指定

コンパレータを指定

```
件 数=15
合 計=29950
平 均=1996.6666666666667
最大値=Book [ number=1100,title=鋳物の化学,genre=SCIENCE,author=田中宏,price=3200,stock=true ]
最小値=Book [ number=1140,title=正覚寺,genre=NOVEL,author=田中一郎,price=1000,stock=false ]
```

この例題は、20章の演習問題で使ったBookレコードのリストを使っています。

collectメソッドでも、件数、合計、平均、最大、最小を求めることができます。

動作がわかるようにストリームに対して使っていますが、groupingBy()などの2次操作で使うのが普通です。

合計や平均なら、sumやaverageがあったと思うけど…
先輩、何が違うんですか？

プリミティブ型のストリームに直さなくても使えることだ。
だから、使い方も少し違うが、2次操作などで使える利点がある。

countingメソッド以外は、すでに解説したsum、average、max、minの各メソッドと、使い方の違うところがあります。

まず、summingXXX()、averagingXXX()は、**集計する対象のゲッターを引数のラムダ式で指定します**。そして対象が、int、long、doubleのどの型かによって、XXXの部分をInt、Long、Doubleに変える必要があります。また、**結果は常にプリミティブ型になります**。

maxByとminByは、最大、最小の値を返すのではなく、**最大値または最小値を持つオブジェクトを返す**ことに注意してください。引数には、比較する項目のコンパレータを指定します。

集計を一度に行う（summarizingXXX）

件数、合計、平均、最大値、最小値を一度に求めるメソッドで、XXXSummaryStatistics型の値を返します。この操作も本来は、groupingBy()などの2次操作で使うためのものです。

※XXXは、Int、Double、Longと読み替えてください。

例題 基本統計量を求める [SummarizingExample]

```
package sample;
import static java.util.stream.Collectors.*;
import java.util.IntSummaryStatistics;
import java.util.List;
public class SummarizingExample {
```

```
    public static void main(String[] args) {

        List<Book> list = Book.getList();// P.508を参照
                                                          集計する項目を指定
        IntSummaryStatistics stat = list.stream()
                        .collect(summarizingInt(Book::price));

        System.out.println("件 数=" + stat.getCount());
        System.out.println("合 計=" + stat.getSum());
        System.out.println("平 均=" + stat.getAverage());
        System.out.println("最高値=" + stat.getMax());
        System.out.println("最安値=" + stat.getMin());

    }
}
```

```
件 数=15
合 計=29950
平 均=1996.6666666666667
最大値=3200
最小値=1000
```

summarizingXXX()は、集計する対象のゲッターをラムダ式で指定します。例題は本の価格を集計するので、Book::price を指定しています。また、集計する対象がint、long、doubleのどれであるかによって、summarizingInt()、summarizingLong()、summarizingDouble() を使い分けます。

集計結果は、XXXSummaryStatistics型のインスタンスです。これも、XXXの部分が、集計する対象によってIntSummaryStatistics、LongSummaryStatistics、DoubleSummaryStatisticsに変わります。

件数、合計、平均、最大値、最小値の値を一度に計算しているので、XXXSummary Statistics型が持つ次のメソッドを使って、それぞれの値を取得します。

種類	IntSummaryStatistics	LongSummaryStatistics	DoubleSummaryStatistics
件数	long getCount()	long getCount()	long getCount()
合計	long getSum()	long getSum()	double getSum()
平均	double getAverage()	double getAverage()	double getAverage()
最大	int getMax()	long getMax()	double getMax()
最小	int getMin()	long getMin()	double getMin()

21

先輩、このメソッドで取得できるのはやっぱり、Optional型ですか？
（なんだか面倒だなぁ）

いや、これはどれもプリミティブ型の値を返す。
件数はlong、平均はdouble、それ以外は表に示す型になる。
IntSummaryStatisticsでも、合計はlongになることに注意だ。

5.tee型のパイプライン処理（teeing）

Collectors.teeing()は、ストリームを2度操作することにより、2つのパイプラインを作成します。そして、最後にそれを1つにまとめた結果を返します。teeingは、二方向から流れてくる配管を1本にまとめる"tee"という（T字型の）配管部品に由来する名前です。

例題 ストリームを2度操作して情報を作る [TeeingExample]

```
package sample;
import java.util.Set;
import static java.util.stream.Collectors.*;

❶ record Info(Set<String> authors, Long books) {}

public class TeeingExample {
    public static void main(String[] args) {

        var list = Book.getList();     // P.508を参照

        Info info = list.stream().collect(
            teeing(
        ❷       mapping(Book::author,toSet()),     // 著者のSet
        ❸       counting(),                        // 本の冊数
        ❹       Info::new                          // (a,b)->new Info(a,b)
            ));

        System.out.println(info);
    }
}
```

```
Info[authors=[新森明子, 木村花子, 田中宏, ・・・中略・・・ ,田中一郎], count=15]
```

※Staticインポートにより、"Collectors."を省略しています。

例題は、❶で著者のリストと本の冊数からなるInfoレコードを定義しています。このレコードのフィールドを埋めて、インスタンスを作成するのが処理の目的です。なお、使用する本のリストはP.508で使ったものと同じです。

teeing()では、2つのストリーム操作と、それを1つにまとめる操作を記述します。❷と❸が2つのストリーム操作です。

❷は、mapping()を使ってリストから著者名を取り出し、重複をなくすためにtoSet()でSetにしています。
また、❸は、counting()を使って、リストに含まれる本の冊数をカウントしています。この戻り値はLong型です。

❹は、ラムダ式では、(a, b)->new Info(a,b) です。つまり、❷と❸の結果a、bを受け取って、Infoレコードのコンストラクタに渡してインスタンスを作っています。
実行結果で、著者名のリストと、本の冊数が表示されることを確認できます。

21.3 Optionalクラス

先輩、Optionalってことは、オプションだから、
「使いたければ使ってもいい」ってことですか？

いや、ぜひ使ってほしい。
Optionalは、いろいろな選択肢を提供するという意味だ。

えっ、いろいろな選択肢・・・
一体、何を選択できるのですか？

戻り値として受け取る値の、受け取り方かな。
戻り値がnullとか、値そのものが「ない」場合に、適切な対応が取れるので、
ミスが減って、コードの品質も向上することになる。

メソッドが値を返す時、nullを返すようなシーンで、中身が空のOptional型の値を返すようにすると、受け取り側の処理が簡単になります。それは、空の場合に行う多彩な操作方法が、Optionalクラスのメソッドとして用意されているからです。

Optional型は、次のような特徴の型です。

Optional<T>型
- オブジェクトの入れ物（コンテナ）として使われる型
- 任意の型のオブジェクトを格納できる総称型
- コンテナが空の場合は、取り出しの代替処理を実行するメソッドを持つ

1.Optional型の値の作成

最初は、Optional型のインスタンスの作り方を見ておきましょう。ここに示す方法で作成すると、Optional型の値を返すメソッドを作成できます。

次は、Book型のインスタンスを格納するOptionalを作成する例です。総称型なので、型は、Optional<Book>型になります。

例題 Optional<Book>の作成 [OptionalCreateExample]

```
package sample2;
import java.util.Optional;

❶ record Book(String title, String author) {}

public class OptionalCreateExample {
    public static void main(String[] args) {

❷       Optional<Book> op1 = Optional.empty();
❸       Optional<Book> op2 = Optional.of(new Book("夏目漱石","坊ちゃん"));
        Book book = null;
❹       Optional<Book> op3 = Optional.ofNullable(book);

        System.out.println(op1);
        System.out.println(op2);
        System.out.println(op3);
    }
}
```

```
Optional.empty
Optional[Book[title=夏目漱石, author=坊ちゃん]]
Optional.empty
```

Optional型のインスタンスを作成するには、次のメソッドを使います。

Optional型のインスタンスの作成（staticメソッド）

メソッド	機　能
Optional.empty()	空のOptionalインスタンスを作成する
Optional.of()	nullでない値を指定してOptionalインスタンスを作成する
Optional.ofNullable()	of()と同じだが、nullの場合は空のインスタンスを作成する

❶でBook型のレコードを定義しています。

21

それを使って、❷❸❹でempty()、of()、ofNullable()でインスタンスを作成します。戻り値を作成する場合、❸ ❹はとても役に立ちます。

Optional型ではtoString()メソッドがオーバーライドされているので、例題のようにprintln()で内容を表示できます。ofNullable()には、内容がnullのBookインスタンスを渡しましたが、空のOptionalが作成されています。

2.値の取り出し

次は、Optional型のインスタンスを受け取る方法です。中身が空（値が存在しない）の場合もありますので、様々な方法が用意されています。まず、次の表にあるメソッドに目を通してください。

値の取り出し処理メソッド

メソッド	機　能
get()	値を取り出す（空なら例外が発生する）
ifPresent()	空でない時のみ、指定されたアクションを実行する
ifPresentOrElse()	空の時とそうでない時で異なるアクションを実行する
or()	空でなければ値をOptionalのまま返し、そうでなければラムダ式で指定した方法でOptionalを生成して返す
orElse()	空でなければ値を返し、そうでなければ指定した代替値を返す
orElseGet()	空でなければ値を返し、そうでなければラムダ式で指定した方法で値を生成して返す
orElseThrow()	空でなければ値を返し、そうでなければ指定した例外を投げる

では、各メソッドの使い方を解説します。

■get( )は、Optionalインスタンスが空の場合に使うと例外を発生するので、空ではないと明らかにわかっている時だけ使います。

■or( )は、値ではなくOptionalインスタンスをそのまま返しますが、空の場合は、ラムダ式で指定した方法で生成したOptionalを返します。

[OptionalOrExample]

```
Optional<String> opt1 = Optional.of("value");     // 空でない
Optional<String> opt2 = Optional.empty();         // 空

❶ System.out.println( opt1.or(()->Optional.of("defaultValue")) );
❷ System.out.println( opt2.or(()->Optional.of("defaultValue")) );
```

```
Optional[value]
Optional[defaultValue]
```

or()の引数は、Supplier<T>型なので、()->Tの形式でラムダ式を書きます。❶❷では、"defaultValue"を格納したOptionalインスタンスを生成して返しています。

実行結果を見ると、opt1は空ではないので、opt1がそのまま返されていますが、opt2は空なので、ラムダ式で作成したOptionalインスタンスが返されました。
ラムダ式は、空だとわかってから初めて実行され（遅延するといいます）、空でない場合は実行されないので、効率がよくなります。

■orElse()とorElseGet()は、空の場合に代替値を返します。

[OptionalGettingExample]

```
  Optional<String> optName = Optional.empty();
❶ String name1 = optName.orElse("田中宏");
❷ String name2 = optName.orElseGet(()->"田中宏");
```

どちらも代替値として"田中宏"を返しますが、❶のorElse()の場合は、空かどうかにかかわらず、"田中宏"という文字列を作ってしまいます。それに対して、❷のorElseGet()では、空であることが分かった時だけ、ラムダ式が実行されます。

処理時間を節約できるので、普通は、orElse()ではなく、orElseGet()を使うようにしましょう。

■**orElseThrow()**を使うと、空だった場合、例外を投げることができます。

[OptionalGettingExample]

```
❶ String name3 = optName.orElseThrow();
❷ String name4 = optName.orElseThrow(()->new RuntimeException("値がありません"));
```

❶ではNoSuchElementExceptionをスローします。❷では例外を指定し、メッセージなども設定できます。

■**ifPresentOrElse()**は、空でない場合と空の場合で、別々のアクションを実行します。

[IfPresentOrElseExample]

```
   List<PC> pcList = PC.getList();
❶ Optional<PC> anyPc =
       pcList.stream()
               .filter(pc->"Panann".equals(pc.maker()))
               .findAny();

   anyPc.ifPresentOrElse(
❷      pc->System.out.println(pc.name()),            // 在る時
❸      ()->System.out.println("該当がありません"));     // 無い時
```

```
該当がありません
```

例題は、PCのストリームに、"Panann"という名前のメーカーがあるかどうか調べて、結果を❶のようにOptional<PC>型で得ています。

ifPresentOrElse()では、2つのラムダ式を書きます。❷は値がある時の処理で、Consumer<T>型、つまり、T->voidの形で書きます。例では、pcを受け取って、それをコンソールに表示します。

❸は値がないときの処理で、Runnable型、つまり、()->voidの形で書きます。例では、コンソールに"該当がありません"と表示します。

■**ifPresent()**は、空でなかった場合だけアクションを実行し、空だった場合は何もしません。

[IfPresentOrElseExample]

```
anyPc.ifPresent( pc->System.out.println(pc.name()));    // 在る時
```


3.ストリーム処理

えっ、ストリーム処理・・・
Optionalにストリームなんてあるんですか？

確かに、最初はちょっと戸惑うが、
Optionalから値を取り出す第3の方法と思えばいい。
まずは、次のメソッドに目を通してくれ。

Optionalの値は、ストリーム処理できます。次のようなメソッドがあります。

処理メソッド

メソッド	機　能
filter()	Optionalインスタンスをフィルタリングする
flatMap()	Optionalのストリームを(Optionalでないストリームに)平坦化する
map()	空でない時、指定された方法で別のOptionalに変換する 空なら空のOptionalを返す
stream()	空でなければ値だけを含むストリームを返し、そうでなければ空のストリームを返す

stream()メソッドを使うと、Optionalインスタンスを値だけのストリームとして扱うことができ、値の取り出しが簡単になります。空の場合は空のストリームになるので問題ありません。

[OptionalStreamExample]

```
❶ Optional<String> opt = Optional.of("abc");

❷ List<String> ls = opt.stream()
            .map(String::toUpperCase)
            .toList();

❸ ls.forEach(System.out::println);
```

```
ABC
```

❶で"abc"を含むOptionalインスタンスoptを作成し、❷で、optにstream()メソッドを適用します。これはOptionalクラスのstream()メソッドであることに注意してください。

Optionalクラスのstream()メソッドは、Optionalの値だけを取り出してストリームに変換します。例の場合は、文字列のストリームになります。確認するために、map()で大文字に変換し、toList()でリストにしています。map()とtoList()はStreamのメソッドで、Optionalのメソッドではありません。

❸でリストの内容を出力してみると、"ABC"と表示されます。

Optionalのストリームをデータのストリームに変換する

Optionalのstream()メソッドを利用すると、Optional型のインスタンスのリストから、全ての値を簡単に取り出すことができます。

例題 Optionalのリストから値を取り出す[OptionalStreamExample2]

```
import java.util.List;
import java.util.Optional;

public class OptionalStreamExample2{
    public static void main(String[] args) {

❶       var list = List.of(Optional.of("abc"),
                             Optional.empty(),      // この要素だけ空
                             Optional.of("def"));

❷       var ls = list.stream()
❸               .flatMap(Optional::stream)
❹               .toList();

        ls.forEach(System.out::print);
    }
}
```

```
abcdef
```

❶は3つのOptional型のインスタンスからなるリストを作成しています。2つ目は値が空になっていることに注意してください。

❷で、このリストから、ストリームを作成します。ストリームの要素はOptional型のインスタンスです。❸でflatMap()を実行しますが、flatMap()はオブジェクトを受け取ってストリームに変換して出力するメソッドでした(➡P.498)。

そして、Optional::streamは、受け取ったOptionalを値だけのストリームに変換します。ここで、Optional型からString型のストリームに変わるわけです。❹でそれをリストにします。

最後にリストの要素を出力すると"abcdef"となっています。途中に空の要素があったのですが、空のOptionalは空のストリームに変換されるので、結局、消えてしまい、問題はおこりません。

4. プリミティブ型のOptional

Optional型はオブジェクトしか格納できないので、プリミティブ型のOptionalもあります。

プリミティブ型	機　能
`OptionalInt`	intの値を格納するOptional型
`OptionalLong`	longの値を格納するOptional型
`OptionalDouble`	doubleの値を格納するOptional型

処理メソッドは、`filter()`、`flatMap()`、`map()`、`get()`は使えませんが、それ以外は、Optionalと同じ名前のメソッドがあります。ただし、getメソッドの代わりとして、`getAsInt()`、`getAsLong()`、`getAsDouble()`メソッドを使います。

プリミティブ型	機　能
getAsInt()	OptionalInt型の値を取り出す。空の場合は例外が発生する
getAsLong()	OptionalLong型の値を取り出す。空の場合は例外が発生する
getAsDouble()	OptionalDouble型の値を取り出す。空の場合は例外が発生する

使用例は、P.521の集計の例題を参照してください。

Q21-2

解答

終端操作の解説が終わりました。終端操作についての問題をまとめて解いてみましょう。

今回もBookレコードのListを使って、終端操作を行います。次の問の枠内にあてはまるラムダ式を書いてください。[ ]に使用する操作が書いてあるので、関係する例題を参照しながら考えるといいでしょう。

21

問1　本をジャンル別に分類し、タイトルだけを取り出してマップにする［groupingBy］

```
Map<String, List<String>> genre =
        list.stream()
                [                                        ]

genre.forEach((a, b)->System.out.println(a+"="+b));
```

```
OTHER=[情報倫理, 社会保障政策, 世界の鉱山]
SCIENCE=[材料工学, スポーツ統計, データ分析, 鋳物の化学, 健康科学のはなし, 粉末冶金科学]
NOVEL=[太平記縁起, 正覚寺]
HISTORY=[テンプル騎士団, 社会経済史, イスラム建国史, 日本史]
```

問2　整理番号をキーとし、書名を値とするマップを作る [toMap]

```
Map<Integer, String> bookMap =
        list.stream()
             [                                        ]

bookMap.forEach((k,v)->System.out.println(k + " = " +v));
```

```
1120 = 世界の鉱山
1090 = イスラム建国史
1060 = データ分析
… 以下省略 …
```

問3　本のジャンル名だけを取り出し、重複をなくして、1つの文字列に連結する [joining]

```
String genreList = list.stream()
             [                                        ]

System.out.println(genreList);
```

```
OTHER, HISTORY, SCIENCE, NOVEL
```

問4　最も価格の高い本を取り出す [maxBy]

```
Optional<Book> maxPrice =
        list.stream()
             [                                        ]

System.out.println(maxPrice.get());
```

```
Book [ number=1100,title=鋳物の化学,genre=SCIENCE,author=田中宏,price=3200,stock=true ]
```

21

21.4 まとめとテスト

1.まとめ

1.基本的な終端操作

・終端操作はストリーム処理の最後の処理を実行する
・次のような基本的な終端操作メソッドがある

条件にマッチするか調べる	anyMatch()、allMatch()、noneMatch()
存在するかどうか調べて結果を受け取る	findAny()、findFirst()
1つの値に畳み込む	reduce()
基本的な集計	count()、sum()、average()、max()、min()
オブジェクトの最大・最小	max()、min()

2.collect()による終端操作

・collect()メソッドの引数に、Collectorsクラスのstaticメソッドを指定して実行する
・操作した結果に、2次操作を加えるような複雑な操作ができる
・Collectorsクラスには次のようなメソッドがある

分類する	groupingBy()、partitioningBy()
変換する	toList()、toSet()、toMap()、toCollection()、toUnmodifiableList() toUnmodifiableSet()、toUnmodifiableMap()
文字列連結	joining()
計算する	counting()、maxBy()、minBy() summingXXX()、averagingXXX()、summarizingXXX
T連結	teeing()

3.Optionalクラス

・Optionalクラスはオブジェクトの入れ物（コンテナ）として使われる型
・任意の型のオブジェクトを格納できる総称型
・コンテナが空の場合は、取り出しの代替処理を実行するメソッドを持つ
・次のようなメソッドがある

インスタンス生成	empty()、of()、ofNullable()
値の取り出し	get()、ifPresent()、ifPresentOrElse() or()、orElse()、orElseGet()、orElseThrow()
ストリーム処理	filter()、flatMap()、map()、stream()

・プリミティブ型のOptionalもある

種類	OptionalInt、OptionalLong、OptionalDouble
インスタンス生成	empty()、of()
値の取り出し	getAsInt()、getAsLong()、getAsDouble() ifPresent()、ifPresentOrElse() orElse()、orElseGet()、orElseThrow()
ストリーム処理	stream()

2. 演習問題

解答

Streamのまとめの問題です。次のパソコンの売り上げリストのデータを使います。4人の担当者がいて、それぞれ東京か大阪支社に所属し、PCの販売を担当しています。表はその売り上げ伝票をそのまま表形式にまとめたものです。

売り上げ集計表

担当	支社	PC（パソコン）	数量
田中	東京	PC("DELO-200", "DESKTOP", 50000, "DELO")	2
田中	東京	PC("DELO-100", "DESKTOP", 48000, "DELO")	3
田中	東京	PC("LatteAir", "LAPTOP", 85000, "Latte")	1
田中	東京	PC("Panalet", "LAPTOP", 75000, "Panan")	2
田中	東京	PC("Ariban", "TABLET", 12000, "Ariban")	5
佐藤	東京	PC("HQ-110A", "DESKTOP", 68000, "HQ")	3
佐藤	東京	PC("SeakBook", "LAPTOP", 98000, "HQ")	1
佐藤	東京	PC("PanaMini", "TABLET", 62000, "Panan")	2
鈴木	大阪	PC("DELO-200", "DESKTOP", 50000, "DELO")	1
鈴木	大阪	PC("HQ-Star", "DESKTOP", 60000, "HQ")	2
鈴木	大阪	PC("Nectop", "LAPTOP", 79000, "Nect")	4
鈴木	大阪	PC("DELOPad", "TABLET", 48000, "DELO")	1
木村	大阪	PC("DELO-200", "DESKTOP", 50000, "DELO")	5
木村	大阪	PC("Nectop", "LAPTOP", 79000, "Nect")	2

売上集計表の1行分を表すSalesレコードは次のようです。

```
public record Sales(
    String name,        // 担当者
    String office,      // 支店
    PC pc,              // パソコン（PCレコードのインスタンス）
    int quantity        // 売上数量
)
// 以下の記述を省略
```

また、PCレコードは例題で使ったものと同じです。

```
public record PC(
    String name,        // パソコン名
    String type,        // タイプ
    int price,          // 価格
    String maker        // メーカー名
)
// 以下の記述を省略
```

売上集計表に示した売り上げデータは、Salesクラスの getList メソッドを使って、次のように取得できます。なお、Salesクラスはサポートサイトからダウンロードした Eclipse のプロジェクトに入っています。

```
List<Sales> list = Sales.getList();
```

以上により、次の問に答えてください。
ただし、今回は、実際にプログラムを作成してください。

問1　売り上げ金額の合計はいくらですか

問2　東京支社の総売り上げ高はいくらですか

問3　大阪支社で売り上げたパソコンの名前を重複を除いて列挙してください
※joiningで結果を連結して1つの文字列にします。

問4　100,000円以上の取引は何件ありますか

問5　DELO製パソコンの売り上げの総額はいくらですか

問6　担当者別の売上金額の合計を表示してください（難しい問題）
※groupingBy(担当者別, summingIntで売上を合計)による

問7　一番売り上げ高の大きい担当者は誰ですか、名前と金額を表示してください（難しい問題）
※問6の結果のMapのentrySet()メソッドを使ってSetを作る。それをStreamにしてmax()で求める

次の出力リストは参考です。出力形式は問いません。

```
総売り上げ= ¥1,907,000
東京支社の売り上げ高= ¥965,000
大阪支社の機種リスト= DELO-200, HQ-Star, Nectop, DELOPad
100,000円以上の受注件数= 9件
DELO製PCの売り上げ高= ¥592,000
担当者別売上高=田中:¥539,000 木村:¥408,000 鈴木:¥534,000 佐藤:¥426,000
最高売り上げの担当者=田中:¥539,000
```

21

BBQ
キャンプ
ゴルフ
フットサル
スキー
まぶしい…
IT系も
意外と
アウトドア派
多い
←インドア

Chapter

22 日付と時刻

日付と時刻は、どんなアプリケーションを作成する時でも、必ず必要になります。Java言語の日付と時刻に関する処理は、Date and Time API が使えるようになり、格段に使いやすくなりました。日付、時刻のオブジェクトを簡単に作れるのはもちろん、計算や比較のメソッドが充実しています。また、和暦がAPIの中に組み込まれ、安心して使えるようになりました。この章では、Date and Time APIの細部に立ち入って、詳しく解説します。

22.1 Date and Time APIについて

日付と時間は、Java8（2014年）から、従来の欠点を改良した新しいライブラリクラスが使えるようになりました。日付、時間、日時（日付＋時間）、そして期間を扱えるクラスがあります。この新しいライブラリクラスを総称して、Date and Time APIといい、ほとんどのクラスがjava.timeパッケージに入っています。

Date and Time APIでは、日時の加算、減算、比較などを簡単に実行できるようになり、日時に関する期間も扱えるようになりました。また、ある月の第2火曜日の日付を求めるといったカレンダー処理や、日時を和暦として表示することも可能になっています。

Date and Time APIでは、日時は、原子時計に基礎を置く協定世界時（UTC）を使います。そのため、次のような3種類のクラスが用意されています。

①ローカルな日時を使うクラス（LocalDate、LocalTime、LocalDateTime）
②UTCとの時差も含めて扱う日時のクラス（OffsetTime、OffsetDateTime）
③タイムゾーンを含めて扱うクラス（ZonedDateTime）

①、②、③を使って、同じ日時をコンソールに表示してみたのが次です（既定の表示形式を変更していないので、1秒以下の値まで表示されています）。

```
①ローカルな日時：　　　　　2025-10-09T10:33:35.808345100
②時差を扱う日時：　　　　　2025-10-09T10:33:35.808345100+09:00
③タイムゾーンを扱う日時：2025-10-09T10:33:35.808345100+09:00[Asia/Tokyo]
```

※Tは日付と時刻を分ける記号です。

一般的な使用では、①のローカルな日時で十分ですから、本書では、最初にローカルな日付を表現するLocalDateクラスについて解説し、その後で、時間を扱うLocalTimeクラス、日時＋時間を扱うLocalDateTimeクラスについて解説します。

これらのクラスでは、使用できるメソッドはほぼ共通ですから、LocalDateクラスの使い方をマスターすれば、実質的に、他のクラスも簡単に使いこなすことができるでしょう。

22.2 日付の作り方と表示方法

1.日付の作り方

日付を表すLocalDateクラスのインスタンスは、newではなく、クラスのスタティックメソッドで作成します。クラスのインスタンスを返すメソッドをファクトリメソッドといいます。次の例題は、ファクトリメソッドを使って、今日の日付の作り方と、特定の日付を作成する方法を示しています。

例題 日付オブジェクトの作成 [CreateDate]

```
package sample;
import java.time.LocalDate;
public class CreateDate {
    public static void main(String[] args) {
        // 今日の日付
    ❶   LocalDate today = LocalDate.now();
        System.out.println(today);

        // 年月日を指定して作成
    ❷   LocalDate date = LocalDate.of(2025, 12, 8);
        System.out.println(date);
    }
}
```

```
2023-01-13
2025-12-08
```


❶のように、今日の日付は**now()**メソッドで作成できます。また、特定の日付は、❷のように、**of()**メソッドの引数に、年、月、日の値を整数(int)で指定して作成します。

of()のほかに、文字列から日付を生成する**parse()**メソッドもありますが、日付の書き方に注意が必要ですから、必要がない限りofメソッドを使う方がいいでしょう。

```
LocalDate date = LocalDate.parse("2025-05-01"); // 正しい指定
LocalDate date = LocalDate.parsc("2025-5-1");   // コンパイルできるが、実行するとエラーになる
```

parse()メソッドでは、日付文字列は、"XXXX-XX-XX" の形でなければいけません。5月1日は "2025-05-01" とゼロを付けて２桁で指定します。"2025-5-1" のように指定すると、コンパイルエラーにはなりませんが、プログラムを実行した時に実行時例外が発生します。

これ以外に、使うことは少ないのですが、他の日付などから新しい日付を生成する **from()** メソッドもあります。これらのメソッドをまとめると次のようです。

LocalDateのインスタンスを作成するクラスメソッドのAPI

メソッド	機　能
now()	今日の日付を返す
of(y, m , d)	y年m月d日の日付を返す
parse(dateStr)	文字列dateStrが表す日付を返す
from(Temporal)	他の日付などから日付を作成して返す

※ y、m、dはint型、dateStrはString型、Temporalは日付時刻のオブジェクト一般を指します

どうしてもof() やparse()でなくちゃダメかなぁ・・・
先輩、newでインスタンスを作ってもOKですよね？

それはできない。
publicなコンストラクタは用意されていないんだ。

え、えっ！
コンストラクタがないんですか？

理由はいろいろあるが、このクラスでは、いろいろなインスタンスの作り方がある。それを全部コンストラクタにすると、どれも同じ名前だから意味が分かりにくい。その点、用途に合わせた名前のファクトリメソッドなら分かりやすくなる。
それが一番の理由だ。

Q22-2-1

解答

では、ここまでの知識の確認です。注意して考えてください。
2025年9月13日の日付を作成するのに、正しい書き方はどれですか。

```
A. LocalDate date = LocalDate.parse("2025/09/13");
B. LocalDate date = LocalDate.parse("2025-9-13");
C. LocalDate date = new LocalDate(2025, 9, 13);
D. LocalDate date = LocalDate(2025, 9, 13);
E. LocalDate date = LocalDate.of(2025, 9, 13);
```

2.日付の編集

日付はLocalDateクラスの**format()**メソッドを使うと、「○年○月○日 ○曜日」のように、編集して出力できます。次の例を見てください。

例題 編集して表示する [FormatExample]

```
package sample;
import java.time.LocalDate;
import java.time.format.DateTimeFormatter;
public class FormatExample {
    public static void main(String[] args) {

        LocalDate date =LocalDate.of(2021, 7,13);
        // 書式を作る
        DateTimeFormatter fmt  =                        ← 書式文字列
   ❶        DateTimeFormatter.ofPattern("y年MM月dd日 eeee");
        // 書式を使って編集し、出力する
   ❷    System.out.println(date.format(fmt));
    }
}
```

```
2021年07月13日 火曜日
```

編集出力するには、最初に、書式（フォーマット）を作成しなくてはいけません。書式によって、どのような形式に編集するか指定するのです。

書式の作成は、❶のように、**DateTimeFormatter.ofPattern** メソッドを使います。引数の文字列は**書式文字列**といい、いくつかの**パターン文字**を使って記述します。作成した書式は、DateTimeFormatterクラスのインスタンスです。

```
                                                   ← 書式文字列
DateTimeFormatter fmt  = DateTimeFormatter.ofPattern("y年MM月dd日 eeee");
```

パターン文字の意味

パターン文字	意 味
y	年を表示する。yyは下2桁だけの表示になる
M	月を表示する。MMは1桁の月に0を付加して01,02,･･･,09と2桁で表示する
d	日を表示する。ddは1桁の日に0を付加して01,02,･･･,09と2桁で表示する
e	曜日を表示する。 e、eeは日曜を1とする曜日番号を表示する eee は「火」と短縮表示する eeeeは「火曜日」と表示する

※パターン文字の詳細は巻末資料を参照してください。

y、M、d、e などをパターン文字といいます。パターン文字はたくさんあり規則も複雑ですが、日付に関しては、この4つを覚えておけば、実用上問題ありません。なお、大文字と小文字の区別に注意してください。月だけが大文字のMで、それ以外は小文字です。

作成した書式（fmt）を❷のように**format()**メソッドの引数にして、編集した日付を作成します。

formatメソッドは、dateを書式fmtにより編集した文字列を返します。

```
date.format(fmt) ◀── dateをfmtの書式で編集した文字列を返す
```

例題はこれをSystem.out.printlnで表示しています。

パターン文字を文字として表示する方法

パターン文字と共に、年、月、日など、表示したい文字を指定できます。ただし、すべての半角英字がパターン文字として予約されているので、**半角英字を含める時は、それらを1重引用符で囲む必要があります。**

```
"'year:'y 'month:'MM 'day:'dd"
```

うーん、コンピュータだけに、西暦になってしまうんだ・・・
先輩、令和△△年みたいな表示は、やはり無理ですか？

いや、大丈夫だ。
それには、JapaneseDate型の日付を使えばいい。

えっ、JapaneseDate型っていうのがあるんですか・・・
もしかして、KoreanDate型とかChineseDate型とかもあります？

いや、あるのは、独自の暦を使う国だけだ。イスラム歴（HijrahDate）、タイ仏歴（ThaiBuddhistDate）、民国歴（MinguoDate、台湾）がある。

3.和暦で表示する

令和などの和暦で表示するには、LocalDateのインスタンスからJapaneseDate型のインスタンスを作って、それを表示します。ただし、年号にはパターン文字としてGを使うことに注意してください。

例題 和暦で表示する [JapaneseFormat]

```
package sample;
import java.time.LocalDate;
import java.time.chrono.JapaneseDate;
import java.time.format.DateTimeFormatter;
public class JapaneseFormat {
    public static void main(String[] args) {

        LocalDate date = LocalDate.of(2021, 7,13);
❶      JapaneseDate jdate = JapaneseDate.from(date);  ← JapaneseDate型を作る
        DateTimeFormatter fmt
❷          = DateTimeFormatter.ofPattern("Gy年MM月dd日 eeee");   (G: 年号)
        System.out.println(jdate.format(fmt));
    }
}
```

```
令和3年07月13日 火曜日
```

JapaneseDate型のインスタンスはfromメソッドを使って、LocalDate型のインスタンスから作成します。

❶のように、dateを引数にして、**JapaneseDate.from**(date) を実行すると、JapaneseDate型（和暦）のインスタンスを作成できます。

```
JapaneseDate jdate = JapaneseDate.from(date); --- JapaneseDate型のインスタンスを作成する
                                       ↑ LocalDate型
```

❷のDateTimeFormatterの作成方法は、前の例題と同じです。ただし、年号を表すパターン文字Gを追加しています。

```
DateTimeFormatter fmt = DateTimeFormatter.ofPattern("Gy年MM月dd日 eeee")
                                                     ↑ 年号のパターン文字
```

JapaneseDate の使い方って、これだけ？
先輩、JapaneseDateをLocalDateの代わりに使ってもいいですか？

LocalDateの代わりに使うのは難しいだろう。LocalDateのように、now()やof()メソッドを使ってインスタンスを作れるが、それ以外のメソッドが少ない。基本的に、和暦が必要なタイミングでLocalDateから作成して使う、ということだ。

Q22-2-2

解答

編集指定について復習しましょう。

問1　「2025/9/8（火）」と表示する時、どのフォーマットが正しい書き方ですか。

A. "y MM dd (eee)"
B. "yy/m/dd (eee)"
C. "y/M/d (eeee)"
D. "y/M/d (eee)"
E. "y/MM/dd (eee)"
F. "y/M/dd (eee)"

問2　和暦を作成するにはどうしますか。

```
LocalDate date = LocalDate.of(2025,1,1);
JapaneseDate jdate = [                    ];
```

問3 フォーマットを作成するにはどうしますか。

```
DateTimeFormatter fmt  = DateTimeFormatter.[        ]("Gy年MM月dd日 eeee");
```

問4　jdateにフォーマットfmtを適用して表示するにはどうしますか。

```
System.out.println([                ]);
```

22.3 日付の操作

1.日付から値を取り出す

日付から、年、月、日の値を別々に取り出すことができます。次は、取り出した値をコンソールに表示する例です。

例題 年、月、日の値を取り出す [GetValue]

```
package sample;
import java.time.LocalDate;
public class GetValue {
    public static void main(String[] args) {
        LocalDate date = LocalDate.of(2022, 07, 30);

        System.out.println(date);
        System.out.println(date.getYear());         // 年を取り出す
        System.out.println(date.getMonthValue()); // 月を取り出す
        System.out.println(date.getDayOfMonth()); // 日を取り出す
    }
}
```

```
2022-07-30
2022
7
30
```

getXxx() というメソッドで値を取りだすことができますが、getYear() 以外は、メソッド名が少し複雑です。次の表に、それぞれのメソッドを示します。

LocalDateクラス：日付の要素を取得するインスタンスメソッド

メソッド	機　能
int getYear()	年の値を返す
int getMonthValue()	月の値を返す
int getDayOfMonth()	日の値を返す
DayOfWeek getDayOfWeek()	曜日の値（DayOfWeek型）を返す

参考：DayOfWeekは列挙型（24章）です。そのまま出力すると英語表記の曜日が表示されます。曜日を表す数値（1～7,日曜が1）を得るには、int n = date.getDayOfWeek().getValue(); とします。
また、日本語の曜日文字列を得るには次のようにします。
String s = date.getDayOfWeek().getDisplayName(TextStyle.FULL, Locale.JAPAN);

2.日付の計算

LocalDateクラスには、年、月、日のそれぞれについて、加算と減算のメソッドがあります。例えば、次の例のように、今日から150日後は何月何日か、などを簡単に計算できるわけです。

例題 日付の計算 [Calculation]

```
package sample;
import java.time.LocalDate;
public class Calculation {
    public static void main(String[] args) {

        LocalDate today = LocalDate.now();          // 今日の日付を得る
        LocalDate newDay = today.plusDays(150);     // 150日後の日付を得る
        System.out.println(today);
        System.out.println(newDay);
    }
}
```

```
2023-12-10
2024-05-08
```

LocalDateクラスの加算と減算にかかわるメソッドは次の通りです。年、月、日のそれぞれに対する加算、減算メソッドがあります。引数がlongの値であることに注意してください。

LocalDateクラス：日付の計算をするインスタンスメソッド

メソッド	機　能
LocalDate plusYears(Long n) LocalDate plusMonths(Long n) LocalDate plusDays(Long n)	n年後 n月後 n日後　の日付を返す
LocalDate minusYears(Long n) LocalDate minusMonths(Long n) LocalDate minusDays(Long n)	n年前 n月前 n日前　の日付を返す

22

年、月、日と別々に足したりするのは面倒だなぁ･･･
先輩、「3年8か月と10日後」なんかを、いっぺんに計算できません？

簡単だ。plus～のメソッドはLocalDate型のインスタンスを返すから、次のように連結してメソッドを適用できる。

```
LocalDate newdate = today.plusYears(3).plusMonths(8).plusDays(10);
```

3.日付の比較

次は、日付の比較です。ある日付が、別の日付より前か、後か、あるいは同じかを比較してtrue/falseを返すメソッドです。うるう年も調べることができます。次の例題を見てください。

例題 日付の比較 [CompareExample]

```
package sample;
import java.time.LocalDate;
public class CompareExample{
    public static void main(String[] args) {

        LocalDate date1 = LocalDate.of(2025, 1, 10); // 2025-01-10
        LocalDate date2 = LocalDate.of(2014, 12, 6); // 2014-12-06

        System.out.println(date1.isAfter(date2));     // date1はdate2よりも後か？
        System.out.println(date1.isBefore(date2));    // date1はdate2よりも前か？
        System.out.println(date1.isEqual(date2));     // date1はdate2と同じか？
        System.out.println(date1.isLeapYear());       // うるう年か？
    }
}
```

```
true
false
false
true
```

例題は、2025年1月10日と2014年12月6日を比較します。比較は、LocalDateクラスのインスタンスメソッドで、後か（isAfter）、前か（isBefore）、等しいか（isEqual）の3つのメソッドがあります。また、うるう年かを調べるメソッド（isLeapYear）もあります。

LocalDateクラス：日付の比較を行うインスタンスメソッド

メソッド	機　能
boolean isAfter(LocalDate date)	dateより後の日付ならtrue、そうでなければfalseを返す
boolean isBefore(LocalDate date)	dateより前の日付ならtrue、そうでなければfalseを返す
boolean isEqual(LocalDate date)	dateと同じならtrue、そうでなければfalseを返す
boolean isLeapYear()	うるう年ならtrue、そうでなければfalseを返す

4.期間の計算

2つの日付間の期間は、850日間、28ヵ月間、12年間のように年、月、日の単位で測った期間で表す場合と、○年○ヵ月○日間のように年、月、日の合計で表す場合があります。次の例は、誕生日から今日までの期間を、それらの期間に直して表示します。

例題　期間を計算する　[PeriodExample]

```
package sample;
import java.time.LocalDate;
import java.time.Period;
import java.time.temporal.ChronoUnit;
public class PeriodExample {
     public static void main(String[] args) {

          LocalDate birthday = LocalDate.of(1998, 7, 13);     // 誕生日
          LocalDate today = LocalDate.now();                  // 今日
          System.out.println(birthday +"~" +today);           // 期間を表示

          // 期間を日数で得る
     ❶   long days = ChronoUnit.DAYS.between(birthday, today);
          System.out.println("誕生日から" + days + "日");

          // 期間を年、月、日 の合計として得る
     ❷   Period period = Period.between(birthday, today);
          System.out.print(period.getYears() + "才 ");        // 年の値
          System.out.print(period.getMonths() + "ヵ月 ");     // 月の値
          System.out.print(period.getDays() + "日");          // 日の値
     }
}
```

```
1998-07-13~2021-09-28
誕生日から8478日
23才 2ヵ月 15日
```

※実行した日付により表示される内容は変わります。

❶は、誕生日から今日までの期間を、日数に直した値を計算しています。ここで使った**ChronoUnit.DAYS**は24章で解説する列挙型です。列挙定数はオブジェクトなので、メソッドを持つことができ、その**between()**メソッドは期間の日数を返します。

```
long ChronoUnit.DAYS.between(from, to) --- fromからtoまでの日数を返す
```

ChronoUnitには、年や月、週を表す列挙定数もあり、それぞれに期間を計算するbetweenメソッドがあります。次の表を見てください。

列挙型ChronoUnitの定数が持つメソッド

メソッド	機　能
long ChronoUnit.YEARS.between(from, to)	from～toの間の年数を返す
long ChronoUnit.MONTHS.between(from, to)	from～toの間の月数を返す
long ChronoUnit.WEEKS.between(from, to)	from～toの間の週数を返す
long ChronoUnit.DAYS.between(from, to)	from～toの間の日数を返す

※from、to はLocalDate型のインスタンス

ふーん、要するに、何年間とか何カ月間とか、計算できるってことですね。
それじゃ、何時間とか何分間なんてのもできるんですか？

時、分、秒の期間（時間）は、後で説明するDurationクラスを使う。
LocalDateで作った期間には、時間が含まれていないから使えない。

え、えっ！
使えないんですか？

いや、時間を扱うLocalTimeクラスやLocalDateTimeを使えばいい。
それらとDurationクラスで様々な時間の処理ができる。

時間を扱うには、LocalTimeクラスやLocalDateTimeクラスを使います。それを使うと、期間を、時間、分、秒などで表すことができますが、それらは、この後の節で解説します。

次に、❷は、期間を表すPeriod型のインスタンスを作成しています。Periodからは、その期間を構成する年、月、日の値を取得できます。**getYears()**が年、**getMonths()**が月、**getDays()**が日数を返すので、それらを組み合わせると、ある期間を、○年と○ヵ月と○日間のように表せます。

例題はこれを使って誕生日から現在までの期間を「23才2ヵ月15日」と表示しています。Periodクラスの主なAPIは次のようです。

Periodクラスの API

メソッド	機　能
Period Period.of(y, m, d)	年数、月数、日数を表すPeriodを取得する
Period Period.ofDays(n)	n日間を表すPeriodを取得する
Period Period.ofMonths(n)	n月間を表すPeriodを取得する
Period Period.ofWeeks(n)	n週間を表すPeriodを取得する
Period Period.ofYears(n)	n年間を表すPeriodを取得する
Period Period.between(from, to)	Period型のインスタンスを返す
int getYears()	期間の年数を返す
int getMonths()	期間の月数を返す
int getDays()	期間に日数を返す
Period plus(period) Period minus(period)	期間を加算する 期間を減算する

※ y,m,d,n はint型、from, to はLocalDate型、period はPeriod型です

5. 日付のストリーム

日付1から日付2までのすべての日付を返すストリームを取得できます。返される日付の間隔も1週間ごととか2日ごとのように指定できます。

例題 日付を返すストリーム [DateStream]

```
package sample;
import java.time.LocalDate;
import java.time.Period;
import java.util.List;
public class DateStream {
    public static void main(String[] args) {

        LocalDate startDay   = LocalDate.of(2025,2,1);
        LocalDate endDay     = LocalDate.of(2025,3,1);

❶      List<LocalDate> dates = startDay.datesUntil(endDay)
                                       .toList();

❷      startDay.datesUntil(endDay, Period.ofWeeks(1))
                .forEach(d->System.out.printf("%12s", d));
    }
}
```

```
2025-02-01  2025-02-08  2025-02-15  2025-02-22
```

ストリームを生成するメソッドは、**datesUntil()** です。引数に終了日を指定します。

❶では、開始日（startDay）から、終了日（endDay）までの日付オブジェクトのストリームを生成して、リストにしています。終了日はストリームに含まないので、2025-02-01～2025-02-28までの28個のLocalDateのインスタンスがリストに格納されます。

❷は日付ストリームの要素の間隔を、Period.ofWeeks(1)で「１週間ごとと」指定しています。ストリームの要素をすべてコンソールに表示していますが、7日ごとの日付になっていることがわかります。

間隔は、Periodクラスのインスタンスで指定できるので、Period.ofWeeks(1)の代わりにPeriod.ofDays(2)を指定すると、2日ごとの日付になります。

Q22-3-1

解答

日付の計算を復習しましょう。
LocalDate型の d1、d2 がある時、次の空欄を埋めてください。

問1　d1 より、2年3か月後の日付

```
LocalDate date = [                    ];
```

問2　d1 から d2 までは何日

```
long days = [                    ];
```

問3　d1 は d2よりも前の日付か

```
boolean result = [                    ];
```

22

6.カレンダーの計算

カレンダーアプリケーションを作る時は、次の月曜日とか、今月の最後は何日かなどを計算する必要があります。そのような計算は**with()** メソッドで行います。次の例を見てください。

例題 カレンダーの計算 [AdjustExample]

```
package sample;
import java.time.DayOfWeek;
import java.time.LocalDate;
import java.time.temporal.TemporalAdjuster;
import java.time.temporal.TemporalAdjusters;
public class AdjustExample {
    public static void main(String[] args) {

        LocalDate date =LocalDate.of(2025, 6, 12);
        System.out.println(date);

        // 次の月曜日
❶      TemporalAdjuster nextMonday = TemporalAdjusters.next(DayOfWeek.MONDAY);
❷      System.out.println(date.with(nextMonday));

        // 月末の日
❸      TemporalAdjuster lastDay =  TemporalAdjusters.lastDayOfMonth();
❹      System.out.println(date.with(lastDay));
    }
}
```

（注釈：TemporalAdjusters.next → 次の○曜日アジャスタを作る／MONDAY → 月曜日／nextMonday → アジャスタを指定する）

```
2025-06-12
2025-06-16
2025-06-30
```

ある日付date（LocalDate型）に対して、「次の月曜日はいつか」などを求めるには、最初に次の月曜日を求める**アジャスタ（TemporalAdjuster）**を作成します。

アジャスタは、日付に対して特定の計算を行うオブジェクトで、「次の○曜日」を求めるアジャスタ、「今月の最初の○曜日」を求めるアジャスタなどいろいろなものがあります。

アジャスタは、TemporalAdjustersクラスのスタティックメソッドを使って取得できます。例題では、❶でアジャスタを作成しています。そして、❷で、そのアジャスタをwithメソッドの引数に指定して、次の月曜日の日付を求めています。

❸と❹も同様にして、月末の日付を求めています。

いろいろなアジャスタを作成するために、TemporalAdjustersクラスにスタティックメソッドが定義されています。次の表に主なものを示します。

TemporalAdjustersクラスの主なAPI

メソッド	機　能
`TemporalAdjusters.dayOfWeekInMonth(n, dayOfWeek)`	今月のn番目の○曜日
`TemporalAdjusters.next(dayOfWeek)`	次の○曜日
`TemporalAdjusters.firstInMonth(dayOfWeek)`	今月の最初の○曜日
`TemporalAdjusters.lastInMonth(dayOfWeek)`	今月の最後の○曜日
`TemporalAdjusters.lastDayOfMonth()`	今月の最後の日
`TemporalAdjusters.firstDayOfNextMonth()`	来月の最初の日

※ nは整数、dayOfWeekは曜日を表すDayOfWeek型の列挙定数

dayOfWeekは、24章で解説する列挙定数で、**DayOfWeek.MONDAY**～**DayOfWeek.SUNDAY**のように曜日に対応する7つの値があります。

うーむ、TemporalAdjuster と TemporalAdjusters ･･･
先輩、この違いはなんでしょう。

TemporalAdjusterはwithメソッドの引数として使う。
adjustTo()というメソッドだけを持っている関数型インタフェースだ。
だから、本来は、withメソッドの引数としてラムダ式を書けるのだが･･･

はぁ･･･
withメソッドの引数に、自分でラムダ式を書くんですか？

いや、それは大変だというので、あらかじめ何種類か用意してある。それを返してくれるのが、TemporalAdjustersクラスのスタティックメソッドだ。

例題では、❶で、nextメソッドで次の月曜日を求めるアジャスタを作成し、❷でそれをwithメソッドの引数にして、次の月曜日の日付を求めています。

また、❸では、**lastDayOfMonth**メソッドで月の最後の日を求めるアジャスタを作成し、❹でそれをwithメソッドの引数にして、月の最後の日付を求めています。

さて、次のように、日時に対して次々にwithメソッドを適用すると、「来月の最初の月曜日を得る」のような、もう少し複雑な処理ができます。

例題 来月の最初の月曜日を求める [AdjustExample2]

```
import java.time.DayOfWeek;
import java.time.LocalDate;
import java.time.temporal.TemporalAdjuster;
import java.time.temporal.TemporalAdjusters;
public class AdjustExample2 {
 public static void main(String[] args) {

  ❶ TemporalAdjuster lastDay = TemporalAdjusters.lastDayOfMonth(); // 月末の日
  ❷ TemporalAdjuster nextMonday = TemporalAdjusters.next(DayOfWeek.MONDAY);
  ❸ LocalDate date = LocalDate.now().with(lastDay).with(nextMonday);
     System.out.println(date);
 }
}
```

```
2023-02-06
```

※実行した日付により表示される日付は変わります。

例題は、❶で、「月末の日」を求めるアジャスタを、そして❷で「次の月曜日」を求めるアジャスタを作成しています。これらを使って、月末の日の次の月曜日＝来月の最初の月曜日を求めます。

そこで、❸でnow()メソッドで今日の日付をもとめ、それにwithメソッドを使って月末の日を求め、さらにwithメソッドを使って次の月曜日の日付を求めています。now、withメソッドは LocalDate を返すので、このようにメソッドチェーンで記述できるわけです。

Q22-3-2

解答

カレンダー計算はなかなか便利です。
例えば、次の手順で、来月の2番目の金曜日を求めるプログラムを書いてみてください。

①「来月の最初の日」のアジャスタを作る
②「今月の２番目の金曜日」のアジャスタを作る
③今日の日付を作成し、例題のように①、②をwith()メソッドで順に適用する

22.4 その他のクラス

1.LocalTimeとLocalDateTime

LocalDateクラス以外に、LocalTimeクラスとLocalDateTimeクラスがあります。LocalDateが日付を表すのに対して、LocalTimeは時刻を表し、LocalDateTimeは日付+時刻を表します。

3つは同じ種類のクラスなので、インスタンスを作るメソッド、値の取り出し、加算、減算、比較などのメソッドは、どれも同じ名前で、使い方も同じです。次に概要を示しますが、APIの詳細は巻末資料を参照してください。

インスタンスの作成

`now()`	現在のインスタンスを作成する
`of(n1, n2, n3, ...)`	年、月、日、時、分、秒、ナノ秒などのフィールドを指定して作成
`parse( str )`	文字列表現から作成する
`from( temporal )`	他のインスタンスから作成する
`with( adjuster )`	主に日付のカレンダー処理を行う

インスタンスの操作

`getXxx()`	Xxxが表すフィールドの値を得る
`plusXxxs(n)`	Xxxが表すフィールドにnを足す
`minusXxxs(n)`	Xxxが表すフィールドからnを引く
`isAfter(temporal)`	他のインスタンスより後ならtrueを返す
`isBefore(temporal)`	他のインスタンスより前ならtrueを返す
`isEqual(temporal)`	他のインスタンスと同じならtrueを返す

※isLeapYear()はLocalDateクラスだけで使えます

LocalDateTimeって何に使うんだろう …
先輩、これって使い道あるんですか？

タイムスタンプとして使うし、時計アプリを作る時にも使う。
LocalDateTimeを使う場面は意外と多いだろう。

次はLocalTimeおよびLocalDateTimeのインスタンスをofメソッドで作成して表示する例です。引数の数が違うだけで、使い方はLocalDateと全く同じです。

例題 LocalTime、LocalDateTimeを使う [Examples]

```
package sample;
import java.time.LocalTime;
import java.time.LocalDateTime;
import java.time.format.DateTimeFormatter;
public class Examples {
    public static void main(String[] args) {

        // 15時20分35秒
        LocalTime time = LocalTime.of(15, 20, 35);
        System.out.println(time);

        // 2025年2月12日15時20分35秒
        LocalDateTime datetime = LocalDateTime.of(2025,2,12,15,20,35);
        System.out.println(datetime);

        // 時刻の編集表示
    ❶  DateTimeFormatter fmt = DateTimeFormatter.ofPattern("ahh時mm分ss秒");
    ❷  System.out.println(time.format(fmt));
    }
}
```

```
15:20:35
2025-02-12T15:20:35
午後03時20分35秒
```

22

formatメソッドで編集していない出力表示では、LocalTimeの区切り文字は ":" になります。また、LocalDateTimeでは、日付と時間の間に区切り文字としてTが挿入されています。

❶❷で時刻を編集して表示しています。a、h、m、s などパターン文字を使って書式を作成し、formatメソッドで編集しますが、パターン文字が違うだけで、やり方はLocalDateの場合と同じです。パターン文字の意味は次のようです。

パターン文字	意味と使い方
a	1文字だけで使い、午前、午後の区別を表示する
h	12時間制で、時間を表示する。hhだと常に2桁の表示になる
H	24時間制で、時間を表示する。HHだと常に2桁の表示になる
m	分を表示する。mmだと常に2桁の表示になる
s	秒を表示する。ssだと常に2桁の表示になる
S	1秒未満の端数を表示する。最大9個のSを指定できる

Q22-4-1

解答

簡単な練習をやってみましょう。
「2025年1月13日15時20分15秒」を表すLocalDateTime型の値を作り、それを出力例のように表示します。次の空欄を埋めてください。

```
LocalDateTime datetime = LocalDateTime.of( ①                    );
DateTimeFormatter fmt = DateTimeFormatter.ofPattern(" ②                    ");
System.out.println(datetime.format(fmt));
```

```
2025年1月13日 午後03時20分15秒
```

2.時間についての期間

日付についての期間はPeriodクラスを使いましたが、時間についての期間にはDurationクラスを使います。メソッドは違いますが、Periodクラスと同じような処理を、時間について作成できます。次の例題を見てください。

例題 (時間の)期間を操作する [DurationExample]

```
package sample;
import java.time.Duration;
import java.time.LocalTime;
public class DurationExample {
    public static void main(String[] args) {

        LocalTime start = LocalTime.of(12, 10, 30);  // 出 発
        LocalTime goal = LocalTime.of(16, 46, 25);   // ゴール
        System.out.println(start +"～" + goal);
```

22

```
        // （時間量の）期間を作成する
        Duration d = Duration.between(start, goal);

        System.out.println("出発から通算" + d.toSeconds() + "秒");
        System.out.print("所要時間=" + d.toHoursPart() + "時間 "); // Java9から
        System.out.print(d.toMinutesPart() + "分 ");              // 同上
        System.out.println(d.toSecondsPart() + "秒");              // 同上
    }
}
```

```
12:10:30~16:46:25
出発から通算16555秒
所要時間=4時間 35分 55秒
```

例は、フルマラソンでのスタートとゴールの時刻を元に、所要時間を総秒数で表示し、さらに時、分、秒に分けても表示します。

Durationクラスのインスタンスは、LocalTime（またはLocalDateTime）の2つのインスタンスを引数に取るbetweenメソッドにより作成します。メソッドとしては他に、期間を秒で測った値を返す**toSeconds()**があります。toDays()、toHours()、toMinutes()のように他の尺度に直すメソッドもあります。

また、**toSecondsPart()** のように "Part" を付加したtoXxxPart() メソッドは、期間を「4時間 35分 55秒」のように表示する時の、それぞれの部分の値を取得するメソッドです。

なお、toXxxPart() メソッドは、Java9（2017年）からで、それ以前のJDKでは使えないので注意してください。

Durationクラスの主なAPI

メソッド	機　能
Duration Duration.between(from, to)	Duration型のインスタンスを返す
toDays(), toHours(), toMinutes(), toSeconds(), toMillis(), toNanos()	全期間を日数に換算した値、時数に換算した値などを返す
toDaysPart(), toHoursPart(), toMinutesPart(), toSecondsPart(), toMillisPart(), toNanosPart()	全期間を日+時+分+秒+ミリ秒+ナノ秒で構成した時の各部分の値を返す
Duration plus(duration) Duration minus(duration)	期間を加算する 期間を減算する

※ from、to はLocalTime、LocalDateTime型、durationはDuration型

22

Q22-4-2

解答

沖縄から東京駅に行く次の旅程があります。

飛行機	那覇空港12:11発、	羽田空港15:20着
モノレール	羽田15:56発、	浜松町16:17着
JR京浜東北線	浜松町16:25発、	東京駅16:31着

合計の所要時間を求めるプログラムの空欄を埋めてください。

```
public static void main(String[] args) {
  Duration d1 = Duration.between(LocalTime.of(12, 11), LocalTime.of(15,  20));
  Duration d2 = Duration.between(LocalTime.of(15, 56), LocalTime.of(16,  17));
  Duration d3 = Duration.between(LocalTime.of(16, 25), LocalTime.of(16,  31));

  Duration total = d1.[①      ].[②        ]; // d1+d2+d3 を計算する
  System.out.print("所要時間=" + total.[③        ] + "時間 ");
  System.out.print(total.[④        ] + "分 ");
}
```

```
所要時間=3時間 36分
```

22.5 まとめとテスト

1.まとめ

1.Date and Time API

・次のようなクラスがあり、普通は①を使う
①ローカルな日時を使うクラス（LocalDate、LocalTime、LocalDateTime）
②UTCとの時差も含めて扱う日時のクラス（OffsetTime、OffsetDateTime）
③タイムゾーンを含めて扱うクラス（ZonedDateTime）

2.主なAPI

・LocalDate、LocalTime、LocalDateTimeクラスの主なメソッドは名前と使い方が似ている

インスタンスの作成

now()	現在のインスタンスを作成する
of(n1, n2, n3, ...)	年、月、日、時、分、秒、ナノ秒などのフィールドを指定して作成
parse(str)	文字列表現から作成する（1桁の値は01のように0を付けて2桁で）
from(temporal)	他のインスタンスから作成する
with(adjuster)	主に日付のカレンダー処理を行う

インスタンスの操作

getXxx()	Xxxが表すフィールドの値を得る
plusXxxs(n)	Xxxが表すフィールドにnを足す
minusXxxs(n)	Xxxが表すフィールドからnを引く
isAfter(temporal)	他のインスタンスより前ならtrueを返す
isBefore(temporal)	他のインスタンスより後ならtrueを返す
isEqual(temporal)	他のインスタンスと同じならtrueを返す
isLeapYear()	うるう年の判定<LocalDateだけで使える>

3. 関連クラスとして次のようなものがある

・DateTimeFormatter …日付、時刻の書式を表すクラス

```
DateTimeFormatter fmt
  = DateTimeFormatter.ofPattern(書式文字列);
```

・JapaneseDate…………和暦（年号と和暦年）を表現できるクラス

```
JapaneseDate jdate = JapaneseDate.from(date);
```

・Period …………………日付の期間を表すクラス

```
Period p = Period.between(date1, date2);
```

・Duration ………………時間の期間を表すクラス

```
Duration d = Duration.between(time1, time2);
```

・ChronoUnit ……………日付、時間の間隔を表すクラス

```
long days
  = ChronoUnit.DAYS.between(datetime1, datetime2);
```

・TemporalAdjusters……カレンダー処理のアジャスタを生成するクラス

```
TemporalAdjuster nextMonday
  = TemporalAdjusters.next(DayOfWeek.MONDAY);
```

・DayOfWeek……………曜日を表す列挙型

```
DayOfWeek.SUNDAY ～ DayOfWeek.SATURDAY
```

4. パターン文字

・編集表示には次のようなパターン文字を使用する

G	年号	
y	年	yy で西暦の下2桁を表示
M	月	MMは常に2桁で表示する
d	日	ddは常に2桁で表示する
a	午前、午後の区別	
h	時（12時間制）	hhは常に2桁で表示する
H	時（24時間制）	HHは常に2桁で表示する
e	曜日	e,ee は曜日番号、eeeは短い表示、eeeeは長い表示
m	分	mmは常に2桁で表示する
s	秒	ssは常に2桁で表示する
S	1秒以下の部分	最大9個までSを並べることができる

2. 演習問題

解答

理解度を確認しましょう。これまでの解説を見ながら解答してかまいません。

問1 日付と期間の計算についての問題です。
2028年のロサンゼルスオリンピックは、7月21日に開会します。

(1) 2028年7月21日を和暦で実行例のように表示しなさい。
(2) 2022年2月1日から、ロサンゼルスオリンピック開催までの期間を、「オリンピックまであと○年○カ月○日」のように表示しなさい。

```
令和10年7月21日 金
オリンピックまであと6年5月20日
```

問2 カレンダー計算の問題です。
国民の祝日のうち、日付が固定でないものは次の通りです。

成人の日	1月の第2月曜日
海の日	7月の第3月曜日
敬老の日	9月の第3月曜日
体育の日	10月の第2月曜日

2025年について、これらの祝日の日付を求めて実行例のように表示してください。

```
01月13日 月曜日
07月21日 月曜日
09月15日 月曜日
10月13日 月曜日
```


＜ヒント＞
・表示用のフォーマットは同じものを使うので、あらかじめ作っておきます。
`DateTimeFormatter fmt = DateTimeFormatter.ofPattern(~);`
・2025年1月1日、2025年7月1日、2025年9月1日、2025年10月1日を表す日付を作成しておき、それらからwithメソッドで作成します。
・アジャスタも2種類しか使わないのであらかじめ作成しておきます。
`TemporalAdjusters.dayOfWeekInMonth(○, DayOfWeek.MONDAY); // ○は2,または3です。`
後は、このアジャスタをwithメソッドの引数にして祝日を計算します。

問3　時間計算の問題です。
　マラソン大会の記録は次の通りです。

氏名	スタート時刻	ゴール時刻
田中宏	09:12:30	14:15:10
鈴木二郎	09:35:20	15:44:20

(1) 2人のそれぞれの所要時間を実行例のように表示してください。
(2) 田中さんと鈴木さんの時間差を計算し、実行例のように表示してください。

```
田中宏   5時間 2分 40秒
鈴木二郎 6時間 9分 0秒
時間差   1時間 6分 20秒
```

<ヒント>
・2人のタイムの差を取るには、Durationクラスのminusメソッドを使います。

問4　日付時刻についての問題です。
　次の手順でプログラムを作成してください。
(1) `2025-02-21 13:00:00` を表す日時をLocalDateTime型のインスタンスdt1として作成します。
(2) `2026-05-07 10:15:30` を表す日時をLocalDateTime型のインスタンスdt2として作成します。
(3) dt1から3245分と320秒後の日付時刻をdt3として作成し、実行例のようにフォーマットして表示してください。
(4) Durationクラスを使って、dt1からdt2までの期間pを作成し、全期間を秒数で表示してください。

```
2025/2/23 午後07:10:20
全期間は38006130秒間
```

<ヒント>
・「3245分と320秒後」は、`datetime.plusMinutes(3245).plusSeconds(320)` のように計算できます。

22

キーボードは
ざぶとんだと
思ってる

Chapter

23 文字列と正規表現

プログラムの中で必ず使う文字列は、文字列リテラルとして作成できますが、本来はStringクラスのインスタンスです。それだけに、プログラム作成には、Stringクラスのメソッドを使いこなす必要があります。また、正規表現で記述した文字パターンは、Stringクラスやその他のクラスのメソッドを利用する際、しばしば引数として記述する必要があります。正規表現についての知識は、プログラマの必須技能と言ってもいいでしょう。そこで、この章では、Stringクラスの特徴から始めて、メソッドの解説、正規表現の書き方、そして高度な応用までを、わかりやすく解説します。

23.1 文字列

1.文字列の特徴

文字列は不変オブジェクト

Stringクラスはイミュータブルなクラスですから、作成したインスタンスの中身を、後から変更することはできません。変更する必要がある時は、元のインスタンスとは別に、新しいインスタンスを作って返します。

例えば、小文字を大文字に変えるtoUpperCase() メソッドは、元の文字列の中身を変更するのではなく、すべて大文字にした文字列を、新規に作成して返します。したがって、次の例を実行すると、s2には "HELLO" が入りますが、s1は "Hello" のまま変わりません。

```
String s1 = "Hello";
String s2 = s1.toUpperCase(); // toUpperCase() メソッドは英字を大文字に変換する
```

中身を変更せずに、新しいものを作って返すんですか！
ずいぶんムダなことをするなぁ。

それは、メソッドや、他のスレッド（25章）に、安心して、インスタンスを渡せるようにするためだ。渡した先で、オブジェクトの中身を変更される心配がない。これはとても重要なことだ。

文字列リテラルは使い回される

次の2つの文字列は同じではありません。1つはリテラルで、もう1つはインスタンスです。

```
String s1 = "Hello";                    // リテラル
String s2 = new String("Hello");        // インスタンス
```

えっ、どちらも文字列じゃないですか。
でも、new で文字列を作るのは、初めて見るなぁ。

new で作った文字列はメモリのヒープ領域におかれる。一方、代入演算子で作成した文字列は文字列リテラルといい、ヒープに置かれた後、その参照が文字列リテラルプールに登録される。

な、なんですか、文字列リテラルプール？
（登録するってどういうこと？）

次に、同じ文字列リテラルが作成された時、最初に文字列リテラルプールを探し、あれば、その参照を返して、新規にインスタンスを作らないんだ。

文字列リテラルは、同じものであれば使い回されます。というのも、コンピュータにとって、オブジェクトの作成は、かなり負荷のかかる作業で、文字列はプログラムの中で大量に使われ、負荷が大きいからです。また、それによりメモリも節約できます。

したがって、次のs1とs2は同じ参照を持ちます。

```
String s1 = "Hello";
String s2 = "Hello";
```

一方、newを使って作ると、プールは使いません。無条件にインスタンスが新規作成されます。そのため、次のs3、s4はそれぞれ別の参照を持ちます。

```
String s3 = new String("Hello");
String s4 = new String("Hello");
```

23

Q23-1-1

解答

要点は簡単なのですが、これに、== と equals() メソッドの働きの違いが加わると、ちょっと戸惑います。== は参照を比較し、equals() メソッドはインスタンスの値（＝文字列）を比較するからです。

次のように、文字列msg1、msg2、msg3、msg4を作る時、A～Fはそれぞれtrue、falseのどちらでしょうか。

```
String msg1 = "Hello";
String msg2 = new String("Hello");
String msg3 = "Hello";
String msg4 = "Hello";
```

A. msg1 == msg2　　D. msg1.equals(msg2)
B. msg1 == msg3　　E. msg1.equals(msg3)
C. msg3 == msg4　　F. msg3.equals(msg4)

2.テキストブロック

次は、3行に渡る文字列リテラルの表現です。

```
String str = "これは、¥n" +
          "複数行にわたる¥n" +
          "文字列の¥"サンプル¥"です。¥n";
```

テキストブロックを使うと、同じ文字列をもっと簡単に定義できます。テキストブロックは、3つの二重引用符で、複数行の文字列を囲んだ形式です。

```
String str = """
          これは、
          複数行にわたる
          文字列の"サンプル"です。
          """;
```

出力すると、次のようになります。

```
これは、
複数行にわたる
文字列の"サンプル"です。
```

近年、JSONやXML(注)のような構造のある文字列データを処理する機会が増えていますが、テキストブロックを使うと、プログラム上でのそれらの取り扱いも簡単になります。

(注) JSON、XMLはウェブサービスなどで、サーバー／クライアント間での通信に利用されるデータ形式。

＋で連結しなくてもいいのは、便利だなぁ！
二重引用符は " だけ書けばいいし、¥n は書かなくてもいいんですね。

うん、基本的に、「見える通り」に書いていい。
だから、¥tではなく、そのままデータの中にタブを埋め込むこともできる。

テキストブロックでは、行末に自動的に改行コードが埋め込まれるので、¥nを書く必要はありません。また、引用符は、¥" や¥' のように書いていましたが、これも " や ' だけで構いません。タブも ¥t を使わず、タブコードをそのまま埋め込むことができます。

テキストブロック構文

テキストブロックは、開始記号（"""）と終端記号（"""）で囲まれたテキストです。ただし、先頭行は、開始記号だけを書きます。次のような使い方はコンパイルエラーです。

```
String str = """こんにちは""";                // コンパイルエラー
```

最後の文字列に終端記号を付けると、改行コード（¥n）は付きません。

※青（左）＝テキストブロック、グレー（右）＝同等な文字列リテラル

```
String str = """
        こんにちは""";
```

```
String str = "こんにちは"
```

終端記号だけの行にすると、最後の文字列に改行コードが付きます。

```
String str = """
        こんにちは
        """;
```

```
String str = "こんにちは¥n"
```

先輩、テキストブロックを
文字列リテラルの代わりに使ってもいいのですか？

テキストブロックも文字列だ。文字列を書けるところなら、どこでもテキストブロックを書いていいが、複数行のテキストで使うのが原則だ。

ベースインデントの調整

テキストブロックでは、文字列の始まりの位置（インデント）があいまいに見えますが、一番小さいインデントが、ベースインデント（基準になるインデント）です。次の例は、どれも同じ位置から始まっているので、青いラインがベースインデントです。
ベースインデントより左側にある空白は削除されます。この場合、右側のようなテキストが生成されます。

```
String str = """
        これは、
        複数行にわたる
        文字列の"サンプル"です。
        """;
```

➡

```
これは、
複数行にわたる
文字列のサンプルです
```

次の例では、終端記号（"""）の行が一番小さいインデントなので、ベースインデントは青いラインの位置です。各行の文字列データは、ベースインデントから右側にある分だけ、インデント（先頭に空白を付加）されます。

```
String str = """
     ····これは、
     ····複数行にわたる
     ····文字列の"サンプル"です。
     """;
```

➡

```
····これは、
····複数行にわたる
····文字列のサンプルです
```

※····は半角の空白文字を表します

一般には、このように終端記号（"""）の位置を調整して、ベースインデントを決めます。

■ ベースインデントに半角の空白とタブを混在しない

各行のベースインデントには、半角の空白とタブが混在しないようにします。
例えば、次は、「これは、」の行だけ、空白とタブが混在していますが、タブは1文字とカウントされるので、見た目よりも小さなインデントになります（青いラインの位置）。

```
     String str = """
········⟷これは、
············複数行にわたる
············文字列の"サンプル"です。
············""";
```

➡

```
これは、
····複数行にわたる
····文字列のサンプルです
```

※ ····は空白文字、⟷はタブを表す

「これは、」の行が一番小さなインデントなので、青いラインがベースインデントになり、その結果、他の文字列の先頭には、意図しない空白が付加されてしまいます。

生成される文字列への設定

インデントを付ける

Stringクラスのindent()メソッドにより、生成される文字列の内容に、指定したサイズのインデントを設定できます。次は、4文字分のインデントを設定します。

```
String str = """
        山田一郎
        木村元
        野々村貴子
        """.indent(4);
```

```
····山田一郎
····木村元
····野々村貴子
```

余白を付加する

また、全ての文字列を固定長にしたいなどの理由で、テキストブロックの文字列の後半に、空白が付加してある場合、それだけでは、空白は除去されてしまいます。

```
String str = """
    山田一郎·····
    木村元·······
    野々村貴子···
    """;
```

```
山田一郎
木村元
野々村貴子
```

しかし、空白文字の最後に¥sを付加すると、空白を保持したまま、¥sを1文字の空白に変えて付加します。¥sは新しいエスケープシーケンスで、空白文字を表します。

```
String str = """
    山田一郎·····¥s
    木村元·······¥s
    野々村貴子···¥s
    """;
```

```
山田一郎······
木村元········
野々村貴子····
```

改行コードを付加しない

行末に¥を付加すると、改行コードを付加しないようにできます。

```
String str = """
    明日は、¥
    よい天気¥
    になる見込みです。¥
    """;
```

```
明日はよい天気になる見込みです。
```

フォーマットする

formatted()メソッドを使うと、テキストブロックの中に値を埋め込むことが、簡単にできます。

```
String str = """
        name:%s
        age:%d
        weight:%.1f
        """.formatted("田中宏", 20 , 178.5);
```

➡

```
name:田中宏
age:20
weight:178.5
```

Q23-1-2

解答

次のプログラムを実行した時、出力されるのはどれか、正しいものを1つ選んでください。なお、判断の目安として位置を示す青いラインとエスケープ記号を示す青枠を表示しています。

```
public static void main(String[] args) {

    String str = """
         name:%s様
             height:%.1f
         あなたの標準体重は
             %.1f¥
           です。
         """.formatted("tom", 178.2, 69.9);

    System.out.println(str);
}
```

A.

```
name:田中様
    身長:178.2
あなたの標準体重は
    69.9 です。
```

B.

```
name:田中様
    身長:178.2
あなたの標準体重は
    69.9  です。
```

C.

```
name:田中様
    身長:178.2
あなたの標準体重は
    69.9
  です。
```

23

3.Stringクラスの主なAPI

Stringクラスは相当に大きなクラスで、コンストラクタやメソッドがたくさんあります。どんなメソッドがあるか、一通り、目を通しておきましょう。なお、表中の青字のメソッドはこの章に例題と解説があります。

うわーっ、たくさんあるなぁ。
先輩、これを全部覚えるんですか？

目を通しておくだけだ。覚えなくても、必要な時に参照すればいい。メソッドのまとめとして利用するといいだろう。
この後の練習問題も、この表を見ながらやっていい。

コンストラクタ	
String(String str)	文字列から作成
String(byte[] bytes, charset)	byteの配列と文字セットから作成（推奨）
String(byte[] bytes)	byteの配列から作成
String(char[] values)	charの配列から作成
文字の取り出し・長さの取得と検査	
char charAt(i)	i番目の文字を返す
int codePointAt(i)	i番目の文字のユニコードを返す
int indexOf(str, i)	i番目の位置からstrを探し、出現位置のインデックスを返す
int length()	文字列の長さを返す
文字列の比較・検査	
int compareTo(str)	辞書順でstrと比較し、負、0、正 の値を返す
int compareToIgnoreCase(str)	同上。ただし、大文字小文字の区別をしない
boolean contains(str)	strが文字列に含まれていればtrueを返す
boolean isEmpty()	文字列の長さが0（nullではない）の時trueを返す
boolean isBlank()	空白文字（Unicode対応）の時trueを返す
置換・部分文字列	
String replace(old, new)	文字列の中のすべてのoldをnewに置き換える
String substring(i)	i番目から末尾までの文字列を取り出す
String substring(i, j)	i番目からj－1番目までの文字列を取り出す（j番目含まず）
String repeat(n)	この文字列のn回の繰り返しを返す
変換	
byte[] getBytes()	byte配列に変換する
byte[] getBytes(charset)	文字セットを指定して、byte配列に変換する
String strip()	両端の空白文字（Unicode対応）を削除した文字列を返す
char[] toCharArray()	文字の配列にして返す
String toLowerCase()	大文字を小文字に変換した文字列を返す
String toUpperCase()	小文字を大文字に変換した文字列を返す
R transform(Function<T,R>)	文字列に関数を適用して他のオブジェクトに変換する
String trim()	両端の空白文字（sp、¥t、¥n、¥rなど）を削除した文字列を返す

生成・結合・フォーマット	
static String valueOf(～)	他の型の値を文字列に変換して返す
static String join(delim , elm...)	配列などの要素を区切り文字で連結した文字列を返す
static String join(delim , list)	同上だが、リストの要素を使う
static String format(fmt, elm...)	フォーマット文字列fmtで要素を編集した文字列を返す
テキストブロックの処理	
String indent(n)	n文字分のインデントを付ける
String formatted(elm...)	この文字列を書式文字列として、elm...を書式設定する
マッチ、置換、分割（正規表現を利用するメソッド）	
boolean matches(reg)	regにマッチする時trueを返す
String replaceAll(reg, new)	regにマッチするすべての部分をnewに置き換える
String replaceFirst(reg, new)	regにマッチした最初の部分だけをnewに置き換える
String[] split(reg)	regにマッチする文字列を区切りにして分割した配列を返す
ストリームを生成	
IntStream chars()	文字列からIntStreamを返す（サロゲートペアを扱えない）
IntStream codePoints()	文字列からIntStreamを返す（サロゲートペアを扱える）
Stream<String> lines()	文字列から行（改行記号付き）のストリームを返す

※ charsはサロゲートペアで表現する文字（絵文字など）を扱えないので、その用途ではcodePointsを使います
※ delimはString型の区切り文字、elm...は可変長引数または配列、regは正規表現文字列を表します
※ charsetはString型またはCharset型、listはList型、oldとnewはString型です
※ ここに記載した表には、使用頻度が少ないと考えられるものは省略しています。引数構成が違うものや、類似のメソッドが他にもあるので、詳細はJava APIドキュメントを参照してください。

4.Stringクラスのメソッドの使い方

ここでは、応用的なものに絞って、コンストラクタやいくつかのメソッドを使ってみましょう。

例題 byte配列からStringを作成する [ConstructorExample]

```
// ファイルをbyte配列として読み込む
❶ byte[] bytes = Files.readAllBytes(Path.of("sample.html"));

// byte配列から文字列を作成して表示する
String str = new String(bytes, "UTF-8");
System.out.println(str);
```

```
<!DOCTYPE html>
<html>
<meta charset="utf-8"/>
<title>サンプル</title>
<body>
<h1>My First Homepage</h1>
<p>こんにちは！</p>
</body>
</html>
```

※sample.htmlはサポートウェブからダウンロードしたプロジェクトに含まれています。

byte配列からStringのインスタンスを作成する例です。

NIOのFilesクラスを使うと、テキストファイルを一気にbyteの配列として読み込むことができます。

byte[] Files.readAllBytes(Path p)
パスが指すファイルの内容をすべて読み込んでbyte配列にして返す

❶はこれを使って、sample.htmlファイルをbyte配列のbytesに読み込んでいます。そして、bytesを文字列に変えるために、byte配列を引数に取るStringクラスのコンストラクタで、文字列を生成します。

```
String str = new String(bytes, "UTF-8");
```

あれっ、"UTF-8" って指定、要るのかなぁ。
先輩、文字セットの指定がいらないコンストラクタもあるけど・・・

確かに、String(byte[] bytes) というコンストラクタもある。
それはシステムの既定の文字セットを使うコンストラクタだ。

なーんだ、だったら、その方が簡単でいいじゃないですか。
それじゃ、それを使うということで・・・

ただ、システムの既定の文字セットは、OSごとに違う。文字セットを指定しないと、OSが変わった時に正しい変換が行えなくなる可能性がある。だから、できるだけ文字セットを指定するコンストラクタを使う方がいいんだ。

OSや実行環境が変わっても、確実に動くようにするには、文字セットを指定する方が安全です。できるだけ文字セットを指定する方を使ってください。

ただし、文字セットを指定すると、例外処理が必要になります。例題では、プログラムの内容をわかりやすくするため例外をかわしています。

例題 文字列から文字のストリームを作成する [CharsExample]

```
String str = "ab@cde*fg";     // 元の文字列

String result = str.chars()
❶     .filter(c->c!='@' && c!='*')
❷     .mapToObj(c->String.valueOf((char)c))
❸     .collect(Collectors.joining());

System.out.println(result);
```

```
abcdefg
```

chars()は、文字列を文字のストリームにします。charはint型になるので、実際にはIntStreamです。例では、❶のfilter()で@と*をフィルタリングし、❷のmatToObj()でStringのストリームに変換します。

(char)cと文字にキャストしてからString型の値にします。

最後は❸のcollect()で、Collector.joining()を使ってすべてのStringを結合します。これらのストリーム処理は、どれも20章で解説しています。

最終的に、実行結果のように、@と*を含まない文字列になります。

例題 配列・リストを結合して文字列にする [JoinExample]

```
String[] array = { "2025", "07", "15" };
System.out.println(String.join("-", array));      // 連結文字は"-"
System.out.println(String.join("¥n", array));     // 連結文字は"¥n"
```

```
2025-07-15
2025
07      } ¥nなので3行になる
15
```

join()はStringクラスのスタティックメソッドです。String[]型やList<String>型の値について、そのすべての要素を、指定した文字で連結した文字列を返します。上は、配列の要素を "-" で連結する例と、"¥n" で連結する例です。改行文字 "¥n" で連結するとすべての要素を改行して表示できます。

Streamで連結する

同じことは、Streamを使ってもできます。終端操作で使う`Collectors.joining`メソッドは文字列の連結をします。次のようにすると、"-"で連結できます。

```
String s = Arrays.stream(array)
              .collect(Collectors.joining("-"));
```

例題 文字列から行データのストリームを作成する [LinesExample]

```
String users ="""
          2025,田中宏
          2026,佐藤次郎
          2024,木村健
          """;
users.lines()
     .forEach(System.out::println);
```

```
2025,田中宏
2026,佐藤次郎
2024,木村健
```

`lines()`は、文字列から行データのストリームを作成します。行データには改行記号が付加されます。この例では、コンソールに出力するだけですが、他の文字列処理メソッドと組み合わせると応用の範囲が広がります。

例題 文字列の中の特定の文字を置換する [ReplaceExample]

```
String users ="""              // テキストブロック
          2025,田中宏
          2026,佐藤次郎
          2024,木村健
          """;
System.out.println(users.replace(",", "-"));
```

```
2025-田中宏
2026-佐藤次郎
2024-木村健
```

例題は、テキストブロックを使って、複数行の文字列を変数userに代入しています。そして、replace()により、文字列userの中のすべてのコンマ（,）を、マイナス記号（-）に置換します。

特定の文字ではなく、特定のパターンを対象にして置換するには、replaceAllメソッドを使いますが、正規表現でパターンを指定するので、次節で解説します。

例題　文字列を区切り文字で分割して配列にする　[SplitExample]

```
String data = "月,火,水,木,金";

String[] dayOfWeek = data.split(",");
Arrays.stream(dayOfWeek)
    .forEach(System.out::println);
```

```
月
火
水
木
金
```

split()は、区切り文字を指定して、その位置で文字列を分割し、文字列の配列にして返すメソッドです。例は、コンマで区切られた曜日の並びを、コンマの位置で分割して、配列dayOfWeekを作成しています。

区切り文字の指定に**正規表現**を使うと、「コンマ（,）の前後に何文字かの空白があるパターンで区切る」といった指定ができます。これも、次の節でもう一度取り上げます。

例題　trim()とstrip()の違い　[TrimVsStrip]

```
❶ String asc = " Hello¥n¥t ";
   System.out.println("|"+ asc.trim()+ "|");
   System.out.println("|"+ asc.strip()+ "|");

   System.out.println();

❷ String uni = "　こんにちは　";
   System.out.println("|"+ uni.trim()+ "|");
   System.out.println("|"+ uni.strip()+ "|");
```

23

```
|Hello|
|Hello|

|　こんにちは　|
|こんにちは|
```

trim() も **strip()** も、文字列の両端から空白を取り除きます。

trim()は、半角のスペース、¥n、¥t、¥rなどを空白とみなして取り除きますが、Unicodeに対応していないので、日本語の全角スペースを取り除くことができません。

これに対してstrip()はUnicodeの空白文字を含めてすべて取り除きます。

例題の❶は、両端に半角の空白がありますが、実行結果をみると、これはtrim()でもstrip()でも取り除くことができます。

一方、❷は、両端に全角の空白がありますが、実行結果を見ると、trim()では除去されていません。これから、日本語文字を含むデータを扱う時は、trim()ではなく、strip()を使った方がよいことがわかります。

例題　文字列に関数を適用して変換する　[TransformExample]

```
  package sample;
  import jp.kwebs.Csv; // 5章 P.111

❶ record User(int id, String name) {}  // Userレコードの定義

  public class TransformExample {
      public static void main(String[] args) {

❷         String str = "2025, 田中宏";

❸         User user = str.transform(s->{
❹             var csv = new Csv(s);
❺             return new User(csv.getInt(0),csv.get(1));
          });

          System.out.println(user);
      }
  }
```

※Csv クラスはP.111を参照

23

例題は、❶で定義したレコードのインスタンスを❷のCSV文字列から作成します。

❸のtransform()には引数にラムダ式を書いて、文字列の変換操作を行います。
引数は、Function<T,R>型ですから、T->Rのようにラムダ式を書きます。ここで、Tに当たるのは文字列自身です。つまり、文字列を引数に受け取って、任意の型（=R型）の値を返します。

例題のラムダ式だけを抜き出すと、次のようです。

```
    s-> {
❹       var csv = new Csv(s);
❺       return new User(csv.getInt(0), csv.get(1)):
    }
```

文字列はCSV形式なので5章で作成したCsvクラス（➡P.111）のインスタンスにします（❹）。Csvクラスでは、getInt()やget()を使って、型を指定しながら値を取り出せます。

❺は、Csvインスタンスからidとnameに当たる部分を取り出して、Userレコードのインスタンスを作成し、return文で返しています。
このように、Transform()は、文字列を変換して、何かのオブジェクトを返すために使うメソッドです。

例題 大文字と小文字を区別せずに比較する [CompareExample]

```
    List<String> list = Arrays.asList("Bb", "ac", "ba");     // リストを作成
❶  list.sort((a,b)->a.compareToIgnoreCase(b));              // 並べ替える
    System.out.println(list);
```

```
[ac, ba, Bb]
```


この例は、文字列のリストを大文字と小文字を区別せずに比較して、並べ替えます。
❶のlist.sort()メソッドの引数は、コンパレータです。コンパレータは、オブジェクトのリストを並べ替える時は、Comparing()メソッドで作成できましたが（➡16章）、この例は文字列なので、コンパレータを直接作成するしかありません。

コンパレータは、Comparatorインタフェース型のインスタンスです。このComparatorは関数型インタフェースで、同じ型の引数を2つ取り、その大小関係によって正、負、ゼロのどれかの値（int型）を返します。つまり、(T, T)-> intです。

引数が2つですから、ラムダ式でインスタンスを作成するには、

```
(a,b) -> exp
```

と書けばいいわけです。expは、intの値を返す式です。

では、expをどう書けばいいかというと、a、bが文字列の場合は、StringクラスのcompareTo()メソッドを使うのが定番です。

```
(a,b) -> a.compareTo(b)
```

これは、aとbを辞書順に比較して、同じなら0、a<bなら負、a>bなら正の数を返します。また、大文字と小文字を区別せずに比較するなら、compareToIgnoreCase()メソッドを使います。

```
(a,b) -> a.compareToIgnoreCase(b)
```

例では、このラムダ式で、Comparator型のインスタンスを生成しています。

Q23-1-3

解答

Stringクラスの代表的なメソッドを使ってみましょう。
次の①〜⑧はどういう値になるでしょう。前出のAPI一覧表（P.589）を見ながら答えてください。

A.	`char c = "abcde".charAt(3);`	c = ①
B.	`boolean b = "abcde".contains("bd");`	b = ②
C.	`String s1 = "abcde".substring(1,3);`	s1= ③
D.	`String s2 = "AbcDE".toUpperCase();`	s2= ④
E.	`String[] s = {"A","B","C"};`	
	`String s3 = String.join(":", s);`	s3= ⑤
F.	`String s4 = "abcabc".replace("ab","*");`	s4= ⑥
G.	`String[] sa = "12,3,45,678".split(",");`	
	`String s5 = sa[1];`	s5= ⑦
H.	`int n = "abc".compareTo("def");`	n = ⑧

23

5.文字列の連結とStringBuilderクラス

StringBuilderクラスは、文字列を作るための入れ物です。文字列はもちろん、数値などでも、appendメソッドを使ってどんどん放り込んでおくと、それらが、文字列に変換されて溜まっていきます。全体や一部を後から文字列として取り出せます。

例題 StringBuilderクラスの使い方 [StringBuilderExample]

```
package sample;
public class StringBuilderExample {
    public static void main(String[] args) {
❶       StringBuilder sb = new StringBuilder(500); // 初期容量は500文字分
❷       sb.append(2025);                           // 整数を追加
❸       sb.append("年");                           // 文字列を追加
        sb.append(7);
        sb.append("月");
        String str = sb.toString();                // 連結した文字列を取り出す
        System.out.println(str);
    }
}
```

```
2025年7月
```

❶はコンストラクタですが、初期の容量を500文字分として作成しています。データを追加し過ぎて不足すると、自動的に2倍程度に容量が拡張されますが、負荷の大きな処理なので、最初から、必要量を見込んで指定しておきます。

❷❸で分かるように、appendメソッドを使うと、数値でも文字列でも、あらゆる値を文字列に変換して格納できます。

StringBuilderのAPI

参考までに、コンストラクタとメソッドの一覧を示します。

コンストラクタ	
StringBuilder()	初期容量16文字で作成する
StringBuilder(int capacity)	初期容量を指定して作成する
StringBuilder(String s)	sを初期値とするStringBuilderを作成する
StringBuilder(CharSequence seq)	他のStringBuilderなどと同じ内容のものを作成する

主なメソッド	
StringBuilder append(a)	データを追加する。オブジェクトは文字列に変換して追加
StringBuilder insert(p, a)	位置p にaを挿入する (p は0から数える)
StringBuilder delete(p1, p2)	位置p1からp2-1までを削除する
StringBuilder replace(p1, p2, a)	位置p1からp2-1までの範囲をaで置き換える
String substring(p1, p2)	位置p1からp2-1までの部分文字列を返す
StringBuilder reverse()	順序を逆転した文字列を返す
int indexOf(a)	aが最初に出現する文字位置を返す
StringBuilder length()	StringBuilder内の文字列全体の長さを返す
StringBuilder toString()	内容をString にして返す

※aはあらゆる型のデータ、p、p1、p2は文字位置を表す整数です
※CharSequenceは、String、StringBuilderなどを総称する時に使う型で、実体はこれらのクラスが実装するインタフェースです

普通、コンストラクタは、初期容量を指定するものを使います。

また、append、insert、delete、replace、reverseなどのメソッドはStringBuilder自身を返すので、**sb.append("ABD").append("DEF").reverse();** のようにメソッドチェーンで記述できます。

Q23-1-4

解答

StringBuilderのメソッドを使う練習をしてみましょう。
次のプログラムを実行する時、各実行段階での右欄に示した値を答えてください。
時間があれば、自分でプログラムを書いて確かめるといいでしょう。

```
StringBuilder sb = new StringBuilder(100);
sb.append("abcde").append(123); ────────▶ sb.toString()の値 = ①
sb.insert(3, "XXX"); ───────────────────▶ sb.toString()の値 = ②
sb.replace(5,7,"@"); ───────────────────▶ sb.toString()の値 = ③
int len = sb.length() ──────────────────▶ lenの値 = ④
String str = sb.reverse().toString(); ──▶ strの値 = ⑤
```

23

23.2 正規表現

1.正規表現とは

正規表現（Regular Expression）とは、**文字列の中に含まれる特定のパターンを文字列で表す記法**です。例えば「先頭がabで始まる」パターンは、"^ab" です。ここで、^ は文字列の先頭を表す記号です。また「1個以上の連続した空白文字」というパターンは、"¥s+" です。¥sが空白文字を表し、+ は1個以上の繰り返しを表します。

ふーん、まるで暗号みたいだ。
先輩、こんなものを何に使うんですか。

文字列の中で、置換したい箇所や分割すべき位置などのパターンを正規表現で作成し、パターンマッチで探すことができるようにする。

ふーん、でも、それなら "A"を"B"にするとか、"," のあるところで切る、みたいに簡単じゃないですか。正規表現なんて、要るのかなぁ。

金額を表す数字だけを全部 "***" に置き換えるとか、"," とその前後に何文字あるかわからない空白を、まとめて１つの区切り文字にする、なんてのはどうだ。単純に指定できないことがわかるだろう。そういうのを正規表現で表すんだ。

正規表現は、文字列のパターンを表す簡潔な記法です。Stringクラスのメソッドでは、正規表現を作成して、パターンマッチを行い、文字列の置き換えや分割などの処理を実行します。また、Scannerクラスでも、文字列を読み取る際の区切り文字を、正規表現で指定できます。

この他にも、Javaのプログラムの、いろいろな場所で利用されているのが正規表現です。正規表現の知識は、Javaプログラマにとって必須の知識と言えるでしょう。

2.正規表現の文法

^、¥s、.+ など、記号にいろいろな意味があることがわかったと思います。これらの記号は、いくつかに分けられますが、次はそれらのまとめです。記号の種類や意味は、一度に覚える必要はありません。ここに示すのはリファレンス（参照用の資料）ですから、必要になった時に見返して、調べてください。

以下では、パターンマッチの実行例を示して解説します。RegExr.com (https://regexr.com/) をアクセスすると、サイトの正規表現テスターを使って、実行例を実際に試すことができるので、試しながら本文を読まれることをお勧めします。

このサイトの使い方を簡単に説明します。

① 最初にアクセスすると、次のような画面が開きます (画面は抜粋です)。

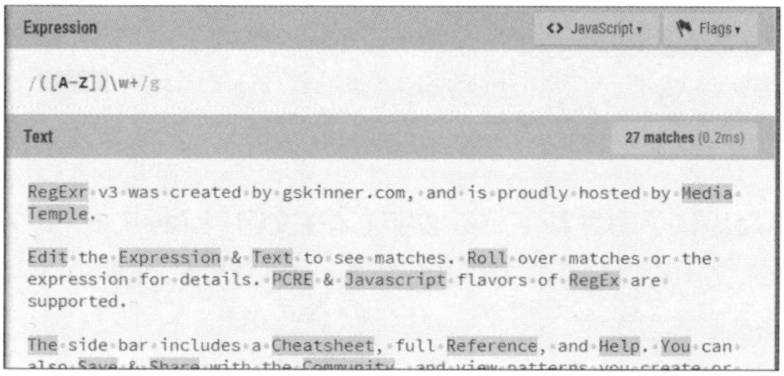

② 下段の文字列をすべて消して、本書の例題文字列を入力します。例題文字列は、サポートウェブからファイル (reg.txt) をダウンロードできるので、それからコピーして貼り付けることもできます。一度、貼り付けておくと、サイトを閉じるまで文字列は消えません。

※張り付ける時、2行目に改行文字などが入らないように気を付けてください。

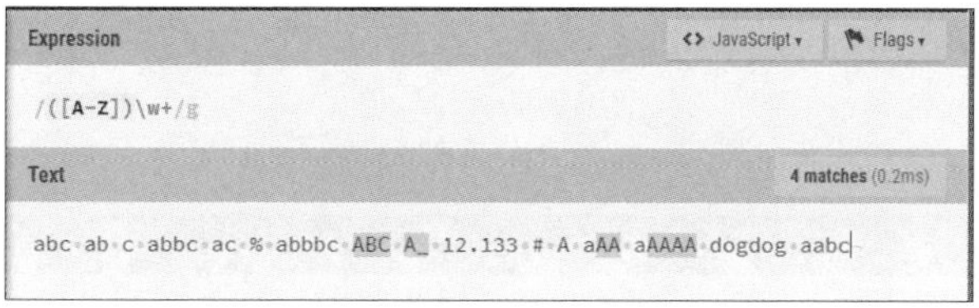

③ 上段の正規表現を記入する場所に、正規表現を書きます (図では、ab.c)。すると、マッチする箇所が反転表示されます。反転表示は、本書の記述と一致するので、これで確認できます。なお、¥ は、バックスラッシュ (\) として表示されますが効果は同じです。

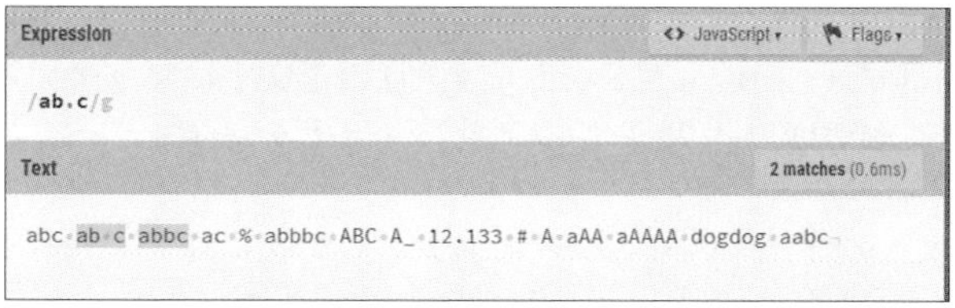

23

2-1 文字とメタ文字

正規表現の中には、普通の文字をそのまま書けます。エスケープ文字も使うことができます。次の表に主なエスケープ文字を示します。

¥¥	¥記号自体は¥¥と書く
¥t	タブ文字 ('¥u0009')
¥n	改行文字 ('¥u000A')
¥r	行送り文字 ('¥u000D')
¥f	改ページ文字 ('¥u000C')

※( )内は、ユニコードの値です

※テキストデータの改行文字は、Windowsでは "¥r¥n"、Macでは "¥r"、Linuxでは "¥f" です。

また、正規表現のために予約されている文字(**メタ文字**)があります。メタ文字は次のような文字です。メタ文字を、普通の文字として使いたい時は、左側に ¥ を付けます。例えば、$ は¥$、* は ¥* と書きます。

```
[ ] ( ) ^ $ . + * ? |
```

2-2 任意の1文字

任意の1文字を表すのは **.** (ドット)です。.. のように、いくつか連続して指定することもできます。

正規表現	意 味	例 示	
.	任意の1文字	ab.c	例えば、ab cやabbcにマッチする

ab.c (abとcの間に任意の文字が1つある)

```
abc ab c abbc ac % abbbc ABC A_ 12.133 # A aAA aAAAA dogdog aabc
```

実行例は、上段が正規表現、下段がテストのための文字列です。青い網掛けの部分がマッチした部分を示しています。**.**(ドット)は任意の1文字にマッチするので、空白文字にもマッチします。例では、"ab c" と "abbc" にマッチしています。

2-3 行頭、行末のマッチ

文字列の先頭や末尾の文字列について、パターンを指定します。先頭を指定するには ^ を、末尾を指定するには $ を使います。

正規表現	意 味	例 示	
^	行の先頭	^abc	行の先頭は abc
$	行の末尾	abc$	行の末尾は abc

^abc （先頭のabcにマッチする）

abc ab c abbc ac % abbbc ABC A_ 12.133 # A aAA aAAAA dogdog aabc

abc$ （行末のabcにマッチする）

abc ab c abbc ac % abbbc ABC A_ 12.133 # A aAA aAAAA dogdog aabc

上段が行の先頭のマッチ、下段が行末のマッチです。

2-4 文字の繰り返し

+ や * は文字の連続を表現します。一般に、ある文字をXとすると、X*は0個以上のX、X+ は1個以上のXを表します。また、X? は0または1個のXを表します。

正規表現	意 味	例 示	
X?	0または1個のX	ab?c	ac または abc
X*	0個以上のX	ab*c	ac、abc、abbc など
X+	1個以上のX	ab+c	abc、abbc、abbbc など

ab?c （aとcに挟まれた0または1個のbにマッチする）

abc ab c abbc ac % abbbc ABC A_ 12.133 # A aAA aAAAA dogdog aabc

0または1個のbとマッチする例です。"ac" のようにbを含まないものともマッチします。

ab*c （aとcに挟まれた0個以上のbにマッチする）

abc ab c abbc ac % abbbc ABC A_ 12.133 # A aAA aAAAA dogdog aabc

ab+c （aとcに挟まれた1個以上のbにマッチする）

abc ab c abbc ac % abbbc ABC A_ 12.133 # A aAA aAAAA dogdog aabc ab*cは0個以上のbとマッチするので、ac もマッチしますが、ab+c は1個以上のbとマッチするので、acにはマッチしません。

あれっ、なぜだろう。
先輩、RegExr.com で a.*c を試したら、行末まで全部にマッチしました！

a.*c （aとcの間に任意の文字列がある）

```
abc ab c abbc ac % abbbc ABC A_ 12.133 # A aAA aAAAA dogdog aabc
```

それは、* が、できるだけ広い範囲でマッチしようとする**最長一致**の性質を持っているからだ。. は任意の1文字だから、aの後には何があってもいい。そのため、.*のように連続の指定にすると、.*c では一番最後に出現したcとマッチしてしまう。連続の指定に * ではなく *? を使うと**最短一致**に変更できるので、試してみよう。

*? ですか ･･･ な、なるほど！
確かに、うまくマッチするようになりました。ただ、最後の部分が･･･

a.*?c （最短一致）

```
abc ab c abbc ac % abbbc ABC A_ 12.133 # A aAA aAAAA dogdog aabc
```

最短マッチは、できるだけ短い範囲でマッチしようとする。a の後で、最初に出現したcの位置までがマッチするから、最後の部分はそれで間違いない。

繰り返しの正規表現は、任意の文字である .（ドット）に対して使うと、思いがけない結果になることがあります。* が、できるだけ広い範囲でマッチしようとする**最長一致**の性質を持っているからです。

これが適切でない場合（ほとんどの場合がそうですが）は、* ではなく *? を使うと**最短一致**に変更できます。最短一致は、できるだけ短い範囲でマッチしようとします。

任意の1文字の繰り返しを使う場合は、最長一致と最短一致のどちらにするか、よく考えて使わなくてはいけません。RegExr.comのような正規表現テスターのサイトで確認しながら決めるのも、1つの方法です。

なお、* だけでなく、次のように、? と + についても、同じ記法で最短一致にできます。

23

最長一致	最短一致	意　味
X?	X??	0または1個のX
X*	X*?	0個以上のX
X+	X+?	1個以上のX

2-5 文字クラス

[ ] で囲った文字を文字クラスといいます。[ ] には複数の文字を指定でき、そのうちのどれかにマッチするという意味です。

なお、[ ] 内では ^ は否定の働きになります。また、- を使って範囲を表します。

正規表現	意　味	例　示	
[...]	[ ] 内のどれかの文字	[abc]	aかbかc
[^...]	[ ] 内の文字以外の文字<否定>	[^abc]	「aかbかc」以外
[.-.]	範囲を指定する	[a-z] [a-zA-Z]	aからzまで aからzまでとAからZまで

[abc]+ (a、b、c からなる文字列)

```
abc ab c abbc ac % abbbc ABC A_ 12.133 # A aAA aAAAA dogdog aabc
```

[0-9]+ (数字だけからなる文字列)

```
abc ab c abbc ac % abbbc ABC A_ 12.133 # A aAA aAAAA dogdog aabc
```

[^a-zA-Z]+ (英字以外の文字列)

```
abc ab c abbc ac % abbbc ABC A_ 12.133 # A aAA aAAAA dogdog aabc
```

例は、[] と + を使って、特定の種類の文字だけからなる文字列を指定するものです。abcだけからなる文字列、数字だけからなる文字列、英字以外の文字列です。

先輩、^ は「行の先頭」を表すんじゃなかったですか？
否定っていうのはヘンです！

確かにそうだが、他に適当な文字がない。仕方ないので、[　] の中では否定の働きに、それ以外では行の先頭を表すというように、^を使い回しすることになっている。実際、^[^a] だと行の「先頭文字はa以外の１文字」という意味になる。

2-6 定義済み文字クラス

数字や空白文字など、正規表現の中でよく使う文字を、簡単に指定できるようにした短縮形です。 ¥d(数字)、¥s(空白文字)、¥w(単語) などの短縮形が定められています。これらは、¥D、¥S、¥Wのように、大文字にすると～以外という反対の意味になります。

Javaプログラムの中に記述する時は、¥d ではなく ¥¥d のように書きます。¥ 記号自体を文字として指定するためです (¥d のように書くと、¥nのようなエスケープ文字になってしまいます)。

正規表現	意　味	例　示	
¥d	数字	<¥d>	<1> や <8> など
¥D	数字でない文字	<¥D>	<a> や <b> など
¥s	空白文字 (¥t ¥n ¥r ¥fを含む)	abc¥sxx	"abc xx"
¥S	空白文字以外。 [^¥s] と同義	abc¥Sxx	"abcPxx" など
¥w	英単語を構成する文字。 [a-zA-Z0-9_] と同義	文字¥w	"文字a" など
¥W	英単語を構成する文字以外。[^¥w] と同義	文字¥W	"文字##" など

¥d+ (数字だけからなる文字列)

abc ab c abbc ac % abbbc ABC A_ 12.133 # A aAA aAAAA dogdog aabc

¥w+ (単語構成文字だけからなる文字列)

abc ab c abbc ac % abbbc ABC A_ 12.133 # A aAA aAAAA dogdog aabc

上段は、¥dが数字の繰り返しなので、何桁かの数字とマッチする例です。下段は、¥w+が単語 (数字を含む) 構成文字なので、何かの単語を表します。_ も単語を構成する文字です。

c¥s+ (文字cの次に1つ以上の空白文字)

abc ab c abbc ac % abbbc ABC A_ 12.133 # A aAA aAAAA dogdog aabc

文字cの後に、空白文字が1文字以上出現するパターンです。

2-7 指定した個数の範囲での繰り返し

文字の個数を指定したい場合は、* や + ではなく、{} の形式で指定します。この方法ではx{2} のように {} に文字の個数を指定します。

また、{n,} で n 以上、{n,m} でnからmまでの繰り返しを表します。

正規表現	意 味	例 示	
X{n}	n個のX	A{2}	AA
X{n,}	n個以上のX	A{2,}	AA、AAA、AAAA など
X{n,m}	n個以上かつm個以下のX	A{2,3}	AA または AAA

A{1,3} （Aが1個から3個までのパターン）

abc ab c abbc ac % abbbc ABC A_ 12.133 # A aAA aAAAA dogdog aabc

文字Aが1個以上、3個までのパターンです。右端は、AAAAですが、AAAとAに分かれてマッチしています。なお、**.** を文字として扱うには、**¥.** とします。

¥d{2}¥.¥d+ （整数部が2桁の小数）

abc ab c abbc ac % abbbc ABC A_ 12.133 # A aAA aAAAA dogdog aabc

整数部が2桁に、小数点と数字のあるパターンです。整数部が2桁の小数にマッチします。

2-8 グループ化と選択

( ) は正規表現を1つにまとめます。式の **( )** と同じです。また、**|** は、「または」という論理記号です。

正規表現	意 味	例 示	
(X)	正規表現を1つにグループ化する	(dog){2}	"dogdog"
X|Y	正規表現を または を表す | で連結する	(dog){2}|a{2}	"dogdog" または "aa"

(dog){2} （dogの2回の繰り返し）

abc ab c abbc ac % abbbc ABC A_ 12.133 # A aAA aAAAA dogdog aabc

(dog){2}|a{2} （dogの2回の繰り返しか、aの2回の繰り返し）

abc ab c abbc ac % abbbc ABC A_ 12.133 # A aAA aAAAA dogdog aabc

上段はdog の2回の繰り返しにマッチします。単に **dog{2}** では dog の2回の繰り返しにはマッチしません。**(dog)** と指定する必要があります。

下段は、dog の2回の繰り返しか、a の2回の繰り返しにマッチします。

Q23-2-1

解答

正規表現がうまく書けるでしょうか、練習してみましょう。
これまでの解説を見ながらでも構わないので、次の表に正規表現を書き込んでみてください。

	作成する正規表現の説明	文字列の例示	解答(正規表現)
①	文字列の先頭にTOPがある	"TOPabcde" "TOPXXXX"	
②	文字列の末尾に123がある	"abcd123" "TOPTOP123"	
③	aとbの間に、複数のSがある	"aSSSSb" "aSSb"	
④	英字小文字だけの文字列([ ]を使う)	"ab" "fghij"	
⑤	数字だけの文字列([ ]を使う)	"12345" "67890"	
⑥	数字の途中に1つだけ - がある	"12-345" "6789-0"	
⑦	複数の空白で区切られた単語文字列	"a bc " "ab 123"	
⑧	コンマ(,)で区切られた4～6桁の整数	"12,345" "112,678"	
⑨	PQの繰り返し	"PQPQPQ" "PQPQ"	
⑩	PQかAの繰り返し	"PQPQPQ" "AAAAA"	

※Javaプログラムでは、例えば、¥s は ¥¥s と書かないと正しく読み込めませんが、ここでは正規表現をそのまま書いてください。つまり、¥s のままで構いません。

3.含む、含まない、を調べる

「～を含む」とか、「～を含まない」といったパターンマッチが必要なケースがあります。例えば、IDには # や $ などの記号は含まないのが普通ですし、パスワードなら小文字、大文字、数字をすべて含むこと、といった制限があります。

このパターンマッチは、一致する部分にマッチするのではなく、一致するものがあるかどうか調べるだけです。それはLookahead(先読み)と呼ばれていて、特殊な記法を使います。最初にこの記法の意味について理解しましょう。

表の青字の部分がLookaheadの記法です。任意の正規表現Xの右に( )を書き、?= は、正規表現regが表す文字列をXの右側に含む、?! はXの右側に含まないという意味になります。

正規表現	意　味	例　示	
X(?=reg)	Xの右側に～を含む	mk(?=abc)	mkabc mkdefg
X(?!reg)	Xの右側に～を含まない	mk(?!abc)	mkabc mkdefg

windows(?=10)　　（windowsの右側に10を含むwindows）

```
windows3.1  windows7  windows10
```

windowsという文字列で、右側に"10" を含むものにマッチします。10の部分はマッチした文字列に入らないことに気を付けてください。10の部分は有無をチェックするだけです。

windows(?!10)　　（windowsの右側に10を含まないwindows）

```
windows3.1  windows7  windows10
```

windowsという文字列で、右側に"10" を含まないものにマッチします。10の部分はマッチした文字列に入らないことに気を付けてください。10の部分は有無をチェックするだけです。

3-1 ～を含む

windowsxx10xx のように、windowsの右側の**任意の位置**に10があるものにマッチするようにするには、正規表現を10ではなく .*10 とします。.* は0個以上の任意の文字を表すので、0個以上の任意の文字の後に10が出現する、という表現になります。

windows(?=.*10)　　（windowsの右側の任意の位置に10を含む）

```
windowsxx10xx  windows10
```

でも、これじゃwindowsって文字の右側に "10" があるかどうか、わかるだけですね。
あまり役に立つものじゃないなぁ。

そうだ。それじゃ困るので、"windows" のところを ^ に変える。
すると、一般の文字列の先頭に対して、右側に "10" があるかどうか調べることになる。

な、なるほど！　^(?=.*10)　ですね・・・
おや、おかしいな、RegExr.com のテスターで試してみたらエラーになります！

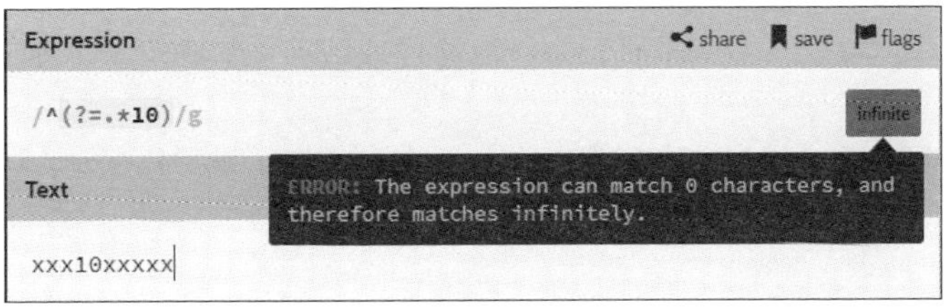

あわてないように！　まだ、続きがある。末尾に **.*** を追加するんだ。
^(?=.*10).* のようにする。これで「先頭から右側に "10" を含む任意の文字列」というスタイルになる。つまり、"10" を含む、という正規表現になるんだ。

さて、次のようにすると、10を含む文字列という正規表現になります。

^(?=.*10).*　　（10を含む文字列）

```
xxx10xxxx
```

なお、右端の .* は、正規表現の本体部分なので、いつもこう書くのではなく、^(?=.*10)**¥d+** とか ^(?=.*10)**[a-z]+** のように、必要に応じて変更します。
例えば、文字列の数の制限をするケースを見てみましょう。次のように変更します。

^(?=.*10).{1,6}　　（10を含む6文字までの文字列）

```
xxx10xxxx
```

ただし、これでは6文字までの部分文字列にマッチしてしまうので、末尾に行末を表す $ を付けて、全体が6文字でないとマッチしないようにします。このように、文字列全体のマッチを問題とするときは、いつも末尾に $ を付けておきます。

^(?=.*10).{1,6}$　　（10を含む6文字までの文字列）

```
xxx10x
```

なるほど、了解です！
ところで、「～を含む」っていう条件が、いくつもある時はどうすれば・・・？

簡単だ、同じ形式で追加すればいい。
例えば、「Aを含む」なら、(?=.*A) を追加するだけだ。

「Aを含む」という条件を追加するには、次のように (?=.*A) を追加します。

^(?=.*10)(?=.*A).{1,6}$　　（文字列の右側の任意の位置に10とAを含む）

```
x10xAx
```

つまり、条件を追加するには、(?=.*~) を追加するだけです。いくつでも増やせ、また、条件を並べる順番も自由です。どんな順番で並べても同じ結果になります。

3-2 ～を含まない

先輩、「～を含まない」っていうのは、どうします？
まさか　?= を ?! に変えるだけ、なんてことじゃないでしょ。

いや、それでいい。
?= を ?! に変えるだけだ。

え、えっー、本当ですか！
すると、まさかですけど、「～を含む」と「～を含まない」って、混ぜて使えます？

大丈夫だ。
どんどん混ぜて使っていい。

例えば、「Bを含まない」という条件は、前項の ?= を ?! に変えて (?!.*B) とするだけです。

^(?!.*B).*$　　（Bを含まない）

```
x10xAx
```

「含まない」という条件も、いくつでも増やせます。例えば、「Cを含まない」を追加するには、^(?!.*B)(?!.*C).* とします。

それから、「～を含む」と「～を含まない」は同時に指定できます。例えば、Aを含み、Bを含まない、6文字までの文字列、という場合は次のように指定します。

^(?=.*A)(?!.*B).{1,6}$　　（Aを含み、Bを含まない6文字までの文字列）

```
x10xAx
```

> これまで、AとBで表していた部分は [0-9] とか ¥w{3} のような、一般的な正規表現に置き換えることができます。これにより、「含む・含まない」の複雑な指定が可能です。

23

Q23-2-2

解答

含む、含まないという判定は、実際にはしばしば必要になります。
これまでのところが理解できたか、確認しましょう。
ユーザー名について、次の規則があるものとします。正しい正規表現はどれですか。

① 「単語構成文字以外の文字」(¥W) を含まない
② 「数字」(¥d) を含む
③ 長さが6文字から10文字まで

A. `(?!.*¥W)(?=.*¥d).{6,10}$`

B. `^(?!.*¥W)(?=.*¥d).{6,10}`

C. `^(?!.*¥W)(?=.*¥d).{6,10}$`

D. `^(?=.*¥W)(?!.*¥d).{6,10}$`

※Javaプログラムでは、¥W は ¥¥W と書かないと "¥" を正しく読み込めませんが、ここでは正規表現をそのまま書いています。

23.3 正規表現の利用

先輩、正規表現の書き方ばっかり、だいぶ覚えましたけど・・・
確か、役に立つんだとか言ってましたね。

そうだ。ここでは、いくつかのメソッドで正規表現を使ってみよう。
役に立つことが実感できるはずだし、それから、正規表現を知ってないと困るってこともわかるだろう。

1. 文字列の置き換えと分割

Stringクラスには、正規表現を使って文字列の置き換えや分割をするメソッドがあります。ここでは、replaceAll、split、matches の各メソッドで、正規表現をどう利用するか、解説します。

例題 HTMLのタグを取り除く [ReplaceAllExample]

```
package sample;
import java.io.IOException;
public class ReplaceAllExample {
    public static void main(String[] args) throws IOException {
        String str = "<title>サンプル</title>";

        // < と > とその間の任意の文字列を空文字 ("") に置き換える
        System.out.println( str.replaceAll("<.+?>", ""));
    }
}
```

```
サンプル
```

上は、StringクラスのreplaceAllメソッドの使用例です。replaceAllメソッドは、置換する文字列を正規表現で指定します。例題はHTMLのタグを空文字（""）に置き換えることで、削除します。正規表現 <.+?> は、< と > の間に任意の文字列があるパターンを表します。最短一致にするため、+ ではなく、+? を使っています。

例題 前後に空白を含むコンマの位置で分割する [SplitExample2]

```
package sample;
import java.util.Arrays;
public class SplitExample2 {
    public static void main(String[] args) {
        String dt = "100, 田中 宏 ,  60.5";
        String[] dts = dt.split("¥¥s*,¥¥s*");
        Arrays.stream(dts).forEach(System.out::println);
    }
}
```

```
100
田中 宏
60.5
```

上の例題は、String クラスのsplit メソッドの使用例です。

splitメソッドは、文字列を区切り文字の位置で分割して、Stringの配列にして返します。上の例題のデータは、コンマ（,）の前後に空白があるので、それを含めて区切り文字にします。

正規表現 ¥¥s*,¥¥s* は、コンマの前後に0個以上の空白文字（半角・全角のスペース、タブ、改行を含む）があるパターンです。

2.文字列の検査

例題 正しいユーザー名だけを選択する [MatchesExample]

```
package sample;
import java.util.Arrays;
import java.util.List;
public class MatchesExample {
  public static void main(String[] args) {
    List<String> list = Arrays.asList("Jack110", "suzu-10", "Ken3", "tom10");
    for(String s : list){
    // 大文字を含み単語構成文字以外を含まない5文字以上の文字列
       if(s.matches("^(?=.*[A-Z])(?!.*¥¥W).{5,}$")) {
       System.out.println(s);
       }
    }
  }
}
```

```
Jack110
```

23

上の例題は、Stringクラスのmatchesメソッドの使用例です。

matchesメソッドは、引数の正規表現にマッチする場合にtrueを返します。これを使うと、文字列が正しいパターンかどうかチェックすることができます。

例題は、リストに入っている文字列のうち、「大文字を含み、単語構成文字以外を含まない、5文字以上の文字列」だけをコンソールに表示します。正規表現の意味は次の通りです。

`(?=.*[A-Z]))`	大文字を含む
`(?!.*¥¥W)`	単語構成文字以外を含まない
`.{5,}`	長さが5文字以上

なお、例題の処理はストリームとラムダ式を使うと次のように書けます。

```
list.stream()
    .filter(s->s.matches("^(?=.*[A-Z])(?!.*¥¥W).{5,}$"))  // 選択する
    .forEach(System.out::println);                         // 出力する
```

3.Scannerクラスの区切り文字

15章で、テキストデータを解析して、intやdoubleなどとして入力できるScannerクラスについて解説しました。

Scannerクラスでは、文字列データを区切り文字で分割し、それを適切な型に変換して入力します。特に指定しない場合、区切り文字とみなされるのは、タブ、半角・全角のスペース、改行文字などです。したがって、データの中に半角や全角のスペースがあると、そこで切られてしまい、Scannerが読み込みエラーを起こします。

全角スペースの位置で切られてしまう

```
100  田中 宏  60.5 ↵
110  佐藤一郎  73.2 ↵
```


Scannerクラスでは、このような場合に区切り文字を変更できるよう、useDelimiterメソッドが用意されています。

```
Scanner in = new Scanner(path);
in.useDelimiter(正規表現);
```

区切り文字は、読み込むデータに応じて正規表現で変更します。

先輩、全角スペース以外の空白を区切り文字に指定するだけでしょ。
`[ ¥t]+` を指定すればOKですね（楽勝だ）。

いや、それだけじゃダメだ。改行文字はどうする？
行の終わりでも区切れるように、改行文字も区切り文字に指定するんだ。

あっ … そうでした。
それじゃ、¥n とか追加します？

改行文字はOSごとに違う。¥nとか指定してもダメだ。
改行文字は、`System.lineSeparator()` メソッドで取得して使うんだ。

例題 Scannerの区切り文字を変更する [ScannerExample]

```
package sample;
import java.io.IOException;
import java.nio.file.Path;
import java.util.Scanner;

public class ScannerExample {
    public static void main(String[] args) {
        Path path = Path.of("data.txt");              // ファイルのパス

        try(Scanner in = new Scanner(path);) {        // Scannerを生成する
            // 区切り文字を変更する
            in.useDelimiter("[ ¥t]+|"+System.lineSeparator());
            while(in.hasNext()) {                     // 残りがある間繰り返す
                int number = in.nextInt();            // intの値にして取り出す
                String name = in.next();              // Stringのまま取り出す
                double weight = in.nextDouble();      // doubleの値にして取り出す
                // 編集してコンソールに表示する
                System.out.println(number + "¥t" + name + "¥t" + weight);
            }
        }
        catch (IOException e) {
            e.printStackTrace();
        }
    }
}
```

```
100    田中 宏    60.5
110    佐藤一郎   73.2
```

※ ここで使うデータファイル（data.txt）はサポートウェブからダウンロードしてください。

例題は、15章（P.356）の例題に、useDelimiterメソッドを追加しただけのものです。データをScannerで入力し、結果を編集してコンソールに表示します。

ここで、useDelimiterメソッドに指定した正規表現は、次のようです。

```
"[ ¥t]+|" + System.lineSeparator()
```

これは、「1つ以上の半角空白かタブ、または（|）System.lineSeparator()」という正規表現です。

改行文字は、Windowsは "¥r¥n"、Macは "¥r"、Linuxは "¥f" と異なるため、そのまま指定するとOSが変わった時に動作しません。そこで、**System.lineSeparator()** メソッドから取得したものを使います。このメソッドは、OS固有の改行文字を返します。

Q23-3

解答

正規表現も最後です。
最後に応用的な問題を解いてみましょう。次の問に答えてください。

データ入力時に、不正な製品番号が入力されないようにStringクラスのmatchesメソッドでチェックします。製品番号は、英字大文字と数字の組み合わせ（小文字は含まない）で、それ以外の文字（英字、数字、アンダーバー以外の文字）は含みません。また、長さは４～６文字です。次のプログラムの空欄を埋めてください。

```
public static void main(String[] args) {
    String item = Input.getString("製品番号"); // キーボードをタイプして入力
    if(!item.[ ① ]("^(?=.*[A-Z0-9])(?!.*[ ② ])(?!.*¥¥W).{[ ③ ]}$")) {
        System.out.println(item);
    }

}
```

※Input.getString()は、キーボード入力のメソッドです。

23.4 まとめとテスト

1.まとめ

1.文字列の特徴

・文字列は不変オブジェクトである
・代入演算子で作る文字リテラルは文字列リテラルプールに登録して使い回される
・new で作る文字列オブジェクトは毎回新規に作成される

2.テキストブロック

・複数行にわたるテキストを、開始記号（"""）と終了記号（"""）で囲んだ文字列
・formatted() メソッドを使って、値を埋め込むのに適している

3.String クラス

・newを使って、インスタンスを他の文字列やbyte配列から作成できる
・byte配列から作成する場合、できるだけ文字セットを指定して作成する
・joinメソッドを使うと、リストや配列の要素を結合して1つの文字列にできる
・文字列の中の特定の部分を置換したり、特定の位置で分割したりできる
・置換と分割には、正規表現を使うことができる
・StringBuilderは、+ による文字列連結と同じである
・+= を使って、繰り返し文字列を連結する場合は、StringBuilderを使う
・StringBuilderは、初期容量を指定して作成する方がいい

4.正規表現

・正規表現（Regular Expression）は、文字列の中に含まれる特定のパターンを文字列で表す記法である
・RegExr.comでは、正規表現を試すテスターを使うことができて便利である
・正規表現を記述する文字には次のようなものがある

```
. ………………………………… 任意の 1 文字
^a ………………………………… 行頭は a
a$ ………………………………… 行末は a
a? ………………………………… 1 個以下の a
a+ ………………………………… 1 個以上の a
a* ………………………………… 0 個以上の a
a?? a*? a+? ……………… ? を付けると最短一致になる
[abc] [a-z] ………………… abcのどれか　aからzのどれか
[^abc] ……………………… abcのどれでもない
¥d ¥s ¥w………………… 数字　空白文字（空白、タブ、行末文字）　単語構成文字
```

23

```
¥D ¥S ¥W……………………………… 上記の否定
x{n}  x{n,}  x{n,m} ……… n個のX      n個以上のX      n個からm個までのX
(X) ……………………………………… 正規表現を1つにくくる
X|Y ……………………………………… XかまたはY
```

5. 含むと含まない

・正規表現regを含む文字列は ……… ^(?=.*reg).*$
・正規表現regを含まない文字列は … ^(?!.*reg).*$
・複数指定が可能（含む） …………… ^(?=.*reg1)(?=.*reg2).*$
　　　　同上　（含まない） ……… ^(?!.*reg3)(?!.*reg4).*$
・含む、含まないは混ぜて使える …… ^(?=.*reg1)(?!.*reg3).*$
・.* は必要に応じて変更する ………… ^(?=.*reg).{1,6}$　　^(?=.*reg)¥d+$

6. 正規表現を使うメソッド

・Stringクラスのsplitメソッド ……………… 分割位置を決める文字列を指定する
・StringクラスのreplaceAllメソッド ……… 置換する文字列を指定する
・Stringクラスのmatchesメソッド ………… 正規表現にマッチした文字列か検査する
・ScannerクラスのuseDelimiterメソッド … 区切り文字を変更する

2. 演習問題

解答

この章の理解度を確認します。解答には、解説を参照して構いません。

問1　文字列の特徴に関する問題です。
次のコードを実行する時、正しいものはどれですか。

```
byte[] bytes = {0x61, 0x62, 0x63};    // a、b、c を表すbyte配列
String s1 = new String(bytes);
String s2 = "abc";
System.out.println(s1==s2);
```

A. true と表示される
B. false と表示される
C. コンパイルエラー

23

問2　StringBuilderの使い方についての問題です。
次のプログラムの枠で囲った部分をStringBuilderを使って書き換えてください。

```
package exercise;
import java.io.BufferedReader;
import java.io.IOException;
import java.nio.file.Files;
import java.nio.file.Path;

    public class Pass2 {
    public static void main(String[] args) {
        Path path = Path.of("data.txt");
        try(BufferedReader in = Files.newBufferedReader(path);){
            String alltext = "",line;
            while((line = in.readLine())!=null) {
                alltext += line + "¥n";
            }
            System.out.println(alltext);
        }
        catch (IOException e) {
            e.printStackTrace();
        }
    }
}
```

問3　正規表現についての問題です。次の正規表現を書いてください。
ただし、^_____$ のように、先頭に^、末尾に$ を付けてください。

A. 先頭文字は英字に限る。2文字目以降は何でもよいが、全体の長さは2～10文字までとする
例）a00143　Bbb1-23　xxx999　____________________

B. 先頭の3文字は英小文字、その後、ハイフン（-）に続けて1文字以上の数字
例）abc-12345　xxx-34　num-33　____________________

C. 英単語（英小文字のみ）で、途中に空白を含まない
例）friday　sun　morning　____________________

D. 4～6桁の金額表示。先頭は英字の¥で、3桁目にコンマが入る
例）¥123,456　¥12,345　¥1,234　____________________

問4　正規表現とStringクラスのメソッドを使う、難しい問題ですが、チャレンジしてみてください。

Stringクラスのmatchesメソッドは、インスタンスメソッドです。引数に正規表現を指定すると、文字列が正規表現にマッチした時はtrue、それ以外はfalseを返します。使い方は、次の例を見てください。文字列が1文字以上の数字かどうかチェックしています。例では、result はtrue になります。

```
String str = "33665";
boolean result = str.matches("¥¥d+"); // strが引数の正規表現にマッチすればtrueを返す
```

※¥をプログラムに書く時は¥¥と指定します。

このmatchesメソッドを使って、パスワードチェックプログラムを作成してください。

＜パスワードの条件＞
①数字を含む
②英小文字を含む
③英大文字を含む
④空白文字を含まない

パスワードの条件を満たすかどうかチェックして、不正なパスワードなら、「パスワードの要件を満たしていない」と画面に表示し、そうでなければ「OK」と表示するプログラムを作ってください。作成に当たって、次のSPDを参考にしてください。

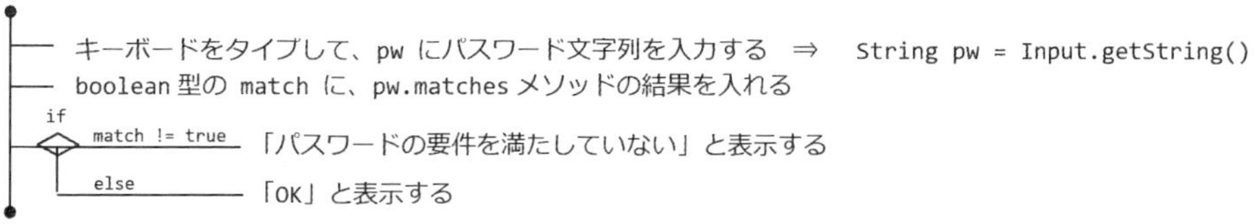
キーボードをタイプして、pw にパスワード文字列を入力する ⇒ String pw = Input.getString()
boolean 型の match に、pw.matches メソッドの結果を入れる
if
match != true
「パスワードの要件を満たしていない」と表示する
else
「OK」と表示する

※素数＝割れない＝別れない
ということで、人気の高い日なのです。
土曜日の素数の日はすくないので、被りがちです。

Chapter

24 列挙型

列挙型を使うと名前を定数として使えるので、プログラムの可読性を高めるのに役に立ちます。特定の名前以外は値として使えないので、無用なエラーを防ぐこともできます。また、独自のメソッドを持つように、列挙型を定義することもできます。

24.1 列挙型

1.列挙型の必要性

次はスマートフォンのレコードで、型番と色が記録されています。

```
public record SmartPhone(String type, int color){}
```

色は、白、黒、ゴールドの3色で、それぞれ、1、2、3の番号で区別することになっています。色によって価格が違う時、あるインスタンスmyPhoneの色を調べて価格を表示する処理は次のようです。

```
int color = myPhone.color(); // インスタンスから色を得る
int price = 0;
if(color==1) {
    price = 10000;
}else if(color==2) {
    price = 11000;
}else if(color==3){
    price = 12000;
}
System.out.println(price);
```

さて、簡単な処理だが、ちょっとした問題点がある。
何が問題か、わかるかな？

あっ、簡単です！
1、2、3という数値じゃ、何を判定しているのかわかりません。

1が白とか、2が黒のように、数値に意味がある時、数値をそのままプログラムの中に書きこむと、意味が分かりにくくなります。そこで、しばしば、finalなint型の変数を作って初期値を設定し、その変数名で比較する方法が取られます。

```
final int WHITE = 1;                 // 1の代わりにWHITEという変数名を使う
final int BLACK = 2;                 // 2の代わりにBLACKという変数名を使う
final int GOLD = 3;                  // 3の代わりにGOLDという変数名を使う
...
int color = myPhone.color();         // インスタンスから色を得る
int price = 0;
if(color==WHITE){
    price = 10000;
}else if(color==BLACK){
    price = 11000;
}else if(color==GOLD){
    price = 12000;
}
System.out.println(price);
```

それじゃ、このfinalな変数を使うバージョンはどうだ。
問題点は？

えっ、数字じゃなくなって、意味がわかるようになったし・・・
問題点はないと思います！

残念、そう簡単じゃない。
次のように、データ作成時に間違っていたらどうしようもない。

```
SmartPhone myPhone = new SmartPhone("WS202-1", 0); // 間違った色番号
```

このような問題が起こるのは、色をint型にしているからです。intでは、1〜3以外の値の代入を防ぐ方法がありません。それでは、String型ならいいでしょうか。いいえ、スペルミスがあると同じことになります。

このような時に使うのが**列挙型**です。詳細はこの後解説しますが、列挙型として、次のようにColor型を宣言すると、**代入できる値を`Color.WHITE`、`Color.BLACK`、`Color.GOLD`だけに限定できるのです。**

```
enum Color {WHITE、BLACK、GOLD}    // Color型の宣言
...
SmartPhone myPhone = new SmartPhone("WS202-1", Color.WHITE);   // 白を設定
```

もちろん、こうするためには、SmartPhoneクラスのフィールド変数 color をint型ではなく、Color型に変更しておく必要があります。

```
public record SmartPhone(String type, Color color){}
```

2.列挙型の作り方と特徴

列挙型は、enum（イナムまたはイニュームと発音）というキーワードを使って、次のようにします。

```
public enum Color{ WHITE, BLACK, GOLD }
```

なんだか妙な形の宣言だなぁ
クラスじゃないし、配列じゃないし、レコードでもない・・・

確かに、enumの定義は不思議な形をしているが、クラス宣言の一種だ。
WHITE、BLACK、GOLDの部分を無視して、次のように見てくれ。

```
public enum Color {
}
```

な、なるほど、クラスに似てますね、classがenumに変わっただけだ。
でも、そうすると、WHITE、BLACK、GOLDってのは何ですか？

それはこの列挙型のstaticなインスタンスの名前だ。列挙子という。
Color型では、最初からその３つのインスタンスが作成される

enum型は、新しい列挙型（ここではColor型）を宣言すると同時に、その型のインスタンスを作ってしまう、という特徴があります。プログラマはColor型のインスタンスを新たに作ることはできない仕組みになっているので、WHITE、BLACK、GOLDのように、最初から作られるインスタンスが、唯一のインスタンスということになります。

さて、列挙型のColorを定義すると、次のように、Color型の変数colorを使うことができます。


```
Color color;
```

Color型のインスタンスは、WHITE、BLACK、GOLDの3つしかなく、これ以上作ることもできないので、変数colorに代入できるのは、WHITE、BLACK、GOLDのどれかしかあり

ません。なお、colorは参照型に属すので、nullも代入できることを覚えておきましょう。
では、Color型の値を使ってみましょう。

例題 列挙型を使う ［Color、EnumExample］

```
package sample;
public enum Color {WHITE, BLACK, GOLD}
```

```
package sample;
import java.util.List;
public class EnumExample {
    public static void main(String[] args) {

        var list = List.of(
                new SmartPhone("100", Color.WHITE),
                new SmartPhone("101", Color.BLACK),
                new SmartPhone("102", Color.BLACK),
                new SmartPhone("103", Color.GOLD));

        list.forEach(System.out::println); // 全部を出力する
    }
}
```

```
SmartPhone [ type=100, color=WHITE ]
SmartPhone [ type=101, color=BLACK ]
SmartPhone [ type=102, color=BLACK ]
SmartPhone [ type=103, color=GOLD ]
```

ふーん、型名を付けて Color.WHITE ってやるんですか。
型名がいるのはなぜだろう？

WHITE、BLACK、GOLD はstatic なインスタンスだからだ。
最初から存在するので、new で作らない。
代わりに、使う時は、列挙の型名と連結して使う必要がある。

重要なことは、Color型の変数colorは、WHITE、BLACK、GOLDのどれかしか存在しないことです。"RED" とか "YELLOW" などはありません。つまり、間違った値（型）を使えないので、これを型の安全性が保障されているといいます。

列挙型の定義ファイルの作成

列挙型はクラスと同じように、1つのファイルに作成します。Eclipseでは、メニューから、[ファイル] ➡ [新規] ➡ [列挙型] と選択すれば簡単に作成できます。

```
public enum Color {WHITE, BLACK, GOLD}
```

ファイル拡張子は.javaで、コンパイルするとclassファイルになります。

簡易な使い方として、recordやクラス定義と同じファイルに列挙型の定義を書くことができます。ファイル名の規則（➡P.164）から、recordにpublicがつけてあるとenumにpublicは使えませんが、同じパッケージ内の他のクラスなどからアクセスできます。

SmartPhone

```
enum Color{WHITE, BLACK, GOLD}
public record SmartPhone (String type, Color color){}
```

また、任意のクラス定義の中に、スタティックメンバの1つとして書くことも可能です（コンパイラがstaticを自動的に付けるので、staticの記述は省略できます）。

```
public class MyClass {
    static enum Color{ WHITE, BLACK, GOLD }
```

先輩、列挙型はクラスの一種って言いましたよね。
それなのに、他のクラスの中で宣言していいんですか。

まったく構わない。
18章で解説した静的ネストクラスのような扱いになる。

Q24-1

解答

列挙型ItemSizeの定義として間違っているものはどれですか。

A. Enum ItemSize { BIG, MEDIUM, SMALL }
B. enum ItemSize { BIG, MEDIUM, SMALL }
C. private enum ItemSize { BIG, MEDIUM, SMALL }
D. public enum ItemSize { BIG, MEDIUM, SMALL }

24.2 列挙型の使い方

1.列挙型の値を比較する

列挙型の値を見て、判断を行う例題です。

例題 列挙型の使い方 [NormalUse]

```
package sample;
import java.util.List;
public class NormalUse {
    public static void main(String[] args) {

        var list = List.of(
                new SmartPhone("100", Color.WHITE),
                new SmartPhone("101", Color.BLACK),
                new SmartPhone("102", Color.BLACK),
                new SmartPhone("103", Color.GOLD));

        list.stream()
            .filter(s->s.color()==Color.BLACK) // 色がColor.BLACKだけを抽出
            .forEach(System.out::println);
    }
}
```

```
SmartPhone [ type=101, color=BLACK ]
SmartPhone [ type=102, color=BLACK ]
```

列挙型の値は、Color.BLACKのように、**型名.値** の形で使います。普通の文脈で、BLACKのような型名を単独で使うとコンパイルエラーになります。

値は、オブジェクトですが、スタティックな値で、同じ値は1つだけしか生成されません。唯一の存在で、不変（immutable）ですから、**== を使って比較できます**。

また、オブジェクトでもあるので、equals() メソッドで次のように比較することもできます。

```
list.stream()
    .filter(s->Color.BLACK.equals(s.color()))
    .forEach(System.out::println);
```

2.switch文でcaseラベルとして使う

例題 switch文で列挙型を使う [SwitchExample]

```
package sample;
public class SwitchExample {
    public static void main(String[] args) {

        SmartPhone p = new SmartPhone("100", Color.WHITE);
        switch (p.color()) {
            case WHITE -> System.out.println("白色です");
            case BLACK -> System.out.println("黒色です");
            case GOLD -> System.out.println("金色です");
        }
    }
}
```

```
SmartPhone [ type=101, color=BLACK ]
SmartPhone [ type=102, color=BLACK ]
```

列挙型の値をswitch文やswitch式のcaseラベルとして使う時は、値名だけを書きます。それは、Color型であることが、switch(p.color())により、先にわかっているからです。例題の書き方に注意してください。

3.列挙型のメソッド

列挙型は特殊なクラス型なので、普通のクラスのようには扱えません。インスタンスを作れるのはコンパイラだけです。内部的にはjava.langパッケージのEnumクラスを継承して作成されますが、それ以外にコンパイラが独自にメソッドを付け加えています。

例題 すべての型名を得る [AllNames]

```
package sample;
public class AllNames {
    public static void main(String[] args) {
        Color[] values = Color.values();  // 列挙型の値の配列
        Arrays.stream(values)
              .forEach(System.out::println);
    }
}
```

```
WHITE
BLACK
GOLD
```

コンパイラは、列挙型にvalues()というスタティックメソッドを付け加えます。これはEnumクラスにもなく、APIドキュメントにも掲載されていません。列挙の値のリストを配列にして返すメソッドです。例題はそれを使って、列挙名をリストアップしています。

他に、特徴的な2つのメソッドを使ってみましょう。Enumクラスから継承したname()、ordinal()メソッドは、インスタンスメソッドです。使ってみると次のようです。

例題 列挙型のメソッド [MethodExample]

```
package sample;
public class MethodExample {
    public static void main(String[] args) {
        Color color =  Color.WHITE;
        System.out.print(color.name() + " : ");    // 値の名前
        System.out.println(color.ordinal());       // 値の序数
    }
}
```

```
WHITE : 0
```

メソッドまで持っているのか。
先輩、これって何か便利そうですね。

List やMap などの標準クラスが、内部で並べ替えなどの処理に利用している。あまり、活用する機会はないだろうが、興味があれば、lava.lang パッケージのEnum クラスのAPI を参照するといい。

Q24-2

解答

簡単な知識の確認をしておきましょう。
次のような列挙型Menuと値をセットしたMenu型の変数menuValueがあります。

```
public enum Menu {
    MEAT, VEGETABLE, FISH
}
Menu menuValue = …; // 値を設定
```

どの使い方が間違っていますか。

A.
```
if(menuValue == MEAT){
        …
 }
```

B.
```
if(menuValue == Menu.MEAT){
        …
 }
```

C.
```
if(Menu.MEAT.equals(menuValue)){
        …
 }
```

24.3 独自の列挙型の作成

1.列挙型を作成する

例えば、java.timeパッケージのDayOfWeek列挙型は、getDisplayName()（➡ P.561下段の参考）というメソッドを持っています。SUNDAYなどの列挙型の値から「日曜日」という表示用の文字列を取得するメソッドですが、これは標準の列挙型にはない、独自メソッドです。

このような独自機能を持つ列挙型は、プログラマが作成できます。次は、Color型に、色の型記号を返すgetModelNumber()メソッドを定義したものです。

例題 独自の列挙型の作成 [sample2/Color]

```
package sample2;
public enum Color {
❶  WHITE("WS202-1"),   ┐
   BLACK("BS202-1"),   ├ コンパイラへの指示の部分
   GOLD("GS202-1");    ┘
   ///////////////////////////////////////////////////////////////////////
❷  private String ModelNumber;              // フィールド変換   ┐
❸  private Color(String ModelNumber) {      // コンストラクタ   │
       this.ModelNumber = ModelNumber;                          │
   }                                                            │ クラス定義の
❹  public String getModelNumber() {         // ゲッター         │ 部分
       return ModelNumber;                                      │
   }                                                            │
}                                                               ┘
```

❶の値の定義スタイルに注意してください。WHITE、BLACK、GOLDは、Color型のインスタンスの名前です。これはコンパイラへの指示にあたる部分で、コンパイラはここに列記された名前を持つインスタンスを作る、という指示なのです。

インスタンスの名前には ( ) を付けて引数が書かれていますが、これは、インスタンスを作成する時、コンストラクタに渡す値です。コンパイラは、これを使って、Color型の3つのインスタンス、WHITE、BLACK、GOLDを作成します。

////// でラインを引いているのは、この前後で、コンパイラへの指示部分と、クラス定義部分とに分かれるからです。したがって、////// によるラインより下の部分は、列挙型のクラスとしての定義部分です。

クラスとしての定義は単純で、❷が型記号の値を持つフィールド変数、❸がコンストラクタ、❹がゲッターです。**コンストラクタは、private です。**public、protectedは使えません。省略した場合は、privateを書いているものとみなされます。

うーん、コンストラクタもあるし・・・
先輩、やっぱり、new でインスタンスを作れそうです！

コンストラクタがあっても、それを使えるのはコンパイラだけだ。
newでインスタンスを作ろうとしても、コンパイルエラーになる。

作成した機能を、Execクラスで試してみましょう。

例題 列挙型のメソッドを使う [sample2/Exec]

```
package sample2;
public class Exec {
    public static void main(String[] args) {
        System.out.println(Color.WHITE.getModelNumber());
        System.out.println(Color.BLACK.getModelNumber());
        System.out.println(Color.GOLD.getModelNumber());
    }
}
```

```
WS202-1
BS202-1
GS202-1
```

Execクラスでは、Color型のインスタンスに、型記号を得るゲッターを適用しています。実行結果から、それぞれの色の型記号が得られたことが分かります。

Q24-3

解答

最後に、例題にならって独自メソッドを持つ列挙型を作ってみましょう。
例題と同じやり方でできるので、それほど難しくはないはずです。

次は、列挙型Menuのインスタンスが持つgetNameメソッドを試したものです。値は、MEAT、VEGETABLE、FISH の3つだけです。この結果を見て、getNameメソッドを持つ独自のMenuクラスを作成してください。

```
public class ExecMenu {
    public static void main(String[] args) {
        System.out.println(Menu.MEAT.getName());
        System.out.println(Menu.VEGETABLE.getName());
        System.out.println(Menu.FISH.getName());
    }
}
```

```
肉料理
野菜料理
魚料理
```

24.4 まとめとテスト

1.まとめ

1. 列挙型

・列挙型では、宣言と同時に、名前で指定したインスタンスが自動生成される

```
public enum Color{ WHITE, BLACK, GOLD }
```

・列挙型の変数には、宣言時に作成されたインスタンス以外は代入できない（型安全性の保障）

```
Color color = Color.WHITE;
```

・インスタンスを新たに作成できないので、==、および equals メソッドで値を比較できる
・Color.WHITE という形で使うが、switch 文や switch 式で使う時のみ WHITE など値名だけでよい
・独自のメソッドを持つように列挙型を作成できる

2.演習問題

解答

次の問に答えて、知識を確認してください。

問1　列挙型の特徴についての問題です。
列挙型 enum　Shape { CIRCLE, TRIANGLE, RECTANGLE } があります。この時、次の文で正しいものはどれですか。2つ選んでください。

A. Shape に後から、HEXAGON という要素を追加できる
B. Shape.CIRCLE はメソッドを持っている
C. Shape s = CIRCLE; という形式で値を設定する
D. enum は Enum と書いてもよい
E. クラスの中で列挙型を定義してもよい
F. switch 文のケースラベルとして使う時は、Shape.CIRCLE または CIRCLE のどちらも使える

24

問2　列挙型の利用についての問題です。
ジャンルを表す列挙型Genreと本のレコードが次のように定義されています。

```
enum Genre {NOVEL, HISTORY, SCIENCE, OTHER}

public record Book(
        int number,          // 番号
        String title,        // 書名
        Genre genre,         // 分野
        String author,       // 著者
        int price,           // 価格
        boolean stock)       // 在庫の有無
   // 以下の記載を省略
```

※このBookレコードはサポートウェブからダウンロードしたEclipse用のプロジェクトのexerciseパッケージにあります。

Bookレコードには、テストデータのリストを返すBook.getList()メソッドが定義されています。これを使って、テストデータの入ったBook型のリストを次のように取得できます。

```
List<Book> list = Book.getList();
```

そこで、このリストから、ジャンルがSCIENCEの本だけを抜き出して、その書名を実行結果のように表示するプログラムを作成してください。なお、ストリーム（Stream）を使って処理を作成してください。

＜実行結果＞

```
材料工学
スポーツ統計
データ分析
鋳物の化学
健康科学のはなし
粉末冶金科学
```

24

リンゴ！
窓！
IT系 2大派閥

Chapter

25 マルチスレッド

マルチスレッドは、現実のアプリケーションを作成する時、いろいろなシーンで必要になります。例えば、ネットワークを介しての処理など、時間のかかる処理は、マルチスレッドで非同期に実行するのが普通です。

マルチスレッド処理も、近年、いろいろな改良が試みられていて、特にCompletableFutureが使えるようになったことは大きな出来事でした。マルチスレッド処理が格段に作成しやすくなり、メソッドチェーンやラムダ式を使って簡潔に記述できます。

この章では、従来のマルチスレッドの方法をコンパクトにまとめ、さらに、CompletableFutureの基本的な使い方を一通り解説しました。

25.1 マルチスレッドの処理

1. マルチスレッドと非同期処理

ワープロで100ページの印刷を開始したとき、それが終わるまで待たなければ続きの文書を作成できないとしたらとても困ったことになります。プリンターは速度が遅いので何分も待たなければ作業を再開できないからです。そこで、実際には印刷処理と並行して編集処理を行えるようになっています。これを可能にしているのが**マルチスレッド**による**非同期処理**です。

プログラムの中で独立して実行する一連の処理を**スレッド**といいます。これまでのプログラムはメインスレッドしかないシングルスレッドのプログラムでした。しかし、図のように新しいスレッドを作成して、そこで全く別の処理を同時並行的に実行することを**非同期処理**といいます。

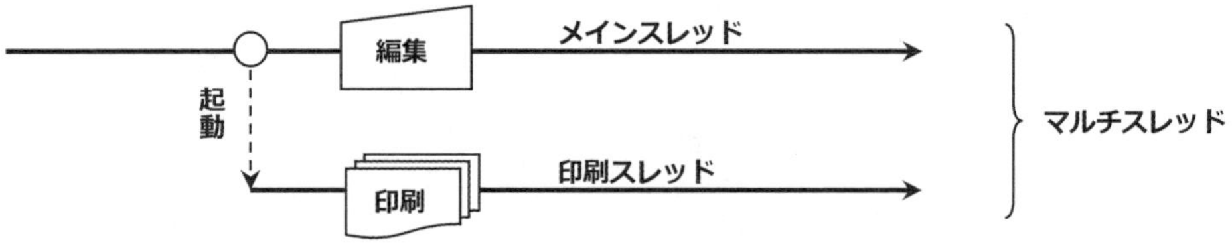

※ スレッド（Thread）とは「糸、筋道」の意です。独立した1本の処理を表します。

2. スレッドの作成と実行

新しくスレッドを作成するには、Threadクラスのインスタンスを作成して、startメソッドを実行するのが最も基本的な方法です。

```
Thread t = new Thread(実行したい内容);
t.start();
```

「実行したい内容」は、Runnableインタフェースを実装したクラスのインスタンスですが、Runnableはrun()メソッドだけを定義した関数型インタフェースなので、ラムダ式で書けます。

Runnableの関数記述子は、()->voidです。引数も戻り値もありません。単に実行内容を定義するだけですから、例えば、次のような形になります。

```
Thread t = new Thread(()->System.out.println("thread-1"));
t.start();
```

次は、3つのスレッドを作って実行する例です。

例題 マルチスレッドのプログラム [ThreadExample]

```
package sample;
public class ThreadExample {
    public static void main(String[] args) {
    // 3つのスレッドを作成
        Thread t1 = new Thread(()->System.out.println("thread-1"));
        Thread t2 = new Thread(()->System.out.println("thread-2"));
        Thread t3 = new Thread(()->System.out.println("thread-3"));
        // マルチスレッドの実行
        t1.start();
        t2.start();
        t3.start();
        System.out.println("--- main 終了 ---");
    }
}
```

```
--- main 終了 ---
thread-1
thread-3
thread-2
```

```
--- main 終了 ---
thread-3
thread-2
thread-1
```

```
thread-1
thread-2
thread-3
--- main 終了 ---
```

```
--- main 終了 ---
thread-2
thread-1
thread-3
```

数回実行した時の結果を、実行結果として示します。

このプログラムでは、mainメソッドが動作しているスレッドを含めて、4つのスレッドが同時に動いていることになります。ただ、実行するたびに順序が違うので、実行順序のコントロールはできないことがわかると思います。

この例では、非同期処理は、文字列を出力するだけですが、ある程度まとまった処理をする場合は、全体を1つのクラスにしておきます。そして、スレッド内でそのインスタンスを作成し、メソッドを呼び出します。

まとまった処理を実行する

次は、ラムダ式で、Taskクラスのインスタンスを作成して、そのメソッドを実行する例です。Taskクラスの`doit()`メソッドが処理の本体です。

例題 Taskクラスを使って仕事をする [ThreadExample2]

```
package sample;
public class ThreadExample2 {
    public static void main(String[] args) {
        Thread t1 = new Thread(()->{
            Task task = new Task("thread-1");
            task.doit();
        });
        t1.start();
        System.out.println("--- main 終了 ---");
    }
}
```

```
package sample;
import java.util.concurrent.TimeUnit;
class Task { ////// 仕事をするクラス //////
    private String msg;
    public Task(String msg) {
        this.msg = msg;
    }
❶   public void doit() {
        System.out.println(msg);           // フィールドの文字列を表示する
        // 遅延をシミュレートするため1秒間停止する
        try {
            TimeUnit.SECONDS.sleep(1);     // 1秒間停止する
        } catch (InterruptedException e) {
            throw new IllegalStateException(e);
        }
    }
    // 以下省略
}
```

```
--- main 終了 ---
thread-1
```

Taskクラスの❶で`doit()`メソッドを定義しています。

`doit()`メソッドは、メッセージを表示した後、処理に時間がかかって遅延する状態をシミュレートするため、`TimeUnit.SECONDS.sleep(1);`により、1秒間、スリープ（停止）します。

TimeUnitは、java.util.concurrentパッケージにある時間単位を表す列挙型です。そして、SECONDSは秒の単位を表すTimeUnit型の値です（詳細は652ページ）。また、sleepメソッドは、TimeUnitのメソッドです。引数に指定した時間だけスレッドの実行をスリープしますが、例では、TimeUnit.SECONDS.sleep(1) となっているので、1秒間スリープします。

このメソッドはチェック例外（InterruptedException）を投げるので、例外処理を書いています。しかし、キャッチ処理した後、実行時例外のIllegalStateExceptionを投げるようにしています。これにより、doit() メソッドを呼び出す側では例外処理が不要になります。

スレッドセーフ

マルチスレッドについて、**スレッドセーフ**という言葉を目にしたことがあるかもしれません。スレッドセーフとは、マルチスレッドで動かしても、問題が起きないことをいいます。よくある問題は、特定のオブジェクトやスタティックな変数をいくつかのスレッドで共有して使うことです。

何も対策を取らないと、あるスレッドがオブジェクトの内容を変更している途中なのに、他のスレッドも同じオブジェクトの内容を変更してしまうという現象が発生します。こうなると、全体の処理はうまくいきません。

スレッドセーフにする一番確実な方法は、**ローカル変数だけを使う**ことです。ローカル変数は各スレッドに固有なので、決して干渉されません。
インスタンスは、例題のようにスレッド内で作成して、参照をローカル変数に代入して使えば大丈夫です。ただし、スタティックフィールド（クラス変数）はどのスレッドからもアクセスできるので、スレッドセーフではありません。オブジェクトのスタティックフィールドを共有するようなプログラムは書かないようにします。

synchronizedキーワード

いくつかのスレッドで共有される変数がある時、その値を変更するメソッドに、**synchronized**キーワードを付けると、同時には1つのスレッドだけしかアクセスできなくなります。これでスレッドセーフにできますが、反作用として処理速度は遅くなります。

```
private static int number=0;
…
synchronized public void add(int n) {
    number += n;
}
```

Q25-1

解答

マルチスレッドは、作って動かしてみないと実感が湧きません。
exerciseパッケージに、簡単なマルチスレッド処理を作ってみてください。

最初に、Taskクラスをexerciseパッケージにコピーします。

その後、例題にならって、Taskクラスのdoitメソッドを非同期に実行する処理を3つ作って、同時に実行してみてください。次のような、Thread t1、Thread t2、Thread t3 を作って、同時に実行します。

```
Thread t1 = new Thread(() -> {
    Task task = new Task("★thread-1");
    task.doit();
});
Thread t2 = new Thread(() -> {
    Task task = new Task("★thread-2");
    task.doit();
});
Thread t3 = new Thread(() -> {
    Task task = new Task("★thread-3");
    task.doit();
});
```

```
★thread-1
★thread-3
★thread-2
```

25

25.2 スレッドプールの利用

1.スレッドプールとは

Threadクラスを使う方法は、タスクが発生するたびにインスタンスを作成するので、あまり効率のよい方法ではありません。そこで、あらかじめスレッドをいくつか起動してプールしておき、必要に応じてそれらを使い回すスレッドプールという方法が取られるようになりました。

スレッドプールでは、プール内のスレッドの1つを使ってタスクを実行しますが、実行が終了すると、スレッドをプールに戻して再利用します。主なスレッドプールは次の4つです。なお、表の下段の青字は、スレッドプールを作成するメソッドの書き方です。

名称・作り方	特　徴
Fixed Thread Pool Executors.newFixedThreadPool(n)	プール内に指定した数のスレッドを入れておくタイプ
Cached Thread Pool Executors.newCachedThreadPool()	プール内のスレッド数が必要に応じて自動的に増減するタイプ
Single Thread Pool Executors.newSingleThreadExecutor()	プール内にひとつのスレッドだけがあるタイプ
WorkStealing Pool Executors.newWorkStealingPool() Executors.newWorkStealingPool(n)	CPUのコア数の最大値または指定された数のスレッドを入れておき、各スレッドにタスクのキューを割り当てる。キューに空きができると他のスレッドのタスクを横取りして処理する。

2.スレッドプールの使い方

Concurrency UtilitiesのExecutorsクラスを使うと、スレッドプールを簡単に作成できます。4つのクラスメソッドが、それぞれ違う4つのタイプのスレッドプールを作るのに使われます。また、これらは、ExecutorServiceインタフェースを実装しているので、次のように、ExecutorService型の変数に代入して使います。

スレッドプールの作成

```
ExecutorService es = Executors.newFixedThreadPool(n);
ExecutorService es = Executors.newCachedThreadPool();
ExecutorService es = Executors.newSingleThreadExecutor();
ExecutorService es = Executors.newWorkStealingPool();
ExecutorService es = Executors.newWorkStealingPool(n);
```

次は、Fixed Thread Poolを使ったマルチスレッドの例題です。

例題 スレッドプールを使う [ThreadPoolExample]

```
package sample;
import java.util.concurrent.ExecutorService;
import java.util.concurrent.Executors;
public class ThreadPoolExample {
    public static void main(String[] args) {
        // スレッドプールを作成
        ExecutorService es = Executors.newFixedThreadPool(10);
        // マルチスレッドで実行
        es.execute(()->System.out.println("thread-1"));
        es.execute(()->System.out.println("thread-2"));
        es.execute(()->System.out.println("thread-3"));
        // スレッドプールを終了する
    ❶   es.shutdown();
    }
}
```

```
thread-2
thread-3
thread-1
```

ExecutorServiceの**execute**メソッドを使って、スレッドを起動します。Threadクラスの場合と同じように、処理内容は、executeメソッドの引数にラムダ式で指定します。関数型インタフェースはRunnableなので、`() -> void` の形式です。

なお、スレッドプールは一度作成するとシャットダウンするまで働き続けます。ですから、不要になった時には、❶のように**`shutdown()`**メソッドを使って停止しなければなりません。

Q25-2

解答

スレッドプールも、自分でプログラムを作って動かしてみましょう。
Q24-1と同じ処理をスレッドプールで実行してください。
例題と同じ`newFixedThreadPool(10)`を使い、3つのスレッドを実行してください。

```
★thread-1
★thread-3
★thread-2
```

25.3 CompletableFuture

1.CompletableFutureとは

CompletableFuture ･･･ 完了可能な将来？
先輩、これもマルチスレッドの話ですか？（意味不明のコトバだ）

他のスレッドで何かの処理を実行した結果、戻り値があるケースもある。
それを扱うのがCompletableFutureだ。ただ、結果が得られるのは実行完了後になる。そのため、あとから取得する処理結果をFutureと呼んでいる。

な、なるほど、"Future" ですか。
それじゃ "Completable" ってのは ･･･

非同期処理が終了した時に、それをトリガにして、さらにいろいろな処理を起動し、最終的な目的処理まで完了できるという意味だ。

異なるスレッドで非同期に起動した処理から結果を受け取る方法として、Futureがありましたが、Java8（2014年）で、その機能を大幅に改善して登場したのが**CompletableFuture**です。Futureでは、後続の処理を実行するには、前段の処理の完了を待って戻り値を取得し、それを次の処理に渡して起動するという手順が必要でした。つまり、Futureが完了するまで、後続の処理はいちいちブロックされるわけです。

現実のシステム開発では、いくつかの重い処理を連続して非同期に（つまりマルチスレッドで）実行しなければいけないことがあります。例えば、データベースからいろいろな条件で対象者を検索し、得られた結果を加工した後で、対象者にメールを送信するなどの処理です。データベース検索には時間がかかりますし、メール送信も同じです。

このような時は、それぞれを連続して非同期に実行します。ただし、データベース検索が終わるまで、処理がブロックされるので、何もせずに待機しなければいけません。処理が完了したら戻り値を取得して、それを使って次のメール送信処理を非同期に実行します。

CompletableFuture では、このような複数の非同期処理で、いちいち中間結果を取得して、次の処理に渡す必要はありません。前段の処理が完了したら、自動的にその結果を次の処理に渡して実行するようプログラムできます。

つまり、データベース検索が終わったら、その結果をそのままメール送信に渡して、非同期に実行するようプログラムできます。これにより、非同期処理全体がノン・ブロッキング処理になり、処理が速くなります。

また、プログラムをメソッドチェーンとラムダ式を使って記述できるので、簡潔な表現になります。データベース検索とメール送信のようなスレッドの連結だけでなく、待ち合わせなどの高度な処理まで、とても簡潔に書けるようになっています。

2.supplyAsync()による非同期処理の起動

CompletableFutureでは、**戻り値のある非同期処理**を、次のように、**supplyAsync()** で起動します。

例題 値を返すスレッドを実行する [Example1]

```
package sample;
import java.util.concurrent.CompletableFuture;
import java.util.concurrent.ExecutorService;
import java.util.concurrent.Executors;
public class Example1 {
    public static void main(String[] args)  throws Exception{
        CompletableFuture<String> future
            = CompletableFuture.supplyAsync( () -> "value" );

        // 結果の取得
        String msg = future.get();
        System.out.println(msg);
    }
}
```

実行する非同期処理

```
value
```

これまで解説した非同期処理に、戻り値はありませんでした。それはRunnableインタフェースを使っていたからです。一方、この例題は、戻り値のある非同期処理です。supplyAsyncメソッドの引数に、**ラムダ式で実行する処理を書きます**。

ラムダ式は、()->T の形式で、supplierインタフェースです。

つまり、戻り値を返す処理です。

```
CompletableFuture.supplyAsync(()->"value");
```

例題は、解説のために、これ以上ないほどのシンプルなラムダ式にしています。単に、value という文字列を返すだけです。現実の処理では、この部分にもう少し複雑な処理を書き並べるのが普通です。

先輩、()->"value" なんて簡単すぎませんか。
（いいのかなぁ、こんなもので）

非同期処理では、何をするかよりも、どう書くかが大事だ。
基本的な書き方がはっきりわかるように処理は簡単にしているのだ。

例題は、文字列valueを返していますが、メインスレッド（非同期処理を起動したスレッド）で、この値を直接受け取れるわけではありません。非同期処理の実行の大枠は次の形になっています。

```
CompletableFuture<String> future = CompletableFuture.supplyAsync(~);
```

supplyAsyncメソッドは、CompletableFuture<**String**>型の値を返すので、それをfutureという変数に受け取ります。ここで、総称型にStringと書いているのは、例題のラムダ式が文字列 "value" を返すようになっていたからです。

メインスレッドで、返す値を受け取るには、処理が完了した後、**future.get()** により取得します。

```
String msg = future.get();
```

ただし、このgetメソッドでは、非同期処理が完了するまで、値を受け取ることはできません。完了次第に受け取るということで、それまではブロックされた状態になっています。

3.thenAccept ()による後処理の実行

うーん、すぐには受け取れないってことか。
(ブロックされないってことだったけど ･･･)

get()で戻り値を受け取るためには、この待ち合わせは仕方がない。そこで、戻り値を受け取らず、非同期処理の最後に、その戻り値を使って後の処理までやらせることができる。

えっ、ということは･･･
get() は必要ないってことですか。

そう。
できるだけ、get() しないで済まそう、ということだ。

get() を実行すると値を受け取るまで、ブロックが発生します。それを避けるには、最初の非同期処理が終了した後、そのスレッドで、戻り値を使って、次の処理まで実行するように指示しておけばいいわけです。そして、それを実行するのが、**thenAccept()** メソッドです

例題 連続的に処理する [Example2]

```
package sample;
import java.util.concurrent.CompletableFuture;
public class Example2 {
    public static void main(String[] args)  throws Exception{
    ❶  CompletableFuture<Void> future
        = CompletableFuture
            .supplyAsync(() -> "Value")
    ❷       .thenAccept(result->{ // resultはsupplyAsyncからの戻り値
                    // 戻り値を使って後続の処理を実行する
    ❸              System.out.println("★" + result); // ダミーの後続の処理
                });
    }
}
```

```
★Value
```

thenAcceptはConsumerインタフェース型の引数で、T->void という関数記述子です。つまり値を返さなくなります。そのため、❶のように、戻り値型がCompletable Future<**Void**> になります(Voidはvoidのラッパークラス型)。

❷のresultは、渡された戻り値ですから、"value" です。つまり、thenAcceptにより、戻り値を使って、後続の処理まで実行できることになります。ブロッキングなしで、連続して処理を完了できます。

もっとも、❸は戻り値("value")に★を連結して、表示しているだけですが、ここも現実の処理では、データベースへの記録など複雑な処理が入るところです。しかし、この部分まで、処理を完了できるので、メインスレッドが、getで戻り値を待つ必要はありません。ブロックも発生しないことになります。

なお、このような後続の後処理用に、thenAcceptを含めて、次の3つのメソッドを使うことができます。

メソッド	インタフェース型	関数記述子	実行する処理
thenAccept	consumer<T>	T->void	戻り値を受け取り、値を返さない処理を実行
thenApply	Function<T>	T->U	戻り値を受け取り、別の値を返す処理を実行
thenRun	Runnable	()->void	何も受け取らず、値を返さない処理を実行

4.エラー対策

先輩、非同期処理でエラーが起こったらどうします?
戻り値も返ってこないし、正常終了したかわからないので不安です。

確かに。だが、心配無用だ。
タイムアウトでスレッドを終了したり、例外対策をする仕組みが用意されている。

指定した時間が経過した時、タイムアウトで非同期処理を終了させることができます。また、エラー発生かどうかを判定して、例外対策を実行したり、あるいは、通常どおり後続の処理を実行したりできます。

例題 例外対策 [Example3]

```
package sample;
import java.util.concurrent.CompletableFuture;
import java.util.concurrent.TimeUnit;
public class Example3 {
    public static void main(String[] args)  throws Exception{
        CompletableFuture<String> future
            = CompletableFuture
                .supplyAsync(() -> "hello")
            ❶   .orTimeout(1, TimeUnit.SECONDS)        // タイムアウト設定
            ❷   .whenComplete((ret, err)-> {           // エラー対策処理
            ❸       if(err==null) {
                        // thenAcceptで実行していた処理
                        System.out.println("★"+ ret);
                    }else {
                        System.out.println("エラーです");         // エラー処理
                    }
                });
    }
}
```

```
★hello
```

❶の**orTimeout**メソッドは、orTimeout(long n, TimeUnit t)の形式で、処理終了までの制限時間とその時間の単位を設定します。指定できる時間単位は列挙型で次のように定義されています。例題はTimeUnit.SECONDSなので1秒間と言う意味になります。

列挙型	意　味
DAYS	24時間を表す時間単位
HOURS	60分を表す時間単位
MICROSECONDS	ミリ秒の1000分の1を表す時間単位
MILLISECONDS	秒の1000分の1を表す時間単位
MINUTES	60秒を表す時間単位
NANOSECONDS	マイクロ秒の1000分の1を表す時間単位
SECONDS	1秒を表す時間単位

❷の**whenComplete**メソッドは終了時の処理をラムダ式で指定します。

ラムダ式は(T,U)->voidという形式で、引数のTは処理の戻り値、Uはタイムアウトや例外が発生した時に受け取る例外オブジェクトです。

例題ではTは ret、Uは errです。errがnullなら正常終了なので、❸のようにif文で調べて対処します。正常終了の場合は、後処理に戻り値のretを使用できます。

5.非同期処理を連結する

以上のように、戻り値を返す処理を、1つだけ、非同期に実行するのは簡単でした。しかし、冒頭で言ったように、複数の非同期処理を実行したい時は、効率が悪くなります。待ち合わせをして戻り値を受け取り、それを使って次を起動するという手間がかかるからです。そこで、CompletableFutureには、戻り値を次の非同期処理に渡して、自動的に起動する仕組みがあります。次の例でそれを解説しましょう。

例題 非同期処理の連結 [Example4]

```
package sample;
import java.util.concurrent.CompletableFuture;

public class Example4 {
  public static void main(String[] args)  throws Exception{
    CompletableFuture<String> future
      = CompletableFuture.supplyAsync(() -> "Value")

❶      .thenCompose(result->CompletableFuture.supplyAsync(()->"★"+result))

❷    .whenComplete((ret, err)-> { // retは2つ目の非同期処理の戻り値
      if(err==null) {
          System.out.println(ret +"★");
      }else {
          System.out.println("エラーです");
      }
    });
  }
}
```

```
★Value★
```

例題の青い網掛け部分は、supplyAsyncで起動する非同期処理で、7行目が1つ目の非同期処理の実行です。それに、❶で**thenCompose**メソッドを連結しています。thenComposeの引数は、2つ目の非同期処理を実行するラムダ式です。具体的には、「1つ目の非同期処理の戻り値(result)を引数にして、2つ目の非同期処理を実行する」ラムダ式です。つまり、1つ目の非同期処理の結果を受け渡しているわけです。

これは、例えば、ネットワークで時間のかかる検索処理をして、その結果をメール送信処理に渡して実行させるような処理です。

なお、❷以下の事後処理は、前例と同じです。ただ、retは2つ目の非同期処理の戻り値で内容は "★Value" です。例では、この末尾にさらに★を連結して表示しています。

先輩、非同期処理が3つあったらどうします？
（同じようにできるかなぁ）

大丈夫、❶の形をよく見るんだ。
❶と同じ形式で、いくつでも連結できる。

6. 非同期処理を結合する

例題 結合処理 [Example5]

```
package sample;
import java.util.concurrent.CompletableFuture;

public class Example5 {
  public static void main(String[] args)  throws Exception{
      CompletableFuture<String> future
   ❶  = CompletableFuture.supplyAsync(() -> "★★")
      .thenCombine(
           CompletableFuture.supplyAsync(() -> "☆☆") , (r1, r2)-> r1+r2 )

   ❷  .whenComplete((ret, err)-> {
           if(err==null) {
               System.out.println("○" + ret + "○");
           }else {
               System.out.println("エラーです");        // エラー対策
           }
        });
  }
}
```

2つの戻り値を使って処理を行う（(r1, r2)-> r1+r2 を指す）

```
○★★☆☆○
```

2つの非同期処理の終了を待ち合わせ、両方の戻り値を使って何かの処理を行いたい場合があります。それには、**thenCombine**メソッドを使います。

例題では、❶が1つ目の非同期処理の実行で、それに、thenCombineメソッドを連結しています。thenCombineの引数は、2つのラムダ式で、1つ目は、「2番目の非同期処理を実行する」ラムダ式、2つ目は、「両方の戻り値を使用する処理」のラムダ式です。

❷からの事後処理は、前例と同じです。ただ、retは「両方の戻り値を使用する処理」の戻り値で、内容は(r1+r2)の結果である"★★☆☆"です。例では、この両端に○を連結して表示しています。

25.4 まとめ

1.マルチスレッドの処理とは

- プログラムの中で独立して実行する一連の処理をスレッドという
- 新しいスレッドを作成して、別の処理を同時並行的に実行することを**非同期処理**という

2.スレッドの作成と実行

- Threadクラスのインスタンスを作成してstartメソッドで実行するのが基本的な方法
- Runnableインタフェースに対応するラムダ式で実行する内容を指示する
- Runnableは　() -> void の形式である
- 複数のスレッドの実行順序はコントロールできない
- スレッドセーフのためには、ローカル変数だけを使うのがいい

3.スレッドプール

- スレッドプールでは、あらかじめ、いくつかのスレッドを作って必要に応じてそれらを使いまわす
- 次のような作成方法がある

スレッドプールの作成

```
ExecutorService es = Executors.newFixedThreadPool(n);
ExecutorService es = Executors.newCachedThreadPool();
ExecutorService es = Executors.newSingleThreadExecutor();
ExecutorService es = Executors.newWorkStealingPool();
ExecutorService es = Executors.newWorkStealingPool(n);
```

4. CompletableFuture

- いくつかの非同期処理を連続して実行できる
- 待ち合わせによるブロックを避けることができる
- 主にsupplyAsync()で起動する
- thenAccept()、thenApply()、thenRun() を使って非同期処理の後の処理を自動的に実行できる
- orTimeout()メソッドで、タイムアウトを設定できる
- whenComplete()メソッドで、エラーが発生したかどうかを判定できる
- thenCompose()メソッドで、非同期処理を連結して、後続の処理に戻り値を渡せる
- thenCombine()メソッドで、非同期処理を待ち合わせ、それぞれの戻り値を集めて処理できる

パラレルストリーム

ListやSetに**parallelStream()**というメソッドがあったのを覚えていますか？390ページのAPIの表を確認してください。実は、20章で解説したストリーム（Stream）は、stream()メソッドの代わりに、parallelStream()メソッドを使って、ストリームを作るだけで簡単にマルチスレッド化できます。使い方も、普通のストリームと同じです。

```
List<Book> list = ～;
list.parallelStream().map(Book::getTitle).forEach(System.out::println);
```

パラレルストリームでは、1つのStreamをいくつかに分割して、複数のCPUコアに割り当て、同時並行的に実行することで処理速度を向上させます。ただし、パラレル化する負荷が大きいので、データ数が10000件を超えるくらいでないと大きな効果は見込めないと言われています。

学習のおわりに

先輩、今、試験受けてきました。
結果のお知らせが、すぐにメールで届くそうです。

受けたのは、OCJP Silver試験だったな。
プログラミングは、間違った方がうまくなるんだ。
いろいろ間違ったから、きっと大丈夫だろう。

あっ、メール来ました。
・・・う、受かってます！

どれ・・・。うーむ、正答率は93%か！
頑張ったなぁ、合格ラインは65%だから、すごくいい成績だ。
今日はひとつ、お祝いにでも出かけようか。

OCJP Silver

オラクル社が実施するJavaプログラマーの認定試験。
Javaプログラマーの登竜門的な試験なので、ぜひ持っておきたい資格です。

Supplement

補足資料

1 LocalTime、LocalDateTimeクラスの主なAPI

LocalTime クラスのAPI

メソッド	機　能
`now( )`	現在の時刻を返す

`of(int h, int m)`
`of(int h, int m, int s)`
`of(int h, int m, int s, int ns)`
	h時m分の時刻を返す
	h時m分s秒の時刻を返す
	h時m分s秒 nsナノ秒の時刻を返す

`parse(timeStr)`
例）`parse("13:20:15")`
`parse("13:20:15.016")`
	文字列timeStrが表す時刻を返す

`from(other)`	他の時刻や日付時刻（other）から時刻を作成して返す

`int getHour()`
`int getMinute()`
`int getSecond()`
`int getNano()`
	時の値を返す
	分の値を返す
	秒の値を返す
	ナノ秒の値を返す

`LocalTime plusHours(long n)`
`LocalTime plusMinutes(long n)`
`LocalTime plusSeconds(long n)`
`LocalTime plusNanos(long n)`
	n時間後
	n分後
	n秒後
	nナノ秒後　} の時刻を返す

`LocalTime minusHours(long n)`
`LocalTime minusMinutes(long n)`
`LocalTime minusSeconds(long n)`
`LocalTime minusNanos(long n)`
	n時間前
	n分前
	n秒前
	nナノ秒前　} の時刻を返す

`boolean isAfter( LocalTime time)` `boolean isBefore( LocalTime time)`	timeより後の時間ならtrue、そうでなければfalseを返す timeより前の時間ならtrue、そうでなければfalseを返す

LocalDateTimeクラスのAPI

メソッド	機　能
`now( )`	現在の日付時刻を返す

`of (int y, int M, int d, int h, int m)`
`of (int y, int M, int d, int h, int m, int s)`
`of (int y, int M, int d,`
`int h, int m, int s, int nano)`
	年月日時分を指定して生成
	年月日時分秒を指定して生成
	年月日時分秒ナノ秒を指定して生成

`parse(datetimeStr)`
例）`parse("2020-01-12T13:20:15")`
`parse("2020-01-12T13:20:15.016")`
	文字列datetimeStrが表す日時を返す

`from(other)`	他の日付、時刻や日時から時刻を作成して返す

※get ～、plus ～、minus ～、isAfter、isBefore、isEqual メソッドは、LocalDateクラス、LocalTimeクラスのメソッドと同じなので省略します。

2 日付、時間の編集表示のためのパターン文字

文字	意 味	説 明
M	月	月を表す
d	日	日を表す
H	時	24時間制で表示
h	時	12時間制で表示
m	分	分を表す
s	秒	秒を表す
S	ミリ秒	1秒未満の値を表す
G	年号	JapaneseDate型の場合は「平成」のような年号、LoacalDate型では、「西暦」となる
y	年	LocalDateでは西暦年、JapaneseDateでは和暦年
u	年	西暦での年
a	午前／午後	LocalDateでは「AM」、「PM」、JapaneseDateでは「午前」、「午後」
e	曜日	LocalDataでは英語表記、JapaneseDateでは日本語表記の曜日
X	オフセット	UTCからの時差
x	オフセット	同上
V	ゾーンID	「Asia/Tokyo」などのタイムゾーンのID
z	ゾーン名	「JST」、「日本標準時」のようなタイムゾーンの名称

※さらに詳細なパターン文字については以下のページが参考になります。

「Java8 Date and Time の cheat sheet」

http://blog.64p.org/entry/2015/07/13/102145

3 printfの書式指定

printfでは、書式文字列で指定すれば、浮動小数点数以外のデータも出力できます。書式文字列は次のように5つの部分から構成され、いろいろな指定が可能です。

printf(書式文字列 , データ)

% フラグ 表示幅 .精度 変換文字

%と変換文字が必須で、後は必要に応じて指定するオプションです。使用できる要素には、次のようなものがあります。

要素	記号	意味
フラグ（編集指定）	-	左揃えにする
	+	＋または－の符号を付ける
	0	表示幅のうち、余った先頭部分を0で埋める
	,	コンマで区切る（ローケル固有の区切り方）
	(	負の値を()で囲む
表示幅		最低限必要な表示幅を指定する
.精度		小数点以下の桁数　あるいは出力する文字数
変換文字（データ型）	f	浮動小数点型
	d	整数型
	s　S	文字列（String）Sは大文字にして出力する
	c　C	文字　Cは大文字にして出力する
	b　B	論理値

また、%nは、OSに依存しない改行文字です。printやprintlnでは¥nを使いましたが、printfでは%nを使います。

4 InputクラスのAPI(jp.kwebs.Input)

Inputクラスは、パブリックドメインとして配布しているキーボード入力クラスです。ソースコードは1つだけで、Java.base以外の依存性はありません。ソースコードをダウンロードして利用してください。

ソースコードは配布、改訂とも自由です。サポートウェブからダウンロードできるほか、Eclipse用のワークスペースをダウロードしていればその中に含まれています。

すべてのプリミティブ型に対して、値を入力するメソッドが用意されています。標準クラスではありませんが、長期にわたる使用実績があり、Scannerクラスを使うよりも確実なキーボード入力ができます。また、2進数形式、16進数形式の入力も可能です。

公式のAPIドキュメントはこちらで公開しています。
https://k-webs.jp/javadocs/Input/jp/kwebs/Input.html

本書でも、一部のプログラムで利用していますので、簡略なAPIを以下に掲載します。

メソッド	機能
public static getByte()	byteの値を入力する
public static getShort()	shortの値を入力する
public static getInt()	intの値を入力する
public static getLong()	longの値を入力する
public static getFloat()	floatの値を入力する
public static getDouble()	doubleの値を入力する
public static getChar()	charの値を入力する
public static getString()	Stringの値を入力する
public static getBoolean()	booleanの値を入力する
public static getByte(String s)	入力プロンプトsを表示して、byteの値を入力する
public static getShort(String s)	入力プロンプトsを表示して、shortの値を入力する
public static getInt(String s)	入力プロンプトsを表示して、intの値を入力する
public static getLong(String s)	入力プロンプトsを表示して、longの値を入力する
public static getFloat(String s)	入力プロンプトsを表示して、floatの値を入力する
public static getDouble(String s)	入力プロンプトsを表示して、doubleの値を入力する
public static getChar(String s)	入力プロンプトsを表示して、charの値を入力する
public static getString(String s)	入力プロンプトsを表示して、Stringの値を入力する
public static getBoolean(String s)	入力プロンプトsを表示して、booleanの値を入力する

使用例

引数なしで実行すると、型名がプロンプトとして表示され入力待ちになります。
引数に文字列を指定すると、それが入力プロンプトの変わりに表示されます。

```
public static void main(String[] args) {
    int n1 = Input.getInt();
    int n2 = Input.getInt("身長");
}
```

```
int>175
身長>175
```

5 モジュールシステム

モジュールシステムは、プロジェクト管理の問題ですから、オブジェクト指向とは直接の関係はありません。しかし、封印されたクラスを作成する際の、ソースコードファイルの置き場所に関係するため、その概要を解説しておくことにしました。

1. モジュールとは

Java言語では、ソースコードをグルーピングするには、これまでパッケージしかありませんでした。パッケージの問題点は、依存関係が分かりにくくなることです。システムが大規模になると、関係しているクラスやライブラリが複雑に入り交じって、保守管理が難しくなります。

特に、Javaの標準クラスはその典型で、モジュール化して、管理しやすいものにしたいという強い要望がありました。そこで、Java 9(2017年)から、モジュール・システムという仕組みが導入されました。

モジュールシステムは、パッケージなどをまとめて、モジュールという単位で管理するシステムです。各モジュールは、**module-info.java**というファイルを持っていて、外部に公開するパッケージは、このファイルにパッケージ名を書いておかないといけません。
また、逆に、外部のライブラリなどをモジュール内で利用するには、そのモジュール名を書いておかないと、利用(＝インポート、import)できません。

つまり、公開するパッケージと依存するモジュールを明確にすることで、モジュールの独立性・依存性を明確にするのがモジュール・システムなのです。

すると、これからはモジュールシステムを使わないとダメですか？
いままで使ってなかったけど、大丈夫かなぁ・・・

モジュールシステムを使わなくてもプログラムは動くし、
入門の段階では必要ではない。
当面、どういうものか概要を知っておけば十分だろう。

モジュール・システムが必須というわけではありません。使っていないシステムも相当数あります。ただ、これからライブラリなどを作る際は、モジュール化しておくといいでしょう。module-info.javaを作成するだけなので、簡単です。

2. モジュールの作り方

ソースファイルを置くディレクトリ(フォルダ)のルートに、module-info.javaを作成するだけでモジュールになります。Eclipseでは、1つのプロジェクトを、1つのモジュールにすることができます。

簡単なモジュールを作成してみましょう。

(1) プロジェクトの作成

EclipseでprojectXという名前のプロジェクトを作成します。

プロジェクトの作成ダイアログでは、下段にある[module-info.javaファイルの作成]にチェックが入っていることを確認して、完了ボタンを押します。

すると、次のようなmodule作成ダイアログが開くので、[作成]を選択します。

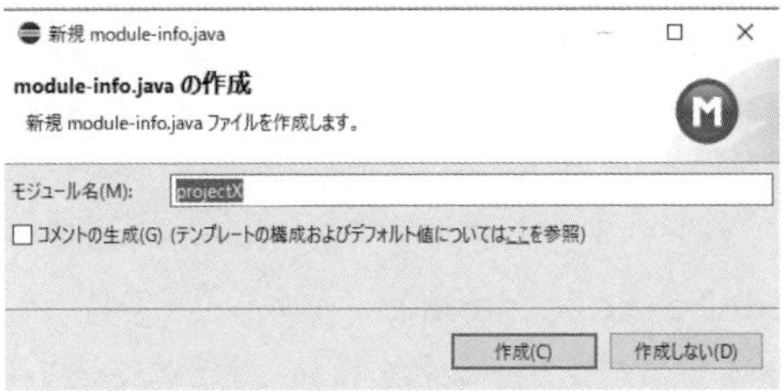

これにより、Eclipseのエディタには、作成されたmodule-info.javaが開きます。この中に、依存するモジュールと、公開するパッケージを書き込むだけですが、後で作業するので、ひとまず閉じておきます。

(2) パッケージとクラスを作成し、公開設定をする

jp.kwebs.projectXパッケージを作成し、その中にXprintクラスを作成します。パッケージ名が長くなっていますが、公開した時の名前として使われるので、他と競合しないためです。ドメイン名を逆順にした形式が一般に使われています。

```
package jp.kwebs.projectX;
public class Xprint {
    public void print() {
        System.out.println("projectX");
    }
}
```

プログラムの内容はテスト用ですから、単にprojectXとコンソールに表示するだけです。しかし、これでパッケージとクラスができたので、このパッケージを公開することにしましょう。module-info.javaに次のように書きます。

```
module projectX {
    exports jp.kwebs.projectX;      // 公開するパッケージ
}
```

モジュール名は自動的にプロジェクト名と同じprojectXになっています。変更しても構いませんが、今回は、このまま使います。内容の **exports** jp.kwebs.projectX; は、このパッケージを外部に公開するという設定です。

1つのexports文で1つのパッケージを公開できます。exports文は、必要なだけいくつでも書けますが、exportsしなかったパッケージは、publicなクラスでも、他のモジュールからはアクセスできなくなります。

(3) モジュールをjarファイルにする

projectXモジュールを外部のモジュールが使えるようにするために、プロジェクト全体をjarファイル(モジュールの圧縮ファイル)にしなくてはいけません。Eclipseでは、それはとても簡単です。次の手順で作成してください。

①projectXをクリックして選択状態にする
②[ファイル]メニューから[エクスポート]と選択してエクスポートダイアログを開く
③エクスポートウィザードの選択で[JARファイル]を選択し[次へ]を押す
④JARエクスポート画面で、[参照]を押してJARファイルの出力先を指定する
(例えば、w: ¥JAR¥projectX.jar のように指定する。)
⑤[完了]ボタンを押す

3. モジュールの利用方法

projectXモジュールを利用するprojectYモジュールを作りましょう。まずprojectXプロジェクトと同様にして、projectYプロジェクトを作っておきます。

(1) モジュールパスへの登録

最初の設定は、モジュールファイルprojectX.jarを、モジュールパスに登録することです。モジュールを利用するプロジェクトは、jarファイルを入手し、モジュールパスに登録することで、利用する準備が整います。

①projectYプロジェクトを右ボタンでクリックし、
[ビルドパス]➡[ビルドパスの構成]を選択して[Javaのビルドパス]を開く
②[ライブラリ]タブをクリックする
③[モジュールパス]をクリックし、[外部JARの追加]ボタンを押す
④ファイルダイアログからprojectX.jarを選択して[開く]ボタンを押す
⑤[適用して閉じる]ボタンを押す

(2) module-info.jarファイルの編集

projectXモジュールを利用するには、module-info.javaに**requires**文を追加します。モジュールパスに登録するだけでは利用できません。

module-info.javaに、利用するモジュール名を**requires** キーワードで指定します。なお、複数のモジュールを利用する場合は、複数のrequires文を書きます。

```
module projectY {
    requires projectX;     // 利用する（依存する）モジュール
}
```

(3) モジュールの利用

以上で、projectXモジュールが利用可能になりました。利用するプログラムを書いてみましょう。projectYプロジェクトのsampleパッケージに、次のようなExecクラスを作成します。

```
package sample;
import jp.kwebs.projectX.Xprint;
public class Exec {
    public static void main(String[] args) {
        Xprint x = new Xprint();
        x.print();
    }
}
```

```
projectX
```

requires文を書いているので、import文を書いて、Xprintクラスを利用することができます。実行すると、projectXと表示されます。

4.結論

Eclipseを利用すると、モジュールの作成と利用は、簡単な設定で可能です。
作業としては、module-info.javaに公開するパッケージをexportsで宣言し、利用(依存)するモジュールをrequiresで宣言するだけです。

ただし、他のモジュールから利用されるモジュールは、jarファイルにしておかなくてはいけません。そして、他のモジュールを利用するモジュールは、そのjarファイルをあらかじめモジュールパスに登録しておく必要があります。

なお、現実のシステムでは、モジュールAをモジュールBが利用し、モジュールBをモジュールCが利用するというような、複雑な依存関係になりがちです。また、モジュール名、パッケージ名の付け方にも注意が必要です。

6 URL一覧

1.本書のサポートウェブ

https://k-webs.jp/oop/

本書に掲載した例題・データをEclipseのワークスペースとしてダウンロードできます。OSごとの対応やセットアップについても説明があります。

2.Java SE APIドキュメント

https://www.oracle.com/jp/java/technologies/documentation.html

リンク欄の[日本語]➡仕様欄の[APIドキュメント]とたどります。

※日本語バージョンは機械翻訳ですが、公開は、リリース後しばらく時間がかかる場合があります。

7 用語集

本書に出てくる用語のうち、特に重要な用語をまとめました。

^(?!.*reg).*$

文字列がregを含まない、という正規表現。regは正規表現で指定する。

^(?=.*reg).*$

文字列がregを含む、という正規表現。regは正規表現で指定する。

Arraysクラス

配列を操作するためのユーティリティクラス。

Collectionsクラス

Collectionを操作するためのユーティリティクラス。

Collectionインタフェース

リストとセットの、上から2番目のスーパーインタフェース。Collectionのスーパーインタフェースは Iterable。

Collectorsクラス

collectメソッドの引数として使えるインスタンスを返すユーティリティクラス。

Collectorインタフェース

終端操作のための抽象メソッドを定義したインタフェース。

collectメソッド

終端操作を実行するメソッド。引数は、Collectorインタフェースを実装したインスタンス。

Comparable

自然な順序での並び替えのために、配列やListの要素であるオブジェクトのクラスが実装しておく関数型インタフェース。

Comparator

配列やListの要素を任意の順序で並び替えるために使用する関数型インタフェース。普通は、ラムダ式を使って指定する。

comparingメソッド

Comparatorインタフェースが持つユーティリティメソッドで、ソートのキー項目を指定するだけで、対応するコンパレータ(を実装したインスタンス)を返す。

CompletableFuture

非同期処理を実行するだけでなく、処理完了後、次に実行する処理などをあらかじめ指定できる。また、複数の非同期処理の実行を連結したり、あるいは待ち合わせしたりできる。処理は、ラムダ式を使って簡略に記述できる。

DateTime API

Java8から使えるようになった新しい日付時刻のクラス群を総称する言い方。

enum
列挙型を宣言するキーワード。

Filesクラス
ファイル、ディレクトリなどを操作するスタティックメソッドだけを持つクラス。

final
クラスに付けると「継承できない」、変数につけると「初期化後に値を変更できない」、メソッドに付けると「オーバーライドできない」という意味になる。

finallyブロック
try文で、例外が発生してもしなくても、常に実行する処理を書く場所。

forEachメソッド
ストリームのすべての要素に適用する処理を、ラムダ式で指定する。

instanceof演算子
ある参照型変数の「実際の型」が、指定したクラス（あるいはそのサブクラス）の型と同じかどうか調べる演算子。

IO
ファイル入力と出力のこと。I/O ともいう。

IOストリーム
ファイル入力・出力操作を行うオブジェクト。

JapaneseDateクラス
和暦の日付クラス。

JVM
Java Virtual Machine。Javaプログラムの実行環境。

List
要素数が自動拡張する配列や、線形リスト構造など、順序のあるデータの集まりを表すクラス。

LocalDateTimeクラス
日付時刻のクラス。

LocalDateクラス
日付のクラス。

LocalTimeクラス
時刻のクラス。

Map
キーと値をセットで登録し、キーにより値を検索できる。

matchesメソッド
文字列が指定した正規表現にマッチするかどうか検査する。

MS932
WindowsOSで標準として使われる文字セット。

new演算子
クラスのインスタンスメンバをコピーしてインスタンスを作成する。

NIO
新しい入出力の標準クラスを総称していう。New I/O の意味。

null
どのインスタンスにも関連付けられていない参照。

Objectクラス
すべてのクラスのスーパークラス。明示的に継承しなくても継承されている。

Optionalクラス(型)
nullであるかもしれないインスタンスを入れるコンテナのクラス。nullの場合に対処できるよう、いくつかの有用なメソッドを持っている。

Pathsクラス
Pathを実装したインスタンスを取得するなどのユーティリティメソッドを持つクラス。

Pathインタフェース
コンピュータシステムのファイルやディレクトリを表す。

Set
集合を表すクラス。同じ要素を重複して含まないという特徴がある。

super
そのオブジェクトのスーパークラスの参照を表すキーワード。インスタンスの中でのみ使える。

super()
スーパークラスのコンストラクタを表す。コンストラクタの中でだけ使える。

this
オブジェクト自身の参照を表すキーワード。インスタンスの中でのみ使えるため、スタティックメソッドの中で使用するとコンパイルエラーになる。

this()
自クラスのコンストラクタを表す。コンストラクタの中でだけ使える。

throw
例外を投げるためのキーワード。

throws
どんな例外を投げる可能性があるか、メソッド宣言に追記するためのキーワード。チェック例外を投げる可能性があるならthrows宣言は必須。

try文
例外処理を記述する文。try{ } catch( ){ } finally{ } などによる。

UTF-8
すべてのOSで使え、世界中の文字を表すことができる共通文字セット。

アクセス修飾子
自クラスやメンバ、コンストラクタにアクセスできる外部のクラスの範囲を示す。

アジャスタ
日付に対して特定の計算を行うオブジェクトで、「次の○曜日」を求めるアジャスタ、「今月の最初の○曜日」を求めるアジャスタなどいろいろなものがある。TemporalAdjustersクラスのスタティックメソッドを使って取得できる。

アップキャスト
サブクラス型の参照をスーパークラス型の参照に型変換すること。

アノテーション
先頭に@が付くワード。意味は「注釈」だが、実際にはコンパイラに何かの指示をしたり、あるいは何かの機能を実行する。書く位置により、クラス全体に適用したり、メソッドや変数に適用したりできる。

イミュータブル
（フィールド変数の）値を変更できないという意味。反対語はミュータブル。

インスタンス
クラスをコピーして初期化した具体的なオブジェクトのこと。ヒープに作成され、その参照を持つ変数がなくなるまで存続する。

インスタンスメンバ
インスタンスに含まれるメンバ。インスタンスを作成し、その参照の入った変数とドットで連結して使用する。フィールド変数、インスタンスメソッドがある。

インタフェース
（主たる用途では）機能を1つ以上のpublicな抽象メソッドで表現したもの。商品のカタログのようなものと考えてよい。ただし、Java8からは、デフォルトメソッド、スタティックメソッドなどを持てる。

インタフェースの継承
インタフェースが、extends宣言により、他のインタフェースのすべてのメソッドを取り込むこと。

インタフェースのスタティックメソッド
インタフェース内に定義するスタティックな具象メソッド。そのインタフェースに関するユーティリティメソッドとして定義されている。インタフェース名とドットで連結して使う。

インタフェースのデフォルトメソッド
インタフェース内に定義する具象メソッドで、インタフェースを実装するクラスが抽象メソッドを実装しない場合、既定の実装メソッドとして使うことができる。

エントリ
Mapで、1つのキーと値の組をいう。

オーバーライド
サブクラスで、アクセス修飾子、戻り値型、名前、引数構成が同じメソッドを作成すること。ただし、アクセス修飾子、戻り値型、throwする例外については変更できる例外規定がある。

オーバーロード
同じクラス内またはサブクラスで、同じ名前で引数構成の異なるメソッドやコンストラクタを作成すること。

オブジェクト
プログラムが扱う対象のことで、データと機能を1つにまとめたもの。「オブジェクト指向」のようにオブジェクト一般を指す用語として使用する。

オプショナル型
メソッドからの戻り値のコンテナとして使うクラス型。値がない場合やnullの場合は、代替の値や処理を実行するメソッドがある。NullPointerException例外の発生を防止するのに有効。

カスタム例外
プログラマが作成した例外クラス。ExceptionまたはRuntimeExceptionクラスを継承して作成する。

カプセル化
クラスを使ってオブジェクトを定義し、情報隠ぺいを実施すること。

カレントディレクトリ
現在アクセスしているディレクトリ。

関数型インタフェース
抽象メソッドを1つだけ持つインタフェース。

関数記述子
関数型インタフェースの抽象メソッドの、引数型と戻り値型だけを、`T->R` のように、示したもの。ラムダ式での引数型と戻り値型でもある。

キャスト
強制的な型変換をすること。

キャスト演算子
キャストするための演算子。( ) を使う。

具象クラス
abstractキーワードのない、普通のクラス。

具象メソッド
abstractキーワードのない、普通のメソッド。

クラス
オブジェクトをデザインする枠組み。

クラスの継承
あるクラスを取り込んで、別のクラスを作成すること。privateメンバは取り込んでいてもアクセスできないので、継承したメンバとはいわない。

クラス図
クラス名、フィールド変数、コンストラクタ、メソッドなどを図示した図。継承関係を白い矢印で示す。インタフェースも図示できる。

ゲッター
インスタンスのフィールド変数の値を取り出す公開メソッド。

コレクションフレームワーク
List、Set、Mapなどのデータ構造を扱うクラス群の総称。

コンストラクタ
インスタンスを初期化する機能を持つ。オブジェクトのメンバではない。

コンストラクタ参照
newでインスタンスを作成して返すだけのラムダ式をより簡略に記述する記法。

サブクラス
継承先のクラス。

参照
ヒープメモリのどこにインスタンスが存在するかを表す値。

参照型
クラス型、配列型、インタフェース型を総称する言い方。

シグネチャ
　メソッドの名前と引数構成(型、個数、並び順)を総称した言い方。

実行時例外
　プログラム実行中に発生する例外。一般に例外処理は行わない。

実際の型
　参照型の変数でアクセスできるインスタンスの型。サブクラスのインスタンス(の参照)をスーパークラス型の変数に代入すると、宣言された型はスーパークラス型だが、実際の型はサブクラス型である。

実質的にfinal
　ラムダ式の記述で使えるローカル変数はfinalでなければならないが、初期化した後、一切、値を変更しないのであれば、finalとみなして使ってよいという規則。

実装する
　クラスが、implements宣言により、インタフェースが規定する抽象メソッドを具象メソッドとして作成すること。

終端操作
　ストリームの最後に適用される処理。

出力ストリーム
　ファイル出力を行うオブジェクト。

情報隠ぺい
　フィールド変数をprivateにし、必要に応じて、publicなゲッターやセッターを作る。

シリアライズ
　メモリー上にあるオブジェクトのインスタンスを、記憶装置に記録したり、通信を使って送信したりできるようにバイト列に変換することをいう。シリアライズでは、インスタンスがメンバとして持っている他のオブジェクトのインスタンスもすべて変換される。

スーパークラス
　継承元のクラス。

スタック
　メソッド内で宣言した変数が置かれるメモリー領域の名前。メソッドの実行が終了すると消滅する。

スタティック(静的)メンバ
　インスタンスに含まれず、メモリー上に常に存在するメンバ。クラス名とドットで連結して使用する。スタティックなフィールド変数と、スタティックメソッドがある。

スタティックインポート
　スタティックメソッドを利用する際、import static 文で、メソッド名まで指定してインポートしておくと、クラス内ではメソッド名だけで利用できるようになる。

ストリーム
　複数の要素の集まりについて、その先頭から最後まで順に、1つずつ取り出して受け渡しされる仕組みをいう。要素の流れとみなせることからストリームという。

スレッドプール
　複数のスレッドを作成して蓄えたプール。非同期処理ではスレッドプールからスレッドを取得して実行できる。

正規表現
文字列の中に含まれる特定のパターンを文字列で表す記法。

セッター
インスタンスのフィールド変数の値を変更する公開メソッド。

絶対パス
記憶装置の起点からの位置を表すPath。

宣言された型
参照型の変数の型。

総称型
TやEなどの文字で表す任意の型。総称型を使って定義されたクラスやインタフェースを利用するには、利用時に具体的な型を指定する必要がある。

相対パス
カレントディレクトリを基準として表したPath。

ソート
配列やListの要素を並び替えること。

ダイナミックバインディング
インスタンスに含まれる複数のオーバーライドされたメソッドを、サブクラス側から検索して最初に発見したメソッドを実行する仕組み。

ダウンキャスト
スーパークラス型の参照をサブクラス型の参照に型変換すること。

チェック例外
プログラム実行中に発生する例外だが、例外処理が必須。

中間操作
ストリームの中間で適用される処理。同じ型かまたは違う型のストリームを返す。

抽象クラス
abstractキーワードを付けて宣言したクラス。抽象メソッドを持つことができる。インスタンスを作成できない。

抽象メソッド
abstractキーワードを付けて宣言したメソッド。メソッドボディ部（具体的な処理を記述する部分）を持たない。

テキストストリーム
文字データを入出力するオブジェクト。

デシリアライズ
シリアライズの逆変換を行って、メモリー上にインスタンスを復元すること。

デフォルトコンストラクタ
コンストラクタを作成していない時、自動的に、コンパイラにより作成されるコンストラクタで、引数のないコンストラクタである。

匿名クラス
クラスというより、特定のインタフェースの実装を定義し、それを実装したインスタンスを取得することができる式である。

入力ストリーム
ファイル入力を行うオブジェクト。

バイナリストリーム
画像、動画、音声などの非文字データを入出力するオブジェクト。

パターン文字
日付や時刻の出力フォーマッタを作成するために使う文字。

ヒープ
インスタンスや配列が置かれるメモリー領域の名前。ガベージコレクションによって消去される。

非同期処理
スレッドを作成して、同時並行的に実行すること。

フィールド変数
オブジェクトの持つ値を保持する変数

封印されたインタフェース
継承できるインタフェースをあらかじめ指定してあるインタフェース。

封印されたクラス
継承できるサブクラスをあらかじめ指定してあるクラス。

不変リスト、不変セット、不変マップ
最初に登録した要素(初期化時の値)を変更できないリスト、セット、マップ。

プリミティブ型
char、byte、short、int、long、float、double、boolean型を総称する言い方。

プリミティブ型のストリーム
int型、long型、double型のデータのストリーム。ラッパークラス型のストリームからプリミティブ型のストリームに変換して作成できる。処理効率がよくなる。

ボクシング機能
プリミティブ型の値とラッパークラス型の値を自動的に相互変換する仕組み。

ポリモーフィズム
実行時に、オブジェクトの機能を変更できる仕組みのこと。実行時に、オーバーライドメソッドによりスーパークラス型の機能を変更したり、実装の異なるインタフェース型を使ってインタフェースメソッドの機能を変更することができる。

マーカーインタフェース
抽象メソッドを持たないインタフェースで、実装することにより、コンパイラに対して、何かの機能を表明する。Serializableインタフェースが代表的。

マルチキャッチ
1つのtry文に複数のcatchブロックを書くこと。先にサブクラスの例外をキャッチするようにする。

マルチスレッド
スレッドは処理を実行するための環境で、一連の処理は1つのスレッドの中で実行される。Java言語では、プログラマが同時に複数のスレッドを作成し、起動できる。

メソッド参照
1つのメソッドだけを呼び出すラムダ式をより簡略に記述する記法。

メソッドチェーン
メソッドとメソッドをドットで連結して記述する書き方。メソッドの戻り値がオブジェクトの場合に可能。

メンバ
オブジェクトの構成要素。インスタンスに含まれるインスタンスメンバと、常にメモリー上に存在するスタティックメンバ(クラスメンバ)がある。

メンバクラス
クラスの中に定義した内部クラスや静的ネストクラスを総称していう。

文字セット
文字を表すコード番号の体系のこと。

モジュール
１つ以上のパッケージを集めて、公開するパッケージと依存するモジュールを指定できる仕組み。大規模なシステムのモジュール化に有効。Javaの標準クラスもモジュールに分けられている。

ユニコード
UTF-8、UTF-16などを規定している文字セットで、世界中のすべての文字を含む。

ラッパークラス型
プリミティブ型の値をオブジェクトとして扱うためのクラス。

ラムダ式
匿名クラスと同じものだが、インタフェースの持つ抽象メソッドの実装だけを(a)->a+1のような式の形式に表したもの。インタフェースはメソッドが1つだけの関数型インタフェースでなければならない。

リソース付きtry文
例外発生時に、リソース(ファイルなど)を自動的にcloseするためのtry文の書き方。主にファイル入出力で利用する。

例外の伝播
発生した例外に対して例外処理が実施されるまで、次々に呼び出し元のメソッドへ例外が伝えられていく現象。

例外をかわす
メソッド宣言にthrows宣言を書いて、チェック例外を呼び出し元のメソッドに転送することにより、例外処理をせずに済ますこと。

列挙型
特定の値の代わりに使用するオブジェクトを定義するための型。

レコード
わずかの記述でデータのコンテナとして使用するクラスと同等なオブジェクトを定義する仕組み。不変性(インスタンスを作成後、内容を変更できない)がある。

ローカル変数
メソッド内で定義した一般の変数。メモリ上のスタック領域に作成され、メソッドの実行が終了すると消滅する。

索 引

記号・数字

A

B

C

D

E

F

G

H

I

J

K

L

M

N

O

P

Q・R

S

T

U

V

W

X

Y

Z

あ行

か行

さ行

た行

な行

は行

ま行

や行

ら行

わ行

本書サポートページ

本書で使われる例題とクイズ・演習問題のソースコードはウェブページからダウンロードして学べます。
著者ウェブサイトからは、ソースコードの他に、Eclipseのプロジェクトファイルをダウンロードできます。
また、解説動画や技術情報なども掲載されています。

- 著者ウェブサイト
  https://k-webs.jp
- 秀和システムウェブサイト
  https://www.shuwasystem.co.jp/
- 秀和システムサポートページ
  https://www.shuwasystem.co.jp/book/9784798065007.html

新わかりやすいJava
オブジェクト指向徹底解説 第2版

発行日 2022年 2月 7日 第1版第1刷

著 者 川場 隆

発行者 斉藤 和邦
発行所 株式会社 秀和システム
〒135-0016
東京都江東区東陽2-4-2 新宮ビル2F
Tel 03-6264-3105（販売） Fax 03-6264-3094
印刷所 三松堂印刷株式会社 Printed in Japan

ISBN978-4-7980-6500-7 C3055

定価はカバーに表示してあります。
乱丁本・落丁本はお取りかえいたします。
本書に関するご質問については、ご質問の内容と住所、氏名、電話番号を明記のうえ、当社編集部宛FAXまたは書面にてお送りください。お電話によるご質問は受け付けておりませんのであらかじめご了承ください。